Karl-Heinz Küttner

Kolbenverdichter

Mit 137 Abbildungen und 32 Tabellen

Springer-Verlag Berlin Heidelberg GmbH

Professor Dipl.-Ing. Karl-Heinz Küttner
Technische Fachhochschule Berlin
Luxemburger Straße 10
W-1000 Berlin 65

Die Deutsche Bibliothek – CIP-Einheitsaufnahme
Küttner, Karl-Heinz:
Kolbenverdichter : mit 32 Tabellen/Karl-Heinz Küttner. –
Berlin ; Heidelberg ; NewYork ; London ; Paris ; Tokyo ;
Hong Kong ; Barcelona ; Budapest : Springer, 1991

ISBN 978-3-540-53528-7   ISBN 978-3-642-50313-9 (eBook)
DOI 10.1007/978-3-642-50313-9

Vorwort

Das vorliegende Buch erscheint als Ersatz für die beiden Werke des Verlages über Kolbenverdichter von F. Fröhlich sowie von Ch. Bouché und K. Wintterlin, die als Ziel hatten, das erforderliche Wissen für die Auslegung, die Konstruktion und Betrieb dieser Maschinen zu vermitteln. Dabei galt der ‚Fröhlich' als internationales Standardwerk und der ‚Bouché' als leicht faßliche Einführung für Studenten. Beide aber zeigen schon das vielseitige Wissen aus der Thermodynamik, der Mechanik, der Festigkeitslehre, der Maschinenelemente, der Regelungs- und der Fertigungstechnik, welche die Beherrschung der Kompressoren erfordert.

Seit dem Erscheinen dieser Werke wurden die oben erwähnten Wissenschaften stärker strukturiert, neuere Betrachtungsweisen eingeführt, die Rechenverfahren verfeinert und die Herstellungsmethoden vervollkommnet. Dies ermöglichte der Siegeszug der Computer, die immer größere Datenmengen verarbeiten und daher immer kompliziertere Arbeitsmethoden zulassen. So entstanden umfangreiche Programme für die finiten Elemente in der Mechanik, für CAD und CAM für die Konstruktion und die Fertigung sowie spezielle Firmenprogramme für die Auslegung.

Damit erfolgte die Auswertung immer schneller und exakter, aber auch das Erkennen innerer Zusammenhänge und die Beurteilung der Brauchbarkeit der Ergebnisse wurde für unerfahrene jüngere Ingenieure und Studenten immer schwieriger. Um diesem Mangel zu begegnen, enthält dieses Buch viele Zahlen- und Konstruktionsbeispiele, die Berechnung und Entwurf vereinfacht zeigen. Sie sollen helfen, später die Computerresultate richtig zu deuten. Hierzu dient auch die weitreichende Diskussion der technischen und physikalischen Probleme und die eingehende Beschreibung des Betriebs der Maschinen. Auf die hier nicht behandelten Probleme verweist ein ausführliches Schrifttumverzeichnis.

Das gestiegene Umwelt- und Energiebewußtsein eröffnete dem Kolbenverdichter mit seinem günstigen Wirkungsgrad weitere Märkte, erforderte aber auch neue Sicherheitsvorkehrungen. Die starke Konkurrenz, die verbesserten Fertigungseinrichtungen und neue Werkstoffe erforderten vereinfachte Konstruktionen.

Das Buch wendet sich zunächst an die Studenten des Maschinenbaus und an junge Ingenieure, die sich in dieses interessante Fachgebiet einarbeiten wollen, und wird auch allen, die sich mit Verdichtern befassen, ein wertvoller Helfer sein. Es enthält die Erfahrungen, die ich in der Industrie, bei Vorlesungen, Konstruktions- und Meßübungen an Verdichtern sammeln konnte. Besonders wertvoll aber war für mich das Material der Fachfirmen über neuere Entwicklungen. Mein besonderer Dank gilt allen, die zum Gelingen dieses Buches beigetragen haben: den Ingenieuren der Industrie für die Beratung und die Bereitstellung der technischen Unterlagen sowie den Mitarbeitern des Verlages und der Druckerei für die Hilfe bei der Herstellung.

Berlin, im September 1991   Karl-Heinz Küttner

Inhaltsverzeichnis

Hinweise zur Benutzung

Das Buch besteht aus zwölf Kapiteln, in denen die Bilder, Tabellen, Gleichungen, Beispiele und die spezielle Literatur unter Vorsatz der Kapitelnummer durchgezählt werden. Lediglich die allgemeine Literatur ist nur mit einer Zahl bezeichnet.

Grundsätzlich werden Größengleichungen und das internationale Maßsystem verwendet. Zahlenwertgleichungen sind besonders gekennzeichnet. Da hier die Formelzeichen Zahlenwerte darstellen, sind die ihnen zugeordneten Einheiten besonders aufgeführt. Die Drücke p werden absolut angegeben. Für Über- bzw. Unterdrücke gelten dann die Differenzen $p-p_a$ bzw. p_a-p wobei sich p_a auf die Atmosphäre bezieht.

Das 12. Kapitel als Anhang enthält die Realgasfaktoren und die Beiwerte für die isotherme Verdichtung zur Verdichterauslegung sowie die Schaltzeichen für Wärmekraft-, Schalt- und Regelanlagen. Ein ausführliches Sachverzeichnis ergänzt das Buch.

1 Grundlagen

Verdichter und Kompressoren sind Arbeitsmaschinen, die gasförmige Medien von Räumen niederen in Räume höheren Druckes fördern. Die hierzu durch Kraftmaschinen, wie Elektro- und Verbrennungsmotoren, zugeführte Energie erhöht den Druck gemäß dem Verwendungszweck, erwärmt aber auch das Medium.

1.1 Arten, Einteilung und Verwendung

Nach der Wirkungsweise sind Turbo- und Verdrängungsverdichter (Bild 1.1) zu unterscheiden. Der Turbokompressor erhöht zunächst die Geschwindigkeitsenergie und wandelt sie dann in Druckenergie um. Im Verdrängerverdichter wird der Druck lediglich durch Verringern des Arbeitsraumes erhöht. Hauptanwendungsgebiete der Turbomaschinen sind große Förderströme (siehe Bild 1.2), der Kolbenverdichter hohe Drücke.

1.1.1 Einteilung der Verdrängerverdichter

Sie erfolgt nach der Form und der Bewegung des Verdrängers (Bild 1.3) nach der Fließrichtung des Mediums und dem Maschinenaufbau sowie nach den Druckbe-

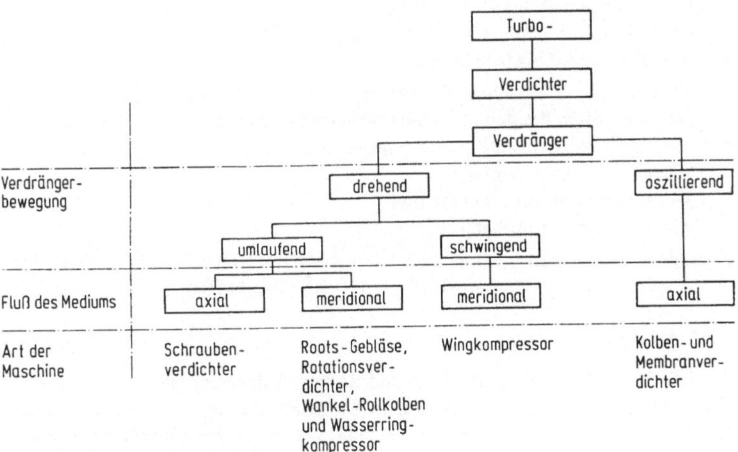

Bild 1.1. Einteilung der Verdichter

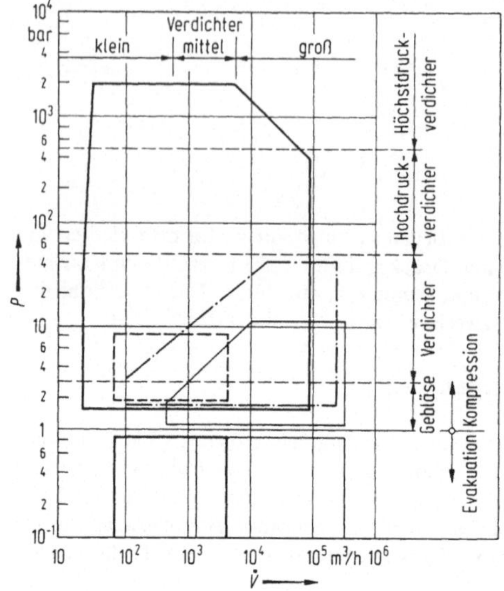

Bild 1.2. Zur Zeit gültige Einsatzbereiche der Verdichter.
——————— Kolben-,
— · — · — Schrauben-,
——————— Turbo-,
------------ Rotationsverdichter

reichen und dem Volumenstrom. Nach Druckbereichen werden unterschieden (Bild 1.2):

- Gebläse bis 3 bar;
- Verdichter 3 bis 50 bar;
- Hochdruckverdichter 50 bis 500 bar;
- Höchstdruckverdichter über 500 bar und
- Vakuumerzeuger bis 0,13 mbar.

Die höchsten bisher erreichten Drücke liegen bei 10 000 bar. Zu den Gebläsen zählen auch die Lüfter, die den atmosphärischen Luftdruck um 0,1 bis 20 mbar erhöhen. Mit mechanischen Vakuumerzeugern sind erreichbar:

- Grobvakuum bis 180 mbar,
- Zwischenvakuum bis 18 mbar und
- Feinvakuum bis 0,1 mbar.

Nach dem Volumenstrom ist eine Einteilung in Klein-, Mittel- und Großverdichter üblich, wobei die mittleren etwa 10 bis 100 m^3/min fördern.

1.1.2 Anwendungsgebiete

Am häufigsten kommen Luft-, Gas- und Kälteverdichter vor (siehe Abschn. 11.1). Während Luftverdichter pneumatischen Aufgaben dienen, werden Gasverdichter für die verschiedensten Medien und deren Gemische bei den vielseitigen Verfahren der chemischen und der Erdöl- und Erdgasindustrie eingesetzt. Kälteverdichter sind in Kühlhäusern, in Klimaanlagen [1.1] und Wärmepumpen [1.2] zu finden.

Als spezielle Verdichter gelten die Trockenläufer zur Förderung eines ölfreien Mediums, die Umwälzverdichter, die Rohrleitungsverluste beim Gastransport ersetzen, und die Vakuumpumpen zur Erzeugung eines Unterdruckes.

1.2 Formen der Verdrängerverdichter

Die Bewegung des Verdrängers, dem das Medium folgt und dabei verdichtet wird, ist für den Aufbau, die Verwendung und die Herstellung des Verdichters maßgebend. Hierbei sind die folgenden Formen üblich (Bild 1.3):

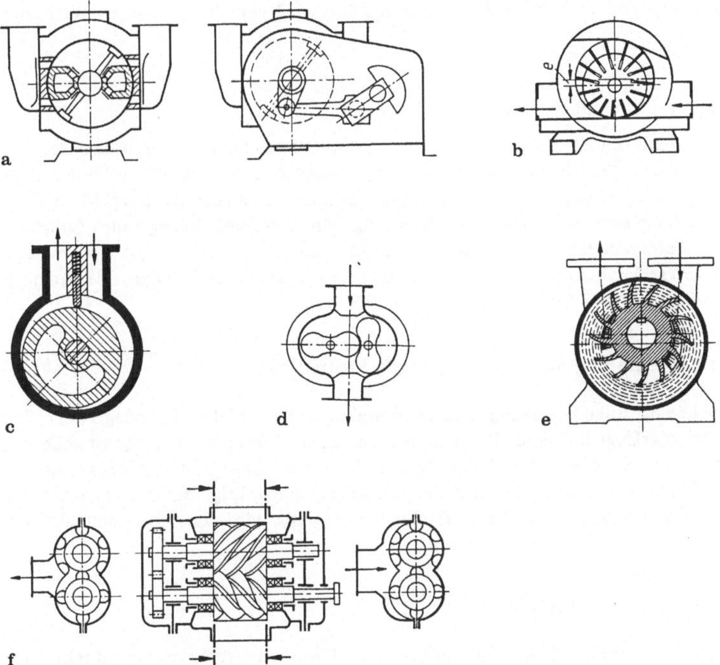

Bild 1.3 a – f. Formen rotierender Verdränger aus [1]. **a** Wing-, **b** Rotations-, **c** Rollkolben-, **d** Roots-, **e** Wasserring-, **f** Schraubenverdränger

1.2.1 Geradlinig hin- und hergehende Verdränger

In diesem Fall wird der Verdränger, meist ein Kolben, aber auch eine Membran, durch ein Schubkurbelgetriebe [1.3] angetrieben. Hierbei ist die Koppel mit dem Verdränger und die Kurbel mit dem Motor verbunden. Diese Maschinen haben infolge ihrer Verdränger- und Kurbelbewegung Massenkräfte, einen ungleichförmigen Gang, intermittierend arbeitende Ventile und erfordern geschmierte Kolben. Vorteilhaft ist die stetig wechselnde Verteilung der Temperatur, deren Mittelwert weit unter ihrem Maximum liegt. Ihre wichtigsten Vertreter sind:

Kolbenverdichter

Hier sind alle in Abschn. 1.1 aufgeführten Arten zu finden. Besonders zu erwähnen sind die Trockenlaufverdichter ohne Kolbenschmierung zur Lieferung ölfreier Luft für die Nahrungsmittelindustrie, die mit Gasmotoren kombinierten Ölfeldkompressoren sowie die Freiflugkolbenverdichter. Bei diesen wirken die Verdichter- und Dieselmotorenkolben ohne Kurbeltrieb zusammen. Die Bedeutung der Kolbenkompressoren liegt in der Erzeugung hoher Drücke bei günstigen Wirkungsgraden.

Membranverdichter

Eine Membran aus Kunststoff oder aus mehreren geschichteten Stahlblechen dichtet hier den Arbeitsraum hermetisch ab, ermöglicht also eine ölfreie Verdichtung. Der Antrieb erfolgt über einen Kolben und zwar direkt bei kleineren Maschinen, sonst über eine hydraulische Übersetzung. Die den Verdichtungsraum bildenden Teile werden zum Schutz vor aggressiven Medien mit Spezialwerkstoffen beschichtet. Diese Verdichter fördern bis zu $100\,\mathrm{m}^3/\mathrm{h}$ einstufig auf 25 bar. Die Membranen haben dabei Betriebszeiten bis 4000 h [1.4].

1.2.2 Kreisförmig hin- und hergehende Verdränger

Die kreisförmige Bewegung wird im Wingkompressor (Bild 1.3a) ausgeführt. Sein Antrieb erfolgt mit einer Kurbelschwinge, deren Kurbel auf der Motorwelle sitzt und deren Schwinge den zylindrischen Verdränger bewegt. Diese Maschine, mit ähnlichen Nachteilen wie ein Kolbenverdichter, hat infolge des sperrigen Gelenkgetriebes einen großen Grundflächenbedarf und wird nur noch selten hergestellt.

1.2.3 Rotierende Verdränger

Diese auch Drehkolben genannte Form wird von der Kraftmaschine direkt angetrieben. Die Verdichter sind daher einfach aufgebaut, auch weil bei ihnen die Ventile fehlen. Dadurch liegt aber ihr Druckverhältnis mit der Läufer- und Gehäuseform fest. Oszillierende Massenkräfte entstehen hier nicht. Die Temperatur steigt aber in der Maschine von der Saug- zur Förderseite. Da sie sich aber an den einzelnen Stellen nicht ändert, entstehen in der Maschine Spannungen. So ist nur durch intensive Kühlung ein Verzug zu verhüten. Die Geräuschemission ist stark und verlangt besondere Schutzmaßnahmen. Das Medium fließt in diesen Maschinen meist am Umfang also meridional beim Schraubenverdichter aber in Richtung der Drehachse bzw. axial.

Umlaufverdichter

Der meridionale Fluß des Mediums findet in Umlaufverdichtern statt. Dort bewegt sich das Medium am Umfang des von Gehäuse und Rotor gebildeten sichelförmigen Raumes. Da sich dieser periodisch zwischen zwei Extremwerten ändert, liegt eine Verdrängermaschine vor.

Rotationsverdichter

Im Rotationsverdichter (Bild 1.3 b) wird der sichelförmige Arbeitsraum von Schiebern in trapezförmige Zellen aufgeteilt. Daher heißt er auch Zellenverdichter. Zur Kompression verringern die Zellen periodisch ihr Volumen. Diese Verdichter fördern pro Stufe $150 \, \text{m}^3/\text{h}$ bei dem Druckverhältnis 2,5 und Drehzahlen bis zu $1500 \, \text{min}^{-1}$ [1.5].

Drehkolbenverdichter

Sie haben wie die Rotationsverdichter einen exzentrisch gelagerten Verdränger, der rotiert und einen sichelförmigen Arbeitsraum bildet (siehe Bild 1.3 c). In der einfachsten Ausführung trennt ein im Gehäuse liegender Schieber den Saug- und Förderstutzen. So stellt er die geometrische Umkehrung des Rotationsverdichters dar. Er dient in den verschiedenen Abwandlungen als Verdichter in Kleinkälteanlagen mit Förderströmen bis zu $8 \, \text{l/min}$ bei Drehzahlen bis zu $1500 \, \text{min}^{-1}$ [1.6].

Rootsgebläse

Es besteht aus zwei Verdrängern mit einer Lemniskate als Umriß, die über ein Zahnradpaar angetrieben werden (siehe Bild 1.3 d). Förderströme von 1 bis $1000 \, \text{m}^3/\text{min}$ sind bei maximalen Druckverhältnissen von 2, Drehzahlen bis zu $3000 \, \text{min}^{-1}$ und Umfangsgeschwindigkeiten bis zu $50 \, \text{m/s}$ erreichbar. Das Verhältnis der Länge zum maximalen Durchmesser des Verdrängers beträgt $1:6$. Rootsgebläse dienen zur Aufladung von Dieselmotoren. Ihr größter Nachteil ist die starke Schallemission.

Flüssigkeitsringverdichter

Hier drücken die Schaufeln des exzentrischen Rades die Treibflüssigkeit an die Gehäusewand. Dadurch entsteht der sichelförmige Arbeitsraum, den die Flüssigkeit abdichtet (siehe Bild 1.3 e). So wird die Berührung fester Werkstoffe vermieden und es ist keine Schmierung nötig. Die Verdichtung erfolgt also ölfrei. Außerdem ist die Werkstoffwahl freier und die Teile werden gegen aggressive Medien mit Kunststoffen beschichtet. Die Treibflüssigkeit, oft Wasser, darf mit dem Fördermedium nicht reagieren und wird durch eine Pumpe nach Rückkühlung der Maschine wieder zugeführt. Dabei soll die Pumpenleistung nur 2% der Gesamtenergie betragen.

Diese Verdichter werden trotz ihres geringen Wirkungsgrades in der Nahrungs- und Genußmittelindustrie verwendet. In einer Stufe verdichten sie bis zu 4 bar und in zwei Stufen bis zu 8 bar. Förderströme bis zu 50 m^3/min bei Drehzahlen von maximal 3000 min^{-1} sind möglich. Als Vakuumerzeuger erreichen sie Vakua von 95%.

Schraubenverdichter

Im *Schraubenverdichter* (Bild 1.3 f) verringert sich das Volumen zwischen den beiden schraubenförmigen Läufern in axialer Richtung, wodurch das Medium komprimiert wird. Die hierzu notwendigen kleinen Spiele wurden erst mit modernen Walzfräsverfahren erreicht. Diese Verdichter sind heute ernsthafte Konkurrenten der Kolbenmaschinen bei Förderströmen bis zu 3500 m^3/min und bei Drücken von maximal 40 bar [1.7].

2 Thermodynamik

Im Verdichter ändert das eingeschlossene Medium während der Bewegung des Verdrängers durch den Austausch von Wärme und Arbeit seinen Zustand. Dieser wird einerseits durch die thermischen Zustandsgrößen: den Druck p, das spezifische Volumen v und die Temperatur T und andererseits durch die kalorischen Zustandsgrößen: die innere Energie u, die Enthalpie h und die Entropie s beschrieben. Der Zustand ist durch zwei dieser Größen, die durch je eine Zustandsgleichung verbunden sind, eindeutig bestimmt [2.1].

2.1 Thermische Zustandsgrößen

Mit dem absoluten Druck p, der absoluten Temperatur $T = t + 273$ K und dem spezifischen Volumen $v = V/m$, wobei V das Volumen und m die Masse ist, beträgt die Zustandsgleichung

$$f(p, v, T) = 0 \; . \tag{2.1}$$

Die Beziehung zwischen den Zustandsgrößen p, v und T ist oft sehr verwickelt.

2.1.1 Ideale Gase

Diese luftförmigen Stoffe liegen meist weit von der Verflüssigung entfernt. Sie folgen der Zustandsgleichung (2.2), ihre Wärmekapazitäten c sind aber temperaturabhängig.

Zustandsgleichung

Aus den Gesetzen von Gay-Lussac und Boyle-Mariotte ergibt sich mit der Gaskonstanten R für die Masse bzw. für ihre Einheit

$$pV = mRT \quad \text{bzw.} \quad pv = RT \; . \tag{2.2} \tag{2.3}$$

Diese Gleichung gilt nur angenähert für Gase in einem bestimmten Bereich. Dieser liegt bei Luft zwischen 1 bis 30 bar und 0 bis 200 °C, bei einer Genauigkeit von 2%, die für die Praxis meist genügt. Ähnlich verhalten sich die zweiatomigen Gase wie Wasserstoff H_2 und Stickstoff N_2.

Allgemeine und spezielle Gaskonstante

Mit der Einführung der Molmenge n und der Molmasse M gilt

$$m = nM \; . \tag{2.4}$$

Aus Gl. (2.2) folgt mit $R_M = MR$

$$pV = nMRT = nR_M T \; . \tag{2.5}$$

Diese Größe $R_M = 8314{,}3$ Nm/(kmolK) heißt die allgemeine, universelle oder molare Gaskonstante. Ihr Zahlenwert ist nur von den Einheiten, nicht aber von der Gasart und den Zustandsgrößen abhängig.

Die spezielle Gaskonstante beträgt

$$R = R_M/M \; . \tag{2.6}$$

Molmassen befinden sich in der Tabelle 2.1.

Dichte

Für die Masse pro Volumeneinheit gilt

$$\varrho = \frac{p}{RT} = \frac{1}{v} \; . \tag{2.7}$$

Sie ist von der Gasart abhängig und nimmt bei Höchstdruckverdichtern sehr große Werte an. Sie ist $\varrho = 578$ kg/m^3 für Luft von 1000 bar und 50 °C, also größer als die Hälfte der Wasserdichte.

Molvolumen

Mit dem Normzustand p_0, t_0 folgt aus Gl. (2.5) hierfür

$$v_m = \frac{V_0}{n} = \frac{R_M T_0}{p_0} = \frac{M}{\varrho_0} \; . \tag{2.8}$$

Es ist also von der Gasart unabhängig. So gilt für die Normzustände

$p_0 = 1{,}0133$ bar , $t_0 = 0\,°$C nach DIN 1343 , $v_m = 22{,}4$ m^3/kmol ,
$p_0 = 1{,}0$ bar , $t_0 = 20\,°$C nach DIN 1945 , $v_m = 24{,}36$ m^3/kmol .

2.1.2 Reale Gase

Sie verhalten sich wie überhitzte Dämpfe nahe der oberen Grenzkurve oder Taulinie. Ihre Wärmekapazitäten c_p und c_v hängen aber von dem Druck p und der

Tabelle 2.1. Physikalische Werte wichtiger Gase für Verdichter. Die Dichte beim Normzustand $p_0 = 1,0$ bar und $T_0 = 273$ K beträgt $\varrho_0 = p_0 M/(R_M T_0) = 0,0441$ (kmol/m^3) M

Gasart	Chem. Formel	Molmasse M kg/kmol	Gaskonstante R kJ/kgK	Isentrop. Expon. $\varkappa$ 1	Spez. Wärmekapazität bei konst. Druck c_p bei 1 bar kJ/kgK		
					20°C	100°C	200°C
Wasserstoff	H_2	2,016	4124,4	1,40	14,282	14,455	14,506
Sauerstoff	O_2	32,00	259,83	1,40	0,9174	0,9337	0,9631
Stickstoff	N_2	28,013	296,80	1,40	1,0389	1,0414	1,0509
Luft	–	28,960	287,06	1,40	1,004	1,0097	1,0237
Kohlenmonoxid	CO	28,011	296,83	1,40	1,0403	1,0447	1,0584
Kohlendioxid	CO_2	44,010	188,92	1,30	0,9378	0,9154	0,9950
Methan	CH_4	16,043	518,25	1,31	2,1940	2,4535	2,7967
Ethan	C_2H_6	30,068	276,50	1,20	1,7459	1,9887	–
Ethylen	C_2H_4	28,054	296,37	1,25	1,9343	2,2818	2,6209
Propan	C_3H_8	44,094	188,55	1,15	1,6957	1,9343	2,2609

Temperatur t ab. Zwischen den Grenzkurven der Siedelinie mit dem Dampfgehalt $x = 0$ und der Taulinie mit $x = 1$ verdampft die Flüssigkeit. Zwischen $x = 1$ und 0 kondensiert sie [2.1]. Diese Vorgänge treten in den Verdampfern und Kondensatoren der Kälteanlagen bei konstanten Drücken und Temperaturen auf, welche durch die Dampfdruckkurven [2.3] einander zugeordnet sind.

Zustandsgleichung

Sie wird hier nach Gl. (2.1) recht kompliziert, wie etwa die von Clausius angegebene Form

$$\left[p + \frac{a}{(v+h)^2} \right] (v-b) = RT \ . \tag{2.9}$$

Für den Temperaturbeiwert a gilt die Zahlenwertgleichung:

$$a = \mathrm{f}(T) = d - mT - n/T \quad \text{in} \quad \frac{\mathrm{N}}{\mathrm{m}^2} \left(\frac{\mathrm{m}}{\mathrm{kg}} \right)^2 \quad \text{für} \quad T \text{ in K} \ . \tag{2.10}$$

(Werte für die Konstanten b, d, h, m und n nach Fröhlich [4] siehe in Tabelle 2.2.) Es existieren mehrere derartige Gleichungen. Ihre Auswertung ist sehr aufwendig, so führt z. B. die Gl. (2.9) für das spezifische Volumen v auf eine kubische Gleichung. Größere Schwierigkeiten bereitet aber die experimentelle Bestimmung der Konstanten. So werden in der Praxis meist die folgenden Methoden bevorzugt:

Realgasfaktor

Er wird als Berichtigungsbeiwert in die Zustandsgleichung (2.1) der idealen Gase eingeführt [2.2]. Diese lautet dann

$$pv = ZRT \quad \text{und} \quad pV = ZmRT \ . \tag{2.11} \tag{2.12}$$

Der Faktor Z ist eine Funktion des Druckes und der Temperatur und wird Diagrammen (siehe Bild 12.1 bis 12.5) oder Tafeln [4] entnommen. Für seine Berechnung gilt

$$Z = 1 + \frac{c_2(t)}{v} + \frac{c_3(t)}{v^2} + \frac{c_4(t)}{v^3} \ .$$

Tabelle 2.2. Konstanten zu den Gleichungen von Clausius für p in bar, v in m³/kg und R in Nm/(kg K) in Gl. (2.9) und (2.10) gültig von -50 bis 200 °C und max. 1500 bar

	b	h	d	m	n
Luft	0,0010	0,0003	42,10	0,0491	24 820
NH₃-Synthesegas	0,0024	0,0025	39,24	0,1609	109 870

Die temperaturabhängigen Werte c_2 bis c_4 heißen auch zweite bis vierte Virialkoeffizienten [2.1]. Für den Normzustand ist bei den meisten zweiatomigen Gasen $Z = 1$. Bezeichnet der Index id das ideale Gas zur Unterscheidung vom realen, so gilt für konstante Masse auf einer Isothermen bzw. zwischen zwei Punkten

$$Z = \frac{p}{p_{\mathrm{id}}} \frac{v}{v_{\mathrm{id}}} \quad \text{bzw.} \quad Z = \frac{v}{v_{\mathrm{id}}} . \qquad (2.13)\ (2.14)$$

Die erste Gleichung begründet den üblichen Namen p,v-Abweichung für Z, die zweite zeigt die Abweichung des realen Gases vom idealen, bei einem bestimmten Druck.

Volumina

Sie sind die maßgebenden Größen zur Auslegung des Verdichters. Ausgehend von einem bestimmten Zustand 1 ergibt die Gl. (2.12) bei konstanter Masse

$$V = V_1 \frac{Z}{Z_1} \frac{p_1}{p} \frac{T}{T_1} . \qquad (2.15)$$

Hierbei kann der Einfluß der Realfaktoren sehr groß werden. So ist z. B. für Kohlendioxid auf der Isothermen 50°C bei 120 bar $Z = -0{,}35$ und bei 1100 bar $Z = 1{,}5$.

Beispiel 2.1

Wie groß ist das spezifische Volumen der Luft bei 1000 bar und 100°C nach dem T,s-Diagramm, nach der Zustands- bzw. Clausius-Gleichung?

T, s-Diagramm. Die Waagerechte durch die Ordinate $t = 100\,°\mathrm{C}$ schneidet die Isobare $p = 1000$ bar auf der Isochoren $v = 0{,}00189\ \mathrm{m^3/kg}$.

Zustandsgleichung. Mit dem Realfaktor $Z = 1{,}76$ nach Bild 12.2 und der Molmasse $M = 28{,}96$ kg/kmol für Luft folgt aus den Gl. (2.6) und (2.12)

$$R = \frac{R_\mathrm{M}}{M} = \frac{8315\ \mathrm{Nm//kmol\ K)}}{28{,}96\ \mathrm{kg/kmol}} = 287{,}1\ \frac{\mathrm{Nm}}{\mathrm{kg\ K}} \quad \text{und}$$

$$v = \frac{ZRT}{p} = \frac{1{,}76 \cdot 287{,}1\ \mathrm{Nm/(kg\ K)}\ 373\ \mathrm{K}}{1000 \cdot 10^5\ \mathrm{N/m^2}} = 0{,}00189\ \frac{\mathrm{m^3}}{\mathrm{kg}} .$$

Clausius-Gleichung. Hier wird, um die kubische Gleichung zu vermeiden, die Temperatur kontrolliert. Mit Gl. (2.10) und (2.9) folgt aus Tabelle 2.2

$$a = d - m\,T + \frac{n}{T} = 42{,}1 - 0{,}0491 \cdot 373 + \frac{24820}{373} = 90{,}33 \quad \text{in} \quad \frac{\mathrm{N}}{\mathrm{m^2}} \left(\frac{\mathrm{m^3}}{\mathrm{kg}} \right)^2 . \quad \text{Mit}$$

$$\frac{a}{(v+h)^2} = \frac{90{,}33}{(0{,}00189 + 0{,}0003)^2\ \mathrm{m^2}}\ \frac{\mathrm{N}}{} = 1{,}883 \cdot 10^7\ \frac{\mathrm{N}}{\mathrm{m^2}} \quad \text{und}$$

$$v - b = (0{,}00189 - 0{,}0010)\ \frac{\mathrm{m}^3}{\mathrm{kg}} = 0{,}00089\ \frac{\mathrm{m}^3}{\mathrm{kg}} \quad \text{wird}$$

$$T = \left[p + \frac{a}{(v+h)^2} \right] \frac{v-b}{R} = (1{,}0 + 0{,}1883) \cdot 10^8\ \frac{\mathrm{N}}{\mathrm{m}^2}\ \frac{0{,}00089\ \mathrm{m}^3/\mathrm{kg}}{287{,}1\ \mathrm{Nm}/(\mathrm{kg\ K})}$$

$$= 368{,}6\,\mathrm{K} \qquad t = 95{,}6\,^\circ\mathrm{C}\ .$$

Hier entsteht die geringe Abweichung von 4,4%.

2.2 Kalorische Zustandsgrößen

Es sind dies die innere Energie u, die Enthalpie h und die Entropie s. Infolge der langsamen Bewegung des Verdichterkolbens und den geringen Niveaudifferenzen sind die Geschwindigkeits- und Lageenergie, abgesehen von sehr hohen Gegendrücken, vernachlässigbar. Diese Größen bilden ein totales Differential, ihr Linienintegral ist also Null. Daher sind ihre Anfangs- und Endwerte 1 und 2 von den zwischen ihnen liegenden Zustandsänderungen unabhängig, die dabei zu- und abgeführten Energien sind also gleich und die Prozesse heißen reversibel. Die Veränderungen der Zustände werden als dicht aufeinanderfolgende Einzelvorgänge angesehen, die so langsam verlaufen, daß sie ihren Gleichgewichtszustand wieder erreichen, also quasistationär sind [2.1, 2.3].

2.2.1 Innere Energie

Hiermit werden die dem Medium bei konstantem Volumen reibungsfrei zugeführten physikalischen und chemischen Energien mit Ausnahme der Lage- und der Geschwindigkeitsenergie bezeichnet. Mit der spezifischen Wärmekapazität c_v bei konstantem Volumen gilt bei der Temperaturdifferenz $T_2 - T_1$ für die Masseneinheit

$$u_2 - u_1 = \int_{T_1}^{T_2} c_\mathrm{v}\,\mathrm{d}T = w_{\mathrm{ad}\,12}\ .$$

Hierbei erhöht also die Arbeit $w_{\mathrm{ad}\,12}$ die innere Energie des adiabatischen Systems, dessen Grenzen zwar Arbeit, aber keine Wärme überschreiten kann. Bei $t = 0\,^\circ\mathrm{C}$ ist $u = 0$.

2.2.2 Enthalpie

So heißt die dem Medium bei konstantem Druck ohne Reibung zugeführte Energie $\mathrm{d}h = \mathrm{d}u + p\,\mathrm{d}v$, wobei $p\,\mathrm{d}v$ die Ladungswechselarbeit darstellt. Ist c_p die spezifische Wärmekapazität bei konstantem Druck, so gilt für die Masseneinheit zwischen den Punkten 1 und 2

$$h_1 - h_2 = u_1 - u_2 + p_1 v_1 - p_2 v_2 = \int_{T_1}^{T_2} c_\mathrm{p}\,\mathrm{d}T \ . \tag{2.16}$$

Bei kleinen Drücken beträgt die technische Arbeit des Verdichters $w_\mathrm{t} = h_1 - h_2$. Für $t = 0\,°\mathrm{C}$ ist $h = 0$.

2.2.3 Entropie

Bezeichnet T die während der Zufuhr der Wärme $\mathrm{d}q$ veränderliche Temperatur, so gilt

$$s_2 - s_1 = \int_1^2 \frac{\mathrm{d}q}{T} \ . \tag{2.17}$$

In adiabaten Systemen ist $s_1 - s_2 = 0$, die Entropie nimmt hierin nicht ab. Sie ist bei reversiblen Prozessen konstant, bei irreversiblen steigt sie an. Bei der gekühlten Verdichtung (nicht adiabat) nimmt sie aber ab.

Für einfache Systeme gelten die Differentiale

$$\mathrm{d}s = \frac{\mathrm{d}u + p\,\mathrm{d}v}{T} \quad \text{bzw.} \quad \mathrm{d}s = \frac{\mathrm{d}h - v\,\mathrm{d}p}{T} \ . \tag{2.18}$$

Mit $p/T = R/v$ bzw. $v/T = R/p$ nach der Zustandgleichung $pv = RT$ und $\mathrm{d}u = c_\mathrm{v}\mathrm{d}T$ sowie $\mathrm{d}h = c_\mathrm{p}\mathrm{d}T$ folgt durch Integration für die ideale Gase

$$s_2 - s_1 = c_\mathrm{v} \ln \frac{T}{T_1} + R \ln \frac{v}{v_1} = c_\mathrm{p} \ln \frac{T}{T_1} - R \ln \frac{p}{p_1} \ . \tag{2.19}$$

Die Gl. (2.19) stellen im T,s-Diagramm (Bild 2.1) die logarithmischen Linien für $p = $ const. und $v = $ const. dar, von denen die letzteren steiler ansteigen. Dabei werden die Werte für v mit wachsender Entropie größer, für p aber kleiner. Meist wird $s_1 = 0$, für $p_1 = 1$ bar und $T_1 = 273$ K gesetzt. Mit $T = (h/c_\mathrm{p}) + 273$ K gelten die obigen Betrachtungen für das h,s-Diagramm.

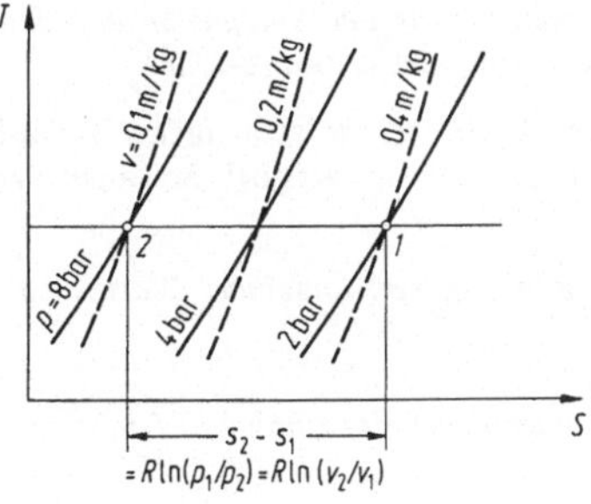

Bild 2.1. T,s-Diagramm für ideale Gase

2.2.4 Wärmekapazität

Ihr spezifischer Wert ist die pro Einheit der Masse m und der Temperaturdifferenz $t_2 - t_1$ dem Medium zugeführte Wärmeenergie Q_{12}, also

$$c = \frac{Q_{12}}{m\,(t_2 - t_1)} \quad \text{bzw.} \quad c^* = \frac{Q_{12}}{n\,(t_2 - t_1)} \; . \tag{2.20}$$

In Gl. (2.20) heißt c^*, das auf die Molmenge $n = m/M$ bezogen ist, molare Wärmekapazität. Bei Gasen wird hierbei zwischen Werten bei konstantem Druck $c_p = (\partial h / \partial T)_p$ und Volumen $c_v = (\partial u / \partial T)_v$ unterschieden. Durch die partiellen Differentiale ist die Wegunabhängigkeit der inneren Energie u und der Enthalpie h gegeben. Die Wärmekapazitäten hängen von der Temperatur, mit der sie ansteigen, aber auch vom spezifischen Volumen bzw. vom Druck ab.

Ideale Gase

Hier beeinflußt lediglich die Temperatur die Wärmekapazitäten. Ihr Mittelwert c_m erlaubt die Rechnung auf konstante Werte zurückzuführen. So gilt, da die Tabellen meist auf $0\,°\text{C}$ bezogen sind:

$$c_m \Big|_0^{t_2} = \frac{1}{t_2 - t_1} \int_1^2 c\,\mathrm{d}t = \frac{c_m \big|_0^{t_2} t_2 - c_m \big|_0^{t_1} t_1}{t_2 - t_1} \; . \tag{2.21}$$

Dieses Verfahren gilt für die vertafelten Werte nach Tabelle 2.1 bzw. [2.1] von c_p und c_v sowie der Zustandsgrößen u, h und s.

Bei nicht zu großen Druckdifferenzen gilt für den Isentropenexponenten bzw. für die Gaskonstante

$$\kappa = c_p / c_v \quad \text{und} \quad R = c_p - c_v = c_v\,(\varkappa - 1) \; . \tag{2.22}$$

2.3 Hauptsätze

Der erste Hauptsatz besagt:

In einem abgeschlossenen System ist der Gesamtbetrag der Energie unveränderlich. Ihre verschiedenen Arten sind lediglich ineinander umwandelbar.

Hiernach sind die Prozesse reversibel oder umkehrbar. Ihr tatsächlicher Verlauf ist aber, wenn Reibung auftritt, nicht umkehrbar oder irreversibel. So lautet der zweite Hauptsatz:

Bei allen natürlichen Prozessen nimmt die in Arbeit verwandelbare Wärme ab.

Für den Wärmeübergang gilt dann:

Wärme kann nie allein von einem Körper niederer auf einen höherer Temperatur übergehen.

2.3.1 Thermodynamische Systeme

Sie werden von Aggregaten bzw. Maschinen, deren Teilen oder von Anlagen gebildet und durch die Systemgrenzen aufgeteilt. Bei ihrem Überschreiten verwandeln sich Wärme und Arbeit in innere Energie. So wird von einem vollkommen isolierten oder adiabaten System nur Arbeit, aber keine Wärme ausgetauscht.

Bei offenen Systemen (Bild 2.2a) tritt das Medium an den Systemgrenzen ein und aus. So saugt in einer Druckluftanlage der Verdichter *12* die Luft aus der Atmosphäre an, drückt sie durch den Kühler *23* in die Werkzeuge *34*, die sie nach Arbeitsabgabe wieder in die Umgebung abblasen. Im geschlossenen System, wie in einer Kälteanlage (Bild 2.2b), läuft das Medium um. Ein Verdichter *12* fördert es durch den Kondensator *23* und das Drosselventil *34* in den Verdampfer *41*, aus dem er es wieder ansaugt. Aus einem geschlossenen entsteht ein offenes System (Bild 2.2c) durch Herausschneiden einzelner Teile und Anbringen der Energien an ihrem Ein- und Austritt. Aus diesen ist dann die Bilanz zu bilden. Diese ist bei verzweigten Systemen auch für die Massen auszuführen. Die Energiebilanzen lauten, wenn q_{Rest} das Restglied und w_i die innere Arbeit nach Abschn. 2.4.3 ist, für die geschlosssene Kälteanlage nach Bild 2.2b

$$w_{i\,12} + q_{41} = q_{23} + q_{\text{Rest}} \, ,$$

für die offene Druckluftanlage in Bild 2.2a

$$w_{i\,12} + h_1 + \frac{c_1^2}{2} = w_{i\,34} + q_{12} + q_{23} + h_4 + \frac{c_4^2}{2} + q_{\text{Rest}}$$

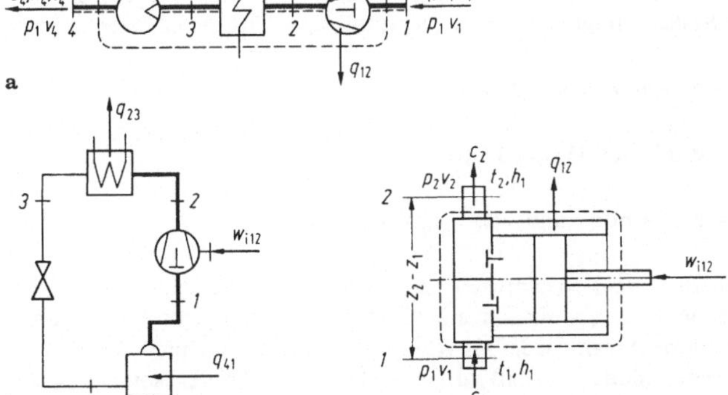

Bild 2.2a–c. Systemaufbau (gestrichelt: Systemgrenze). **a** Offene Druckluftanlage; **b** geschlossene Kälteanlage; **c** Verdichter als Teil von **a** oder **b**

und für den Verdichter (Bild 2.2c)

$$w_{i12} + h_1 + \frac{c_1^2}{2} + g z_1 = q_{12} + h_2 + \frac{c_2^2}{2} + g z_2 + q_{\text{Rest}} \ .$$

Hierbei sind die spezifischen Geschwindigkeits- und Lageenergien $c^2/2$ und gz meist vernachlässigbar. Das Restglied erfaßt alle nicht meßbaren Energien, ihre Änderungen durch Regelungen und Steuerungen sowie Meßfehler. Ist es positiv, liegt eine Ab-, sonst aber eine Einstrahlung vor.

2.3.2 Der erste Hauptsatz

Dieser Satz stellt eine Bilanz der Energien dar, die bei ihrer Zufuhr positiv zählen. Hierbei sind die Arbeiten w_{12} und die Wärme q_{12} von den Zustandsänderungen abhängige Prozeßgrößen. Seine Form ergibt sich aus dem System und der Strömung, für die hier der stationäre Mittelwert betrachtet wird.

Satz für geschlossene Systeme

Zwischen den Punkten 1 und 2 erhöhen die zugeführte Wärme q_{12} und die Arbeit w_{i12} die innere Energie des Verdichters von u_1 auf u_2 bzw.

$$q_{12} + w_{i12} = u_2 - u_1 \ . \tag{2.23}$$

Beim wirklichen Verdichter (Bild 2.2c) gilt, wenn w_i die indizierte Arbeit ist, $w_{i12} = w_t + w_R$. Dabei entsteht die Reibungsarbeit w_R hauptsächlich durch die Drosselung in den Ventilen, während die Reibungsarbeit der Kolbenringe dem Medium im Zylinder größtenteils wieder als Wärme zugeführt wird. Für einfache reibungsfreie Systeme folgt aus der Gl. (2.18) mit $dq = T ds$ die Differentialform:

$$dq = du + p\,dv \quad \text{und} \quad dq = dh - v\,dp \ , \tag{2.24}$$

bzw. mit $du = c_v dT$ und $dh = c_p dT$ folgt

$$dq = c_v dT + p\,dv \quad \text{und} \quad dq = c_p dT - v\,dp \ . \tag{2.25}$$

Für die Isotherme, dem Idealprozeß des Verdichters, folgt dann mit $dT = 0$; $dq = p\,dv$ oder $w_{i12} = -q_{12}$, d.h. eine isotherme Verdichtung tritt nur dann auf, wenn die zugeführte Arbeit wieder als Wärme abgeführt wird. Durch Gleichsetzen von dq folgt weiter mit $dT = 0$, daß $p\,dv = -v\,dp$ ist, d. h. bei der Isothermen sind die Volumen- und die Druckänderungsarbeit gleich und betragen:

$$w_{is12} = p_1 v_1 \ln (p_2/p_1) = -q_{12} \ . \tag{2.26}$$

Satz für offene Systeme

Hierin betragen die an den Schnittstellen des Systems auftretenden Energien:

$$e_2 - e_1 = h_2 - h_1 + \frac{1}{2}\,(c_2^2 - c_1^2) + g\,(z_2 - z_1)\ .$$

Hiermit ergibt dann die Gl. (2.23)

$$q_{12} + w_{i\,12} = e_2 - e_1\ . \tag{2.27}$$

Dabei sind die Energien der Lage $g\,(z_2 - z_1)$ und der Geschwindigkeit nur bei sehr hohen Drücken bedeutsam, bei denen die Dichte sehr stark ansteigt.

2.4 Arbeiten

Als wegabhängige Prozeßgrößen bedeuten die Arbeiten mechanisch das Produkt aus der Verschiebung einer Kraft in ihrer Wirkungsrichtung, thermodynamisch eine die Prozeßgrenze überschreitende Energie. Sie zählt positiv, wenn sie das Medium vom Kolben aufnimmt. Ihr Differential beträgt dann, wenn $\mathrm{d}x$ die Verschiebung der Kolbenfläche A_K ist, $\mathrm{d}W = p A_\mathrm{K}\,\mathrm{d}x = p\,\mathrm{d}V$ (siehe Bild 2.3 b). Sie tritt in den verschiedensten Formen auf.

2.4.1 Volumen- und Druckänderungsarbeit

Sie betragen

$$W_\mathrm{v} = -\int_1^2 p\,\mathrm{d}V \quad \text{und} \quad W_\mathrm{p} = \int_1^2 V\,\mathrm{d}p\ . \tag{2.28} \tag{2.29}$$

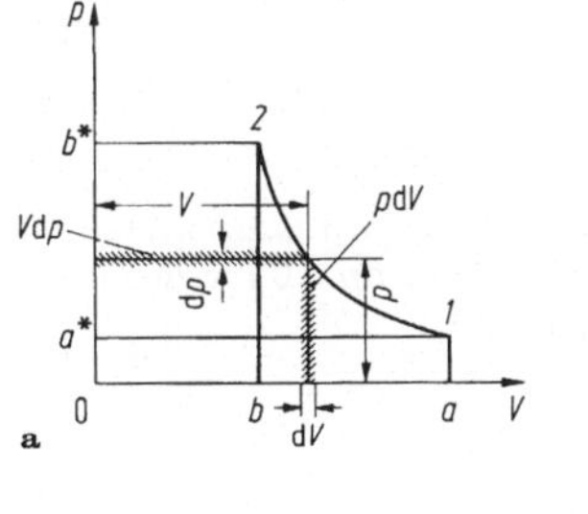

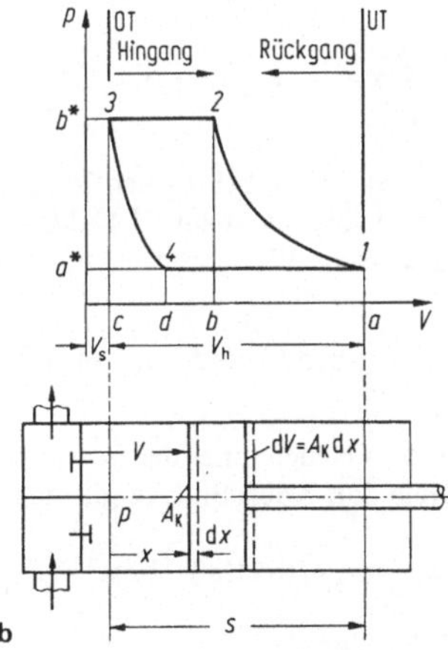

Bild 2.3 a, b. Arbeiten im p,V-Diagramm. **a** Volumen- und Druckänderungsarbeit; **b** technische Arbeit

Ihr Name bezeichnet die sich ändernden Größen, also die Differentiale $\mathrm{d}p$ und $\mathrm{d}V$. Das Minuszeichen bewirkt, daß die dem Medium zugeführten Arbeiten positiv werden. Mit dem Differential der Zustandsgleichung (2.3): $V\mathrm{d}p = \mathrm{d}(pV) - p\,\mathrm{d}V$, folgt dann:

$$W_\mathrm{p} = \int_1^2 V\mathrm{d}p = -\int_1^2 p\,\mathrm{d}V + p_2 V_2 - p_1 V_1 = W_\mathrm{v} + p_2 V_2 - p_1 V_1 \ . \qquad (2.30)$$

Ladungswechselarbeit heißt hierbei die Summe $W_\mathrm{L} = p_2 V_2 - p_1 V_1$. Ihre Anteile sind die Arbeiten beim Einströmen $W_\mathrm{E} = -p_1 V_1$ und beim Ausschieben $W_\mathrm{A} = p_2 V_2$. Die Arbeit W_p stellt die im Verdichterzylinder vom Kolben auf das Medium übertragene Arbeit bei Vernachlässigung des Schadraumes und der Reibung dar.

p,V-Diagramm

Nach Bild 2.3 b gilt mit den Maßstäben $\bar{m}_\mathrm{v}$ für das Volumen V, $\bar{m}_\mathrm{p}$ für den Druck p und $\bar{m}_\mathrm{w} = \bar{m}_\mathrm{v}\bar{m}_\mathrm{p}$ für die einzelnen Arbeiten, wenn Fl die Fläche bedeutet:

$$W_\mathrm{v} = \bar{m}_\mathrm{w} Fl(\mathrm{a}\,1\,2\,\mathrm{b}) \ ; \quad W_\mathrm{p} = \bar{m}_\mathrm{w} Fl(\mathrm{a}^*\,1\,2\,\mathrm{b}^*) \quad \text{und}$$

$$W_\mathrm{L} = W_\mathrm{p} - W_\mathrm{v} = \bar{m}_\mathrm{w} Fl(\mathrm{b}\,2\,3\,\mathrm{c}) - Fl(\mathrm{a}\,1\,4\,\mathrm{d}) \ .$$

T,s-Diagramm

Hier erscheinen nach Gl. (2.17) die Wärmen als Flächen unter den Zustandslinien zwischen den Temperaturen T_1 und T_2 bis hinunter zu $T = 0\,\mathrm{K}$. Für die Wärmen (Bild 2.4) gilt dann

$$q_{12} = \int_{T_1}^{T_2} T\,\mathrm{d}s = \bar{m}_\mathrm{w} Fl(\mathrm{a}\,1\,2\,\mathrm{b}) \ .$$

Hierbei ist $\bar{m}_\mathrm{w} = \bar{m}_\mathrm{T}\bar{m}_\mathrm{s}$, wobei $\bar{m}_\mathrm{T}$ den Temperatur- und $\bar{m}_\mathrm{s}$ den Entropiemaßstab darstellen. Hiermit folgt dann aus Gl. (2.24) mit $\mathrm{d}V = 0$ und $\mathrm{d}p = 0$ für die idealen Gase, deren spezifische Wärmen druckunabhängig sind

$$u_2 - u_1 = \int_{T_1}^{T_2} c_\mathrm{v}\,\mathrm{d}T \quad \text{und} \quad h_2 - h_1 = \int_{T_1}^{T_2} c_\mathrm{p}\,\mathrm{d}T \ . \qquad (2.31)$$

Danach stellen die Flächen unter der Isochoren die innere Energie unter der Isobaren die Enthalpie dar. Nach Bild 2.4 gilt dann für die Kompression:

$$u_2 - u_1 = \bar{m}_\mathrm{w} Fl(\mathrm{b}\,2\,1'\,\mathrm{a}') \quad \text{bzw.} \quad h_2 - h_1 = \bar{m}_\mathrm{w} Fl(\mathrm{b}\,2\,1''\,\mathrm{a}'')$$

und für die Expansion:

$$u_2 - u_1 = \bar{m}_\mathrm{w} Fl(\mathrm{a}\,1\,2'\,\mathrm{b}') \quad \text{bzw.} \quad h_2 - h_1 = \bar{m}_\mathrm{w} Fl(\mathrm{a}\,1\,2''\,\mathrm{a}'') \ .$$

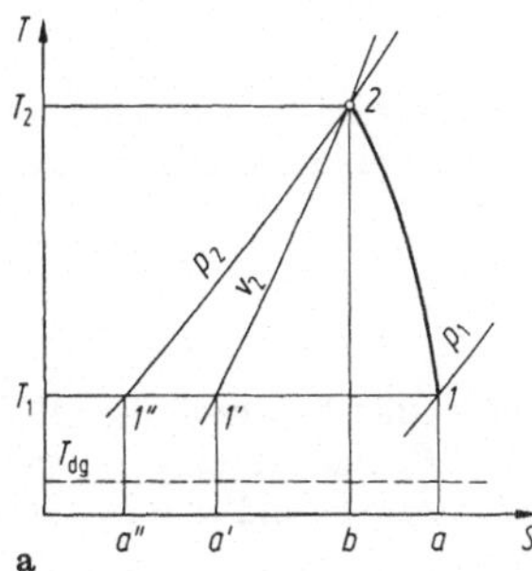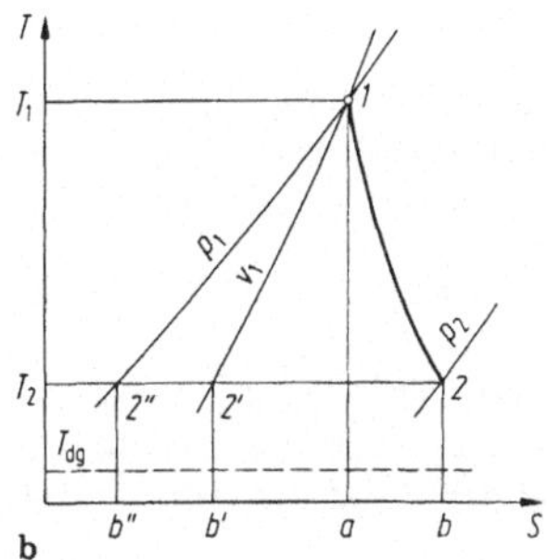

Bild 2.4a, b. Zustandsänderungen im T, s-Diagramm. **a** Kompression; **b** Expansion

Durch Integration der Gl. (2.24) mit Gl. (2.28) und (2.29) folgt

$$w_{v\,12} = q_{12} - (u_2 - u_1) \quad \text{bzw.} \quad w_{p\,12} = q_{12} - (h_2 - h_1) \ . \tag{2.32}$$

Die Arbeiten setzen sich dann aus den hier aufgeführten Energien zusammen. Für die Kompression ergibt also Bild 2.4a

$$w_{v\,12} = \bar{m}_w Fl(\text{a}\,121'\text{a}') \quad \text{bzw.} \quad w_{p\,12} = \bar{m}_w Fl(\text{a}\,121''\text{a}'')$$

und für die Expansion

$$w_{v\,12} = \bar{m}_w Fl(\text{b}\,212'\text{b}') \quad \text{bzw.} \quad w_{p\,12} = \bar{m}_w Fl(\text{b}\,212''\text{b}'') \ .$$

Die Arbeiten sind also die Summe der durch die Flächen dargestellten Energien. Beim gekühlten Verdichter ist q_{12} negativ, so daß sich in Bild 2.4a die Flächen addieren und so die positive Arbeit ergeben. Beim Fortfall der Kühlung steigt die Temperatur T_2 und damit die Arbeit an. Für die Ladungswechselarbeit folgt dann aus Gl. (2.30):

$$w_L = p_2 v_2 - p_1 v_1 = w_p - w_v \ .$$

Für die Kompression bzw. Expansion gilt dann

$$w_L = \bar{m}_w Fl(\text{a}'\,1'21''\text{a}'') \quad \text{bzw.} \quad w_L = \bar{m}_w Fl(\text{b}'\,2'12''\text{b}'') \ .$$

Da die technischen Diagramme aus Platzgründen bei der Temperatur t_{dg} enden, fehlt ein Teil der Flächen. Hierdurch vergrößert sich die Druckänderungsarbeit der Kompression nach Bild 2.4 um

$$\Delta w_t = \bar{m}_s \overline{11''}(273\,°\text{C} + t_{dg}) \ .$$

2.4.2 Technische Arbeit

Die Größe und der Einbau der Ventile bedingen den Schadraum V_S, aus dem heraus die Rückexpansion erfolgt. Der Arbeitsraum des Mediums im Zylinder beträgt dann mit dem Weg x und der Fläche A_K des Kolbens

$$V = V_S + A_K x \; . \tag{2.33}$$

So ergeben sich die folgenden Arbeitsgänge im Verdichter (Bild 2.3): Verdichten 12, Ausschieben 23, Rückexpansion 34 und Ansaugen 41. Hiermit beträgt dann die technische Arbeit mit den Ansaug- bzw. Gegendrücken $p_4 = p_1$ und $p_3 = p_2$.

$$W_t = -\int_1^2 V\mathrm{d}p - \int_3^4 V\mathrm{d}p = W_{p12} - W_{p34}$$

$$= \bar{m}_W Fl(\mathrm{a}^*12\mathrm{b}^*) - Fl(\mathrm{a}^*43\mathrm{b}^*) = \bar{m}_W Fl(1234) \; , \tag{2.34}$$

bzw. mit Gl. (2.30)

$$W_t = -\int_1^2 p\,\mathrm{d}V - \int_3^4 p\,\mathrm{d}V + p_2(V_2 - V_3) - p_1(V_1 - V_4) \; .$$

Im p,V-Diagramm (Bild 2.3b) entspricht die technische Arbeit des Verdichterprozesses der von seinen Zustandslinien umschlossenen Fläche.

2.4.3 Innere oder indizierte Arbeit

Sie umfaßt außer der technischen Arbeit noch die Reibungsverluste, die hauptsächlich in den Ventilen auftreten. Dadurch verringert sich der Saugdruck von p_1 auf p_1' und der Gegendruck steigt von p_2 auf p_2''. Zur besseren Unterscheidung werden p_1 und p_2 Stufen- und p_1' und p_2'' Zylinderdrücke genannt.

Die Ermittlung dieser Arbeiten erfolgt aus dem Indikatordiagramm (Bild 2.5), das an der Maschine aufgenommen oder nach Erfahrungswerten berechnet wird.

Angenäherte Berechnung

Für die Drücke gilt $p_2'' = c\,\psi\,p_1'$ mit $\psi = p_2/p_1$ und $p_1' = (0{,}95 \text{ bis } 0{,}97)p_1$. Für den Faktor $c = 1{,}05$ bis $1{,}25$ ergeben die kleineren Werte geringere Reibungsverluste, gelten also bei niedrigen Ventilgeschwindigkeiten. Für die Arbeiten der Kompression und der Rückexpansion gelten Polytropen mit verschiedenen Exponenten, die von der Kühlung, der Drehzahl und der Art des Gases abhängen.

Indikatordiagramm

Es stellt den Druckverlauf im Zylinder (Bild 2.5) dar und wird bis zu Drehzahlen von 800 min^{-1} mit dem Federindikator, darüber hinaus mit dem Kathodenstrahl-

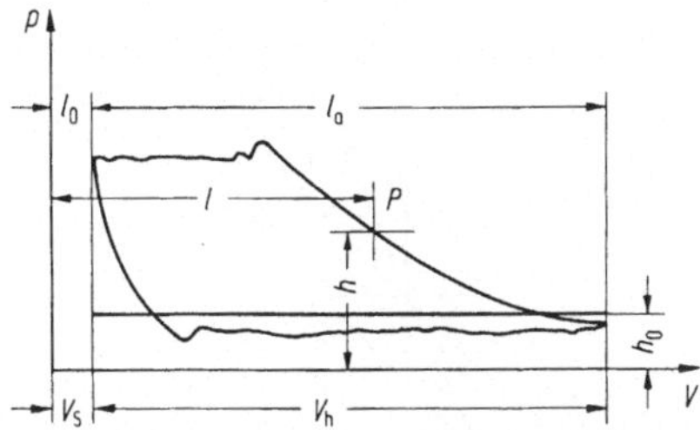

Bild 2.5. Indikator- bzw. p,V-Diagramm

Oszillographen aufgenommen. Seine Aufgabe ist die Ermittlung der nach ihm be-
nannten Leistung bzw. Arbeit. Bekannt sein müssen hierzu: das Hubvolumen V_h
des Zylinders, sein Schadraum V_S, der Druck- oder Federmaßstab $\bar{m}_p$ bzw. φ, wobei
$\bar{m}_p = 1/\varphi$ ist. Außerdem ist die Linie des atmosphärischen Luftdruckes mit der
Länge l_a aufzunehmen die Diagrammfläche A_D (z. B. durch Planimetrieren) zu ermitteln. Mit dem Volumenmaßstab $\bar{m}_v = V_h/l_a$ folgt dann für die indizierte Arbeit

$$W_i = \bar{m}_p \bar{m}_v A_D = \frac{A_D}{l_a\,\varphi}\, V_h = p_i V_h \;, \tag{2.35}$$

wobei $p_i = A_D/(l_a\varphi)$ der indizierte Druck ist. Zur Auswertung der Zustandslinien
wird es zum p,V-Diagramm ergänzt (Bild 2.5). Hierzu sind die Ordinate im Abstand $h_0 = p_a/\bar{m}_p$ von der atmophärischen Linie und die Abszisse im Abstand
$l_0 = V_s/\bar{m}_v = V_s l_a/V_h$, also von der äußersten Diagrammspitze aus anzutragen.
Das Volumen V bzw. der Druck p eines Diagrammpunktes P ist dann

$$V = l\bar{m}_V = \frac{l}{l_a}\, V_h \quad \text{bzw.} \quad p = h\bar{m}_p = \frac{h}{\varphi} \;. \tag{2.36}$$

Die schraffierten Flächen zwischen den Stufendrücken und der Saug- bzw. Aus-
schublinie stellen dann die Reibungsarbeit W_R der Stufe dar (Bild 3.5 a).

2.5 Zustandsänderungen

Der Arbeitsprozeß des Verdichters ist irreversibel und seine Zustandsänderungen
sind quasistatisch. Ihrer Deutung dienen einfache Vergleichsprozesse. Diese sind reversibel (Bild 2.6) wie die Isentrope a, die Isotherme b, die Isobare c und die Isochore d oder irreversibel (Bild 2.7) wie die Adiabate oder die Drosselung. Dazu werden
die tatsächlichen Zustandsänderungen dem Indikatordiagramm entnommen.

2.5.1 Reale Gase

Die hierbei sehr komplizierten Zusammenhänge der Zustandsgrößen werden in Tafeln [2.4] oder Diagrammen dargestellt. Letztere enthalten − je nach Verwendung

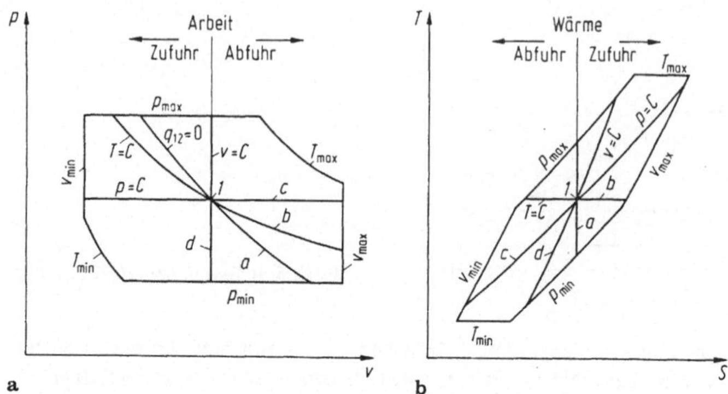

Bild 2.6 a, b. Reversible Zustandsänderungen. **a** p,V-Diagramm; **b** T,s-Diagramm, a Isentrope, b Isotherme, c Isobare, d Isochore, *1* Ausgangspunkt

– Linien für konstante Werte des Druckes, des spezifischen Volumens, der Temperatur, der Enthalpie und der Entropie. Für Verdichter sind dabei besonders geeignet: das p,V-Diagramm bei dem die Arbeit und das T,s-Diagramm [4] bei dem die Wärmen als Flächen unter den Kurven erscheinen.

Seltener wird das h,s- oder das $\lg p, h$-Diagramm benutzt. Beim ersten bedeuten die Abstände auf der Senkrechten Arbeiten, beim zweiten die Abstände auf der Waagerechten Wärmen [2.1, 2.3].

Irreversible Zustandsänderungen

Die Adiabate bezieht sich auf die vollkommen isolierte Maschine unter Berücksichtigung der inneren Arbeitsverluste Δw_V infolge von Reibung und Drosselung.

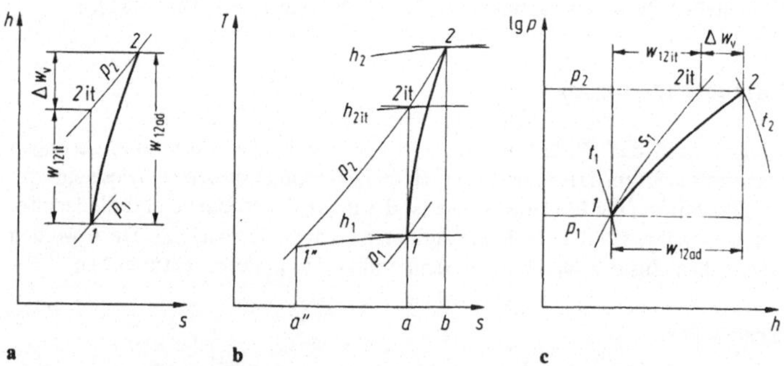

Bild 2.7 a – c. Adiabate Kompression eines realen Gases. **a** h,s-Diagramm; **b** T,s-Diagramm; **c** $\lg p, h$-Diagramm

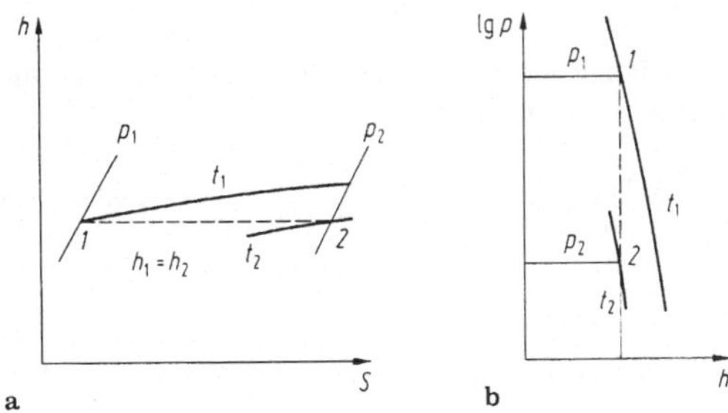

Bild 2.8 a, b. Drosselung. **a** h, s-Diagramm; **b** $\lg p, h$-Diagramm

Sie addieren sich zur Arbeit der Isentropen $w_{12\,\mathrm{it}} = h_{2\,\mathrm{it}} - h_1$. Hier ist $q_{12} = 0$. Es findet also kein Wärmeaustausch statt. Damit gilt:

$$w_{12\,\mathrm{ad}} = h_{2\,\mathrm{it}} - h_1 + \Delta w_\mathrm{V} \ . \tag{2.37}$$

Im h, s- und $\lg p, h$-Diagramm (Bild 2.7) werden sie durch Strecken dargestellt. Im T, s-Diagramm ist $\Delta w_\mathrm{V} = \bar{m}_\mathrm{W}\, Fl(a\,12\,b)$ und $w_{12} = \bar{m}_\mathrm{w}\, Fl(a\,12\,1''a'')$, während die Fläche $(12_\mathrm{it}2)$ den Arbeitsaufwand für die überisentrope Verdichtung bedeutet.

Drosselung tritt in den Regel-, Steuer- und Absperrorganen, Meßblenden und Rohrleitungen der Verdichter auf. Hierbei wird keine Arbeit abgegeben und die Wärmeverluste sind vernachlässigbar. Hiermit folgt aus Gl. (2.16)

$$h_2 = h_1 \ . \tag{2.38}$$

Da an der Drosselstelle Wirbel auftreten, ist der Zustand des Mediums nur an der beruhigten Strömung in einiger Entfernung davor oder dahinter bestimmbar. Eine solche Zustandsänderung heißt nicht statisch und wird im Diagramm (Bild 2.8) durch eine punktierte Linie angedeutet. Der Druckverlust ist an dem Aggregat zu messen oder nach der Strömungsmechanik zu berechnen. Hiernach gilt mit dem Widerstandsbeiwert ζ der Drosselstelle, der Dichte ϱ und der Geschwindigkeit c des Mediums

$$\Delta p_\mathrm{R} = p_1 - p_2 = \zeta \frac{\varrho}{2}\, c^2 \ . \tag{2.39}$$

2.5.2 Ideale Gase

Sie sind als Gase definiert für die die Zustandsgleichung $pV = mRT$ nach Gl. (2.2) gilt und deren spezifische Wärmekapazitäten c_v und c_p nur von der Temperatur abhängen. Lediglich bei den Edelgasen sind sie konstant. Bei den geringen Temperaturen bis etwa $200\,^\circ\mathrm{C}$, die in den Verdichtern auftreten, ändern sich bei zweiatomigen Gasen wie Luft-, Sauer-, Stick- und Wasserstoff sowie Stick- und Kohlenmonoxid c_p und c_v praktisch nicht und ihr Isentropenexponent ist $\varkappa = 1{,}4$. Sonst sind die Mittelwerte nach den Gl. (2.21) zu berechnen.

Polytrope

Als allgemeiner Fall gilt hier die Polytrope $pv^n = $ const., die eine Zu- und Abfuhr der Wärme einschließt. Mit $pv = RT$ folgt dann

$$pv^n = p_1 v_1^n \qquad Tv^{n-1} = T_1 v_1^{n-1} \qquad\qquad (2.40)\ (2.41)$$

und

$$\frac{p^{(n-1)/n}}{T} = \frac{p_1^{(n-1)/n}}{T_1} . \qquad\qquad (2.42)$$

Die Volumenänderungsarbeit ergibt sich aus Gl. (2.28) und (2.40) sowie mit $pv = RT$ zu

$$w_{v12} = \frac{1}{n-1}(p_2 v_2 - p_1 v_1) = \frac{R}{n-1}(T_2 - T_1) ; \qquad\qquad (2.43)$$

mit Gl. (2.42) folgt dann

$$w_{v12} = \frac{p_1 v_1}{n-1}\left[\left(\frac{p_2}{p_1}\right)^{(n-1)/n} - 1\right] . \qquad\qquad (2.44)$$

Die Druckänderungsarbeit wird mit Gl. (2.30) und (2.43), $pv = RT$ und Gl. (2.44) ermittelt:

$$w_{p12} = \frac{nR}{n-1}(T_2 - T_1) = \frac{n}{n-1} p_1 v_1 \left[\left(\frac{p_2}{p_1}\right)^{(n-1)/n} - 1\right] = n\, w_{v12} . \quad (2.45)$$

Die Wärmen sind aus den Gl. (2.23) und (2.43) mit $R = c_p - c_v$ und $\varkappa = c_p/c_v$ nach Gl. (2.22) zu berechnen:

$$q_{12} = c_v \frac{n-\varkappa}{n-1}(T_2 - T_1) = \frac{n-\varkappa}{n(\varkappa - 1)} w_{p12} . \qquad\qquad (2.46)$$

Bei der Verdichtung $(T_2 - T_1)$ wird die Wärme bei $n > \varkappa$ zugeführt, bei $n < \varkappa$ abgeführt. Für die Dehnung ist es umgekehrt (siehe Tabelle 2.3).

Sonderfälle der Polytropen

Ihren Verlauf zeigt Bild 2.6 für die Isentrope a, die Isotherme b, die Isobare c und die Isochore d. Ihre Gesetze, Exponenten, Arbeiten und Wärmen sind in der Tabelle 2.3 zusammengefaßt. Sie ergeben sich aus den Polytropengleichungen durch Einsetzen der betreffenden Exponenten. Entstehen hierbei unbestimmte Ausdrücke, dann sind die Gln. (2.25), (2.28), (2.29) und (2.40) zu verwenden, wie z. B. bei den Gl. (2.26) der Isothermen. Bei der Drosselung bleibt die Temperatur t nach Gl. (2.39) konstant, wenn sich die c_p-Werte nicht ändern.

Tabelle 2.3. Zustandsänderungen idealer Gase. (Die Polytrope und ihre Sonderfälle.) $C \triangleq$ const

		Gesetz	Exponent	Arbeiten	Wärmen
Polytrope		$p\,v^{n} = C$	n	$w_{v12} = \dfrac{p_1 v_1}{n-1}\left\{\left(\dfrac{p_2}{p_1}\right)^{(n-1)/n} - 1\right\}$; $w_{p12} = n\,w_{v12}$	$q_{12} = c_v\,\dfrac{n-x}{n-1}\,(T_2 - T_1) = \dfrac{n-x}{n(x-1)}\,w_{p12}$
Isentrope	$q_{12} = 0$	$p\,v^{x} = C$	$n = x$	s. Polytrope mit $n = x$	$q_{12} = 0$
Isotherme	$T_1 = T_2$	$p\,v = C$	$n = 1$	$w_{v12} = w_{p12} = p_1 v_1 \ln \dfrac{p_2}{p_1}$	$q_{12} = -w_{v12} = -w_{p12}$
Isobare	$p_1 = p_2$	$v/T = C$	$n = 0$	$w_{v12} = p_1(v_1 - v_2);\ w_{p12} = 0$	$q_{12} = c_p(T_2 - T_1) = \dfrac{-x}{x-1}\,w_{v12}$
Isochore	$v_1 = v_2$	$p/T = C$	$n \to \infty$	$w_{v12} = 0;\ w_{p12} = v_1(p_2 - p_1)$	$q_{12} = c_v(T_2 - T_1) = \dfrac{w_{p12}}{x-1}$

2.6 Gasgemische

Verdichter komprimieren die verschiedensten Gemische für die chemische Industrie wie Erd- und Kokereigas aber auch Gicht- und Fackelgase bei der Erdölgewinnung. Die in den Gasen enthaltene Feuchtigkeit ist zu entfernen, da sie sonst Ventile und Zylinder zerstört.

2.6.1 Grundlagen

Befinden sich mehrere nicht miteinander reagierenden Gase bei nicht zu hohen Drücken in einem geschlossenen Raum, so füllt nach dem Daltonschen Gesetz jedes einzelne Gas diesen vollständig aus. Dabei ist der Gesamtdruck des Gemisches gleich der Summe seiner Teildrücke.

Für ein Gemisch aus i-Komponenten gilt dann für die Gesamtheit von Druck, Masse und Molmenge

$$p = \sum_{k=1}^{i} p_k \; ; \quad m = \sum_{k=1}^{i} m_k \quad \text{und} \quad n = \sum_{k=1}^{i} n_k \; . \tag{2.47}$$

Die Massen- bzw. die Molanteile betragen also

$$\xi_k = \frac{m_k}{m} \; ; \quad \sum \xi_k = 1 \quad \text{und} \quad \nu_k = \frac{n_k}{n} \; ; \quad \sum \nu_k = 1 \; ; \tag{2.48}$$

mit $n = m/M$ folgt dann aus Gl. (2.48)

$$\nu_k = \xi_k \, \frac{M}{M_k} \; . \tag{2.49}$$

2.6.2 Zustandsgrößen und Gleichungen

Da alle Gase nach dem Daltonschen Gesetz zu gleichen Raum einnehmen, gilt für sie die allgemeine Gaskonstante R_M, und ihre Temperaturen T sind ausgeglichen. Daraus folgt mit Gl. (2.12) und $m = Mn$ die Zustandsgleichung für das k-te Einzelgas bzw. für das Gesamtgas mit den Realfaktoren Z

$$p_k V = Z_k n_k R_M T \quad \text{und} \quad pV = Z n R_M T \; . \tag{2.50 und 2.51}$$

Die Drücke ergeben sich nach Division der Gln. (2.50) und (2.51) mit Gl. (2.48)

$$\frac{p_k}{p} = \frac{n_k Z_k}{n Z} = \nu_k \frac{Z_k}{Z} \; . \tag{2.52}$$

Die Dichte ist nach den Gln. (2.7) und (2.8)

$$\varrho = \sum \varrho_k \; . \tag{2.53}$$

Die Molmasse beträgt dann mit $M \sum \xi_k = \sum \cdot v_k M_k$ aus Gl. (2.48) nach Gl. (2.47)

$$M = \sum v_k M_k \; .$$ (2.54)

Die Gaskonstante folgt mit $pV = ZmRT = \sum Z_k m_k R_k T$ nach Gln. (2.50) und (2.47)

$$R = \sum \xi_k R_k \frac{Z_k}{Z} \; .$$ (2.55)

Hier ist die Gaskonstante also von den Realfaktoren und den Massenanteilen abhängig.

Die spezifische Wärmekapazität bei konstantem Druck eines Gemisches von n Einzelgasen folgt aus

$$m c_p = m_1 c_{p1} + m_2 c_{p2} + \dots + m_k c_{pk} + \dots + m_n c_{pn} \; .$$ (2.56)

Mit $m_k/m = \xi_k$ und Gl. (2.21) ergibt sich dann für die mittleren Werte

$$c_p \Big|_0^t = \sum \xi_k c_{pk} \Big|_0^t \; .$$ (2.57)

Für die spezifischen Größen $c, u,$ und h gelten die Gl. (2.56) und (2.57) sinngemäß; bei den molaren Größen ist dabei ξ durch v zu ersetzen.

Beispiel 2.2

Ein Erdgas besteht aus folgenden Komponenten in Molanteilen:

- 2,4% Propan C_3H_8,
- 69,5% Methan CH_4,
- 15,3% Stickstoff N_2,
- 3,2% Ethan C_2H_6 und
- 9,6% Kohlendioxid CO_2.

Gesucht sind die Dichte des Gases beim Normzustand 1,0133 bar und sein Volumen für die Masse 10 kg bei 6 bar 50 °C.

Mit den Molmassen $M_c = 12,011$ kg/kmol, $M_{O2} = 32,0$ kg/kmol, $M_{H2} = 2,016$ kg/kmol und $M_{N2} = 28,013$ kg/kmol gilt für das Propan und sinngemäß für die übrigen Komponenten

$$M_{C_3H_8} = (3 \cdot 12,01 + 4 \cdot 2,016) \text{ kg/kmol} = 44,094 \text{ kg/kmol} \; .$$

So werden die Molmassen $M = \sum v_k M_k$ nach Gl. (2.54) und zur Kontrolle die Massenanteile $\xi_k = v_k M_k / M$ nach Gl. (2.49) berechnet, wobei $\sum \xi_k = 1$ nach Gl. (2.48) sein muß (siehe Tabelle 2.4).

Die Gaskonstante des Erdgases ist dann nach Gl. (2.6)

$$R = \frac{R_M}{M} = \frac{8314,3 \text{ Nm/kmol K}}{21,681 \text{ kg/kmol}} = 383,5 \frac{\text{Nm}}{\text{kg K}} \; ,$$

Tabelle 2.4. Zur Berechnung eines Erdgases

Gas	v_k	M_k kg/kmol	vM_k kg/kmol	ξ_k 1
N_2	0,153	28,013	4,2860	0,1977
CO_2	0,096	44,010	4,2250	0,1949
CH_4	0,695	16,043	11,1499	0,5142
C_2H_6	0,032	30,068	0,9622	0,0444
C_3H_8	0,024	44,094	1,0583	0,0488
Σ	1,000		$M = 21,6814$	1,0000

und für die Dichte folgt aus Gl. (2.7)

$$\varrho_0 = \frac{p_0}{R\,T_0} = \frac{1,0133 \cdot 10^5\ \text{N/m}^2}{383,5\ \text{Nm/(kg K)}\ 273\ \text{K}} = 0,9679\ \frac{\text{kg}}{\text{m}^3}\ .$$

Das Volumen der Masse $m = 10$ kg beträgt bei $p = 6$ bar, $t = 50\,°\text{C}$ bei Vernachlässigung des Realfaktors also $Z = 1$ nach Gl. (2.3)

$$V = \frac{mRT}{p} = \frac{10\ \text{kg}\ 383,5\ \text{Nm/(kg K)}\ 323\ \text{K}}{6 \cdot 10^5\ \text{N/m}^2} = 2,0645\ \text{m}^3\ .$$

2.6.3 Feuchte Luft

Luftverdichter saugen bei feuchtem Wetter ein Luft-Wasserdampfgemisch an. Dieses verhält sich wie die Gasgemische, bis der Wasserdampf im Taupunkt (Bild 2.9) seine Sättigungslinie unterschreitet. Dann verflüssigt er sich und fällt in den Kühlern aus. Dadurch wird das vom Verdichter geförderte trockene Volumen verringert. Außerdem ist das ausgefallene Wasser abzulassen, um die Maschine vor Zerstörungen durch Wasserschläge zu schützen.

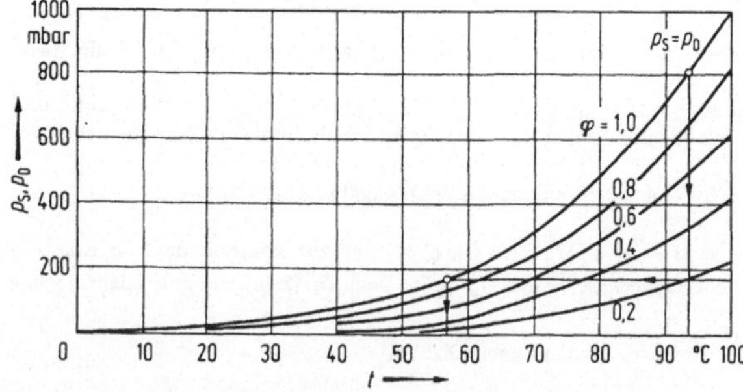

Bild 2.9. Relative Feuchte φ der Luft als Funktion der Temperatur t.
Z. B. Luft von $93,5\,°\text{C}$, $\varphi = 0,2$, $p_S = 0,8$ bar, $p_D = \varphi p_S = 0,16$ bar, $t_S = 55,3\,°\text{C}$, hierbei Ausfall des Wassers (p_S, t_S lt. Sättigungstafel für Dampf)

Relative Feuchte

Als Verhältnis des Dampfdruckes p_D zu seinem Sättigungswert p_S beträgt sie

$$\varphi = p_D/p_S \ . \tag{2.58}$$

Da sie mit einem Hygrometer einfach meßbar ist, wird sie oft zur Kennzeichnung des in der Luft enthaltenen Dampfes angegeben. Für $\varphi = 1$ also $p_D = p_S$ ist der Dampf gesättigt und kondensiert bei weiterer Abkühlung; für $\varphi = 0$ ist kein Dampf vorhanden und die Luft ist trocken. Bei Abkühlung unter konstantem Druck (Bild 2.9) nimmt die Feuchte bis zur Sättigungstemperatur t_S, dem Taupunkt, ständig zu.

Zustandsgleichungen

Die Realgasfaktoren haben bei den hier betrachteten geringen Drücken und Temperaturen praktisch den Wert eins. Das ändert sich auch nicht bei hohen Drücken, da hierbei der Wasserdampfgehalt sehr klein wird (Bild 2.10). Für die Luft (Index L) und den Wasserdampf (Index D) gilt, da sie die gleiche Temperatur haben und den selben Raum einnehmen, nach Gl. (2.2):

$$p_L V = m_L R_L T \quad \text{und} \quad p_D V = m_D R_D T \ . \tag{2.59}$$

Mit der relativen Feuchte $\varphi = p_D/p_S$ beträgt der mit dem Manometer gemessene Gesamtdruck

$$p = p_L + p_D = p_L + \varphi p_S \ . \tag{2.60}$$

Aus den Gln. (2.58) bis (2.60) ergibt sich dann

$$(p - \varphi p_S) V = m_L R_L T \quad \text{und} \quad \varphi p_S V = m_D R_D T \ . \tag{2.61} \tag{2.62}$$

Bezeichnet in Gl. (2.61) V_f das Volumen der feuchten und V_{tr} der trockenen Luft, für die $\varphi = 1$, also $p V_{tr} = m_L R_L T$ ist, so folgt

$$\frac{V_{tr}}{V_f} = \frac{p - \varphi p_S}{p} = 1 - \frac{\varphi p_S}{p} \ . \tag{2.63}$$

Hieraus ergibt sich dann der Volumenverlust $(V_f - V_{tr})/V_f = \varphi p_S/p$ beim Ansaugen der gleichen Masse feuchter anstatt trockener Luft. Da $p \gg p_S$ ist, beträgt der Kehrwert der Gl. (2.63)

$$\frac{V_f}{V_{tr}} = \frac{p}{p - \varphi p_S} \approx 1 + \frac{\varphi p_S}{p} \ . \tag{2.64}$$

Diese Gleichung zeigt die notwendige Vergrößerung des Verdichtervolumens um $\varphi p_S/p$ für die gleiche Mase feuchten Gases.

Konzentrationsgrößen

Neben der relativen Feuchte φ sind noch der Dampfgehalt x und der Sättigungsgrad ψ nach Gl. (2.68) im Maschinenbau üblich.

Dampfgehalt

Er ist das Massenverhältnis von Dampf bzw. Wasser und der Luft und beträgt nach Gl. (2.61) und (2.62) mit $R_M = M_L R_L = M_D R_D$ aus Gl. (2.6)

$$x = \frac{m_D}{m_L} = \frac{M_D}{M_L}\,\frac{\varphi p_S}{p - \varphi p_S}\;. \tag{2.65}$$

Dabei ist $M_D/M_L = 18/28{,}96\ \text{kg/kg} = 0{,}622$ ein ausreichend genauer Wert für den betrachteten Temperaturbereich. Für die Sättigung gilt dann mit $\varphi = 1$:

$$x_S = \frac{M_D}{M_L}\,\frac{p_S}{p - p_S}\;. \tag{2.66}$$

Dies ist der maximale Dampfgehalt der Luft. Wird er überschritten, kondensiert der Dampf. Bei isothermer Verdichtung der Luft (Bild 2.10) nehmen der Dampfgehalt x_S und damit auch die kondensierende Wassermasse mit steigendem Druck

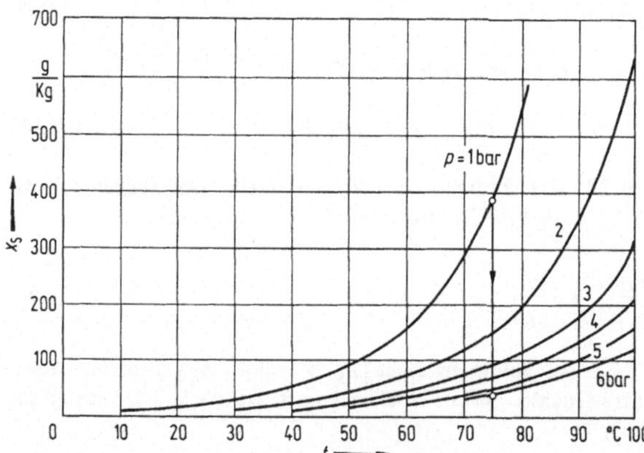

Bild 2.10. Dampfgehalt x_S der gesättigten feuchten Luft.
Gesättigte feuchte Luft von 1 bar, 75 °C auf 6 bar verdichtet und auf 75 °C zurückgekühlt

1 bar, 75 °C	$x_{S1} = 390\ \text{g/kg}$
6 bar, 75 °C	$x_{S2} = 43\ \text{g/kg}$
Ausfall	$x_{S1} - x_{S2} = 347\ \text{g/kg}$

erst mehr und dann weniger ab. Für die aus einem Aggregat ausfallende Wassermasse gilt, wenn x_1 der Dampfgehalt davor und x_2 dahinter bedeutet,

$$m = (x_1 - x_2)\,\varrho_0 V_0 \ .\tag{2.67}$$

Sättigungsgrad

Als Verhältnis des Dampfgehaltes von gesättigter und ungesättigter Luft, beträgt er nach Gl. (2.65) und (2.66)

$$\psi = \frac{x}{x_\mathrm{S}} = \frac{\varphi(p-p_\mathrm{S})}{p-\varphi p_\mathrm{S}} \approx \varphi \ .\tag{2.68}$$

Die Näherungsgleichung reicht bei vielen Anwendungen, bei denen $p \gg p_\mathrm{S}$ ist, aus.

Beispiel 2.3

Ein Verdichter fördert $V_0 = 15\,\mathrm{m^3/min}$ Luft beim Normzustand $p_0 = 1{,}0133\,\mathrm{bar}$ $0\,°\mathrm{C}$ von $p_1 = 1\,\mathrm{bar}$, $t_1 = 20\,°\mathrm{C}$ in einem Behälter vom Druck $p_2 = 6\,\mathrm{bar}$ und der Temperatur $35\,°\mathrm{C}$.

Gesucht ist der Dampfgehalt der Luft bei der relativen Feuchte $\varphi = 0{,}9$ und beim Sättigungszustand sowie das im Behälter ausfallende Wasser.

Luft mit 90% Feuchte. Mit den Sättigungsdrücken 23,37 mbar bei $20\,°\mathrm{C}$ und 56,22 mbar bei $35\,°\mathrm{C}$ aus der Temperaturtafel für gesättigten Wasserdampf folgt nach Gl. (2.65) für den Zustand beim Ansaugen bzw. im Behälter:

$$x_1 = 0{,}622\,\frac{\mathrm{kg}}{\mathrm{kg}}\,\frac{0{,}9 \cdot 23{,}37\,\mathrm{mbar}}{(1000 - 0{,}9 \cdot 23{,}37)\,\mathrm{mbar}} = 0{,}01336\,\frac{\mathrm{kg}}{\mathrm{kg}}$$

und

$$x_2 = 0{,}622\,\frac{\mathrm{kg}}{\mathrm{kg}}\,\frac{0{,}9 \cdot 56{,}22\,\mathrm{mbar}}{(6000 - 0{,}9 \cdot 56{,}22)\,\mathrm{mbar}} = 0{,}00529\,\frac{\mathrm{kg}}{\mathrm{kg}} \ .$$

Die Dichte im Normzustand beträgt nach Gl. (2.7):

$$\varrho_0 = \frac{p_0}{R\,T_0} = \frac{1{,}0133 \cdot 10^5\,\mathrm{N/m^2}}{287{,}1\,\mathrm{Nm/(kg\,K)}\ 273\,\mathrm{K}} = 1{,}239\,\frac{\mathrm{kg}}{\mathrm{m^3}} \ .$$

Der im Behälter ausfallende Wasserdampf ist dann nach Gl. (2.67):

$$\dot m = (x_1 - x_2)\varrho_0 \dot V_0 = (13{,}36 - 5{,}29)\,10^{-3}\,\frac{\mathrm{kg}}{\mathrm{kg}}\,1{,}293\,\frac{\mathrm{kg}}{\mathrm{m^3}}\,15\,\frac{\mathrm{m^3}}{\mathrm{min}}\,60\,\frac{\mathrm{min}}{\mathrm{h}} = 9{,}391\,\mathrm{kg/h}.$$

Gesättigte Luft. Mit $\varphi = 1$ ergibt sich dann aus Gl. (2.66) $x_{1\mathrm{s}} = 14{,}884\,\mathrm{g/kg}$ und $x_{2\mathrm{s}} = 5{,}883\,\mathrm{g/kg}$ sowie $\dot m = 10{,}475\,\mathrm{kg/h}$.

Das Beispiel zeigt, daß bei dem gegebenen Förderstrom von gesättigter Luft $10\,\mathrm{l/h}$ Wasser meist mit Öl vermischt anfallen, die über Kondenstöpfe abzuführen sind.

3 Wirkungsweise und Berechnung

In diesem Abschnitt werden die Zustandsänderungen des Mediums im Verdichter untersucht. Sie bilden die Grundlage für ihre Auslegung, also die Stufeneinteilung, die Ermittlung der Volumenkenngrößen und der Leistungen [4].

3.1 Arbeitsvorgänge

Der Verdichter hat i Stufen mit z Zylindern. Seine k-te Stufe (Bild 3.1) verdichtet den Massenstrom $\dot{m}_\mathrm{f}$, der im Druckstutzen der letzten Stufe gemessen wird, bzw. den Volumenstrom $\dot{V}_\mathrm{ak}$ vom Saugdruck p_k auf den Gegendruck $p_{\mathrm{k}+1}$. Sie treten in den Zwischenkühlern auf. Die entsprechenden Werte im Arbeitsraum des Verdichters heißen Zylinderdrücke p'_k und $p''_{\mathrm{k}+1}$. Die Temperatur des Mediums steigt infolge der Verdichtung von t_ak auf t_fk an und wird in den Zwischenkühlern $K_{(\mathrm{k})}$ von t_fk und $t_{\mathrm{a}(\mathrm{k}+1)}$ verringert. Die Kühler erhalten dabei die Nummer der Stufe, die in sie hineinfördert.

3.1.1 Zustandsänderungen im T, s-Diagramm

Dieses Diagramm (Bild 2.4), bei dem nach Gl. (2.17) die Wärmen als Fläche unter den Zustandslinien erscheinen, zeigt deutlich den Wärmeaustausch zwischen Medium und Zylinderwand und erlaubt auch eine Deutung der Arbeiten. Um hier die Zustandsänderungen einzuzeichnen, ist die Kenntnis des p, V-Diagramms und der im Zylinder befindlichen Massen erforderlich. Als dicht vorausgesetzt werden die Kolbenringe der Zylinder und die Ventile nach dem Schließen.

Massen

In der k-ten Stufe gilt dann für die Restmasse bei der Rückexpansion

$$m_\mathrm{rk} = \frac{\varepsilon V_\mathrm{hk}}{v_{\mathrm{k}+1}} . \tag{3.1}$$

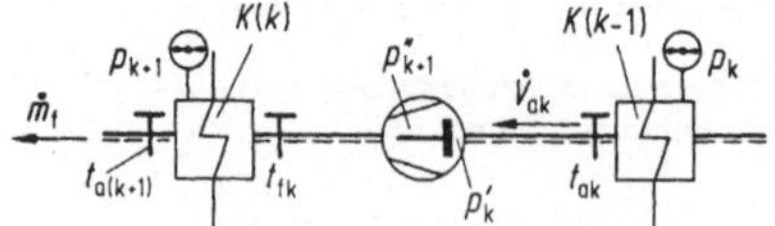

Bild 3.1. k-te Verdichterstufe mit Kühlern $K(k-1)$ und $K(k)$

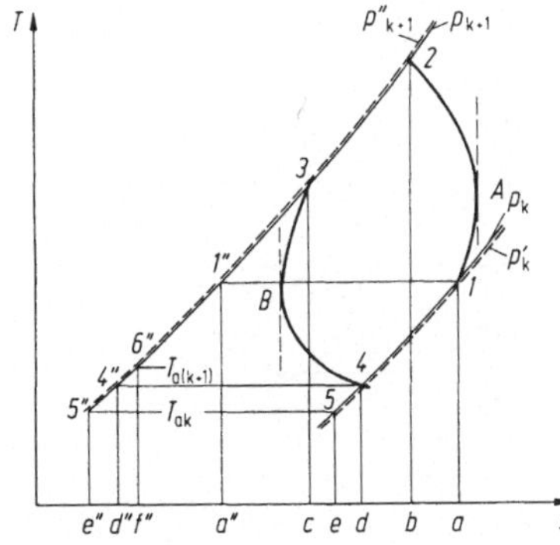

Bild 3.2. Wärmen und Arbeiten der k-ten Stufe im T,s-Diagramm

Das spezifische Volumen v_{k+1} ergibt sich im T,s-Diagramm (Bild 3.2) aus dem Druck p_{k+1} und der Temperatur t_{k3}, die im Förderstutzen gemessen wird. Nach Gl. (2.11) wird:

$$v_{k+1} = Z\,\frac{R\,T_{k3}}{p_{k+1}}\;.\tag{3.2}$$

Bei der Kompression arbeitet die Gesamtmasse:

$$m_{gk} = m_f + m_{rk}\;.\tag{3.3}$$

Dabei ist m_f die Fördermasse, die auch die Undichtigkeiten des Verdichters enthält.

Beim Ansaugen *41* (Bild. 3.2) erhöht sich die Restmasse m_{rk} um m_f auf m_{gk}. Beim Ausschieben *23* ist es umgekehrt. Da hierbei die Ventile ständig offen sind, ändern sich die im Zylinder befindlichen Massen ständig, so daß jeweils nur die Endpunkte *4* und *1* bzw. *2* und *3* eindeutig bestimmt sind. Durch Verlängerung der Zustandslinien *12* und *34* bis zu den Zylinderdrücken p''_{k+1} und p'_k wird auch die Reibung berücksichtigt.

Umzeichnung der Diagramme

Mit dem Eintragen der Abzisse und der Ordinate nach Abschn. 2.4.3 wird zunächst das Indikator-Diagramm in ein p,V-Diagramm umgewandelt. Hierein (Bild 3.3) sind dann die n Isobaren zwischen den Drücken p_k und p_{k+1} einzutragen. Ihre Höhe beträgt $h_n = p_n/\bar{m}_p$, wobei $\bar{m}_p$ der Druckmaßstab ist. Danach werden die Längen l_K und l_R ausgemessen. Hier gilt der Index K für die Kompression und R für die Rückexpansion. Die Volumina bzw. ihre spezifischen Werte betragen dabei mit dem Volumenmaßstab $\bar{m}_v$

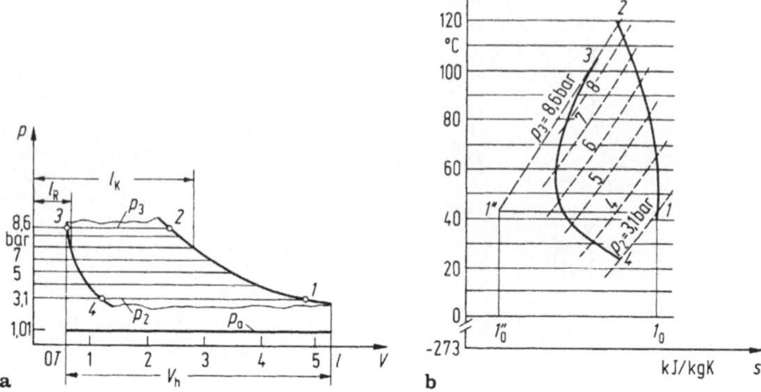

Bild 3.3 a, b. Übertragung des p, V-Diagramms **a** in das T, s-Diagramm **b**

$$V_{Kn} = \bar{m}_v l_K \; ; \quad V_{Rn} = \bar{m}_v l_R \; ; \quad v_{Kn} = \frac{V_{Kn}}{m_g} \quad \text{sowie} \quad v_{Rn} = \frac{V_{Rn}}{m_r} \; . \qquad (3.4)$$

Im T, s-Diagramm (Bild 2.1) ergeben sich die Zustandslinien aus den Schnittpunkten der Isochoren v_{Kn} und v_{Rn} mit den Isobaren p_n. Da hierbei schleifende, also schwer bestimmbare Schnittpunkte entstehen, werden bei idealen Gasen (Bild 3.2) die Isochoren durch Isothermen ersetzt. Hierfür gilt dann:

$$T_{Kn} = \frac{p_n V_{Kn}}{m_g R} \quad \text{und} \quad T_{Rn} = \frac{p_n V_{Rn}}{m_r R} \; . \qquad (3.5)$$

Zur schnelleren Berechnung dienen die Ansätze mit $V = \bar{m}_v l$

$$T_{Kn} = c_K p_n l_{Kn} \quad \text{mit} \quad c_{Kn} = \frac{\bar{m}_v}{R m_g} \quad \text{und} \qquad (3.6)$$

$$T_{Rn} = c_R p_n l_{Rn} \quad \text{mit} \quad c_{Rn} = \frac{\bar{m}_v}{R m_r} \; . \qquad (3.7)$$

3.1.2 Wärmen

Im Arbeitsraum (Bild 3.2) nimmt das Medium bei der Kompression *12* bis zum Punkt A mit der senkrechten Tangenten, die eine Isentrope darstellt, Wärme von der Zylinderwand auf, dahinter gibt es diese infolge der Kühlung ab. Das setzt sich bei dem Ausschieben *23* und der Rückexpansion *34* bis zum Punkt *B* fort. Danach nimmt das Medium Wärme bis zum Ende des Ansaugens *41* auf. Von da ab wiederholt sich der Vorgang.

Im Zylinder erfolgt zwischen den Punkten B, 4, 1, A eine Zu- und zwischen A, 2, 3, B eine Abfuhr der Wärmen vom Medium. Im Zwischenkühler erreicht es die Rückkühltemperatur $t_{a(k+1)}$ bei der Wärmeabgabe zwischen den Punkten 3 und 5. Danach ergibt sich für die von der Masseneinheit des Mediums bei der Kompression 12 und Rückexpansion 34 ausgetauschten Wärmen:

$$q_{12} = -\bar{m}_w Fl(a\,12\,b) \quad \text{und} \quad q_{34} = \bar{m}_w Fl(c\,34\,d) \ .$$

Beim Ausschieben 23 und beim Ansaugen 41:

$$q_{23} = -\bar{m}_w Fl(b\,23\,c) \quad \text{und} \quad q_{41} = \bar{m}_w Fl(a\,14\,d) \ .$$

Für das gesamte Arbeitsspiel im Zylinder wird dann abgeführt

$$q_z = -\bar{m}_w Fl(1\ 2\ 3\ 4) \ . \tag{3.8}$$

Sie entspricht also der vom Arbeitsvorgang umschlossenen Fläche. Für die im Zwischenkühler abgeführte Wärme $Q_{Kü}$ folgt, wenn dort das Medium von t_3 auf $t_{a(k+1)}$ der Ansaugtemperatur der folgenden Stufe abgekühlt wird:

$$Q_{Kü} = -\bar{m}_f \bar{m}_w Fl(c\,36''f'') \ .$$

3.1.3 Arbeiten

Im T, s-Diagramm (Bild 3.2) gilt für die auf die Masseneinheit des Mediums bezogenen indizierten Arbeiten der Kompression 12 und der Rückexpansion 34 nach Gl. (2.32) bzw. Bild 2.4 bei Beachtung der Reibung (s. unter Massen):

$$w_{i\,12} = \bar{m}_w Fl(a\,121''a'') \quad \text{und} \quad w_{i\,34} = \bar{m}_w Fl(d\,434''d'') \ .$$

Für die Kompressionsarbeit sind dabei gleiche Flächen $a\,14\,d$ und $a''1''4''d''$ vorausgesetzt. Dies gilt allerdings nur für ideale Gase exakt. Der Mehraufwand zur Verdichtung beträgt dann:

$$\Delta w_R = w_{i\,12} - w_{i\,34} = \bar{m}_w Fl(1\ 2\ 3\ 4) \ . \tag{3.9}$$

Die indizierte Arbeit ergibt sich dann mit den jeweils im Zylinder vorhandenen Massen nach den Gln. (3.1) und (3.3)

$$W_i = m_g w_{i\,12} - m_r w_{i\,34} = m_g w_{ik} + m_r \Delta w_R \ . \tag{3.10}$$

Hierbei gilt $W_i \approx m_g w_{i12}$, denn es ist $m_g w_{i12} \gg m_r \Delta w_R$, weil $m_g > m_r$ und $w_{ik} \gg \Delta w_R$ sind. Daher haben Fehler infolge einer ungenauen Rückexpansionslinie nur einen geringen Einfluß auf das Ergebnis. Ihre Ursache liegt in den kleinen, nur ungenau meßbaren Volumina V_{Rn} nach Gl. (3.4) und in Aufzeichnungsfehlern des Indikators wegen seiner hohen Beschleunigung bei der Rückexpansion [7].

Eine Kontrolle dieser Arbeit erfolgt mit dem indizierten Druck nach Gl. (2.35) und dem Hubvolumen V_h aus:

$$W_i = p_i V_h \; . \tag{3.11}$$

Die Arbeit für die isotherme Verdichtung bei der Saugtemperatur der k-ten Stufe beträgt nach Bild 3.2

$$W_{is} = m_f \dot{m}_w Fl(e\,55''\,e'') = m_f T_{ak}(S_5 - S_5'') \; . \tag{3.12}$$

Hieraus folgt dann, mit Gl. (2.19) und mit $m_f R T_{ak} = p_k V_{ak}$ nach Gl. (2.2), die Arbeit im Vergleich mit Gl. (2.26)

$$W_{is} = p_k V_{ak} \ln \frac{p_{k+1}}{p_k} \; . \tag{3.13}$$

Beispiel 3.1

Die II. Stufe eines Luftverdichters mit dem Hubvolumen $V_h = 4{,}58\,\mathrm{l}$ und dem relativen Schadraum $\varepsilon = 0{,}13$ hat bei der Drehzahl $n = 226\,\mathrm{min}^{-1}$ den Durchsatz $\dot{m}_{f2} = 2{,}88\,\mathrm{kg/min}$. Der Saug- bzw. Förderdruck beträgt $p_2 = 3{,}1\,\mathrm{bar}$ und $p_3 = 8{,}6\,\mathrm{bar}$. Die Temperaturen sind hinter dem Kühler $t_{a2} = 30\,^\circ\mathrm{C}$ und im Druckstutzen $t_{23} = 105\,^\circ\mathrm{C}$. Das Indikatordiagramm (Bild 3.3a) mit der Länge $l = 95\,\mathrm{mm}$ und dem Federmaßstab $\varphi = 5\,\mathrm{mm/bar}$ ergibt den indizierten Druck $p_i = 3{,}8\,\mathrm{bar}$. Der Barometerstand ist $p_a = 1033\,\mathrm{hPa}$.

Es ist die Übertragung in das T, s-Diagramm mit den Maßstäben $\dot{m}_s = 4{,}9\,\mathrm{J/(kg\,K\,cm)}$ und $\dot{m}_T = 11{,}1\,\mathrm{K/cm}$ für die Entropie und Temperatur vorzunehmen und der indizierte Druck zu kontrollieren.

Grundlagen. Der Volumen- bzw. der Druckmaßstab beträgt $\dot{m}_V = V_h/l_D = 0{,}0482\,\mathrm{l/mm}$ und $\dot{m}_p = 1/\varphi = 0{,}2\,\mathrm{bar/mm}$. Der Schadraum ist $V_s = \varepsilon V_h = 0{,}595\,\mathrm{l}$. Die Restmasse folgt aus den Gln. (3.1) und (3.2):

$$m_r = \frac{\varepsilon V_h p_3}{R T_{23}} = \frac{0{,}13 \cdot 4{,}58 \cdot 10^{-3}\,\mathrm{m}^3 \cdot 8{,}6 \cdot 10^5\,\mathrm{N/m}^2 \cdot 10^3\,\mathrm{g/kg}}{287{,}1\,\mathrm{Nm/(kg\,K)} \cdot 378\,\mathrm{K}} = 4{,}718\,\mathrm{g} \; .$$

Die Gesamtmasse ergibt sich dann mit der Fördermasse

$$m_f = \frac{\dot{m}_f}{n} = \frac{2{,}88\,\mathrm{kg/min} \cdot 10^3\,\mathrm{g/kg}}{226\,\mathrm{min}^{-1}} = 12{,}74\,\mathrm{g} \quad \text{und}$$

mit Gl. (3.3) zu $m_g = 17{,}46\,\mathrm{g}$.

Übertragung in das T, s-Diagramm. Hierzu werden zunächst in das p, V-Diagramm die Drücke $p = 3{,}1;\ 4{,}0;\ 5{,}0;\ 6{,}0;\ 7{,}0;\ 8{,}0$ und $8{,}5\,\mathrm{bar}$ mit den Höhen $h = p/\dot{m}_p$ von der Abszisse aus eingetragen. Dann sind die Abstände l_K und l_R der Kompressions- und Rückexpansionslinie von der Ordinaten zu messen. Dabei liegt die Abszisse nach Gl. (2.36) um $l_0 = \varepsilon V_n/\dot{m}_v = 12{,}3\,\mathrm{mm}$ von der atmosphärischen Linie und die Ordinate um $h_0 = p_0/\dot{m}_p = 5{,}07\,\mathrm{mm}$ entfernt.

Die Temperaturen betragen nach den Gln. (3.6) und (3.7) für die Kompressionslinie:

$$T_K = \frac{p \dot{m}_v l_K}{R m_g} = \frac{p \cdot 10^5\,(\mathrm{N/m}^2)/\mathrm{bar}\ \ 0{,}0482 \cdot 10^{-3}\,\mathrm{m}^3/\mathrm{mm}\ l_K}{287{,}1\,\mathrm{Nm/(kg\,K)}\ \ 17{,}46 \cdot 10^{-3}\,\mathrm{kg}}$$

Tabelle 3.1. Zur Übertragung vom p, V in das T, s-Diagramm

p bar	h mm	Kompression		Rückexpansion	
		l_K mm	t_K °C	l_R mm	t_R °C
3,1	15,5	106,0	43,0	27,0	24,8
4	20,0	88,0	65,5	21,5	33,0
5	25,0	74,0	82,8	17,5	38,3
6	30,0	64,0	96,2	15,0	47,2
7	35,0	56,0	103,9	13,4	60,7
8	40,0	50,0	111,6	12,6	85,7
8,6	43,0	47,5	120,0	12,4	106,4

$$\frac{T_K}{K} = 0{,}9615 \frac{p}{\text{bar}} \frac{l_K}{\text{mm}} \ .$$

Für die Rückexpansionslinie gilt dann:

$$\frac{T_R}{K} = \frac{T_K}{K} \frac{m_g}{m_r} \frac{l_K}{l_R} = 3{,}558 \frac{p}{\text{bar}} \frac{l_R}{\text{mm}} \ .$$

Mit den hieraus ermittelten Temperaturen und den gewählten Drücken nach Tabelle 3.1 ergeben sich die einzelnen Punkte im T, s-Diagramm (Bild 3.3).

Indizierter Druck. Für die Kompressionsarbeit folgt mit der Fläche $A_1 = Fl(1_0\,121''\,1_0'') = 42{,}2$ cm^2 und dem im Diagramm nicht dargestellten Anteil

$$A_2 = \overline{1_0\,1_0''} \cdot 273\ \text{K}/\dot{m}_T = 5{,}7\ \text{cm} \cdot 273\ \text{K}/(11{,}1\ \text{K/cm}) = 140{,}2\ \text{cm}^2$$

$$w_{ik} = \dot{m}_s \dot{m}_T (A_1 + A_2) = 49\ \frac{\text{J}}{\text{kg K cm}} \cdot 11{,}1\ \frac{\text{K}}{\text{cm}}\ (42{,}2 + 140{,}2)\ \text{cm}^2 \cdot 10^{-3}\ \frac{\text{KJ}}{\text{J}} = 99{,}21\ \frac{\text{kJ}}{\text{kg}}\ .$$

Für die Rückexpansionsarbeit folgt mit der Fläche $A_R = Fl(1234) = 18{,}3\ \text{cm}^2$ zu $\Delta w_R = 9{,}95$ kJ/kg.

Die innere Arbeit beträgt nach Gl. (3.10)

$$w_i = m_g w_{ik} + m_R \Delta w_R = 17{,}46 \cdot 10^{-3}\ \text{kg} \cdot 99{,}21\ \frac{\text{kJ}}{\text{kg}} + 4{,}718 \cdot 10^{-3}\ \text{kg} \cdot 9{,}95\ \text{kJ/kg}$$

$$= 1{,}78\ \text{kJ},$$

wobei der Anteil der Rückexpansion mit 2,7% sehr gering ist.

Der indizierte Druck wird damit nach Gl. (3.11)

$$p_i = \frac{W_i}{V_h} = \frac{1{,}78 \cdot 10^3\ \text{Nm} \cdot 10^{-5}\ \text{bar}/(\text{N}/\text{m}^2)}{4{,}58 \cdot 10^{-3}\ \text{m}^3} = 3{,}89\ \text{bar}\ .$$

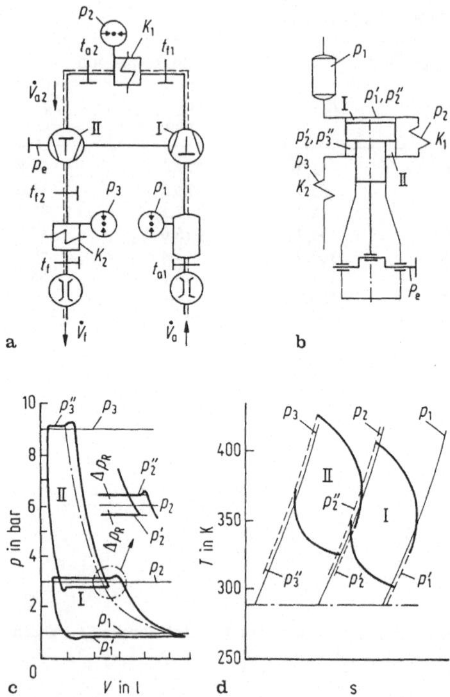

Bild 3.4a – d. Zweistufige Verdichtung aus [1]. **a** Schaltbild; **b** Stufenschema; **c** und **d** p,V- und T,s-Diagramm (strichpunktiert: Isotherme)

3.2 Berechnung der Verdichterstufen

Der Kompressor (Bild 3.4) verdichtet den Förderstrom $\dot{V}_f$ in i Stufen, die meist römische Ziffern erhalten, von Druck p_1 auf p_{i+1}. Seine Messung erfolgt in den Zwischenkühlern, die mit der Ziffer der Stufe, auf die sie folgen, bezeichnet werden. Sie kühlen das Medium von der Temperatur t_{fk} auf $t_{a(k+1)}$ ab, um die zugeführte Leistung P_e zu verringern. In den Zylindern wird der Druck des Mediums von p'_k auf p''_{k+1} erhöht.

3.2.1 Grundbegriffe

Hierunter seien das Hubvolumen, die Drehzahl sowie die Winkel- und die mittlere Kolbengeschwindigkeit zusammengefaßt.

Hubvolumen

Es ist der von der Kolbenfläche A_K einer Stufe während eines Hubes s, der zwischen dem oberen und dem unteren Totpunkt OT und UT liegt, durchlaufene Raum (Bild 2.3b)

$$V_\mathrm{h} = A_\mathrm{K} s \ . \tag{3.14}$$

Die Bewegung in Richtung vom OT zum UT heißt auch Hingang, die entgegengesetzte auch Rückgang.

Die Durchmesser D der Verdichterzylinder hängen dabei stark von der Bauart ab. So gilt für die z Zylinder einer Tauchkolbenmaschine (siehe Bild 5.5)

$$V_\mathrm{H} = z V_\mathrm{h} = z \frac{\pi}{4} D^2 s \ . \tag{3.15}$$

Für einen Kreuzkopfverdichter mit doppelt wirkenden Scheibenkolben, dessen Stange den Durchmesser d_s hat, ergibt sich dann:

$$V_\mathrm{H} = z \frac{\pi}{4} (2 D^2 - d_\mathrm{s}^2) s \ . \tag{3.16}$$

Der Arbeitsraum des Mediums V umfaßt dann noch den Schadraum V_s (Bild 2.3 b) der Stufe. Das Hubverhältnis s/D wird auf die I. Stufe bezogen, da die Kolbendurchmesser der höheren Stufen stark abnehmen. Da es von vielen Faktoren abhängt, ist es in weiten Grenzen etwa von $s/D = 0{,}4$ bis $0{,}9$ veränderlich.

Drehzahl und Winkelgeschwindigkeit

Die Drehzahl n der Kurbelwelle entspricht dem Kehrwert ihrer Umlaufzeit T. Es ist also

$$n = 1/T \ .$$

Die höchsten und die niedrigsten Drehzahlen im Handel befindlicher Kompressoren sind $n = 150$ bis $2000\ \mathrm{min}^{-1}$. Die Winkelgeschwindigkeit der Kurbelwelle beträgt $\omega = \varphi/t$. Für eine Umdrehung vom Winkel $\varphi = 2\pi$ gilt dann:

$$\omega = \frac{2\pi}{T} = 2\pi n \ . \tag{3.17}$$

Mittlere Kolbengeschwindigkeit

Da der Kolben während der Umlaufzeit T die Strecke $2s$ durchläuft, ergibt sich:

$$c_\mathrm{m} = \frac{2s}{T} = 2sn \ . \tag{3.18}$$

Sie ist eine wichtige Kenngröße für die Geschwindigkeit des Mediums in der Maschine und ihren Leitungen sowie der Massenkräfte des Triebwerkes und seines Verschleißes. Anhaltswerte sind $c_\mathrm{m} = 3$ bis $5{,}5\ \mathrm{m/s}$ für kleinere Tauchkolbenverdichter und $2{,}5$ bis $4\ \mathrm{m/s}$ für größere mehrstufige Kreuzkopfmaschinen.

3.2.2 Durchsatz

Die Förderung in den einzelnen Stufen hängt vom Medium und seinem Zustand,
von den Abmessungen der Zylinder und deren Schadraum ab. Weiteren Einfluß
haben der Wärmeübergang im Zylinder (siehe Abschn. 3.1), die Strömungsverluste
in den Ventilen, Kanälen und Rohrleitungen und die Wartung der Maschine.

Schadraum

Er umfaßt den vom Kolben nicht überstrichenen Arbeitsraum V_{sk} des Zylinders
und wird meist auf dessen Hubvolumen V_{hk} bezogen (siehe Bild 3.5).

Für die k-te Stufe gilt also

$$\varepsilon_k = \frac{V_{sk}}{V_{hk}} \, . \tag{3.19}$$

Dieser Wert hängt von der Art der Ventile, den hierin zulässigen Geschwindigkeiten und von ihrem Einbauraum (Bild 6.16) ab. Hinzu kommt das axiale Kolbenspiel, etwa 3 bis 5% des Hubes, um ein Anstoßen des erwärmten Kolbens an die
Deckel zu verhüten. Weiterhin ermöglicht es größere Toleranzen zwischen Triebwerk, Zylinder und Gestell und somit eine wirtschaftliche Herstellung.

Das im Schadraum nach dem Ausschieben verbliebene Medium, das Restgas,
dehnt sich bei der Rückexpansion aus und vermindert das Ansaugvolumen beträchtlich. Außerdem entsteht ein Mehraufwand zur Verdichtung des Restgases
nach Gl. (3.9).

Anhaltswerte für Schadräume sind bei Maschinen mit einfachwirkendem
Kolben:

− 4 bis 5% bei Saugventilen im Kolben und Druckventilen im Deckel,
− 6 bis 8% für konzentrische Ventile (Bild 6.17) und
− 8 bis 12% für Einzelventile (Bild 6.16).

Für Kreuzkopfmaschinen mit doppeltwirkenden Kolben gilt:

− 6 bis 10% bei Ventilen im Deckel mit niedrigen Drücken und Drehzahlen,
− 8 bis 15% bei Ventilen am Zylinderumfang (Bild 6.13) und
− 10 bis 20% bei höheren Drehzahlen und Drücken.

Vakuumpumpen mit Schiebersteuerungen haben Schadräume bis zu 20%. Dabei beziehen sich die größeren Werte auf die höheren Stufen, deren Druckverlust
wegen der ansteigenden Dichte durch geringere Geschwindigkeiten, also mit relativ
zur Kolbenfläche größeren Ventilquerschnitten auszugleichen ist. Bei den Gebläsen
mit ihren kleinen Druckdifferenzen spielt der Schadraum wegen des geringeren
Rückexpansionsverlustes nur eine untergeordnete Rolle.

Massen, Volumina, Temperaturen

Am Verdichter wird aus Ersparnisgründen meist nur der Förderstrom $\dot{m}_f$ bzw. $\dot{V}_{fa}$,
seltener noch der Saugstrom $\dot{m}_a$ bzw. $\dot{V}_a$ gemessen. Für die einzelnen Zylinder

sind neben der Restmasse m_{rk} nach Gl. (3.1) und der Gesamtmasse $m_{gk} = m_f + m_{rk}$ nach Gl. (3.3) die theoretische Masse m_{thk} zu unterscheiden. Diese beträgt mit der Dichte beim Ansaugen der k-ten Stufe mit Gl. (2.12):

$$m_{thk} = V_{hk}\varrho_{ak} = V_{hk}\frac{p_k}{Z_k R T_k} \; .$$

(3.20)

Die Volumina bilden beim Verdichter die Grundlage für die Auslegung. Zum Vergleich dient dabei das Volumen V_0, beim Normzustand (Index 0). Üblich sind hierbei der physikalische Zustand mit $p_0 = 1{,}0133$ bar und $t_0 = 0\,°C$ nach DIN 1343 und der technische Zustand mit $p_0 = 1{,}0$ bar und $t_0 = 20\,°C$ nach DIN 1945. Auch werden hierfür spezielle Vereinbarungen zwischen Hersteller und Betreiber getroffen. Für das Saugvolumen der k-ten Stufe folgt dann mit der Ansaugetemperatur T_{ak} und Gl. (2.15):

$$V_{ak} = V_0\frac{\varrho_0}{\varrho_k} = V_0\frac{Z_k p_0 T_{ak}}{Z_0 p_k T_0} \; .$$

(3.21)

Die Realgasfaktoren werden Diagrammen (siehe Bild 12.1 bis 12.4), die Dichten bzw. spezifischen Volumina $\varrho = 1/v$ Tabellen entnommen. Die Gl. (3.21) bildet die Grundlage zur Berechnung der Zylinder, die das Saugvolumen aufnehmen müssen. Dieses nimmt danach mit steigender Stufenzahl ab und wird vom Druck stärker als von der Temperatur beeinflußt. Das im Saugstutzen gemessene Volumen V_a beträgt also beim Normzustand:

$$V_{a0} = V_a\frac{Z_0 p_1 T_0}{Z_1 p_0 T_1} \; .$$

Für das Fördervolumen im Druckstutzen gilt dann bei dichter Maschine in bezug auf den Ansauge- bzw. Normzustand mit der Temperatur t_f und dem Druck $p_{k+1} = p_i$:

$$V_{fa} = V_f\frac{Z_1 p_i T_1}{Z_i p_1 T_f} \quad \text{und} \quad V_{f0} = V_f\frac{Z_0 p_i T_0}{Z_i p_0 T_f} \; .$$

Der Hersteller garantiert den Förderstrom $\dot{V}_{fa} = V_{fa} n$ mit einer Toleranz von 5%.

Die Fördertemperaturen aller Stufen werden bei Luft nach VGB 16 auf 200 °C, bei den meisten Gasen auf 160 °C begrenzt, um Schmierölexplosionen zu vermeiden. So sind auch die Ansaugetemperaturen der ersten Stufen klein zu halten, bei Luft $t_{a1} = -30$ bis $50\,°C$ je nach dem atmosphärischen Zustand. Die Rückkühlung erfolgt auf 20 bis 40 °C über die Temperatur des Kühlmittels. Damit sollen aus wirtschaftlichen Gründen der Wasserverbrauch eingeschränkt, der Energiebedarf der Gebläse und Pumpen verringert und die Kühler klein gehalten werden. Bei aus der Atmosphäre ansaugenden Luftverdichtern beträgt die Rückkühltemperatur:

$$t_{ak} = t_{a2} = t_{a1} + (20 \text{ bis } 40)\,^\circ\text{C} \ ,$$

wobei die kleineren Werte für die Wasser-, die größeren für die Luftkühlung gelten.

3.2.3 Drücke und ihre Verhältnisse

Die mittleren Drücke p_k und p_{k+1} vor bzw. hinter der k-ten Stufe dienen der thermodynamischen Berechnung des Verdichters. Die auf den Zylinder, das Gestell und das Triebwerk wirkenden Kräfte werden mit den Mittelwerten der bei höheren Drehzahlen stark schwankenden Zylinderdrücken p_k' beim Ansaugen und p_{k+1}'' beim Ausschieben im Zylinder ermittelt. Hierfür liefern die Stufendrücke zu kleine Werte [4].

Stufendruckverhältnis

Es beträgt für die k-te Stufe:

$$\psi_k = \frac{p_{k+1}}{p_k} \ . \tag{3.22}$$

Ihre Förderung ist theoretisch nach Gl. (3.32) bei $\psi_k = (1 + 1/\varepsilon_k)^n$ für $Z = 1$ beendet, da dann das Verdichtungsendvolumen V_2 gleich dem Schadraum V_s ist. Wegen der dabei auftretenden hohen Temperaturen wird es wesentlich kleiner gewählt, etwa $\psi_k = 4$ bis 6 für Temperaturen $t_f = 160$ bis $200\,^\circ\text{C}$ am Ende der Kompression. Höhere Werte bis zu $\psi = 10$ sind nur bei kurzzeitig arbeitenden einstufigen Maschinen zulässig, wenn dabei die oben angegebenen Temperaturen nicht erreicht werden, wie bei Kompressoren zum Auffüllen von Flaschen oder Aufpumpen von Reifen.

Das Gesamtdruckverhältnis für die i Stufen der Maschine ist dann:

$$\psi_{ges} = \frac{p_2}{p_1}\frac{p_3}{p_2}\frac{p_4}{p_3}\ldots\frac{p_{k+1}}{p_k}\ldots\frac{p_{i+1}}{p_i} = \psi_1 \psi_2 \psi_3 \ldots \psi_k \ldots \psi_i \ . \tag{3.23}$$

Für die Auslegung wird zunächst das Druckverhältnis für alle Stufen als konstant angesehen also, $\psi_k = \psi$ gesetzt. Damit folgt aus Gl. (3.23)

$$\psi_{ges} = \psi^i = \left(\frac{p_{k+1}}{p_k}\right)^i \ .$$

Hieraus ergibt sich dann für die Stufenzahl i bzw. das Druckverhältnis ψ:

$$i = \frac{\lg \psi_{ges}}{\lg \psi} \quad \text{und} \quad \psi = \sqrt[i]{\psi_{ges}} = \sqrt[i]{\frac{p_{i+1}}{p_1}} \ . \tag{3.24}\ (3.25)$$

Die Gl. (3.24) dient zunächst zur Berechnung der Stufenzahl, die auf eine ganze Zahl abzurunden ist. Hiermit erfolgt dann aus Gl. (3.25) das tatsächliche Stufen-

druckverhältnis. Von seinen konstanten Werten wird bei der endgültigen Verdich-
terberechnung oft abgewichen, um die Gestängekräfte beim Hin- und Rückgang
auszugleichen.

Zylinderdruckverhältnis

Für die k-te Stufe gilt dann mit Gl. (3.22)

$$\psi'_k = \frac{p''_{k+1}}{p'_k} = c_k \frac{p_{k+1}}{p_k} = c_k \psi_k \ . \tag{3.26}$$

Der Faktor $c_k = 1{,}05$ bis $1{,}25$, wobei die kleineren Werte für die geringeren Geschwindigkeiten in den Ventilen gelten. Zur Berechnung werden die Gasreibungs-
verluste Δp_{Rk} beim Ausschieben der k-ten Stufe und Ansaugen der k+1-Stufe
gleichgesetzt (siehe Bild 3.4c). Es gilt also mit Gl. (3.26)

$$\Delta p_{Rk} = p''_k - p_k \ ; \quad p'_k = p_k - \Delta p_{Rk} \ ; \quad p''_k - p'_k = 2\Delta p_{Rk} \ . \tag{3.27}$$

Mit der Annahme $p'_1 = (0{,}95$ bis $0{,}97)\, p_1$ ergibt sich für die I. Stufe (k = 1):

$$p''_2 = \psi' p'_1 \ ; \quad \Delta p_{R1} = p''_2 - p_2 = p''_2 - \psi p_1 \ ; \quad p'_2 = p_2 - \Delta p_{R2} \ .$$

Nach diesem Schema sind die Zylinderdrücke Stufe für Stufe zu berechnen. Bei
konstanten Werten ψ und c folgt mit $p_k = \psi^{k-1} p_1$ nach Gl. (3.23), wenn p'_k durch
p'_1 nach Gl. (3.27) ersetzt wird, mit Hilfe einer geometrischen Reihe mit
$\alpha_k = (-c)^{k-1}$:

$$p'_k = \psi^{k-1} \left[2p_1 \frac{1-\alpha_k}{1+c} + \alpha_k p'_1 \right] \ ; \quad p''_{k+1} = \psi c p'_k \ . \tag{3.28}$$

3.2.4 Volumenkenngrößen

Die größten Förderverluste einer Verdichterstufe entstehen beim Ansaugen des Mediums durch seine Rückexpansion, Erwärmung, Massenkräfte und Drosselung.
Weitere Einbußen verursachen das verspätete Schließen der Ventile etwa bei starker
Verölung und die Leckverluste abgenutzter Kolbenringe, Stopfbuchsen und Ventilplatten. Alle diese Verluste werden vom Liefergrad, dem Verhältnis des tatsächli-
chen Förderstromes $\dot{m}_{fk}$ zum theoretischen $\dot{m}_{thk} = \varrho_{ak} V_{Hk} n$ nach Gl. (3.20) erfaßt. Dann gilt:

$$\lambda_{Lk} = \frac{\dot{m}_{fk}}{\dot{m}_{thk}} = \frac{V_{fak}}{V_{Hk} n} = \frac{V_{fak}}{V_{Hk}} \ . \tag{3.29}$$

Er ist, da der Förderstrom praktisch nur am Austrittsstutzen der Maschine gemessen wird, auf den gesamten Verdichter bezogen. Um die Ursachen der Einzelverlu-

ste besser zu erfassen, erfolgt seine Aufteilung in den Füllungs-, Aufheizungs-, Drossel- und Durchsatzgrad.

Füllungsgrad

So heißt das auf den Hubraum V_h bezogene Diagrammvolumen V_D. Dieses wird auf der Saugdrucklinie (Bild 3.5 a) von der Rückexpansionslinie bis zum Totpunkt des Kompressionsbeginns im Indikatordiagramm gemessen. Es gilt also mit $V_{Dk} = V_{hk} - \Delta V_{Rük}$ für die k-te Stufe

$$\lambda_{Fk} = \frac{V_{Dk}}{V_{hk}} = 1 - \frac{\Delta V_{rük}}{V_{hk}} \ . \tag{3.30}$$

Der Rückexpansionsverlust folgt mit dem Volumen $V_{3k} = V_{sk}$ und den Realgasfaktoren Z_{3k} und Z_{4k} für die Diagrammpunkte 3 und 4 mit $p_2\,(Z_{3k}\,V_{sk})^n = p_1\,(Z_{4k}\,V_{4k})^n$ nach Gl. (2.40)

$$\Delta V_{Rük} = V_{4k} - V_{sk} = V_{sk} \left[\frac{Z_{3k}}{Z_{4k}} \left(\frac{p_{k+1}}{p_k} \right)^{1/n} - 1 \right] \ . \tag{3.31}$$

Der Polytropenexponent n der Rückexpansion, dessen Linie im Diagramm sehr steil verläuft, läßt sich daher schwer ermitteln. Nach Fröhlich [4] beträgt $n = 1,20$ bis $1,30$ bei Drehzahlen unter $200\ \text{min}^{-1}$ bzw. $n = 1,25$ bis $1,35$, wenn diese dar-

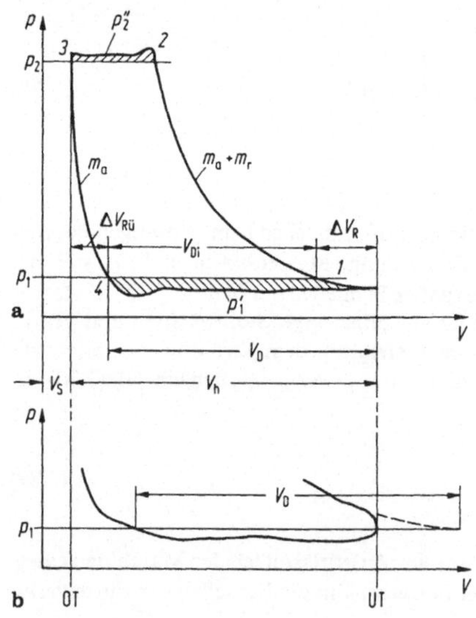

Bild 3.5. a p,V-Diagramm mit Volumenkenngrößen (schraffiert: Reibungsarbeit); **b** Einfluß langer Rohrleitungen

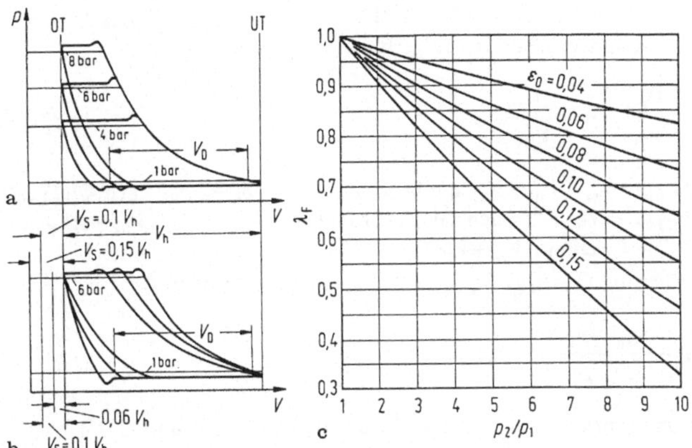

Bild 3.6a–c. Füllungsgrad nach [1] abhängig von **a** Druckverhältnis und **b** Schadraum; **c** Diagramm

über liegen. Für kleinere luftgekühlte Maschinen mit Drehzahlen bis zu 1500 min^{-1} gilt $n = 1{,}35$ bis 1,4. Da mit steigender Drehzahl die Zeit für den Wärmeübergang abnimmt, steigt der Polytropenexponent hiermit an. Dies gilt auch für die höheren Stufen, bei denen die Kühlung ungünstiger wird. Die Grenzen bilden dabei die Isotherme ($n = 1$), bei der das Gas die gesame Kühlwasserwärme aufnimmt und die Isentrope ($n = \varkappa$) ohne jeden Wärmeaustausch.

Der Rückexpansionsverlust wächst mit dem Schadraum und dem Druckverhältnis. Geringer ist der Einfluß des Exponenten, mit dem dieser Verlust ansteigt, da dann die Rückexpansionslinie abflacht. Der Füllungsgrad beträgt dann nach Gl. (3.30) und (3.31) mit $V_{sk}/V_{hk} = \varepsilon_k$ und $\psi_k = p_{k+1}/p_k$:

$$\lambda_{Fk} = 1 - \varepsilon_k \left[\frac{Z_{3k}}{Z_{4k}} \, (\psi_k)^{1/n} - 1 \right] . \tag{3.32}$$

Er fällt also ab, wenn das Druckverhältnis bzw. der relative Schadraum ansteigen (Bild 3.6). Trägheitskräfte und Schwingungen des Mediums entstehen in langen Rohrleitungen. Dadurch öffnen beim Ansaugen die Ventile verspätet, und nach ihrem Schließen steigt der Druck stärker an (Bild 3.5 b). Das Diagrammvolumen V_D ist in diesem Falle der Abstand der Schnittpunkte der verlängerten Rückexpansions- bzw. Kompressionslinie auf der Sauglinie. Hierbei kann auch der Füllungsgrad über eins ansteigen.

Drosselgrad

Er ist der Quotient der Volumina V_{Di} und V_D. Dabei liegt das indizierte Diagrammvolumen V_{Di} (Bild 3.5a) auf der Sauglinie zwischen der Rückexpansions-

und Kompressionslinie. Mit $V_{Dik} = V_{Dk} - \Delta V_{Rk}$, wobei ΔV_{Rk} der durch die Drosselung bedingte Volumenverlust ist, folgt für die k-te Stufe

$$\lambda_{pk} = \frac{V_{Dik}}{V_{Dk}} = 1 - \frac{\Delta V_{Rk}}{V_{Dk}} \ . \tag{3.33}$$

Der Verlust $\Delta V_{Rk} = V_{sk} + V_{hk} - V_{1k}$ ergibt sich mit $p_k' = p_k - \Delta p_{Rk}$ nach Gl. (3.27) und $p_k' \, (V_{sk} + V_{hk})^n = p_k \cdot V_{1k}^n$ nach Gl. (2.40) und mit $V_{1k} = V_{sk} + V_{hk} - \Delta V_{Rk}$ zu $(1 - \Delta p_{Rk}/p_k)^{1/n} = 1 - \Delta V_{Rk}/(V_{sk} + V_{hk})$.

Mit der Näherung $(1 - \Delta p_{Rk}/p_k)^{1/n} \approx 1 - p_{Rk}/(n p_k)$ wird dann:

$$\Delta V_{Rk} \approx \frac{V_{hk}}{n} \frac{\Delta p_{Rk}}{p_k} \, (1 + \varepsilon_k) \ .$$

Hieraus folgt dann durch Erweitern mit V_h aus den Gl. (3.30) und (3.33)

$$\lambda_{pk} = 1 - \frac{\Delta V_{Rk}}{V_{hk}} \cdot \frac{V_{hk}}{V_{Dk}} = 1 - \frac{1}{n} \frac{\Delta p_{Rk}}{p_k} \frac{1 + \varepsilon_k}{\lambda_{Fk}} \ . \tag{3.34}$$

Wegen der kleinen Druckänderungen Δp_{Rk} werden die Realgasfaktoren vernachlässigt und der Polytropenexponent sei 1,6.

Der Drosselgrad beträgt $\lambda_p = 0{,}95$ bis $0{,}98$ in einer gut gehaltenen Maschine beim Verlust $\Delta V_R = (0{,}02$ bis $0{,}03) V_h$. Ein starkes Abfallen mit wachsendem Δp_R ist aber ein Anzeichen für stark verschmutzte Ventile.

Aufheizungsgrad

Als Verhältnis des angesaugten und des indizierten Diagrammvolumens V_{ak} und V_{Dik} der k-ten Stufe

$$\lambda_{Ak} = \frac{V_{ak}}{V_{Dik}} \tag{3.35}$$

erfaßt er die Aufheizung des Mediums beim Eintritt in den Zylinder, an dessen Wänden und, wenn auch geringfügig, durch das Restgas. Dabei verringert sich seine Dichte von ϱ_{ak} auf ϱ_{1k} und es wird

$$\lambda_{Ak} = \frac{\varrho_{1k}}{\varrho_{ak}} \approx \frac{T_{ak}}{T_{1k}} \ .$$

Diese Gleichung dient lediglich der qualitativen Beurteilung der Erwärmung des Gases im Zylinder. Der Aufheizungsgrad nimmt also ab, wenn die Temperatur t_1 ansteigt, also in folgenden Fällen:

- bei größeren Druckverhältnissen,
- bei mehratomigen Gasen mit kleineren Rückexpansionsexponenten wie für Ammoniak NH_3 und Schwefeldioxid SO_2,

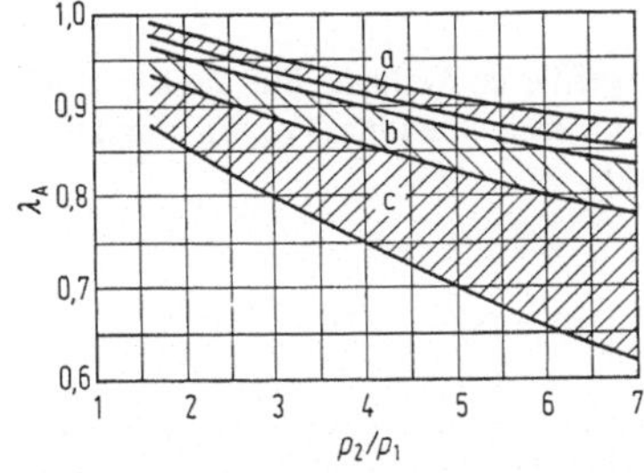

Bild 3.7. Einfluß des Druckverhältnisses auf den Aufheizungsgrad nach [1] für a zweiatomige Gase, b und c SO_2- und NH_3-Dämpfe in b Tauchkolben- und c Kreuzkopfmaschinen. Die obere Grenzkurve gilt für große, die untere für kleine Zylinder

- bei schlechter Kühlung des Mediums insbesondere in Tauchkolben,
- bei ungünstigen Verhältnissen der Oberfläche zum Volumen, also für kleine Zylinder und große Hubverhältnisse s/d,
- bei Gasen mit hohen Wärmedurchgangszahlen wie Wasserstoff H_2 und
- bei Kälteverdichtern, die das Medium weit unter der Umgebungstemperatur ansaugen.

Dabei ist die Wirkung der Drosselung wegen ihres kleinen Druckverhältnisses nur gering. Infolge der zahlreichen Einflüsse wird der Aufheizungsgrad als Funktion des Druckverhältnisses (Bild 3.7) mit einer gewissen Bandbreite angegeben [4].

Durchsatzgrad

So heißt das Verhältnis des auf den Ansaugezustand bezogenen Fördervolumens V_{fa} zum Volumen im Saugstutzen V_a bzw. der Massen m_f und m_a. Er wird auf die gesamte Maschine bezogen, da die Mengenmessung zwischen den Stufen sehr aufwendig ist. Es gilt also:

$$\lambda_D = \frac{V_{fa}}{V_a} = \frac{m_f}{m_a} \,. \tag{3.36}$$

Als Maß für die Dichtigkeit der Maschine setzt er die selten durchgeführte Volumenmessung sowohl im Saug- als auch im Druckstutzen voraus. Dabei sind bei einer gut gewarteten Maschine die Gesamttoleranzen der beiden Meßgeräte größer als der Leckverlust, so daß für die Auslegung $\lambda_D = 1$ gesetzt wird. Größere Undichtigkeiten allerdings, wie sie durch gebrochene Ventilplatten, abgenutzte Kolbenringe und Stopfbuchsen auftreten, sind an der Verringerung des Durchsatzgrades gut erkennbar. Dies gilt auch für die Leckage an Packungen bei Gasen, die wieder zur Saugleitung zurückgeführt werden. Die Volumenverluste nehmen mit steigendem Druckverhältnis zu. Sie machen sich auch durch Abfallen des Förderstromes bemerkbar.

Liefergrad

Er umfaßt die am Anfang des Kapitels aufgeführten Verluste. Für die k-te Stufe gilt dann nach Gl. (3.29) durch Erweitern mit den Volumina V_{Dk}, V_{Dik} und $\dot{V}_{fak}$ mit den Gln. (3.30), (3.33), (3.35) und (3.36)

$$\lambda_{Lk} = \frac{V_{fak}}{V_{hk}} = \lambda_{Fk}\lambda_{pk}\lambda_{Ak}\lambda_{Dk} \; . \tag{3.37}$$

Für die Auslegung ist dann $\lambda_{pk} = \lambda_{Dk} = 1$ anzunehmen, also $\lambda_{Lk} = \lambda_{F}\lambda_{Ak}$ aus der Gl. (3.32) und dem Bild 3.7 zu bestimmen. Bei der meßtechnischen Kontrolle ist der Liefergrad nur für die gesamte Maschine mit Hilfe des Förderstromes zu ermitteln. Der Füllungs- und Drosselgrad ergibt sich dann durch Ausmessen der Volumina V_D bzw. V_{Di} aus dem Indikator- oder Kathodenstrahloszillogramm nach Gl. (3.30) für den einzelnen Zylinder.

4 Auslegung

Die Auslegung hängt vom verwendeten Medium, seinem Ansaugezustand und dem Gegendruck ab. Weitere Einflußgrößen sind die Anordnung der Zylinder und die Triebwerke mit ihren Kräften, der Antrieb, der stationäre oder bewegliche Einsatz sowie die erforderliche Stückzahl. So lohnt sich bei kleinen schnell laufenden Verdichtern das Auflegen einer Serie, während für die oft wenigen Exemplare spezieller Großverdichter eine Einzelfertigung notwendig ist. Hierzu benutzt der Hersteller vorhandene Triebwerke und Gestelle. Dabei ergeben sich für die gleiche Aufgabe verschiedenen Lösungen, soweit es die Vielzahl der Bedingungen zuläßt. Die Auslegung bildet die Grundlage der Preisgestaltung und umfaßt die Wahl der Bauart sowie die Berechnung der Hauptabmessungen, der Antriebsleistung und der Kräfte.

4.1 Bauarten

Für ihre Auswahl sind maßgebend: geringer Platzbedarf und Materialaufwand für Verdichter und Gründung, kleine Gestänge- und Massenkräfte, gleichförmiger Gang, Energieersparnis, leichte Bedienung, Sicherheit und Umweltfreundlichkeit. Auch der bewegliche Einsatz bzw. die Aufstellung in Hallen mit ihrem umbauten Raum ist zu beachten. Die Erfüllung dieser Forderungen hängt von der Anordnung der Triebwerke mit ihren Kolben ab.

4.1.1 Triebwerksaufbau

Hier sind die Tauchkolben- und die Kreuzkopfbauart (Bild 5.1) üblich. Die letzte besteht heute meist aus doppeltwirkenden Scheibenkolben. Der früher oft verwendete Stufenkolben für maximal fünf Stufen wird zur Zeit nicht mehr hergestellt, obwohl er Triebwerke einspart. Die Gründe dafür sind einerseits sein mit der Stufenzahl steigendes Gewicht, das kleinere Drehzahlen wegen der wachsenden Massenkräfte nach Gl. (5.5) erfordert. Andererseits sind ihre Zylinder schwerer herzustellen und auszurichten. So wird heute diese Kolbenform nur noch für zwei Stufen (Bild 4.1 b) verwendet. Größere Kreuzkopfverdichter werden heute bevorzugt als stehende Reihen- oder liegende Boxermaschinen gebaut. Die V-, W- oder L-Bauart sind hierbei seltener zu finden. Stehende Maschinen erfordern weniger Platz und haben höhere Drehzahlen sowie geringere Abnutzung. Liegende Maschinen sind leichter zugänglich für Wartung und Betrieb, erfordern allerdings flachere und ausgedehntere Hallen. Tauchkolbenverdichter erhalten Reihen-, Boxer-, Stern- oder Fächerform (Bild 5.4), die letzte auch in der V- oder W-Bauart (Bild 4.1). Kleinere

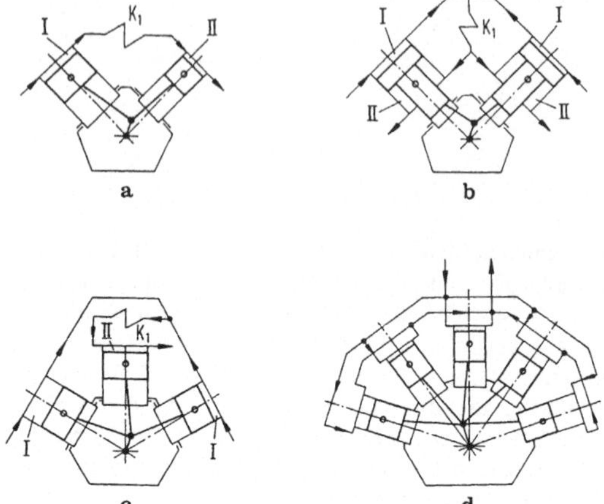

Bild 4.1a–d. Aufbau von Fächerverdichtern aus [1]. **a** bis **c** zweistufig; **d** einstufig; **a** und **b** V-Bauart; **c** W-Bauart; **d** Fächermaschine mit fünf Zylindern

Maschinen haben oft nur fliegend gelagerte Kurbelwellen. Zweistufige Verdichter werden auch mit mehreren Stufenkolben ausgerüstet.

4.1.2 Forderungen an die Auslegung

Die Triebwerke sind so anzuordnen, daß ihre Massenkräfte und ihre Drehmomentenschwankungen gering bleiben, um höhere Drehzahlen und kleinere Schwungräder zu erreichen. Weiterhin sind noch folgende – ihrer Bedeutung nach aufgeführte – Forderungen zu erfüllen:

– Kleine Gestängekräfte,
– geringer Druckanstieg in den Zwischenkühlern,
– einfache Abdichtung von Kolben und Stangen und
– wenig Reibung an den bewegten Teilen, inbesondere bei hohen Drücken.

Zur Erfüllung der ersten Forderung sind die Gestängekräfte für den Hin- und Rückgang möglichst auszugleichen. Sie werden dadurch am kleinsten und ergeben die geringste Zug- bzw. Druckbeanspruchung in den Triebwerken, die dadurch leichter ausfallen. Mittel hierzu sind:

– Die Anpassung der Drücke bzw. ihrer Verhältnisse,
– die Gegenschaltung von Stufen,
– durchgehende Kolbenstangen bei den Scheibenkolben höherer Stufen und
– Ausgleichsstufen A (Bild 4.2b2).

Die Ausgleichsstufen erhalten die Stufe als Index, mit deren Förderleitung sie verbunden sind, wobei 0 für die Atmosphäre steht. Ein geringer Druckanstieg im

Kühler K nach der zweiten Forderung wird erreicht, wenn mit dem Ausschieben einer Stufe gleichzeitig das Ansaugen der nächsten erfolgt, wobei auch der Versatz der zugeordneten Triebwerke zu beachten ist. Hiermit ergeben sich kleinere Pulsationsdämpfer (Bild 10.30) und Aufnehmeräume. Diese beiden Forderungen (Bild 4.2 a1) sind gleichzeitig erfüllbar. Das gilt auch für die beiden anderen. Hierbei erfordern geringe Reibung an den Kolbenstangen und Ringen möglichst kleine Durchmesser. Die letzten beiden weniger wichtigen Forderungen sind mit den ersten beiden nicht kompatibel.

4.1.3 Kolbenformen

Die beiden Ausführungen (Bild 4.2 a1 und 4.2 b3) mit zwei Stufen haben in den Totpunkten angenähert gleiche, aber entgegengesetzte Kräfte. Sie weisen außerdem geringe Druckspitzen in den Kühlern auf. Dies gilt auch für die doppeltwirkenden Scheibenkolben der niederen Stufen, bei denen der Stangenquerschnitt klein gegenüber der Kolbenfläche ist (siehe auch Gl. (5.12)). Höhere Stufen, für die es nicht mehr zutrifft, erhalten Kolben nach Bild 4.2 b2. Die durch den Deckel verlängerte Kolbenstange hat ausgeglichene Gestängekräfte. Sie erfordert aber für den gleichen Durchsatz einen größeren Kolben und eine Verbindung zur Atmosphäre für den Druckausgleich. Diese ist auch bei der Ausgleichsstufe A_0 in Bild 4.2 b3 zu finden. Sie verringert die Gestängekräfte, vermeidet eine Zylindererwärmung und verkleinert den zusätzlichen Arbeitsaufwand für die Restgase. Bei den höheren Stufen wird der Durchmesser bei Tauchkolben (Bild 4.2 a2) so klein, daß der Schubstangenkopf nicht mehr hineinpaßt. Dann wird dieser durch einen Gleitschuh G am Kolben aufgenommen.

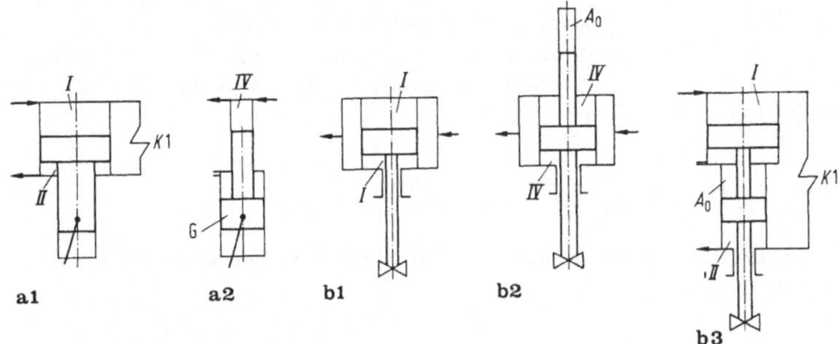

Bild 4.2 a, b. Kolbenformen. **a** Tauchkolben. **a 1** Stufenkolben; **a 2** Hochdruckkolben mit Führungsschuh; **b** Scheibenkolben. **b 1** Normalform; **b 2** Hochdruckkolben mit Kraftausgleich, **b 3** Stufenkolben mit Ausgleichsstufe

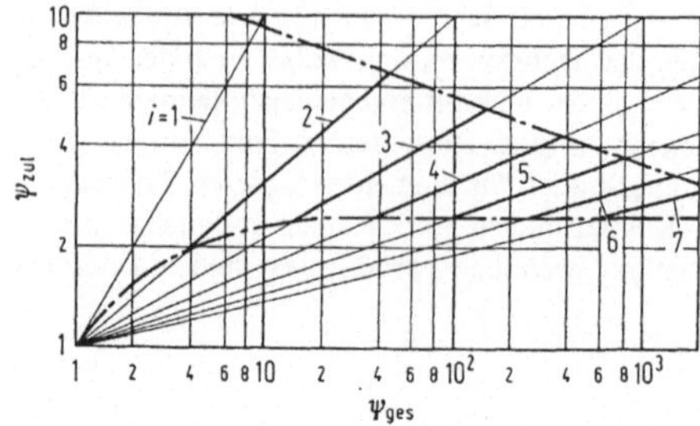

Bild 4.3. Stufen- und Gesamtdruckverhältnis. ψ_{zul} und ψ_{ges} für $i = 1$ bis 7 Stufen [1] (strichpunktiert: zulässige Grenzen)

4.2 Bestimmung der Hauptabmessungen

Ausgangspunkt hierfür ist der verlangte, auf den Normzustand p_0, t_0 bezogene Förderstrom $\dot{V}_{f0}$, der vom Ansaugezustand p_1, t_1 auf den Gegendruck p_{i+1} bei der Drehzahl n verdichtet werden soll. Aus dem Gesamtdruckverhältnis $\psi_{ges} = p_{i+1}/p_1$ wird nach Wahl die Stufenzahl i (Bild 4.3) aus Gl. (3.25), das Stufendruckverhältnis ψ bestimmt. Es ist hauptsächlich von den Betriebsbedingungen und dem Medium abhängig. Das Ansaugevolumen der k-ten Stufe mit z Zylindern beträgt dann bei Vernachlässigung der Leckverluste ($\dot{V}_{fk} = \dot{V}_{ak}$) mit Gl. (3.21):

$$\dot{V}_{ak} = \dot{V}_{a1} \frac{Z_k}{Z_1} \frac{p_1}{p_k} \frac{T_{ak}}{T_{a1}} \ . \tag{4.1}$$

4.2.1 Hubvolumina

Sie folgen aus Gl. (3.29) zu $\dot{V}_{Hk} = V_{ak}/\lambda_{Lk}$, mit $\lambda_{Lk} = \lambda_{Fk}\lambda_{Ak}$ nach Gl. (3.32) und nach Bild 3.7. Hiernach sind also die Schadräume, der Polytropenexponent sowie der Aufheizungsgrad anzunehmen, für die bei den Firmen Erfahrungswerte vorliegen. Bei konstanten Stufendruckverhältnissen ergibt sich aus Gl. (3.23) und Gl. (4.1) mit $p_1/p_k = 1/\psi^{k-1}$

$$\dot{V}_{Hk} = \frac{Z_k}{Z_1} \frac{T_{ak}}{T_{a1}} \frac{1}{\psi^{k-1}} \frac{\lambda_{F1}\lambda_{A1}}{\lambda_{Fk}\lambda_{Ak}} \dot{V}_{H1} \ . \tag{4.2}$$

Die Kolbendurchmesser nehmen also mit steigendem Druckverhältnis bzw. bei höherer Stufenzahl ab.

4.2.2 Kolbenflächen

Für die k-te Stufe beträgt der theoretische Förderstrom mit der mittleren Kolbengeschwindigkeit $c_m = 2sn$ nach Gl. (3.18)

$$\dot{V}_{Hk} = A_{Kk}\,sn = A_{Kk}\,\frac{c_m}{2} \ . \tag{4.3}$$

Daraus folgt, da die Werte c_m bzw. s und n für die Maschine konstant sind,

$$A_\mathrm{Kk} = A_\mathrm{K1}\,\frac{\dot{V}_\mathrm{Hk}}{\dot{V}_\mathrm{H1}}\;. \tag{4.4}$$

Diese Flächen gelten jeweils für die gesamte Stufe. Sie sind hiernach, von den Realgasfaktoren abgesehen, von der Art des Mediums unabhängig.

4.2.3 Kolbendurchmesser

Ihre Ermittlung setzt die Festlegung der Bauart nach Abschnitt 4 voraus. Es bezeichnen z die Zylinderzahl, D_k und d_s die Durchmesser von Kolben und Stange.

Einstufige Maschinen

Für die Tauchkolbenbauart folgt aus $A_1 = z_1\,\pi D_1^2/4$ mit den Gln. (4.3) und (3.37) $\dot{V}_\mathrm{H1} = z_1\,\pi D_1^2 c_\mathrm{m}/8 = \dot{V}_\mathrm{fa1}/\lambda_\mathrm{L}$.

Hieraus ergibt sich dann für den Durchmesser und Hub mit dem Hubverhältnis s/D

$$D_1 = \sqrt{\frac{8\,\dot{V}_\mathrm{fa1}}{\pi\,c_\mathrm{m}\lambda_\mathrm{L}z_1}} \quad\text{und}\quad s = (s/D)D\;. \tag{4.5}$$

Hierbei erlauben die direkte bzw. indirekte Abhängigkeit der Abmessungen D und s von den Wurzeln aus $\dot{V}_\mathrm{fa1}$, c_m, λ_L und z_1 weitgehende Ähnlichkeitsbetrachtungen. Wird so in Gl. (4.5) nur $\dot{V}_\mathrm{fa}$ oder z_1 verdoppelt, so beträgt der geänderte Durchmesser $D_1^* = D_1/\sqrt{2} \approx 0{,}7\,D_1$. Bei Erhöhung von c_m bzw. λ_L um 25% folgt dann $D_1^* = D/\sqrt{1{,}25} \approx 0{,}9\,D_1$. Die Gln. (4.5) gelten auch für einfach wirkende Kreuzkopfmaschinen. Sind diese doppelt wirkend, so ergibt sich:

$$D_1 = \sqrt{\frac{1}{2}\left(\frac{4A_\mathrm{K1}}{\pi} \div d_\mathrm{St}^2\right)}$$

Mit $d_\mathrm{St} = \alpha D_1$ folgt dann

$$D_1 = \sqrt{\frac{8\,\dot{V}_\mathrm{fa1}}{\pi\,c_\mathrm{m}\lambda_\mathrm{L}z_1(2-\alpha^2)}}\;.$$

Stufenkolben

Ihre Durchmesser hängen dabei von der Stufenanordnung ab, so daß sich keine allgemeinen Gleichungen ergeben. Die Rechnung beginnt dabei am Kolbenteil ohne Absatz bzw. mit Stange (D_3 bzw. D_2 in Bild 5.5c). Hierfür gilt:

$$D_1 = \sqrt{\frac{4}{\pi}\,A_\mathrm{Kk}} \quad\text{bzw.}\quad D_2 = \sqrt{\frac{4}{\pi}\,(A_\mathrm{Kk}-A_\mathrm{Kk+1})}\;.$$

Bei kleineren Stückzahlen sind die Kolbendurchmesser den genormten Maßen ihrer Ringe nach DIN 34109 anzupassen.

4.3 Leistungen

Die Grundlage der Leistungsberechnung bildet der ideale Verdichter. Dieser verdichtet den Gasstrom ohne überschüssige Feuchtigkeit in der I. Stufe vom Ansaugezustand p_1, t_{a1} in den übrigen Stufen von der Rückkühltemperatur t_{ak} aus isotherm auf den Gegendruck p_{i+1}. Hierfür ist ein Minimum an Leistung erforderlich. Die starke Abweichung der wirklichen von der isothermen Verdichtung erfordert einen erheblichen Mehraufwand insbesondere durch Kühl-, Gasreibungs- und Triebwerksverluste, die durch die Wirkungsgrade erfaßt werden. Die isentrope Leistung gilt unter den gleichen Voraussetzungen als Idealwert für Schrauben- und Rotationsverdichter und für Kältekompressoren, bei denen die meisten Medien bei isothermer Verdichtung kondensieren.

4.3.1 Isotherme Leistung

Ihre Realisierung erfordert nach Abschnitt 2.3.2, daß der Kühlwasserstrom die dem Verdichter zugeführte Leistung abführt. Obwohl dies praktisch nicht möglich ist, gilt sie wegen ihres geringen Aufwandes als Idealleistung.

Ideale Gase

Für eine Stufe ergibt die Gl. (2.26) mit $p_1 v_1 = R T_1$ und $\dot{m} R T_{a1} = p_1 \dot{V}_{fa1}$

$$P_{is} = \dot{m}_f R T_{a1} \ln\frac{p_2}{p_1} = p_1 \dot{V}_{fa1} \ln\frac{p_2}{p_1} \; . \tag{4.6}$$

Für i Stufen gilt dann bei Vernachlässigung der Leckverluste mit $\dot{V}_{fak} = \dot{V}_{ak}$

$$P_{is} = \sum_{k=1}^{i} p_k \dot{V}_{ak} \ln\frac{p_{k+1}}{p_k} \; . \tag{4.7}$$

Die Stufendruckverhältnisse seien nun konstant und die Rückkühltemperaturen gleich. Es ist also $p_{k+1}/p_k = p_2/p_1 = \psi$ und $T_{ak} = T_{a2}$ (ab $k = 2$) damit $p_k \dot{V}_{ak} = p_2 \dot{V}_{a2}$ nach der Zustandsgleichung. Hiermit ergibt die Gl. (4.7)

$$P_{is} = p_1 \dot{V}_{fa1} \left[1 + (i-1) \frac{T_{a2}}{T_{a1}} \right] \ln \psi \; . \tag{4.8}$$

Für $T_{a2} = T_{a1}$ folgt hieraus:

$$P_{is}^* = i p_1 \dot{V}_{a1} \ln \psi \; .$$

Der Mehraufwand für die erhöhte Rückkühltemperatur wird damit

$$\frac{P_{\mathrm{is}}-P_{\mathrm{is}}^{*}}{P_{\mathrm{is}}^{*}}=\frac{i-1}{i}\,\frac{T_{\mathrm{a}2}-T_{\mathrm{a}1}}{T_{\mathrm{a}1}}\ . \tag{4.9}$$

Er steigt mit der Stufenzahl. Eine um $3\,^{\circ}\mathrm{C}$ höhere Rückkühltemperatur erfordert danach 1% mehr Leistung. Dies gilt exakt für $T_{\mathrm{a}1}=300\,\mathrm{K}$ bzw. $27\,^{\circ}\mathrm{C}$ und zwar auch für die Ansaugtemperatur $T_{\mathrm{a}1}$ nach Gl. (4.6). Der Mehraufwand wirkt sich auch entsprechend auf die indizierte und die effektive Leistung aus.

Reale Gase

Für die Verdichtung ist hier noch die Zusatzarbeit Δw_{is} nach Bild 4.4 erforderlich. Sie beträgt mit $v=p_1 v_1/p$ für die Isotherme und der Volumenänderung $\Delta v=(Z-1)v=p_1 v_1(Z-1)p$:

$$\Delta w_{\mathrm{is}}=\int_{p_1}^{p_2}\Delta v\,\mathrm{d}p=p_1 v_1\int_{p_1}^{p_2}(Z-1)\,\frac{\mathrm{d}p}{p}\ .$$

Zur einfacheren Darstellung in Tabellen und Kurven werden die Grenzen des Integrals auf $p=1$ bar bezogen, also

$$\int_{p_1}^{p_2}\frac{Z-1}{p}\,\mathrm{d}p=\int_{1\,\mathrm{bar}}^{p_2}\frac{Z-1}{p}\,\mathrm{d}p-\int_{1\,\mathrm{bar}}^{p_1}\frac{Z-1}{p}\,\mathrm{d}p=B(2)-B(1)\ . \tag{4.10}$$

Damit folgt dann

$$P_{\mathrm{is}}=p_1\dot V_{\mathrm{a}1}\left[\ln\frac{p_2}{p_1}+B(2)-B(1)\right]\ . \tag{4.11}$$

Dabei beträgt $B=2{,}303\,C$, für die in den Bildern 12.6 bis 12.10 aufgeführten Beiwerte C. Hiermit gilt dann für p_1 in bar und $\dot V_{\mathrm{a}1}$ in m^3/h die Zahlenwertgleichung

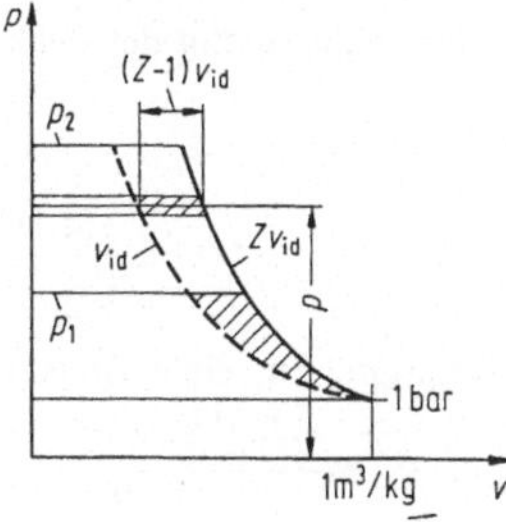

Bild 4.4. Ermittlung des Beiwertes B für die isotherme Verdichtung

$$P_{\mathrm{is}} = 0{,}06397\, p_1\, \dot{V}_{\mathrm{a1}} \left[\, \lg \frac{p_2}{p_1} + C(2) - C(1) \right] \quad \text{in kW} \; .$$

Für die mehrstufige Verdichtung gilt dann ohne Leckverluste:

$$P_{\mathrm{is}} = \sum_{k=1}^{i} p_k\, \dot{V}_{\mathrm{ak}} \left[\, \ln \frac{p_{k+1}}{p_k} + B(k+1) - B(k) \right] , \qquad (4.12)$$

wobei $\sum B(k+1) - B(k) = B(i+1) - B(1)$ ist [4].

Bei konstanten Werten des Druckverhältnisses und der Rückkühltemperatur folgt daraus:

$$P_{\mathrm{is}} = p_1\, \dot{V}_{\mathrm{a1}} \left\{ \ln \psi + B(2) - B(1) + \frac{T_{\mathrm{a2}}}{T_{\mathrm{a1}}} \left[(i-1) \ln \psi + B(i+1) - B(2) \right] \right\} \; .$$

Die Kennlinien der isothermen Leistung als Funktion des Gegendruckes und der Drehzahl sind im Bild 9.11 zu finden.

4.3.2 Isentrope Leistung

Da bei der Isentropen keine Wärme abgeführt wird, stellt sie den Verdichterprozeß mit seiner ungenügenden Zylinderkühlung besser dar als die Isotherme [7].

Ideale Gase

Für eine Stufe gilt hier mit $p_1 v_1 = R T_1$ und $\dot{m}_f R T_{\mathrm{a1}} = p_1 \dot{V}_{\mathrm{fa1}}$ nach Gl. (2.45) mit $n = \varkappa$

$$P_{\mathrm{it}} = \frac{\varkappa}{\varkappa - 1}\, p_1\, \dot{V}_{\mathrm{fa1}} \left[\left(\frac{p_2}{p_1} \right)^{(\varkappa - 1)/\varkappa} - 1 \right] . \qquad (4.13)$$

Bei veränderlichem Saugdruck p_1 entsteht hierbei ein Maximum. Es liegt, wie aus $\mathrm{d}P_{\mathrm{it}}/\mathrm{d}t = 0$ folgt, beim Druckverhältnis $p_2/p_1 = \varkappa^{\varkappa/(\varkappa - 1)} = 3{,}247$ für $\varkappa = 1{,}4$ und beträgt

$$P_{\mathrm{it\,max}} = \varkappa p_1 \dot{V}_{\mathrm{fa1}} \; .$$

Für die mehrstufige Verdichtung ergibt sich dann bei Vernachlässigung der Leckverluste, also $\dot{V}_{\mathrm{fak}} = \dot{V}_{\mathrm{ak}}$ bei i Stufen

$$P_{\mathrm{it\,ges}} = \frac{\varkappa - 1}{\varkappa} \sum p_k \dot{V}_{\mathrm{ak}} \left[\left(\frac{p_{k+1}}{p_k} \right)^{(\varkappa - 1)/\varkappa} - 1 \right] . \qquad (4.14)$$

Bei veränderlichem Gegendruck entsteht dabei ein Minimum. Zu seiner Bestimmung sei angenommen, daß alle Anfangspunkte der Kompression in den einzelnen Stufen auf einer Isothermen liegen bzw. daß immer auf die Ausgangstemperatur

t_{a1} zurückgekühlt wird. Dann ist $p_{ak}\dot{V}_{ak} = p_a\dot{V}_{a1}$ in Gl. (4.14) ein konstanter Faktor, der ohne Einfluß auf die Minimalbedingung $\mathrm{d}P_{it}/\mathrm{d}p_k = 0$ ist. Hiernach liegt dann der Kleinstwert bei $p_k/p_{k-1} = p_{k+1}/p_k$ bzw. bei $\psi = \mathrm{const}$ und beträgt

$$P_{it\,min} = \frac{\varkappa-1}{\varkappa}\,ip_1\dot{V}_{a1}\,(\psi^{(\varkappa-1)/\varkappa}-1)\;.$$

Für gleiche Stufendruckverhältnisse und konstante Rückkühltemperaturen folgt dann nach Gl. (4.14) wie bei der Ableitung der Gl. (4.8)

$$P_{it\,ges} = \frac{\varkappa}{\varkappa-1}p_1\dot{V}_{a1}\left[1+(i-1)\frac{T_{a2}}{T_{a1}}\right](\psi^{(\varkappa-1)/\varkappa}-1)\;. \tag{4.15}$$

Für den Mehraufwand bei der Rückkühlung gilt die Gl. (4.9) sinngemäß.

Reale Gase

Hier gibt Frenkel [6] zur Leistungsberechnung ein der Isothermen ähnliches Verfahren an.

4.3.3 Indizierte und effektive Leistung

Indizierte Leistung

Da sie im Zylinder vom Kolben auf das Medium übertragen wird, heißt sie auch innere Leistung. Mechanische Verluste sind hierin nicht enthalten, obwohl ein Teil der Kolbenringreibung als Wärme auf das Medium übergeht.

Meßtechnische Ermittlung

Hier dient das Indikatordiagramm (Bild 2.5) und der daraus ermittelte Mitteldruck p_i nach Gl. (2.35). Für eine Stufe eines Verdichters mit einfachwirkenden Kolben von der Gesamtfläche A_K gilt mit der mittleren Kolbengeschwindigkeit c_m für die innere Leistung:

$$P_i = p_i n V_H = p_i c_m A_K/2\;. \tag{4.16}$$

Bei mehrstufigen Verdichtern sind die Werte A_{Kk} und p_{ik} für die k-ten Stufen verschieden. Damit folgt dann für i Stufen:

$$P_i = \frac{c_m}{2}\sum_{k=1}^{i} p_{ik}A_{Kk}\;.$$

Meist wird nur ein Zylinder pro Stufe indiziert, um den großen Aufwand an Arbeit und Geräten zu verringern.

Vorausberechnung

Zur Planung neuer Maschinen wird von der Differenz der polytropen Arbeiten der Kompression und Rückexpansion (Index K und R) ausgegangen. Die Leistung beträgt also nach Gl. (3.10):

$$P_{\text{Pol}} = (\dot{m}_{\text{f}} + \dot{m}_{\text{r}})\, w_{\text{Pol K}} - \dot{m}_{\text{r}}\, w_{\text{Pol R}} \ .$$

Mit w_{pol} nach Gl. (2.45), $v_{1\text{K}} = (V_{\text{h}} + V_{\text{s}})/(m_{\text{f}} + m_{\text{r}})$ und $v_{1\text{R}} = V_{\text{s}}/m_{\text{r}}$ sowie $V_{\text{s}} = \varepsilon V_{\text{h}}$ und $\psi = p_2/p_1$ folgt dann für die I. Stufe unter Beachtung von $\lambda_{\text{p}} = \lambda_{\text{D}} = 1$ aus Gl. (3.37):

$$P_{\text{Pol1}} = \frac{p_1 \dot{V}_{\text{fa}}}{\lambda_{\text{A}}}\, \frac{n}{n-1} \left[\left(\frac{p_2}{p_1} \right)^{(n-1)/n} - 1 \right] \ . \tag{4.17}$$

Hierbei ist $n = 1{,}3$ bis $1{,}4$ der mittlere Polytropenexponent. Sein größerer Wert gilt für die höheren Stufen, deren Kühlung immer schwierigerer wird. Sind das Druckverhältnis p_2/p_1 und die Ansaugetemperaturen von der I. Stufe ab gleich, also $t_{\text{ak}} = t_{\text{a1}}$, so wird $P_{\text{Pol ges}} = i P_{\text{Pol1}}$. Hierin fehlen noch die Reibungsverluste der Ventile und der Rohrleitungen innerhalb des Verdichters, die sonst der Mitteldruck p_{i} erfaßt. Sie betragen etwa 6 bis 8% und steigen mit der Dichte des Mediums an. Es wird also

$$P_{\text{i}} = (1{,}06 \text{ bis } 1{,}08)\, P_{\text{Pol}} \ . \tag{4.18}$$

Effektive Leistung

Sie wird der Kurbelwelle des Verdichters über eine Kupplung, eine Riemenscheibe oder ein Zahnrad zugeführt. Es gilt dann

$$P_{\text{e}} = P_{\text{i}} + P_{\text{RT}} \ . \tag{4.19}$$

Nimmt sie die Kupplung auf, heißt sie auch P_{K}. Die Triebwerksreibungsleistung P_{RT} erfaßt die Verluste aller aufeinander gleitenden Teile des Kurbeltriebes, insbesondere Lager, Kolben- und Packungsringe. Hierzu wird meist auch der Energiebedarf der Hilfseinrichtungen zur Kühlung und Schmierung gerechnet. Der Hersteller garantiert die effektive Leistung nach DIN 1945 mit einem Spiel von ±5%. Der Antriebsmotor soll dann aus Sicherheitsgründen noch um etwa 10% stärker sein als die passende Leistung im Herstellerkatalog.

4.4 Wirkungsgrade

Als Verhältnis vom Effekt zum Aufwand sind die Wirkungsgrade stets kleiner als eins. Sie dienen hauptsächlich der Leistungsberechnung bei der Auslegung. Hierzu gilt ihr isothermer oder isentroper Idealwert als Ausgangspunkt. Durch eine weitere Aufteilung der Leistungen entsprechend den Meßmöglichkeiten sollen die Berechnungen verfeinert und Fehler besser erkannt werden. Gemäß der Leistungen erhalten die Wirkungsgrade folgende eingeklammerte Indizes: isotherm (is), isentrop (it), indiziert (i), effektiv (e) und zugeführt (z).

4.4.1 Verdichter

Bei den Maschinen sind neben dem mechanischen noch die isothermen bzw. isentropen Wirkungsgrade in Gebrauch. Bei ihrer Anwendung ist der Leistungsfluß $(P_e > P_i > P_{it} > P_{is})$ zu beachten.

Mechanischer Wirkungsgrad

Er berücksichtigt den Triebwerksreibungsverlust $P_{RT} = P_e - P_i$ und beträgt

$$\eta_m = \frac{P_i}{P_e} = 1 - \frac{P_{RT}}{P_e} \ . \tag{4.20}$$

Er steigt mit der Größe des Verdichters und seiner Antriebsleistung an und erreicht Bestwerte von 85 bis 92%. Dabei nimmt das Verhältnis P_{RT}/P_e mit der Maschinengröße ab.

Indizierter isothermer Wirkungsgrad

Er enthält die Wärme-, Strömungs- und Leckverluste, und es gilt:

$$\eta_{isi} = \frac{P_{is}}{P_i} \ . \tag{4.21}$$

Am bedeutendsten sind hierbei die Wärmeverluste. So steigt der Mehraufwand der Isentropen gegenüber der Isothermen mit dem Druckverhältnis und dem Isentropenexponenten an, ist aber schwer beeinflußbar. Der Verlust hängt von der Größe der wärmeabführenden Flächen ab. Wirtschaftlich sind Differenzen von 10 bis 15 °C zwischen Rückkühl- und Ansaugetemperatur mit Wasserkühlung noch erreichbar. Dabei erfordert nach Gl. (4.6) eine Steigerung von 3 °C etwa 1% mehr Leistung. Das gilt auch für die Temperaturerhöhung des Mediums beim Ansaugen. Die Strömungsverluste steigen mit den Geschwindigkeiten in den Zuleitungen, Kanälen und Ventilen an. Wegen der vergrößernden Einflusses von Schwingungen sind Ausgleichsräume vor und in den Zylindern besonders wichtig.

Diese Verluste, die mit der Dichte des Mediums zunehmen, verzehren etwa 6 bis 10% der indizierten Leistung. Leckverluste werden bei der Auslegung vernachlässigt. Dieser Wirkungsgrad (Bild 4.5) weist bei einem bestimmten Druckverhältnis (hier $\psi \approx 4$) ein ausgeprägtes Maximum auf.

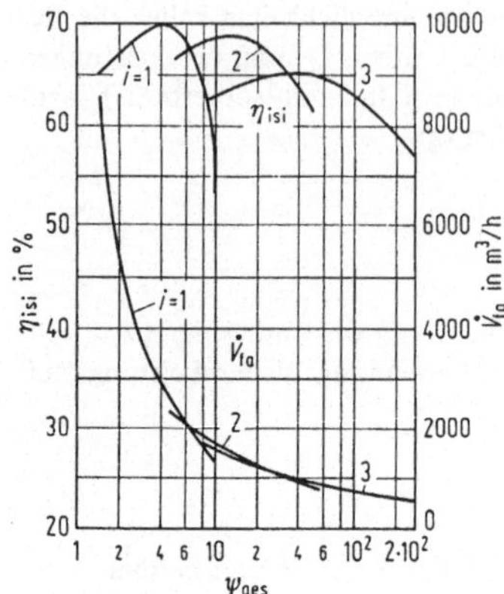

Bild 4.5. Indizierter isothermer Wirkungsgrad und Förderströme einer Baureihe aus [1]

Effektiver isothermer Wirkungsgrad

Er erfaßt alle hier aufgeführten Verluste des Verdichters und ergibt sich mit Gl. (4.20) und (4.21)

$$\eta_{\text{ise}} = \frac{P_{\text{is}}}{P_{\text{e}}} = \eta_{\text{isi}}\,\eta_{\text{m}} \ . \tag{4.22}$$

Sein Verlauf in Abhängigkeit vom Gegendruck weist ein Maximum auf, während er mit steigender Drehzahl leicht abfällt (siehe Bild 9.11a und 9.11b). Erreichbare Werte sind bei kleineren Luftverdichtern $\eta_{\text{ise}} = 40$ bis 60% und bei großen Maschinen 50 bis 70%.

Isentrope Wirkungsgrade

Sie sind definiert als

$$\eta_{\text{iti}} = \frac{P_{\text{it}}}{P_{\text{i}}} \quad \text{und} \quad \eta_{\text{ite}} = \frac{P_{\text{it}}}{P_{\text{e}}} = \eta_{\text{iti}}\,\eta_{\text{m}} \ . \tag{4.23}$$

Anhaltswerte sind $\eta_{\text{ite}} = 50$ bis 70% für Schrauben- und Rotationsverdichter. Sie steigen mit dem Durchsatz an, weil hiermit die relativen Überstromverluste abnehmen. Für Hubkolbenverdichter mit Medien, die bei der Kompression kondensieren, gilt $\eta_{\text{ite}} = 60$ bis 70%. Sie sind größer als die isothermen Wirkungsgrade, da sie den Verlust $P_{\text{it}} - P_{\text{is}}$ nicht enthalten.

4.4.2 Anlage

Hierbei sind noch zwischen dem Antriebsmotor (Index M) und die zwischen ihm und dem Verdichter (Index V) eingeschalteten Übertragungsglieder zu berücksichtigen.

Motorwirkungsgrad

Er beträgt

$$\eta_M = \frac{P_{eM}}{P_{zM}} \tag{4.24}$$

und hängt von der Art des Antriebs ab. Bei Elektromotoren wird er auf die Klemmenleistung P_{el} bezogen, so daß $P_{zM} = P_{el}$ ist. In Asynchronmotoren betragen sie etwa 80 bis 90% und fallen erst bei kleinen Leistungen stärker ab. Gleichstrommotoren haben Werte von 75 bis 80%, die mit der Belastung sinken. Bei Brennkraftmaschinen gilt hierfür der wirtschaftliche Wirkungsgrad. Er wird auf die mit dem Kraftstoffstrom $\dot{B}$ vom unteren Heizwert H_u zugeführte Leistung $\dot{B}H_u$ bezogen. Im Bestpunkt ist dieser 25 bis 28% für Otto- und 30 bis 40% für Dieselmaschinen.

Übertragungswirkungsgrad

Er umfaßt alle Verluste, die durch zwischen Verdichter und Motor liegende Verbindungselemente, wie Zugmittel- oder Zahnradgetriebe entstehen und es gilt:

$$\eta_{ü} = \frac{P_{eV}}{P_{eM}} \; . \tag{4.25}$$

Er beträgt 95 bis 98% für Riementriebe und 98% für ein einstufiges Zahnradgetriebe. Pro zusätzliches Räderpaar ist dieser Wert mit 0,99 zu multiplizieren.

Antriebswirkungsgrad

Hierin sind die Verluste des Motors und der Verbindungselemente enthalten. Mit den Gln. (4.24) und (4.25) folgt dann:

$$\eta_A = \frac{P_{eV}}{P_{zM}} = \eta_{ü}\eta_M \; . \tag{4.26}$$

Gesamtwirkungsgrad

Er umfaßt alle Verluste des Verdichters und seines Antriebes. Mit den Gln. (4.20), (4.21), (4.24), (4.25) bzw. den Gln. (4.22) und (4.25) wird also

$$\eta_{ges} = \frac{P_{is}}{P_{zM}} = \eta_{isi}\,\eta_m\,\eta_{\ddot{u}}\,\eta_M = \eta_{ise}\,\eta_A \ .$$

4.4.3 Bilanzen und Sankey-Diagramme

Sie zeigen die Aufteilung der Leistungen und erläutern die Wirkungsgrade. Zu ihrer Aufstellung erfolgt die Untersuchung einer im Beharrungszustand laufenden Maschine mit Hilfe der Bilanz der Leistungen und Wärmen. Sie erhalten meist ein Restglied, das die nicht meßbaren Größen wie Abstrahlungen und dynamische Vorgänge wie einen Regeleingriff erfaßt. Bei dem üblichen Ansatz:

$$\dot{Q}_{zug} = \dot{Q}_{ab} + \dot{Q}_{Rest}$$

ist das Restglied $\dot{Q}_{Rest}$ bei Energieverlusten positiv.

Im Wärmefluß- oder Sankey-Diagramm (Bild 4.6) ist die zugeführte Leistung oben in ihre Anteile und unten in die sie abführenden Wärmeströme aufgeteilt. Die Leistungen enthalten den Anteil P_{is} der Isothermen und den Mehraufwand für die Isentrope $P_{it} - P_{is}$ nach den Gl. (4.6) und (4.13). Die Strömungsverluste folgen dann gemäß Gl. (2.39) mit $W_R = m_f \Delta p_R/\varrho = m_f \xi c^2/2$ zu $P_{st} = W_R\, n$, wobei sich W_R aus dem Indikatordiagramm (Bild 3.5) ergibt. Weiterhin sind noch die Verluste durch ungenügende Kühlung der Zwischenkühler, infolge der Aufheizung, der Undichtigkeit und Reibung aufgeführt.

Die abgeführten Wärmeströme in den Zwischenkühlern und in den Zylinderdeckeln sind durch Messung der Kühlwasserströme und ihrer Temperaturdifferenzen zu ermitteln. Der im Gas abgeführte Anteil ist eine Folge der ungenügenden Rückkühlung des Förderstromes. Die Triebwerksreibung und der Abstrahlungsverlust bilden das Restglied.

Beispiel 4.1

Ein doppeltwirkender vierstufiger CO_2-Kompressor hat die Drehzahl $n = 300\,min^{-1}$, den Hub $s = 400\,mm$ und den Kolbenstangendurchmesser $d = 110\,mm$. Er verdichtet $\dot{V} = 6300\,m^3/h$ des Normzustandes $p_0 = 1{,}0133\,bar$, $t_0 = 0\,°C$ von $p_1 = 1{,}025\,bar$ auf $p_5 = 153\,bar$. Die Temperaturen beim Ansaugen sind $t_{ak} = 42\,°C$, am Ende des Ausschiebens $t_{3k} = 150\,°C$ für alle Stufen. Der atmosphärische Zustand sei $p_a = 1{,}0\,bar$ und $t_a = 30\,°C$. Weiterhin sind gegeben: Zylinderdruck der I. Stufe $p_1' = 0{,}982\,bar$, die Konstante hierzu $c = 1{,}124$, der mechanische und der auf die indizierte Leistung bezogene Wirkungsgrad $\eta_m = 0{,}92$ und $\eta_{isi} = 0{,}62$. Der relative Schadraum ε, der Rückexpansionsexponent n und der Aufheizungsgrad λ_A für die Stufen sind in der Tabelle 4.1 aufgeführt.

Gesucht sind die Kolbendurchmesser, die Gestängekräfte der Triebwerke und die Antriebsleistung des Verdichters.

Die Berechnung der Kolbendurchmesser und der Kräfte wird hier nur für die IV. Stufe gezeigt. Für die weiteren sind sie in der Tabelle 4.2 und 4.3 zusammengefaßt, da sie sonst nach dem gleichen Prinzip erfolgen. Die Z_k- und B-Werte sind den Bildern 12.4 und 12.9 zu entnehmen. Hierbei kann die Temperatur $t_{4k} = t_{ak}$ gesetzt werden. Als Bauart wird eine Reihen- oder Boxermaschine gewählt.

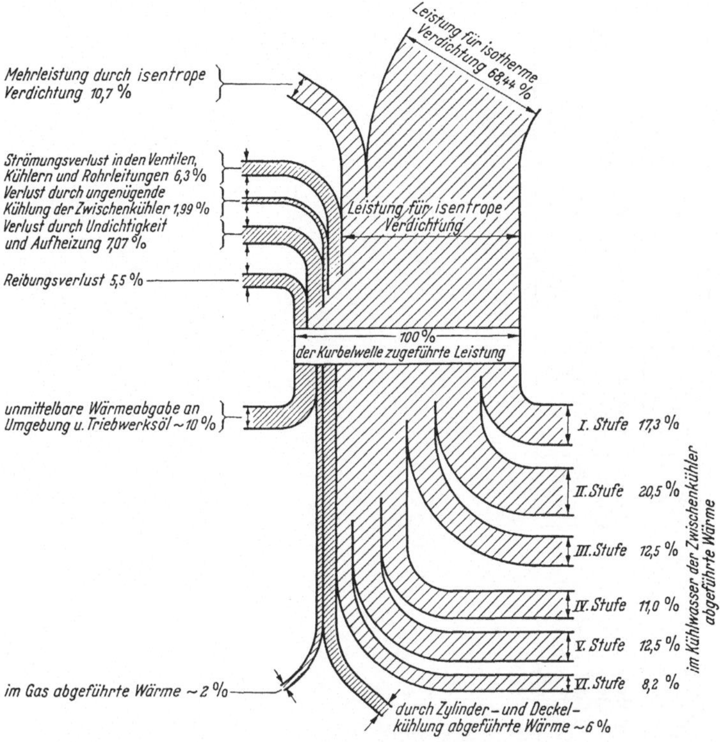

Bild 4.6. Leistungs- und Wärmestrombilanz eines sechsstufigen Verdichters aus [4]. $P_e = 4000\ \text{kW}$; $\eta_{\text{ise}} = 0{,}685$

Tabelle 4.1. Daten zur Berechnung eines Verdichters

Stufe	I	II	III	IV
ε	0,150	0,140	0,168	0,275
n	1,18	1,19	1,20	1,27
λ_A	0,950	0,935	0,926	0,900

Kolbendurchmesser. Mit dem Gesamt- und Stufendruckverhältnis

$$\psi_{\text{ges}} = p_5/p_1 = 149{,}26 \quad \text{und} \quad \psi = \sqrt[4]{\psi_{\text{ges}}} = 3{,}4954$$

nach Gl. 3.25) folgt für die Stufendrücke $p_k = \psi^{k-1} p_1$, bzw. $p_4 = \psi^3 p_1 = 43{,}76\ \text{bar}$. Die Saugvolumina betragen nach Gl. (3.21) mit $Z_0 = 1$:

Tabelle 4.2. Berechnung der Abmessungen eines Verdichters

Stufe k	p_k bar	p_{k+1} bar	Z_k 1	Z_{k+1} 1	$\dot{V}_{ak}$ m³/h	ε 1	λ_F 1	λ_A 1	λ_L 1	$\dot{V}_{Hk}$ m³/h	A_k cm²	D_k cm	$D_{k\,vorh}$ cm	$A_{k\,vorh}$ cm²
I	1,025	3,583	0,996	0,955	7157,52	0,150	0,717	0,950	0,618	11581,70	16085,69	101,50	102,0	16247,5
II	3,583	12,523	0,988	0,985	2031,13	0,140	0,741	0,935	0,692	2935,16	4076,61	51,53	52,0	4152,4
III	12,523	43,764	0,951	0,945	559,37	0,168	0,694	0,926	0,643	870,41	1208,91	28,81	29,0	1226,0
IV	43,764	153,00	0,815	0,844	137,18	0,275	0,512	0,900	0,461	297,57	413,32	18,00	18,0	413,9

Tabelle 4.3. Berechnung der Gestängekräfte eines Verdichters

Stufe k	p_k' bar	p_{k+1}'' bar	$A_{k\text{DS}}$ cm^2	$F_{\text{stk max}}$ kN	$F_{\text{stk min}}$ kN	ΔF_{Stk} kN
I	0,982	3,858	8171,3	234,99	$-232,29$	2,70
II	3,307	13,000	2123,7	208,04	$-194,40$	13,64
III	12,052	47,350	660,5	243,60	$-189,10$	54,50
IV	40,200	157,900	254,5	336,76	$-150,41$	186,35

$$\dot{V}_{\text{ak}} = \dot{V}_0 Z_k \frac{p_0 T_k}{p_k T_0} = 6300 \frac{\text{m}^3}{\text{h}} Z_k \frac{1,0133\,\text{bar}\cdot 315\,\text{K}}{p_k\,273\,\text{K}} = 7365,92 \frac{\text{m}^3}{\text{h}} Z_k \frac{\text{bar}}{p_k} \ .$$

Mit $Z_4 = 0,815$ für $p_4 = 43,76$ bar und $t_{\text{a}4} = 42\,°\text{C}$ ist dann

$$\dot{V}_{\text{a}4} = 7365,92 \frac{\text{m}^3}{\text{h}} 0,815 \frac{\text{bar}}{43,76\,\text{bar}} = 137,18 \frac{\text{m}^3}{\text{h}} \ .$$

Die Füllungsgrade folgen aus Gl. (3.32). Mit $Z_4 = 0,815$ und $Z_5 = 0,844$ bei $p_5 = 153$ bar und $150\,°\text{C}$ gilt also:

$$\lambda_{\text{F}} = 1 - 0,275 \left(\frac{0,844}{0,815} \, 3,495^{1/1,27} - 1 \right) = 0,512 \ .$$

Der theoretische Förderstrom wird dann mit dem Liefergrad $\lambda_{\text{L}} = \lambda_{\text{F}} \lambda_{\text{A}} = 0,9\cdot 0,512 = 0,461$, wenn der Durchsatz- bzw. der Drosselgrad $\lambda_{\text{D}} = \lambda_{\text{P}} = 1$ ist, nach Gl. (3.37)

$$V_{\text{H}4} = \frac{\dot{V}_{\text{a}4}}{\lambda_{\text{L}4}} = \frac{137,18\,\text{m}^3/\text{h}}{0,461} = 297,57 \frac{\text{m}^3}{\text{h}} \ .$$

Die Kolbenfläche für die gesamte k-te Stufe (Bild 4.2 b1) beträgt dann mit der mittleren Kolbengeschwindigkeit $c_{\text{m}} = 2sn = 4\,\text{m/s}$ nach Gl. (4.3)

$$A_{\text{K}} = \frac{2\dot{V}_{\text{Hk}}}{c_{\text{m}}} = \frac{2\dot{V}_{\text{Hk}}\cdot 10^4\,\text{cm}^2/\text{m}^2}{4\,\text{m/s}\cdot 3600\,\text{s/h}} = 1,389 \frac{V_{\text{Hk}}}{\text{m}^3/\text{h}}\,\text{cm}^2 \quad \text{und für}$$

$$A_4 = 1,389\cdot 297,57\,\text{cm}^2 = 413,32\,\text{cm}^2 \ .$$

Der Kolbendurchmesser folgt mit dem Stangenquerschnitt $A_{\text{s}} = \pi d^2/4 = 95,03\,\text{cm}^2$ nach Gl. (3.16)

$$D_k = \sqrt{\frac{2}{\pi}\,(A_{\text{Kk}} + A_{\text{s}})} = 0,7979 \ \sqrt{A_{\text{Kk}} + 95,03\,\text{cm}^2} \quad \text{und für}$$

$$D_4 = 0,7979 \ \sqrt{(413,32 + 95,03)\,\text{cm}^2} = 18\,\text{cm} \ .$$

Die Kolbendurchmesser D_k sind den Werten $D_{k\,\text{vorh}}$ der nach DIN 34 109 vorhandenen Ringe anzupassen, so daß die Kolbenfläche $A_{\text{II vorh}}$ der II. Stufe größer wird. Dabei verringert sich bei eingehaltenen Drücken p_1 und p_5 der Wert für p_2 und das Druckverhältnis ψ steigt an.

Gestängekräfte. Zur Einheitenbetrachtung sei zunächst die Kolbenstange vernachlässigt. Es gilt dann

$$F_{stk} = p_k^* A_K = p_k \cdot 10^5 \, \frac{\mathrm{N/m^2}}{\mathrm{bar}} \, 10^{-4} \, \frac{\mathrm{m^2}}{\mathrm{cm^2}} \cdot 10^{-3} \, \frac{\mathrm{kN}}{\mathrm{N}} = \frac{1}{100} \, \frac{p_k^* A_K}{\mathrm{bar \, cm^2}} \, \mathrm{kN} \ .$$

Für die Kräfte beim Hingang zum UT bzw. beim Rückgang zum OT hin (Bild 2.3 b) gelten die Zylinderdrücke $p_k^* = p_k'$ bzw. $p_{k+1}^* = p_{k+1}''$. Sie betragen mit $k = 4$ nach Gl. (3.28) mit $\alpha = (-c)^{k-1} = (-1{,}124)^3 = -1{,}42$ und $\psi^{k-1} = 3{,}4954^3 = 42{,}706$:

$$p_4' = 42{,}706 \left(2 \cdot 1{,}025 \, \frac{1+1{,}42}{1+1{,}124} - 1{,}42 \cdot 0{,}982 \right) \mathrm{bar} = 40{,}20 \, \mathrm{bar} \quad \text{und für}$$

$$p_5' = 1{,}124 \cdot 3{,}4954 \cdot 40{,}20 \, \mathrm{bar} = 157{,}9 \, \mathrm{bar} \ .$$

Ihre Berechnung kann auch Stufe für Stufe nach Gl. (3.27) erfolgen.

Die Gestängekräfte betragen mit $A_{DS4} = 18^2 \, \mathrm{cm^2}/4 = 254{,}74 \, \mathrm{cm^2}$ und $A_{St} = 95{,}03 \, \mathrm{cm^2}$ nach Gl. (5.15) im OT bzw. UT:

$$F_{St4\,max} = \frac{(157{,}9-40{,}2)\, 254{,}47 + (40{,}2-1{,}0)\, 95{,}03}{100} \, \mathrm{kN} = 336{,}76 \, \mathrm{kN},$$

$$F_{St\,min} = \frac{-(157{,}9-40{,}2)\, 254{,}47 + (157{,}90-1)\, 95{,}03}{100} \, \mathrm{kN} = -150{,}41 \, \mathrm{kN}$$

und die Differenz

$$\Delta F_{St4} = \frac{(156{,}90+39{,}2)\, 95{,}03}{100} \, \mathrm{kN} = 186{,}35 \, \mathrm{kN} \ .$$

Die Gestängekräfte zählen hierbei für das jeweilige Triebwerk in Richtung zur Kurbel hin positiv. Bei der Wahl der Boxerbauart (Bild 4.7) betragen ihre Differenzen $(13{,}64-2{,}7) \, \mathrm{kN} = 10{,}94 \, \mathrm{kN}$ für die I. und II. sowie $(186{,}35-54{,}50) \, \mathrm{kN} = 131{,}85 \, \mathrm{kN}$ für die III. und IV. Stufe. Um sie zu verringern, sind die Druckverhältnisse der Endstufen herabzusetzen, wodurch diejenigen der übrigen ansteigen. Weiterhin bewirkt eine Verlängerung der Kolbenstange durch den Deckel (Bild 4.2 b2) gleiche Gestängekräfte beim Hin- und Rückgang.

Für die IV. Stufe gilt dann

$$D_4 = \sqrt{\frac{4}{\pi} \left(\frac{A_K}{2} + A_{St} \right)} = \sqrt{\frac{4}{\pi} \left(\frac{413{,}32}{2} + 95{,}03 \right)} \, \mathrm{cm^2} = 19{,}60 \, \mathrm{cm} \ .$$

Mit dem gewählten Durchmesser von $D_{IV\,vorh} = 20 \, \mathrm{cm}$ folgt für jede Kolbenseite $A_K = (0{,}25 \, \pi \, 20^2 - 95{,}03) \, \mathrm{cm^2} = 219{,}13 \, \mathrm{cm^2}$ und damit die Gestängekraft für den Hin- und Rückgang

$$F_{St} = \frac{(157{,}9-40{,}2)\, 219{,}13}{100} \, \mathrm{kN} = 257{,}91 \, \mathrm{kN} \ .$$

Leistungen. Mit den Beiwerten $B(1) = -0{,}05$ bei $p_1 = 1{,}025 \, \mathrm{bar}$, $t_{a1} = 42\,°\mathrm{C}$ und $B(2) = -0{,}80$ bei $p_5 = 153 \, \mathrm{bar}$, $t_5 = t_{a1}$ nach Bild 12.10 ergibt sich für die isotherme Leistung nach Gl. (4.11)

$$P_{is} = p_1 \dot{V}_{fa1} \left[\ln \frac{p_5}{p_1} + B(2) - B(1) \right]$$

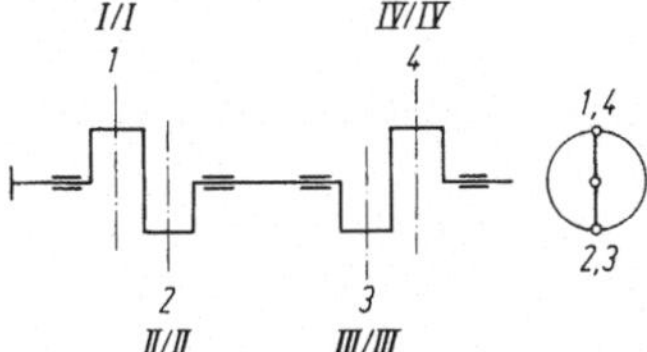

Bild 4.7. Boxermaschine mit IV Stufen und 180° Kurbelversatz

$$P_{is} = \frac{1{,}025 \cdot 10^5 \, \text{N/m}^2 \; 7157{,}52 \, \text{m}^3/\text{h}}{10^3 \, (\text{Nm/s})/\text{kw} \; 3600 \, \text{s/h}} \left(\ln \frac{153}{1{,}025} - 0{,}8 + 0{,}05 \right) = 867{,}3 \, \text{kW} \ .$$

Die indizierte und die effektive Leistung folgt hiermit nach den Gln. (4.20) und (4.21):

$$P_i = \frac{P_{is}}{\eta_{isi}} = \frac{867{,}3 \, \text{kW}}{0{,}62} = 1398{,}8 \, \text{kW} \qquad P_e = \frac{P_i}{\eta_m} = \frac{1398{,}8 \, \text{kW}}{0{,}92} = 1520{,}50 \, \text{kW} \ .$$

Der Motor wird dann um 5% größer, also für mindestens 1,05. 1520,16 kW ≈ 1600 kW der Liste des Herstellers entnommen.

5 Kinetik des Kurbeltriebes

Im Verdichter erzeugen das Medium am Kolben und die Massen der Triebwerke Kräfte und Momente. Sie beanspruchen die Maschine und können infolge ihrer Periodizität deren Teile zu Schwingungen [5.1] anregen. Das Drehmoment dieser Kräfte an den Kurbeln soll möglichst ausgeglichen sein, um die Schwungräder für eine gleichförmige Winkelgeschwindigkeit klein zu halten. Das Fundament [5.2] überträgt die Massenkräfte und Momente auf die Umgebung, wo Resonanzen Störungen verursachen können. Diese Erscheinungen hängen von der Anordnung der Triebwerke und ihrer Kolben ab (Bild 5.1). Erforderlich sind also geringe Massenkräfte und -momente, ein ausgeglichenes Drehmoment und ein Vermeiden der Drehschwingungen [5.3] der Kurbelwelle.

5.1 Triebwerk

In kleinen Maschinen mit Drehzahlen bis zu 2000 min^{-1} (Bild 5.1) ist der Kolben *1* über die Schubstange *2* mit der Kurbel *3* verbunden. Beim Kreuzkopftriebwerk wird zur besseren Führung der Scheibenkolben *1* die Kolbenstange *5* über den Kreuzkopf *4* angelenkt, wobei Drehzahlen bis zu 1000 min^{-1} üblich sind. Sonder-

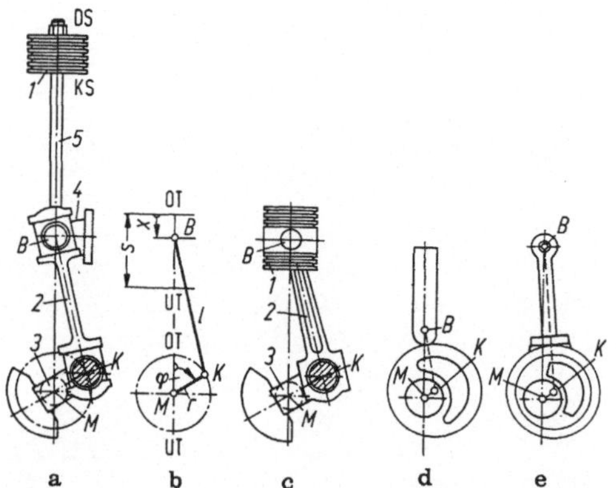

Bild 5.1a–e. Triebwerksformen aus [1]. **a** Kreuzkopf; **b** Schema; **c** Tauchkolben; **d** Kurvengetriebe; **e** Exzenter

formen für kleine Verdichter bilden der Exzenter und die Kurvengetriebe [5.4 und 5.5].

5.1.1 Aufbau

Verdichter (Bild 5.2) werden als Reihen-, Boxer-, Fächer- und Sternmaschinen ausgeführt. Reihen- und Boxeranordnungen haben bis zu sechs in einer Ebene liegen-

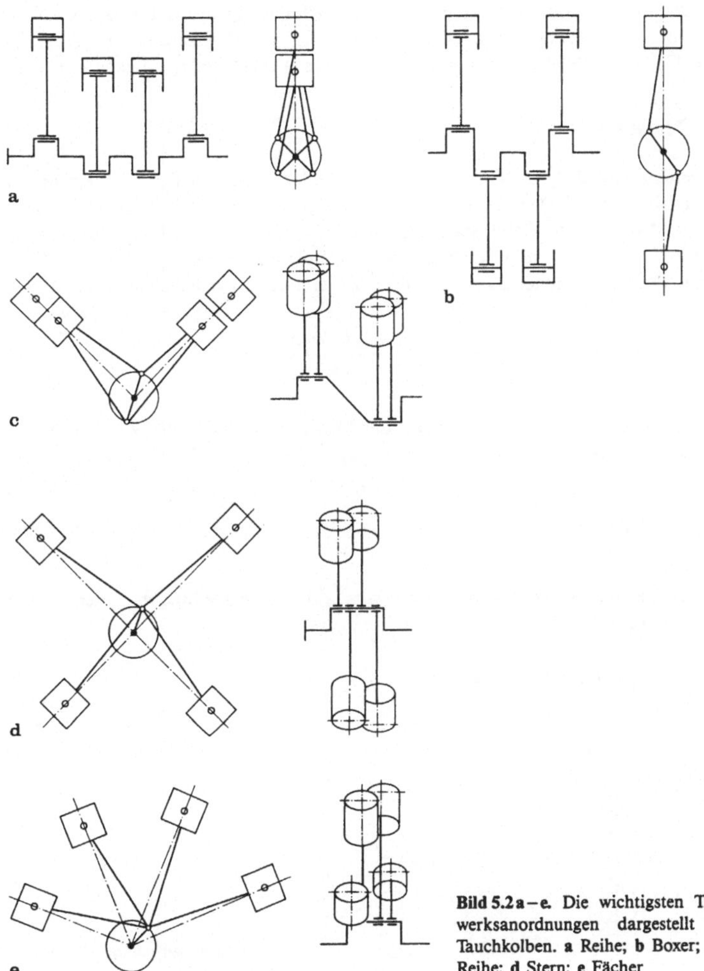

Bild 5.2 a—e. Die wichtigsten Triebwerksanordnungen dargestellt mit Tauchkolben. **a** Reihe; **b** Boxer; **c** V-Reihe; **d** Stern; **e** Fächer

de Zylinder. Fächer- und Sternmaschinen bis zu fünf seitlich versetzte Triebwerke,
deren Schubstangen auf einer Kurbel liegen. Sonderformen der Fächermaschinen
sind die V-, W-, und L-Verdichter, die auch in Reihe angeordnet werden.

5.1.2 Bezeichnungen

Bei der Drehung (Bild 5.1) der Kurbel um den Drehwinkel φ, der vom OT aus zählt,
wird der Kolben um den Weg x verschoben. Sein Maximum ist der Hub $s = 2r$ bzw.
der Abstand de Totpunkte OT und UT. Als Schubstangenverhältnis $r/l = 1/4$ bis
1/6, wobei l die Schubstangenlänge bedeutet. Mit der Drehzahl n der Kurbel, die
in der Zeit $T = 1/n$ einmal umläuft, beträgt ihre Winkelgeschwindigkeit $\omega = 2\pi n$.

5.1.3 Massen

Sie werden nach der oszillierenden und rotierenden Bewegung des Triebwerkes aufgeteilt (siehe Bild 5.3) und auf den Kurbelradius bezogen [5.1].

Die Masse m_{St} der Schubstange mit der Länge l und dem Schwerpunktabstand
r_{St} von K aus wird gemäß der Reaktionen auf die Mitten der Lager B und K aufgeteilt. Damit gilt angenähert für den oszillierenden bzw. rotierenden Anteil:

$$m_{0St} = \frac{m_{St}\,r_{St}}{l} \quad \text{bzw.} \quad m_{rSt} = \frac{m_{St}\,(l - r_{St})}{l} \ . \tag{5.1}$$

Die Reduktion der Kurbelwangen mit der Masse m_w und dem Schwerpunktradius
r_w auf den Kurbelradius beträgt

$$m_{redW} = \frac{m_w\,r_w}{r} \ . \tag{5.2}$$

Die oszillierende Masse mit dem Kolben m_K, der Kolbenstange m_{Ks}, dem Kreuzkopf m_{Kr} und dem Schubstangenanteil m_{0St} ist also

$$m_0 = m_K + m_{Ks} + m_{Kr} + m_{0St} \ . \tag{5.3}$$

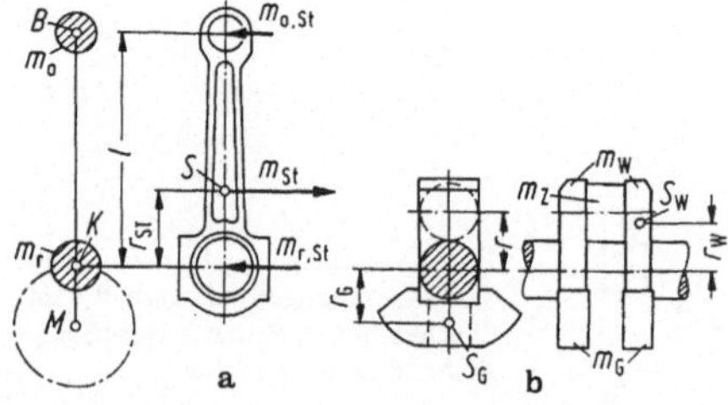

Bild 5.3a, b. Aufteilung der Massen
aus [1]. **a** Schubstange; **b** Kurbelwelle

Die rotierende Masse mit den reduzierten Wangen m_{redW}, dem Kurbelzapfen m_Z und dem Schubstangenanteil m_{rSt} beträgt dann

$$m_r = m_Z + m_{\mathrm{redW}} + m_{\mathrm{rSt}} \; . \tag{5.4}$$

5.2 Massenwirkungen

Im Triebwerk entstehen durch die Bewegung des Kolbens und der Kurbel oszillierende und rotierende Kräfte. Da diese keine Gegenkräfte im Gestell haben, werden sie auf die Umgebung [5.6] übertragen. Die Kräfte ergeben mit ihrem Hebelarm zum Maschinenschwerpunkt die entsprechenden Momente.

5.2.1 Oszillierende Kräfte und Momente

Für ein Triebwerk mit der Masse m_0 nach Gl. (5.3) der hin- und hergehenden Teile mit der Beschleunigung a [5.7] folgt die Kraft

$$F_0 = m_0 a = m_0 r \omega^2 \, (\cos \varphi + \lambda \cos 2\varphi) \; . \tag{5.5}$$

Sie ist periodisch veränderlich (Bild 5.4), wirkt in der Zylindermittellinie und wird zur besseren Übersicht in Massenkräfte I. und II. Ordnung aufgeteilt, nämlich:

$$F_{\mathrm{I}} = m_0 r \omega^2 \cos \varphi \quad \text{und} \quad F_{\mathrm{II}} = \lambda m_0 r \omega^2 \cos 2\varphi \; . \tag{5.6}$$

Ihre Amplituden sind dann $P_{\mathrm{I}} = m_0 r \omega^2$ und $P_{\mathrm{II}} = \lambda \, m_0 r \omega^2$. Die Momente I. und II. Ordnung betragen

$$M_{\mathrm{I}} = F_{\mathrm{I}} h = m_0 r \omega^2 h \cos \varphi = D_{\mathrm{I}} \cos \varphi \quad \text{und}$$
$$M_{\mathrm{II}} = F_{\mathrm{II}} h = \lambda m_0 r \omega^2 h \cos 2\varphi = D_{\mathrm{II}} \cos 2\varphi \; . \tag{5.7}$$

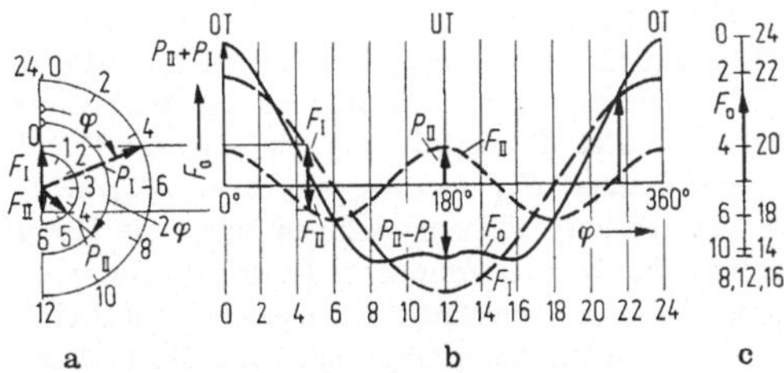

Bild 5.4a–c. Oszillierende Massenkräfte I. und II. Ordnung aus [1]. **a** Kreisdiagramm mit Vektoren P und Kräften F; **b** Zeitdiagramm; **c** Ortskurve

Der Hebelarm h zählt von der Mitte der betrachteten Kurbel bis zur Schwerebene der Maschine, die senkrecht zur Kurbelwellenachse steht. $D_{\mathrm{I}} = P_{\mathrm{I}} h = m_0 r \omega^2 h$ und $D_{\mathrm{II}} = P_{\mathrm{II}} h = \lambda m_0 r \omega^2 h$ stellen dabei die Amplituden dar.

5.2.2 Rotierende Kräfte und Momente

Mit der Masse m_{r} nach Gl. (5.4) ergibt sich für die rotierende Kraft

$$F_{\mathrm{r}} = m_{\mathrm{r}} r \omega^2 \ . \tag{5.8}$$

Als konstante mit der Kurbel umlaufende Größe läßt sie sich mit geringem Aufwand durch Gegengewichte an den Kurbelwangen ausgleichen. Die rotierenden Momente sind dann

$$M_{\mathrm{r}} = m_{\mathrm{r}} r \omega^2 h = F_{\mathrm{r}} h \ . \tag{5.9}$$

Sie werden meist durch Kompensation der rotierenden Massen ausgeglichen.

5.2.3 Gesamter Verdichter

Die Kräfte F_{r} und die Amplituden P_{I} und P_{II} nach den Gln. (5.8) und (5.6) werden gemäß der durch die Triebwerksanordnung gegebenen Lage der Zylindermittellinien und dem Kurbelversatz α_{k} vektoriell addiert. Dies gilt auch für die Momente $M_{\mathrm{r}} = F_{\mathrm{r}} h$ und die Amplituden $D_{\mathrm{I}} = P_{\mathrm{I}} h$ und $D_{\mathrm{II}} = P_{\mathrm{II}} h$. Für die rotierenden Massenwirkungen stellt der resultierende Vektor die Gesamtwirkung nach Größe und Richtung dar. Bei den oszillierenden Massenwirkungen entspricht der Betrag der Resultierenden des Vektors dem Maximalwert, sein Momentanwert hingegen ist die Summe der Projektionen auf die Mittellinien der einzelnen Zylinder. Bei den Momenten ist die Drehrichtung der Kräfte in bezug auf die Schwereachse zu beachten. Dies erfolgt graphisch oder analytisch [9] oder mit Computerprogrammen zur Vektorberechnung. Für die wichtigsten Verdichterbauarten sind in den Tabellen 5.1 bis 5.3 die Maximalwerte der Kräfte und Momente dimensionslos angegeben, d. h. sie sind auf die Amplituden $P_{\mathrm{I}} = m_0 r \omega^2$ bzw. $P_{\mathrm{II}} = \lambda P_{\mathrm{I}}$ und $D_{\mathrm{I}} = P_{\mathrm{I}} a$ und $D_{\mathrm{II}} = P_{\mathrm{II}} a$ bezogen. Sie gelten nur bei gleichen Gewichten aller Kolben. Für Fächermaschinen mit z Zylindern (Tabelle 5.3) beträgt der Winkel zwischen zwei benachbarten Mittellinien $\gamma = 180°/z$ (siehe Bild 5.2e).

Die rotierenden Massenwirkungen sind hier nicht aufgeführt, da in der Praxis Kräfte und Momente durch Gegengewichte an allen Wangen der Kurbelwelle ausgeglichen werden, um deren innere Beanspruchung zu verringern. Mit $F_{\mathrm{r}} = m_{\mathrm{r}} r \omega^2$ gilt dann für ihre Beträge $F_{\mathrm{res}}/F_{\mathrm{r}} = P_{\mathrm{I\,res}}/P_{\mathrm{I}}$ bzw. $M_{\mathrm{res}}/a F_{\mathrm{r}} = D_{\mathrm{I\,res}}/a P_{\mathrm{I}}$ mit Ausnahme der Fächerbauart. Reihenmaschinen haben die Hebelarme $h = [(0{,}5(z+1)-k]a$, wobei z die Zahl der Zylinder mit dem Abstand a und k ihre laufende Nummer von der Kupplung gerechnet, bedeuten. Bei den Fächermaschinen gilt aber für die rotierende Gesamtmassenkraft nach den Gln. (5.4) und (5.8)

$$F_{\mathrm{rres}} = (m_{\mathrm{Z}} + m_{\mathrm{red\,W}} + z\,m_{\mathrm{rSt}}) r \omega^2 \ .$$

Tabelle 5.1. Maximalwerte der Kräfte und Momente von Verdichtern in Reihenanordnung bei gleichen oszillierenden Massen

z	Kurbelwellenschema	Kurbel Stern	$\dfrac{F_{\mathrm{I\,res}}}{P_{\mathrm{I}}}$	$\dfrac{F_{\mathrm{II\,res}}}{P_{\mathrm{II}}}$	$\dfrac{M_{\mathrm{I\,res}}}{aP_{\mathrm{I}}}$	$\dfrac{M_{\mathrm{II\,res}}}{aP_{\mathrm{II}}}$
1			1	1	0	0
2			0	0	1	0
2			$\sqrt{2}$	0	$\sqrt{2}$	1
3			0	0	$\sqrt{3}$	$\sqrt{3}$
4			0	0	$\sqrt{2}$	4
4			0	0	$\sqrt{10}$	0

Hierbei laufen die Resultierenden der Kräfte I. Ordnung wie die der rotierenden mit der Kurbel um, sind also leicht durch Gegengewichte auszugleichen. Diese Maschinen sind daher für kleine Verdichter mit gleichen Kolben besonders günstig.

5.3 Kräfte und Momente im Triebwerk

Die vom Medium und den bewegten Massen erzeugten Kräfte greifen in den Drehpunkten des Triebwerkes an. Dabei erzeugen sie an der Kurbel das Drehmoment und beanspruchen die Teile des Verdichters. Die hierbei relativ kleinen Gewichts- und Reibungskräfte seien vernachlässigt.

5.3.1 Kolbenkraft

Sie setzt sich aus der Gas- und der oszillierenden Massenkraft F_{G} bzw. F_0 (siehe Gl. (5.5)) zusammen. Es gilt also

Tabelle 5.2. Boxermaschinen mit gleichen Triebwerken

z	Kurbelwellenschema	Kurbel-stern	$\dfrac{M_r}{F_r e}$	$\dfrac{M_{I\,max}}{R_I e}$	$\dfrac{M_{II\,max}}{R_{II} e}$
2			1	1	1
4			$\sqrt{2}$	$\sqrt{2}$	0
4			0	0	2
6			0	0	0

Tabelle 5.3. Massenkräfte von Fächerverdichtern mit gleichen oszillierenden Massen

z	γ in $°$	$\dfrac{F_I}{P_I}$	$\dfrac{F_{II\,max}}{P_{II}}$
5	36	2,5	2,236
4	45	2,0	1,848
3	60	1,5	1,5
2	90	1,0	1,414

$$F_K = F_G - F_0 \ . \tag{5.10}$$

Sie ist positiv, wenn sie zur Kurbel hin zeigt.

5.3.2 Gaskräfte

Sie hängen von dem variablen Druck p_k^* im Zylinder ab. Er nimmt die Werte p_k' und p_{k+1}'', bzw. p_k und p_{k+1} an und folgt aus dem Indikatordiagramm (Bild 3.5). Für einen Tauchkolben der k-ten Stufe (Bild 5.5 a) mit dem Querschnitt A_K auf dessen Rückseite der atmosphärische Druck p_a wirkt, gilt also

$$F_{Gk} = (p_k^* - p_a) A_k \ . \tag{5.11}$$

Bei einem doppeltwirkenden Kolben (Bild 5.5 b) mit den Flächen A_{kDS} und A_{kKS} an der Deckel- bzw. Kurbelseite und dem Stangenquerschnitt A_{St} ergibt sich dann, da $A_{kKS} = A_{kDS} - A_{St}$ ist:

$$F_G = (p^*_{kDS} - p^*_{kKS})A_{kDS} + (p^*_{kKS} - p_a)A_{St} \; . \tag{5.12}$$

Für den Stufenkolben (Bild 5.5 c) wird

$$F_G = p^*_k A_k - p^*_{k+1} A_{k+1} - p_a(A_k - A_{k+1}) \; . \tag{5.13}$$

Speziell ergibt sich dabei für die Totpunkte:
- beim Tauchkolben $\quad\quad p^*_k \;\;\; = p''_{k+1}$ im OT, bzw. p'_k im UT;
- beim Scheibenkolben $\quad p^*_{kDS} = p''_{k+1}$, bzw. $p^*_{kKS} = p'_k$ im OT und
  $\quad\quad\quad\quad\quad\quad\quad\quad p^*_{kDS} = p'_k$, bzw. $p^*_{kKS} = p''_{k+1}$ im UT;
- beim Stufenkolben $\quad\quad p^*_k \;\;\; = p''_{k+1}$ und $p^*_{k+1} = p'_{k+1}$ im OT und
  $\quad\quad\quad\quad\quad\quad\quad\quad p^*_k = p'_k$ bzw. $p^*_{k+1} = p''_{k+2}$ im UT.

Hiermit folgen aus den Gln. (5.11) bis (5.13) die Gln. (5.15) bis (5.16).

5.3.3 Gestängekräfte

Beim Ausschieben bzw. Ansaugen stellen sie die extremen Gaskräfte dar und werden in den Totpunkten mit den Zylinderdrücken p''_{k+1} bzw. p'_k berechnet. Ihr Maximum stellt die größte Kraft in der Maschine bei starkem Drehzahlabfall bzw. Stillstand nach Gl. (5.5) und (5.10) dar. Für den Tauchkolben folgt aus Gl. (5.11) mit $p^* = p'_{k+1}$ das Maximum

$$F_{St} = (p''_{k+1} - p_a)A_K \; . \tag{5.14}$$

Beim doppeltwirkenden Kolben (Bild 5.5 b) ist dann nach Gl. (5.13) in den Totpunkten:

$$F_{St\,max} = F_{OT} = (p''_{k+1} - p'_k)A_{DS} + (p'_k - p_a)A_{St} \quad \text{und} \tag{5.15}$$

$$F_{St\,min} = F_{UT} = -[p''_{k+1} - p'_k]A_{DS} + (p''_{k+1} - p_a)A_{St} \; .$$

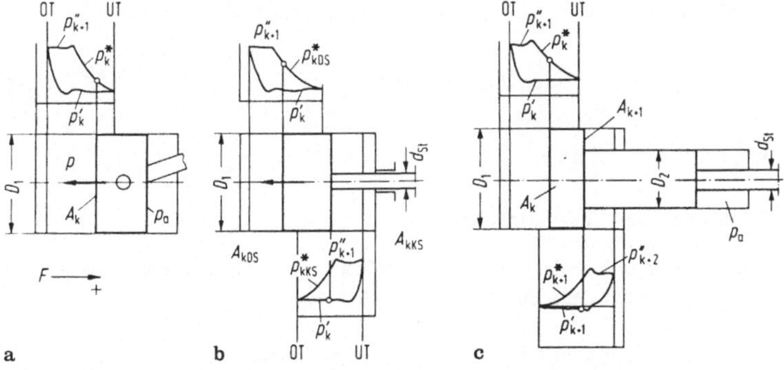

Bild 5.5 a–c. Kolbenform und Druckverlauf. **a** Tauch-, **b** Scheiben-, **c** Stufenkolben

Ihre unveränderliche Differenz $\Delta F = F_{OT} - |F_{UT}| = |(p''_{k+1} - p'_k)A_{St}|$ wächst mit den Stufendrücken stark an. Für Stufenkolben wird ein Optimum erreicht, wenn die Gestängekräfte beim Hin- und Rückgang gleich sind, da sonst die Festigkeitsberechnung mit dem größten Wert erfolgen muß. Eine Angleichung ist durch die Wahl der Anordnung der Kolben, durch Ausgleichsstufen oder durch Änderung der Druckverhältnisse möglich. Für den Stufenkolben (Bild 5.5 c) folgt in den Totpunkten mit Gl. (5.13):

$$F_{St\,OT} = p''_{k+1}A_k - p'_{k+1}A_{k+1} - p_a(A_k - A_{k+1}) \quad \text{bzw.}$$

$$F_{St\,UT} = p'_k A_k - p''_{k+2}A_{k+1} - p_a(A_k - A_{k+1}) \; . \tag{5.16}$$

Hierbei gilt $A_k = \pi D_1^2/4$ und $A_{k+1} = \pi(D_1^2 - D_2^2)/4$ und die Richtung zur Kurbel hin zählt positiv. Ihre Differenz ist dann

$$\Delta F = F_{St\,OT} - F_{St\,UT} = (p''_{k+1} - p'_k)A_k + (p''_{k+2} - p'_{k+1})A_{k+1} \; .$$

Hierzu ist $A_k = \pi D_1^2/4$ und $A_{k+1} = \pi(D_1^2 - D_2^2)/4$. Für gleich große, aber einander entgegengerichtete Kräfte gilt dann:

$$A_{k+1} : A_k = (p''_{k+1} - p'_k) : (p''_{k+2} - p'_{k+1}).$$

Bei Vernachlässigung der Reibung ($p'_k = p_k$ usw.) und gleichen Stufendruckverhältnissen ψ nach Gl. (3.22) ist dann

$$A_{k+1}/A_k = p_k/p_{k+1} = 1/\psi \; ,$$

ein zur Vordimensionierung brauchbarer Wert.

5.3.4 Stangen- und Normalkraft

Als Komponenten der Kolbenkraft im Zapfendrehpunkt B in Richtung der Schubstange und senkrecht zur Zylinderachse betragen sie nach Bild 5.6 a

$$F_{St} = \frac{F_k}{\cos\beta} \quad \text{und} \quad F_N = F_K \tan\beta \; . \tag{5.17} \tag{5.18}$$

Hierbei ist $\sin\beta = \lambda \sin\varphi$.

5.3.5 Radial- und Tangentialkraft

Sie entstehen durch Zerlegung der Stangenkraft im Punkt K in Richtung der Kurbel senkrecht dazu. Aus Bild 5.6 a ergibt sich also

$$F_R = F_K \frac{\cos(\varphi + \beta)}{\cos\beta} \quad \text{und} \quad F_T = F_K \frac{\sin(\varphi + \beta)}{\cos\beta} \; . \tag{5.19} \tag{5.20}$$

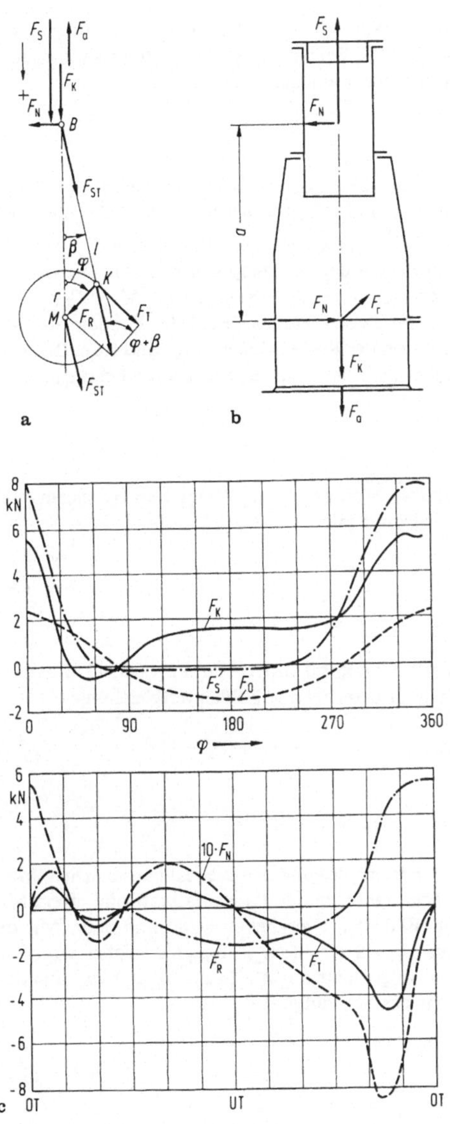

Bild 5.6 a – c. Kräfte im Kurbeltrieb (**a** und **b** nach [1]). **a** Triebwerk; **b** Gehäuse; **c** Kraftverlauf

Das Drehmoment an der Kurbel ist dann $M_d = F_T r$. Es dient zur Ermittlung der Schwungradgröße und der Anlaufzeit [8]. Bei langen Wellenleitungen kann es auch die Kurbelwelle zu Torsionsschwingungen anregen.

5.3.6 Kräfte in der Maschine

Hierbei seien die Massenkräfte, welche die Zapfen entlasten, vernachlässigt. Damit gilt nach Bild 5.6b und den Gln. (5.17) bis (5.20) Kurbel- und Wellenzapfen nehmen jeweils die Kraft $F_{St} = \sqrt{F_N^2 + F_K^2} = \sqrt{F_T^2 + F_R^2}$ auf. Die Kräfte F_G bzw. F_N greifen am Deckel bzw. am Zylinder oder der Kreuzkopfgleitbahn an. Die Gestelle nehmen dann die Kräfte F_G und F_N, sowie das Drehmoment $M_d = F_T r = F_N a$ auf. Die Kraft F_0, deren Reaktion im Deckel fehlt, wird auf das Fundament übertragen. Den Kraftverlauf als Funktion des Kurbelwinkels zeigt Bild 5.6c. Bei mehreren Triebwerken ist die Addition nach dem Kurbelversatz vorzunehmen.

5.3.7 Mittleres Drehmoment

Es wird an einem pendelnd gelagerten Motor mit einer Waage vom Hebelarm l und mit der Belastung F_W gemessen. Damit gilt:

$$M_d = \frac{P_e}{2\pi n} = F_W l \; . \tag{5.21}$$

Für die Leistung $P_e = 2\pi n F_W l$ gilt dann mit dem Hebelarm $l = 0{,}9549$ m und F_W in N bzw. n in min^{-1} die einfach zu berechnende Zahlenwertgleichung

$$P_e = F_W n \cdot 10^{-4} \text{ in kW} \; . \tag{5.22}$$

5.3.8 Schwungrad

Es soll die Schwankungen des Drehmomentes und der Drehzahl ausgleichen. Maßgebend hierfür ist die größte Fläche zwischen der Tangentialkraft und ihrem Mittelwert $W_s = r \int F_T d\varphi$. Sie liegt (Bild 5.6c) zwischen $\varphi = 180$ und $360°$. Mit der mittleren Winkelgeschwindigkeit $\omega_m = 2\pi n = (\omega_{max} + \omega_{min})/2$, wobei ω_{max} und ω_{min} die Extremwerte darstellen, folgt dann mit $\delta = (\omega_{max} - \omega_{min})/\omega_m$ aus dem Energiesatz das Trägheitsmoment des Schwungrades

$$J = \frac{W_s}{\omega_m^2 \delta} = \frac{W_s}{4\pi^2 n^2 \delta} \; . \tag{5.23}$$

Die Größe W_s heißt auch Arbeitsvermögen [8]. Der Ungleichförmigkeitsgrad beträgt $\delta = 1/75$ bis $1/100$. Das Trägheitsmoment ist mit 90 bis 95% im Kranz des Schwungrades enthalten [5.8].

Beispiel 5.1

Ein Kolbenverdichter (Bild 5.7) mit vier doppeltwirkenden Stufen in Boxerbauart hat die Drehzahl $n = 300\ \text{min}^{-1}$, den Kurbelradius $r = 200\ \text{mm}$ und das Schubstangenverhältnis $\lambda = 0{,}2353$. Die rotierende Masse beträgt $m_r = 160\ \text{kg}$. Die oszillierenden Massen der einzelnen Stufen stehen in Tabelle 5.4. Der Abstand der Zylinder *1* und *2* bzw. *3* und *4* ist $a = 280\ \text{mm}$, der Zylinder *2* und *3* ist $b = 2120\ \text{mm}$. Der Gegengewichtsradius sei $r_G = 250\ \text{mm}$, ihr Abstand $a_G = 550\ \text{mm}$.

Gesucht sind die Massenkräfte und Momente sowie ihre Maxima.

Kräfte pro Triebwerk. Mit der Winkelgeschwindigkeit $\omega = 2\pi n = 31{,}416\ \text{s}$ nach Gl. (3.17) und der Radialbeschleunigung $r\omega^2 = 0{,}2\ \text{m} \cdot 31{,}416^2\ \text{s}^2 = 197{,}39\ \text{m/s}^2$ folgt mit Gl. (5.8) für die rotierenden Kräfte

$$F_r = m_r r\omega^2 = 160\ \text{kg} \cdot 197{,}39\ \text{m/s} \cdot 10^{-3}\ \frac{\text{kN}}{\text{N}} = 31{,}583\ \text{kN}$$

und für die Amplituden der Kräfte I. und II. Ordnung für die I. Stufe nach Gl. (5.6)

$$P_I = m_0 r\omega^2 = 830\ \text{kg} \cdot 197{,}39\ \text{m/s} \cdot 10^{-3}\ \frac{\text{kN}}{\text{N}} = 163{,}83\ \text{kN}$$

und

$$P_{II1} = \lambda P_{I1} = 0{,}2353 \cdot 163{,}83\ \text{kN} = 38{,}55\ \text{kN}\ .$$

Für die übrigen Stufen siehe Tabelle 5.4.

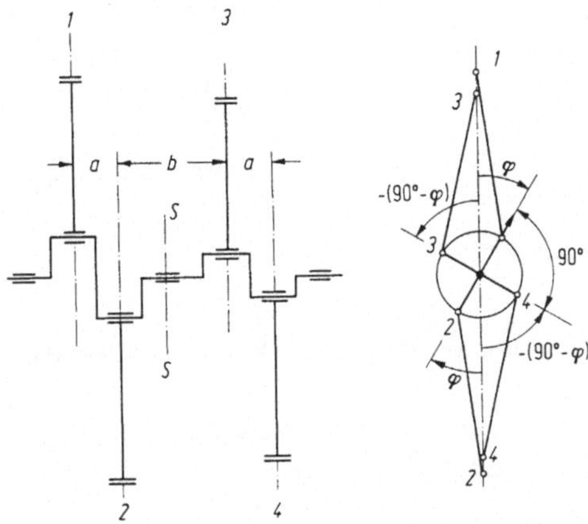

Bild 5.7. Triebwerksanordnung eines Vierzylinder-Boxerverdichters

Tabelle 5.4. Massen und Kraftamplituden

Stufe	I	II	III	IV
m_{0k} kg	830	735	555	520
P_I kN	163,83	145,08	109,55	102,64
P_{II} kN	38,55	34,14	25,78	24,15

Gesamte Maschine. Die Winkel der Kurbeln *1* und *4* betragen $\varphi_1 = \varphi_2 = \varphi$ und $\varphi_3 = \varphi_4$ $= (\varphi - 90°)$. Hierbei laufen aber die Kreuzköpfe, Stangen und Kolben der Stufen I und III bzw. II und IV in der Bildebene in entgegengesetzter Richtung, so daß die letzten ein Minuszeichen erhalten. Die Momente drehen sich um den Schwerpunkt auf der Linie *SS*. Da bei gleicher Richtung der Kräfte links und rechts dieser Linie entgegengesetzte Momente entstehen, erhalten die rechts davon liegenden Momente ein Minuszeichen.

Oszillierende Kräfte und Momente. Sie wirken in der Bildebene.

Die Kräfte und Momente I. Ordnung haben bei dieser Maschine die Gleichung der Form $x = A \cos \varphi + B \sin \varphi$.

Das Maximum liegt dann bei $\varphi = \arctan (B/A)$, wie aus $dx/d\varphi = 0$ folgt. Die Massenkräfte betragen somit

$$F_I = P_{I1} \cos \varphi + P_{I3} \cos (\varphi - 90°) - P_{I2} \cos \varphi - P_{I4} \cos (\varphi - 90°)$$

$$= (P_{I1} - P_{I2}) \cos \varphi + (P_{I3} - P_{I4}) \sin \varphi \;,$$

mit Tabelle 5.3

$$F_I = 18,75 \text{ kN} \cos \varphi + 6,91 \text{ kN} \sin \varphi \;.$$

Das Maximum liegt bei $\varphi_{max} = \arctan (18,75/6,91) = 69,77°$ und beträgt $F_{I\,max} = 12,97$ kN.
Die Momente I. Ordnung folgen dann

$$M_I = P_{I1} \cos \varphi \left(a + \frac{b}{2} \right) - P_{I3} \cos (90° - \varphi) \frac{b}{2} - P_{I2} \cos \varphi \frac{b}{2} + P_{I4} \cos (\varphi - 90°) \left(a + \frac{b}{2} \right)$$

$$= \left[P_{I1} \left(a + \frac{b}{2} \right) - P_{I2} \frac{b}{2} \right] \cos \varphi + \left[P_{I4} \left(a + \frac{b}{2} \right) - P_{I3} \frac{b}{2} \right] \sin \varphi \quad \text{also}$$

$$M_I = (163,83 \cdot 1,34 - 145,08 \cdot 1,06) \text{ kNm} \cos \varphi + (102,64 \cdot 1,34 - 109,55 \cdot 1,06) \text{ kNm} \sin \varphi$$
$$= (65,75 \cos \varphi + 21,42 \sin \varphi) \text{ kNm} \;.$$

Für das Maximum gilt dann, da $\varphi_{max} = 18,04°$ ist,

$$M_{I\,max} = 69,15 \text{ kNm} \;.$$

Die Kräfte II. Ordnung ergeben sich aus denen der I. Ordnung durch Verdopplung der Kurbelwinkel. Damit wird

$$F_{II1} = P_{II1} \cos 2\varphi + P_{II3} \cos (2\varphi - 180°) - P_{II2} \cos 2\varphi - P_{II4} \cos (2\varphi - 180°)$$

$$= (P_{II1} - P_{II2} + P_{II4} - P_{II3}) \cos 2\varphi = 2,78 \text{ kN} \cos 2\varphi \;.$$

Die Momente II. Ordnung betragen dann

$$M_{II} = P_{II1} \cos 2\varphi \left(a + \frac{b}{2} \right) - [P_{II3} \cos (2\varphi - 180°) - P_{II2} \cos 2\varphi] \frac{b}{2}$$

$$+ P_{II4} \cos (2\varphi - 180°) \left(a + \frac{b}{2} \right)$$

$$= \left[(P_{II1} - P_{II4}) a + (P_{II1} - P_{II2} + P_{II3} - P_{II4}) \frac{b}{2} \right] \cos 2\varphi$$

$$M_{II} = (14,40 \cdot 0,28 + 6,04 \cdot 1,06) \text{ kNm} \cos 2\varphi = 10,43 \text{ kNm} \cos 2\varphi \;.$$

Rotierende Kräfte und Momente. Die entgegengerichteten mit der Kurbel umlaufenden Kräfte heben sich zwar auf, erzeugen aber das Moment $M_r = F_r a$. Es wird durch Gegengewichte der Masse m_G, dem Radius r_G und dem Hebelarm a_G, also mit dem Moment $m_G r_G a_G \omega_2$ ausgeglichen. Pro Gewicht gilt dann

$$m_G = m_r \frac{ra}{r_G a_G} = 160\,\text{kg}\ \frac{0{,}20\,\text{m} \cdot 0{,}280\,\text{m}}{0{,}25\,\text{m} \cdot 0{,}550\,\text{m}} = 65{,}16\,\text{kg}\ .$$

Sie werden an den beiden äußeren Wangen der beiden Doppelkurbeln entgegen ihren Zapfen angebracht.

Bei dieser Kurbelanordnung mit den Gegengewichten sind bei gleichen Massen aller Triebwerke alle Kräfte und die Momente II. Ordnung ausgeglichen.

Die Momente I. Ordnung betragen dann:

$$M_I = P_I a (\cos\varphi + \sin\varphi)$$

mit dem Maximum $M_{I\,max} = \sqrt{2} P_I a$ nach Tabelle 5.2.

6 Steuerungen

Steuerungen (Bild 6.1) schließen den Arbeitsraum während der Kompression *12* und der Rückexpansion *34* ab und halten ihn beim Ansaugen *41* und Ausschieben *23* offen. Dabei stellen sie die Verbindung von der Saug- bzw. Druckleitung mit dem Zylinder her. Die Punkte, bei denen der Steuervorgang einsetzt, heißen *Eö* und *Es* bzw. *Aö* und *As*, also Ein- bzw. Auslaßöffnen und -schließen. Verdichter haben meist selbsttätige, also von der Differenz der Drücke des Mediums in den Leitungen und Zylindern betätigte Ventile. Zwangsläufige Steuerungen von Ventilen werden nur bei stark verschmutzten Fördermedien oder bei den Schiebern der Vakuumpumpen benutzt. Sie erfordern einen mechanischen Antrieb und ihre Steuerpunkte sind vom Druck des Fördermittels abhängig. Selbsttätige Ventile sind im Aufbau einfacher und leichter zugänglich bei der Montage als zwangläufige Steuerungen. Sie begrenzen aber infolge ihrer Lebensdauer die Drehzahl und zwar um so mehr, je größer ihr Hub ist.

6.1 Selbsttätige Ventile

Sie werden als Platten, Streifen und Zungenventile in den verschiedensten Varianten ausgeführt. Ihre Form, Anzahl und Größe bestimmt den konstruktiven Aufbau der Zylinder bzw. Deckel, wobei auf kleine Schadräume und Strömungsverluste sowie auf Dichtigkeit zu achten ist. Auch ist ihre Verwendung als Rückschlagventil möglich.

Bei der Verdichtung (Bild 6.1) schließt der steigende Druck p im Arbeitsraum das Saugventil im Punkt *Es*, wenn er den Zylindersaugdruck p_1' überschritten hat, also bei $p > p_1'$, und öffnet das Druckventil im Punkt *Aö* oberhalb des Zylindergegendruckes p_2'', also wenn $p > p_2''$ ist. Während der Rückexpansion schließt das Druckventil bei *As*, also für $p < p_2''$ und öffnet das Saugventil bei *Eö*, also für $p < p_1'$. Beim Öffnen hebt die Druckdifferenz die Platte *2* von ihrem Sitz *1*, beim Schließen wird sie dabei von der Feder unterstützt. Dabei ist deren Kraft gerade so groß zu wählen, daß das Ventil sicher schließt, um Abnutzungen durch zu hartes Aufschlagen der Platten auf die Sitze zu vermeiden. Steuer- und Diagrammpunkte fallen meist zusammen von gelegentlichen Störungen, wie das Rückspringen der Platten oder ihr Kleben bei Verölung abgesehen. Die Energie zum Spannen der Federn liefert das Medium, wie die abgerundeten Spitzen im p,V-Diagramm zeigen. Eine höhere Verdichterdrehzahl erfordert geringere Hübe und kleinere bewegte Ventilmassen, die besondere Werkstoffe und Konstruktionen verlangen. Das Ventilgeräusch entsteht durch das Aufschlagen der Platten. Stimmen die Eigenschwingungszahlen der bewegten Ventilteile mit den Verdichterdrehzahlen überein, so tre-

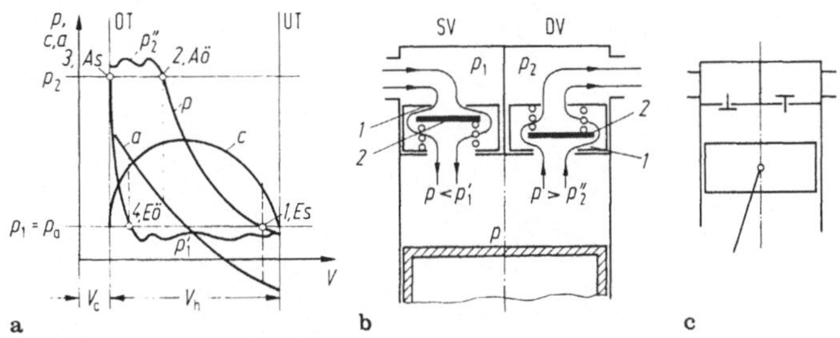

Bild 6.1 a – c. Arbeitsweise der selbsttätigen Ventile. **a** p,V-Diagramm mit Geschwindigkeit c und Beschleunigung a; **b** Saugventil SV bzw. Druckventil DV beim Öffnen (schematisch); **c** vereinfachte Ventildarstellung

ten Resonanzen und damit Plattenbrüche auf. So zählen die selbsttätigen Ventile zu den am stärksten beanspruchten Bauteilen der Kompressoren, von derem einwandfreien Arbeiten die Förderung abhängt. Um Schäden zu vermeiden, sind von den Ventilen Verunreinigungen, wie Schmutz, Staub, Ölkoks und Kondensat fernzuhalten.

6.1.1 Plattenventile

Diese Ventile sind wegen ihrer Zuverlässigkeit bei gut zugänglichem Einbau an Verdichtern am häufigsten zu finden [6.1]. Ihre Lebensdauer begrenzen allerdings die Drehzahlen nach Bild 6.12. Erweiterte Forderungen wie höhere Durchsätze, größere Drehzahlen und kleinere Schadräume (s. Abschnitt 3.2.2) führten zu zahlreichen Sonderkonstruktionen [6.2]. Wegen ihrer hohen Beanspruchung sind besonders bei aggressiven Medien besondere Werkstoffe wie vergütete Stähle und Gußeisen mit Kugelgraphit erforderlich.

Aufbau

Auf dem Ventilsitz *1* liegen die Platte *2* mit der Schließfeder *3* und der Dämpferplatte *4* zur Abbremsung ihrer Bewegungen, die der Hubfänger *5* begrenzt (s. Bild 6.2). Diese Teile verbindet die Schraube *6* und die Kronenmutter *7* mit Splint. Der dazwischen liegende Distanzring *8* bestimmt den Hub. Der Stift *9* mit seinen Bohrungen verhindert das Drehen der Teile *2, 3* und *4* und garantiert so den größten Querschnitt der Ventile. Diese enthalten bis zu acht Kanäle.

Die Ventilfedern bestehen aus geschlitzten Platten mit zylindrischer Wölbung oder mit aufgebogenen Federarmen. So haben sie die verschiedensten Kennlinien. Ihre Belastung beträgt 0,2 bis 1,2 N/mm^2 beim Saug- und bis zu 2,4 N/mm^2 beim Druckventil. Bei Einringventilen werden sie sinusförmig gewölbt oder einmal aufgetrennt und aufgebogen. Aber auch Schraubendruckfedern sind zu finden. Dabei verschmutzen oft kleinere am Umfang verteilte Ausführungen. Zentrisch angeord-

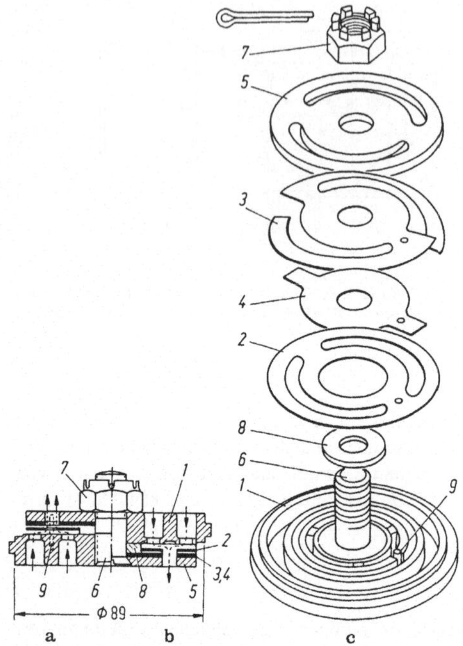

Bild 6.2 a – c. Plattenventil (Remscheider Maschinenfabrik A. Ibach und Co.). **a** Druckventil; **b** Saugventil; **c** Explosionsschaubild

nete Federn eignen sich für verunreinigte Medien und für hohe Drücke. Allerdings sind, um zu große Schadräume zu vermeiden, nicht mehr als drei Windungen unterzubringen, so daß Platten und Sitze ungleichmäßig belastet werden. Als Material dienen rostfreie Federstähle wie X12CrNi17.

Die dünnen, mit Schlitzen versehenen Ventilplatten erhalten auch Lenkerarme. Ihre Auflageflächen sind sauber zu schleifen und vor Flüssigkeitstropfen zu schützen, damit sie nicht brechen. Die Dämpferplatte liegt entweder starr im Ventil oder wird am Hubende von dessen Platte mitgenommen, die bei großen Hüben von Lenkerplatten geführt werden. Hierfür sind vergütete oder rostfreie Stähle wie 34CrMo4 oder X30Cr13 üblich. Für die bewegten Teile bewirkt die Herstellung durch Fräsen gegenüber dem Stanzen eine um 30% höhere Lebensdauer [6.2].

An den Ventilsitzen vermindern kegelige oder diffusorförmige Kanäle den Widerstand um etwa 25%, Sitze und Fänger bestehen aus Gußeisen ohne bzw. mit Kugelgraphit wie GG25 und GGG50 oder aus Vergütungsstählen wie Ck45 oder 34CrMo4.

Bei Plattenventilen gibt es viele Spezialausführungen, so für den Hochhub und den Raschlauf mit großem bzw. kleinem Hub, für den Hochdruck mit höheren Sitzen und für den Trockenlauf mit reibungsfrei geführten Platten. Die Hersteller geben die zum Einbau und zur Berechnung notwendigen Daten wie Spaltquerschnit-

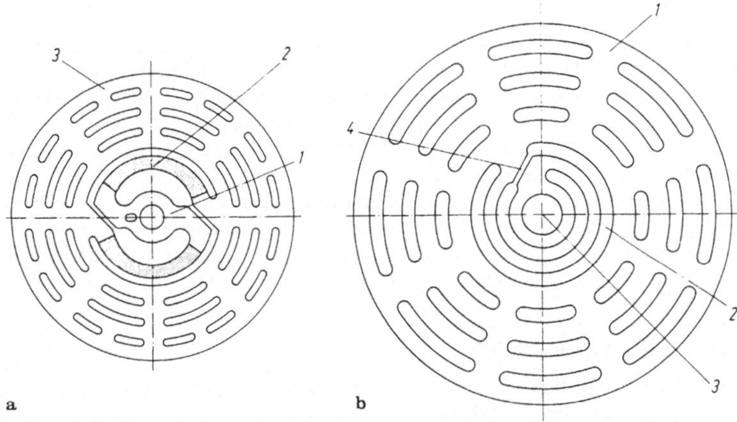

a
b

Bild 6.3 a, b. Reibungsfrei geführte Ventile (Hoerbiger, Wien). **a** Federung durch verringerte Dicke; **b** Federung durch verlängerten Hebelarm

te, Hübe, zulässige Druckbelastungen und Schadräume an (siehe Abschn. 6.2.1). Ihre Kataloge enthalten Ventile mit Sitzdurchmessern von 18 bis 600 mm, mit einem bis zu acht Kanälen, Spaltquerschnitte von 0,67 bis 1000 cm^2 mit maximalen Hüben von 0,07 bis 10 mm mit nach VDMA 3241 gestuften Abmessungen. Die maximalen Ventilhübe h_{max} lassen sich um je 0,1 mm durch niedrigere Distanzstücke (Bild 6.2) verringern.

Reibungsfrei geführte Ventile

Für Trockenläufer entwickelt, sind sie durch ihre befederten Dämpferplatten zur Erhöhung der Laufzeit auch für geschmierte Schnelläufer geeignet. Für ihr Hauptelement, die elastische, zentrisch eingespannte Ventilplatte, bestehen viele Varianten. Bei der Form nach (Bild 6.3 a) ist der innere Ring *1* mit zwei um die Hälfte auf etwa 1 mm herunter geschliffene Arme *2* elastisch mit der Ventilplatte *3* verbunden. Andere Ausführungen (Bild 6.3 b) zeigen Ventil- und Lenkerplatten *1* und *2*, die an der zentralen Bohrung *3* befestigt sind. Durch den Schlitz *4* und die Länge der Lenkerplatte *2* mit konstanter Stärke entsteht die notwendige Federung. Weiterhin werden auch mit den Ventilplatten vernietete Dämpferplatten oder durch eine mittige Schraubenfeder zentrierte Ventilplatten reibungsfreie Führungen erzielt.

6.1.2 Konzentrische und übereinanderliegende Ventile

Die Weiterentwicklung der Verdichter erfordert höhere Drehzahlen, verbesserte Liefer- und Wirkungsgrade. Hierzu und für die zahlreichen Anwendungen wie die Kälteverdichter entstanden zahlreiche Sonderkonstruktionen wie die konzentrischen, die Turm-, Etagen- und Lenkerventile.

Konzentrische Ventile

Hier liegen die Saug- und Druckventile im Deckel konzentrisch zur Zylindermittellinie (Bild 6.17). Dabei befindet sich die Saugseite innen, um die Erwärmung des Mediums herabzusetzen. Diese Anordnung verbessert das Querschnittsverhältnis nach Gl. (6.3) auf 0,04 bis 0,1 und setzt den Schadraum nach Gl. (3.19) auf 6 bis 8% herab. Sie ermöglichen so höhere Durchsätze und größere Drehzahlen. Durch die günstigere Strömung im Ventil und Zylinder nehmen die Druckverluste ab. Luftgekühlte Verdichter erhalten Ventile mit Kühlrippen am Umfang und Sonderausführungen gibt es bis zu Drücken von 800 bar. Angeboten werden Außendurchmesser von 40 bis 180 mm, wobei das Druckventil den kleineren Hub- und Spaltquerschnitt besitzt. Als Nachteil gilt die schwierige Montage.

Übereinander liegende Ventile

Diese Anordnung (Bild 6.4) vergrößert den Ventilquerschnitt, erhöht aber gleichzeitig den Schadraum. Beim Etagenventil (Bild 6.4 a) liegt eine serienmäßige Ausführung vor, bei der Druck- und Saugventile durch ein Zwischenstück getrennt sind, das den Schadraum beträchtlich erhöht. So ersetzen diese Ventile auch die üblichen Formen, um den Förderstrom zu reduzieren. Beim Turmventil (Bild 6.4 b) sind die gleichen Elemente übereinander gelagert, also parallel geschaltet. Ihre Körper haben jeweils eine obere und eine untere Sitzfläche *1* und *2*, durch die für je zwei Platten gemeinsamen Hubfänger *3* getrennt. Die Zuflußbohrungen *4* und *5* für das Medium liegen bei den Saugventilen am Außen-, bei den Druckventilen am Innenumfang der Körper. Das Halteglied *6* ist zur Kühlung und zur Schadraumminderung tief heruntergezogen. Dies erfolgt aber nur soweit, daß die verschiedenen Ströme des Mediums durch die Querschnitte mit etwa gleicher Geschwindigkeit fließen. Die Deckel erhalten hierbei eine besondere Form.

6.1.3 Kanal- und Zungenventile

Diese Ventile sind nach ihren Abschlußorganen, Streifen, Zungen bzw. Lamellen benannt. Da diese Teile kleine Massen haben, sind höhere Drehzahlen bei geringem Verschleiß möglich und der Schadraum beträgt etwa 2 bis 3%. Saug- und Druckventile sind auf einer Platte montierbar. Dadurch vereinfacht sich der Aufbau der Deckel, und die Zylinderabstände werden kürzer.

Kanalventile

Sie bestehen aus dem Sitz *1* mit dem Fangblech *2*, den Ventilplatten *3*, den Blattfedern *4*, dem Hubbegrenzer *5* mit den Haltestücken *6* (Bild 6.5). Die Luft strömt durch die parallelen Kanäle und hebt dabei die sich reibungsfrei bewegenden U-förmigen Platten *3* an. Zwischen diesen und den Federn *4* besteht ein geringes Spiel *7* (etwa 0,08 mm). Dadurch bildet sich dazwischen ein Luftpolster, welches das Ventilgeräusch dämpft. Bei den Streifenventilen übernehmen die Blattfedern *4* die Aufgaben der Ventilplatten *3*. Da sie an ihren Enden in Nestern geführt sind, geben

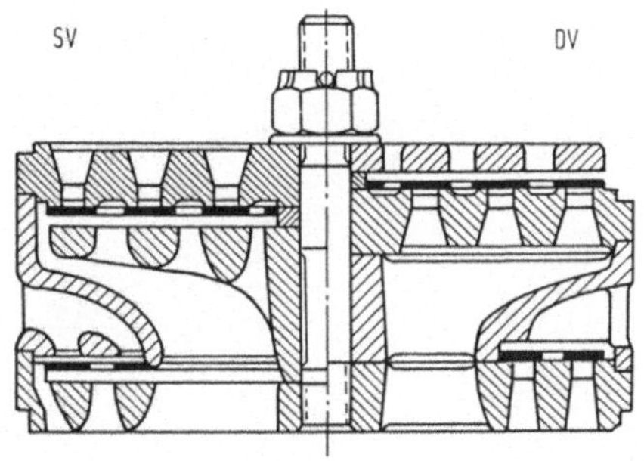

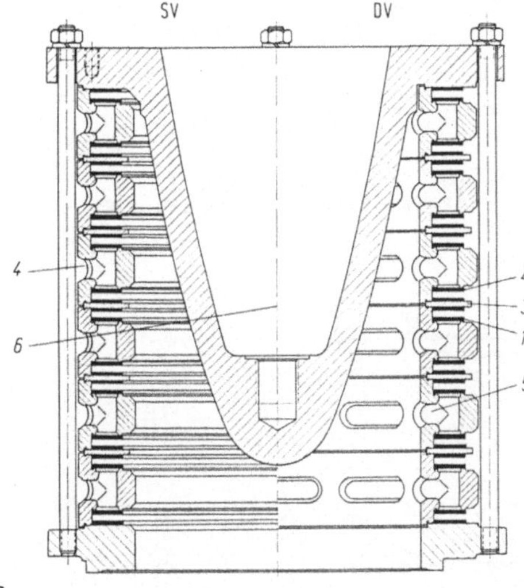

Bild 6.4 a, b. Sonderform der Ventile (Hoerbiger, Wien). **a** Etagenventil; **b** Turmventil

sie einen bogenförmigen, an den Enden abnehmenden Querschnitt frei. Ihre Herstellung ist wesentlich einfacher als bei den anderen Ventilen. Als Stellglieder für die Regelung eignen sie sich aber nicht.

Zungenventile

Die Abschlußplatte *1* eines Doppelzylinders mit den Löchern für die Befestigungsschrauben am Umfang nimmt je zwei Saug- bzw. Druckventile *2* und *3* auf (Bild 6.6). Dabei trennt eine im Deckel zur waagerechten Plattenmittellinie senk-

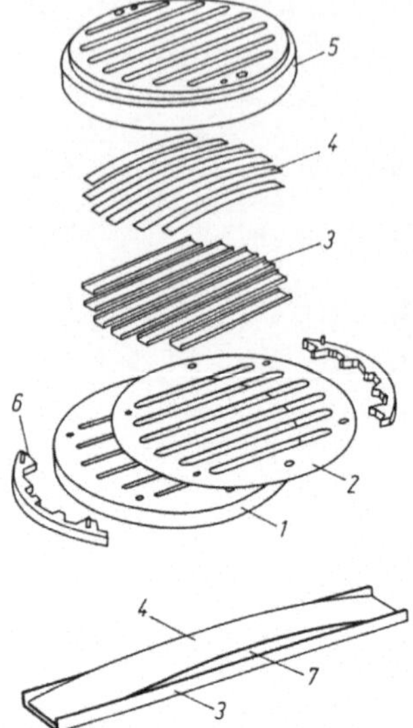

Bild 6.5. Kanalventil (Ingersoll-Rand, Ratingen)

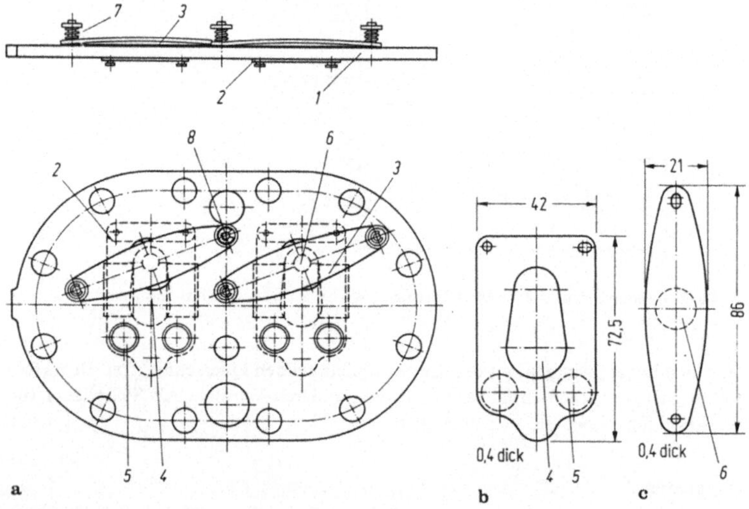

Bild 6.6 a – c. Zungenventile (aus [9]). **a** Abschlußplatte eines Doppelzylinders mit je zwei Druck-
und Saugventilen; **b** Saugventilzunge (Pos. *2* mit Ausnehmung *4* und Saugbohrung *5*); **c** Druckven-
tilzunge (Pos. *3* mit Druckbohrung *6*)

rechtstehende Wand den für beide Zylinder gemeinsamen Saug- bzw. Druckraum. Beim Ansaugen geben die Saugventile *2* Zungen mit den Ausnehmungen *4* die Saugbohrungen *5* frei. Während der Förderung strömt das Medium über die Ausnehmungen *4* und die Bohrungen *6* in den Deckel. Dabei sind die Druckzungen *3* geöffnet und durch den Hubfänger *7* begrenzt. Sie werden durch zwei Stifte *8* mit Federn gehalten. Diese Ventile eignen sich besonders für Kleinkompressoren zur Kältemittel- und Luftförderung mit Zylinderdurchmessern von 25 bis 125 mm und Leistungen von 0,8 bis 75 kW. Sie erlauben auch ein Offenhalten der Saugventile mit speziellen Ventilabhebungen.

Lamellenventile

Sie stellen eine Sonderform der Zungenventile dar und bestehen aus dem Sitz *1*, der Ventilplatte *2*, der Ausgleichsfeder *3*, der Belastungsfeder *4* sowie dem Hubfänger *5* (Bild 6.7). Die beiden Schrauben *6* mit den Distanzringen *7* halten die Teile

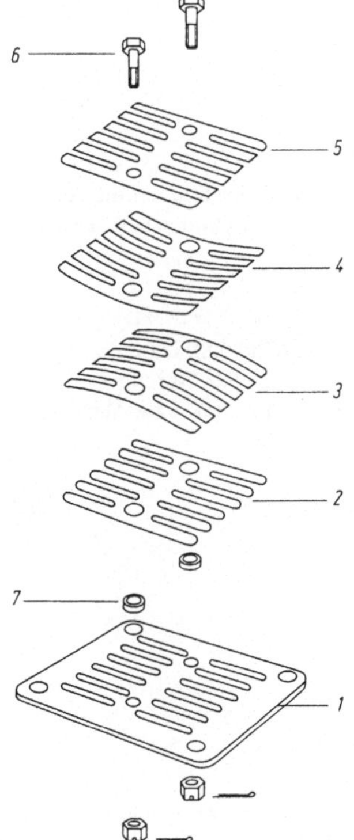

Bild 6.7. Lamellenventil (Dienes Werke, Overath)

zusammen. Ihr Anwendungsgebiet ist großer Durchsatz bei kleinen Druckdifferenzen, für Ventilabhebungen eignen sie sich nicht.

6.2 Ventilberechnung

Zur Erstellung brauchbarer Unterlagen für die Auslegung der Ventile wurden zahlreiche Versuche und theoretische Betrachtungen durchgeführt [6.2]. Ihre Ziele sind die Berechnung des Durchsatzvolumens, der Strömungsverluste und der Lebensdauer als Funktion des Druckes, des Hubes und der Drehzahl. Wegen des sehr verschiedenen Aufbaus der Ventile erfassen die oft komplizierten Theorien nur Teilbereiche. Daher sei hier auf Versuchsergebnisse [6.3] zurückgegriffen.

Versuche. Zur Kontrolle des Durchsatzes werden die Ventilerhebungskurven (Bild 6.9) mit einem induktiven Geber auf einem Oszillographenschirm aufgezeichnet. Zur Feststellung der Widerstandswerte erfolgt hinter einem Gebläse zur Lieferung der Luft die Messung des Durchsatzes, der Drücke und der Temperaturen vor und hinter dem Versuchsventil. Hierzu müssen der maximale Hub und die Ventilquerschnitte bekannt sein.

6.2.1 Querschnitt und Durchsatz

Der geforderte Durchsatz ergibt sich nach der Kontinuitätsgleichung aus den Geschwindigkeiten und den Querschnitten des Ventils. Diese bestimmen die Anzahl und Größe der Steuerorgane und damit den Aufbau von Zylinder bzw. Deckel.

Querschnitte

Die i Kanäle haben im engsten Querschnitt die Breite t (Bild 6.8). Dann ist d_{mk} ihr mittlerer, $D_k = d_{mk} + t$ ihr äußerer und $d_k = d_{mk} - t$ ihr innerer Durchmesser. Mit dem Verengungsfaktor φ_{St} infolge der Stege, gilt für den Kanal- bzw. Ventilquerschnitt (Index V)

$$A_V = 0{,}25\,\pi\,\varphi_{St} \sum_{k=1}^{i} (D_k^2 - d_k^2) = \pi\,\varphi_{St}\,t \sum_{k=1}^{i} d_{mk}\ . \tag{6.1}$$

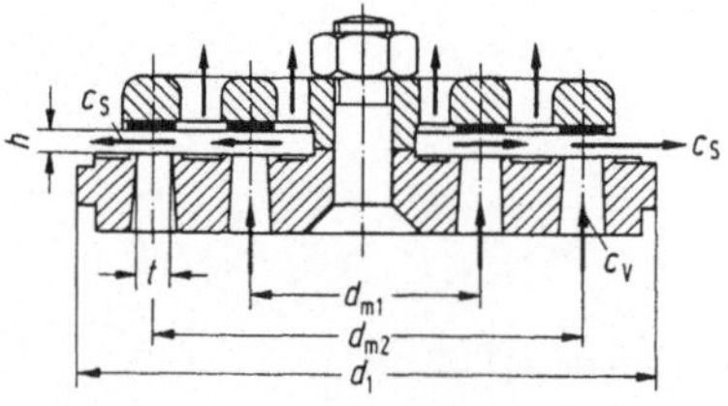

Bild 6.8. Ventil mit Abmessungen und Geschwindigkeiten

Dabei beträgt die Kanalzahl i = 1 bis 8 und der Verengungsfaktor $\varphi_{St} = 0{,}75$ bis 0,8. Für den Spaltquerschnitt (Index S) gilt dann mit dem Ventilhub h

$$A_S = 2\pi h \sum_{k=1}^{i} d_{mk} = \varphi A_V \ . \tag{6.2}$$

Hierbei ist der Querschnittskennwert $\varphi = A_S/A_V = 2h/(\varphi_{St} t) = 0{,}7$ bis 0,95. Der kleinere Spaltquerschnitt hat also die größeren Geschwindigkeiten.

Das Querschnittsverhältnis kennzeichnet die Ausnutzung der auf den Sitzdurchmesser d_1 in Bild 6.8 bezogenen Fläche $A_E = \pi d_1^2/4$ zum Spaltquerschnitt A_S und beträgt

$$\alpha = \frac{A_S}{A_E} \ . \tag{6.3}$$

Bei den üblichen Plattenventilen ist $\alpha = 0{,}18$ bis 0,40, wird aber bei Etagen- und Turmventilen wesentlich größer.

Geschwindigkeiten

Für das Ventil (Bild 6.8) und den Spalt folgt dann aus der Kontinuitätsgleichung mit der Fläche A_K und der mittleren Geschwindigkeit c_m des Kolbens

$$c_V = c_m \frac{A_K}{A_V} \quad \text{und} \quad c_s = c_m \frac{A_K}{A_S} \ . \tag{6.4}$$

Für die Auslegung der Ventile ist dann die größere Geschwindigkeit c_s im Spalt maßgebend. Sie folgt dann aus den Gln. (2.6) und (2.7) mit dem Druckabfall

$$\Delta p_{RS} = \zeta_s c_s^2 \varrho/2 \ , \tag{6.5}$$

wobei ζ_s der Widerstandsbeiwert [6.3] ist. Mit der Gl. (2.7) und $R_M = 8314{,}3 \, \text{Nm}/(\text{kmol K})$ gilt.

$$c_s = \sqrt{\frac{2\Delta p_{RS} R_M T}{\zeta_s p M}} \ .$$

Der Einfluß des Druckes und der Gasart, die mit der Molmasse festliegt, ergibt sich bei konstanten Werten von ζ_s, Δp_{RS} und t für zwei Gase 1 und 2:

$$c_{s2} \approx c_{s1} \sqrt{\frac{p_1}{p_2}} \quad \text{bzw.} \quad c_{s2} \approx c_{s1} \sqrt{\frac{M_1}{M_2}} \ .$$

Danach sind für höhere Drücke bzw. schwere Gase (Bild 6.12a) bei den gleichen Druckverlusten die Spaltgeschwindigkeit herabzusetzen. Wegen der vereinfachten Annahmen gelten diese Gleichungen nur qualitativ [6.4].

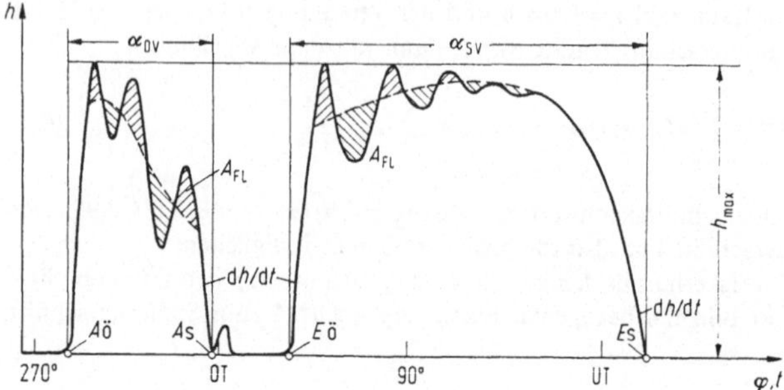

Bild 6.9. Oszillogramm der Ventilerhebungen $h = \mathrm{f}(\varphi)$ (schraffiert: Flatterquerschnitt A_{FL}; gestrichelt: gemittelter Hub). SV und DV Saug- und Druckventil

Durchsatz

Das Oszillogramm (Bild 6.9) zeigt die Erhebungen bzw. Hübe h des Druck- und Saugventils während ihrer Öffnungswinkel α_{DV} und α_{SV}. Dabei erscheinen lebhafte Flatterbewegungen am Hubende, die auch im Indikatordiagramm als Druckänderungen auftreten und den Ventilhub vermindern [6.5]. Zum Ausgleich wird ein mittlerer Hub ermittelt, zu dessen Seiten die Flatterquerschnitte A_{Fl} gleich sind. Wichtig ist hierbei neben der Lage der Steuerpunkte die Steilheit $\mathrm{d}h/\mathrm{d}t$ der Hubbewegung beim Öffnen und Schließen. Sie nimmt mit wachsendem Hub infolge der steigenden Federkraft ab.

Winkelquerschnitt

Er wird mit der Steilheit größer und beträgt mit dem aus den mittleren Sitzdurchmessern sich ergebenden Umfang

$$U_{\mathrm{ges}} = 2\pi \sum_{i=1}^{k} d_{\mathrm{mi}} \quad \text{bzw.} \quad A_{\mathrm{W}} = U_{\mathrm{ges}} \int h\,\mathrm{d}\varphi \;,$$

wobei das Integral sich auf die Hubkurve beim Öffnen des jeweiligen Ventils bezieht. Der maximale Hub beträgt dann mit dem Ausnutzungsfaktor $\beta = 0{,}6$ bis $0{,}8$ und dem theoretischen Winkelquerschnitt $A_{\mathrm{th}} = a\,h_{\mathrm{max}}\,U_{\mathrm{ges}}$ bzw. $A_{\mathrm{W}} = \beta A_{\mathrm{th}}$ und $\alpha = \alpha_{\mathrm{SV}}$ bzw. α_{DV}:

$$h_{\mathrm{max}} = \frac{\int h\,\mathrm{d}\varphi}{\alpha\,\beta} \;. \tag{6.6}$$

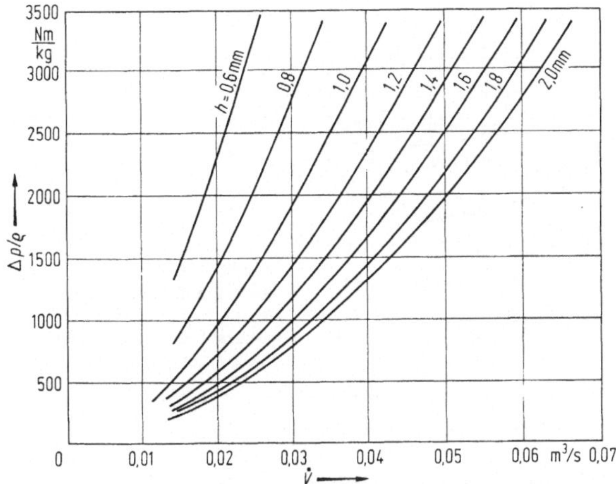

Bild 6.10. Spezifische Arbeit $\Delta p/\varrho$ und Hub h eines Vierkanalventils als Funktion des Volumenstromes $\dot V$

Volumenstrom

Der Volumenstrom folgt hiermit

$$\dot V = \mu A_\mathrm{W} \sqrt{\frac{2\Delta p}{\varrho}} \,. \tag{6.7}$$

Er steigt also mit dem Durchflußfaktor μ, dem Winkelquerschnitt und der Druckdifferenz an, nimmt aber mit wachsender Dichte ϱ des Mediums ab. Die Durchflußzahl verbessern Kantenbrechungen und Diffusorkanäle. Für den Winkelquerschnitt, der durch das Flattern verringert wird, gilt: eine Hubvergrößerung erhöht den Flatter- und Winkelquerschnitt, bringt also wenig Gewinn. Eine Drucksteigerung verringert den Winkel- und erhöht den Flatterquerschnitt, reduziert also den Durchfluß. Drehzahländerungen wirken sich auf diese Querschnitte kaum aus. Messungen mit der Rohrstrecke bestätigen diese Ergebnisse, denn es gilt (Bild 6.10). Bei konstantem Hub h steigt die spezifische Arbeit $\Delta p/\varrho$ mit dem Durchsatz $\dot V$ an, während bei konstantem Durchsatz die spezifische Arbeit mit fallendem Hub zunimmt. Dabei stellt die Kurve für $\Delta p/\varrho = k\,\dot V^2$ bei konstantem Ventilhub eine quadratische Parabel dar.

6.2.2 Widerstand und Lebensdauer

Die Druckverluste der Ventile infolge ihres Widerstandes erhöhen den Energiebedarf, ihre Lebensdauer beeinflußt die Wartung, beide sind also für die Wirtschaftlichkeit des Verdichters maßgebend.

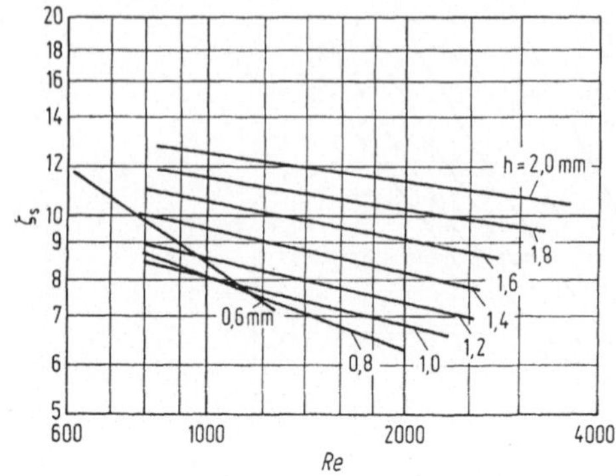

Bild 6.11. Widerstandsbeiwert ζ_s bezogen auf den Spaltquerschnitt als Funktion der Reynoldszahl Re und des Ventilhubes h aus [1]

Ventilwiderstand

Er wird als Druckdifferenz in einer Rohrstrecke gemessen und beträgt nach Gl. (6.5)

$$\Delta p_V = \zeta \varrho_V \frac{c_s^2}{2} = \frac{1}{2}\,\zeta \varrho_V \left(\frac{\dot{V}}{A_s}\right)^2 . \tag{6.8}$$

Hierin ist $\varrho_V = p_V/(R\,T_V)$ die Dichte am Ventil nach Gl. (2.7), $\dot{V}$ der Volumenstrom der angesaugten Luft und $c_s = \dot{V}/A_s$ ihre Spaltgeschwindigkeit mit dem Querschnitt A_s nach Gl. (6.2). Für die Reynoldssche Zahl im Ventilspalt folgt dann $R_{es} = c_s h_{max}/v$, wobei h_{max} der größte Ventilhub und v die kinematische Zähigkeit ist. Die Versuchsergebnisse (Bild 6.11) zeigen, daß der Widerstandsbeiwert ζ mit steigender Reynoldsscher Zahl nur schwach abfällt, bei konstanter aber mit abnehmendem Hub kleiner wird, vom Wert für $h = 0,6$ mm abgesehen.

Lebensdauer

Sie wird mit Dauerversuchen ermittelt (Bild 6.12c). Dabei haben die höher belasteten Druckventile die geringeren Standzeiten. Gründe für das Versagen der Ventile sind Abnutzung und Brüche infolge der hohen Stoßbelastung. So schlägt bei der Drehzahl 1000 min^{-1} eine Ventilplatte etwa 60000mal pro Stunde mit der Geschwindigkeit von ca. 2 m/s auf ihren Sitz. Die angegebenen mittleren Lebensdauerwerte werden oft bei sorgfältiger Ventilpflege überschritten. Hierzu zählen das Auswechseln abgenutzter Platten und das Nachschleifen ausgeschlagener Ventilsitze. Richtzeiten hierfür sind ein- bis zweitausend Betriebsstunden, wobei die längeren Zeiten für kleinere Drehzahlen gelten. Gründe für vorzeitige Ventilbrüche sind neben ungeeigneten Werkstoffen Schwingungen der Gassäule und Resonanzen bei den bewegten Teilen.

6.3 Auslegung

Bekannt sein müssen zur Ventilbestimmung neben dem Arbeitsverfahren wie ölfreie und Kälteverdichtung: Medium, Drehzahl sowie der Saug- und Gegendruck,
die Kolbenfläche, die Saug- und Förderströme für jede Stufe. Mit den Bildern 6.12,

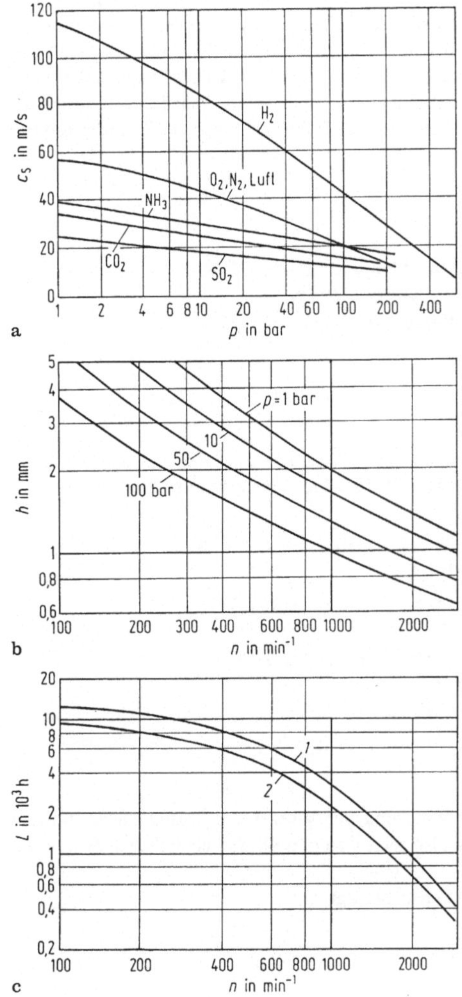

Bild 6.12 a–c. Auslegung der Ventile aus [1]. **a** Spaltgeschwindigkeit c_S als Funktion des Druckes p und der Gasart; **b** Ventilhub h als Funktion der Drehzahl n und des Druckes p; **c** Lebensdauer L als Funktion der Drehzahl n für ein Saug- bzw. Druckventil *1* bzw. *2*

nach Erfahrungs- und Meßwerten (siehe vorigen Abschnitt) werden dann ermittelt: die Lebensdauer als Funktion der Drehzahl, der Hub in Abhängigkeit von Drehzahl und Druck sowie die Spaltgeschwindigkeit nach dem Medium und aus dem Gegendruck. Die Spaltfläche beträgt dann $A_s = \dot{V}/c_s$.

6.3.1 Ventilwahl

Sie erfolgt nach den Katalogen der Hersteller [6.6], die neben ihren Einbauabmessungen, den Hub, die Spaltfläche und ihren Schadraum enthalten. Dabei sind auch die Sonderausführungen nach Abschn. 6.1.2 zu beachten. Der aus der Kontinuitätsgleichung berechnete Spaltquerschnitt der Saug- bzw. Druckventile gilt für die gesamte Stufe. Zu seiner Unterbringung sind oft mehrere Ventile notwendig, die im Deckel bei Tauchkolbenmaschinen und den höheren Stufen am Zylinderumfang in Kreuzkopfverdichtern liegen.

6.3.2 Mehrstufige Verdichter

Bei Vernachlässigung der Undichtigkeiten beträgt der Massenstrom in der 1. bzw. k-ten Stufe des Verdichters $\dot{m} = \varrho_1 c_{S1} A_{S1} = \varrho_k c_{Sk} A_{Sk}$.

Damit folgt für die Geschwindigkeiten

$$c_{Sk} = c_{S1}\,\frac{\varrho_1 A_{S1}}{\varrho_k A_{Sk}} \; . \tag{6.9}$$

Für die Dichte gilt hier beim Saugventil der Ansauge- bzw. der Zustand vor, beim Druckventil hinter den betreffenden Stufen. Der Gasreibungsverlust ergibt sich dann aus Gln. (6.8) und (6.9)

$$\Delta p_{Rk} = \Delta p_{R1}\,\frac{\zeta_{Sk}\varrho_1}{\zeta_{S1}\varrho_k}\left(\frac{A_{S1}}{A_{Sk}}\right)^2 \; . \tag{6.10}$$

Hieraus folgt für ein Gas, dessen Werte für t_a und t_k für $\lambda_L, \psi, \Delta p_R$ und ζ gleich sind mit den Gln. (2.7) und (3.23):

$$\frac{A_{Sk}}{A_{S1}} \approx \sqrt{\frac{p_1}{p_k}} = \frac{1}{\psi^{0,5\,(k-1)}} \; .$$

Die Spaltflächen sind in erster Näherung der Wurzel der Stufendrücke indirekt proportional. Die Ventile werden also relativ zu den Kolben bei höheren Stufen immer größer.

Der relative Druckabfall im Ventil beträgt

$$\frac{\Delta p}{p} = \frac{\varkappa}{8}\,(\pi\,Ma\,\chi)^2 \; .$$

Hierin ist $\chi = c_K/r\omega^2 = \sin\varphi + 0{,}5\,\lambda\,\sin 2\varphi$ die Kolbengeschwindigkeit nach [5.7] und $Ma = c/a$, worin $a = \sqrt{\varkappa R T}$ die Schallgeschwindigkeit und c die Geschwindigkeit einer Ersatzdüse [6] und $\varkappa$ den Isentropenexponenten darstellt. Der Druckabfall wird beim Kurbelwinkel $\varphi = 0$ und $180°$ Null und hat sein Maximum bei $\chi_{\max} = \sqrt{1+\lambda^2}$.

Zu den Druckverlusten in den Ventilen kommen noch diejenigen der Rohrleitungen innerhalb des Verdichters hinzu. Sie werden nach Gl. (6.8) unter Beachtung der ζ-Werte [10] berechnet. Die zusätzliche Leistung infolge der Verluste $P \approx \dot{V}\Delta p$ ist dann der dritten Potenz des Durchsatzes proportional, kann also beachtlich sein. Um Brüche der Ventilplatten durch Resonanzen zu vermeiden, sind die Eigenschwingungszahlen der Platten und ihrer Federn und die Erregerfrequenz der Gasmasse, die von der Kolbenbeschleunigung abhängt, zu beachten [6.7].

6.4 Ventileinbau

Die spezielle Konstruktion der Zylinder und Deckel der Kolbenverdichter ergibt sich neben der Kühlung aus der Lage der Ventile und ihrer Zuführungskanäle. Dabei sind die folgenden Forderungen zu erfüllen:

- Einfacher Ausbau der Ventile als Verschleißteile durch Anschluß der Rohrleitungen an Zylinder bzw. Deckel,
- geringe Druck- und Aufheizungsverluste in den Ventilen und ihren Kanälen und
- kleine Schadräume an den Aufnahmen der Ventile.

Dabei sollen sich die Zylinder und Deckel einfach gießen und bearbeiten lassen. Bei Tauchkolbenmaschinen werden Druck- und Saug- bzw. konzentrische Ventile in den Deckeln angeordnet. In Kreuzkopfmaschinen liegen sie aber am Umfang des Zylinders, an dem eine Seite durch die Kolbenstange mit ihrer Stopfbüchse stark geschwächt ist. Ölansammlungen sind zu vermeiden, da sie zum Kleben der Ventilplatten, bei höheren Stufen auch zu Verkokungen führen.

6.4.1 Einzelventile

In den Deckeln der Zylinder befinden sich bis zu zwei, an ihrem Umfang bis zu drei Saug- und Druckventile. Da sie mindestens für eine Stufe die gleiche Größe erhalten, werden oft ihre Zentrierdurchmesser etwas verschieden ausgeführt, um sie beim Einbau nicht zu verwechseln. Die Ventile heißen auch gemäß ihrer Lage zur Zylindermittellinie parallel oder senkrecht. In den Zylinderdeckeln (siehe Bild 6.16a) ist der Einbauraum oft recht knapp. So erfordern die erwünschten Kühlstege oft größere Anschnitte der Ventile im Zylinder und einen größeren Schadraum. Die Flansche der Ventildeckel werden dann quadratisch mit vier, bei kleineren Maschinen auch oval und mit zwei Schrauben ausgeführt.

Einbau

Das Saugventil *1* (Bild 6.13) am Umfang des Zylinders liegt in dem Nest *2* am Saugkanal *3*. Im Ventildeckel *4* befindet sich die Vierkantschraube *5*, die über die

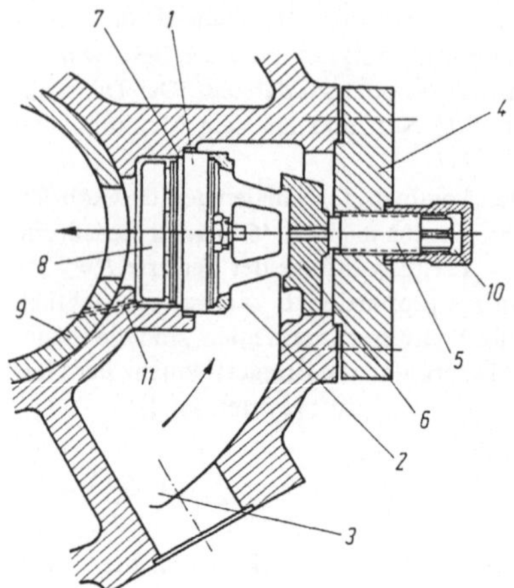

Bild 6.13. Einbau eines Saugventils in den Zylinder aus [4]

Glocke *6* das Ventil auf seinen Sitz *7* im Nest drückt. Hier ist es grob zentriert und zur Dichtung gegen den Zylinder aufgeschliffen. Der Hubfänger *8* des Ventils ist dabei tief heruntergezogen, um trotz der Laufbuchse *9* bei niederen Strömungsgeschwindigkeiten den Schadraum klein zu halten. Am Ventildeckel werden durch die Dichtung und am Gewinde der Vierkantschraube durch die Hutmutter *10*, Leckverluste vermieden. Die Bohrung *11* dient der Ölabfuhr, damit das Ventil nicht verkokt oder klebt. Bei Druckventilen liegt der Sitz tiefer und die Glocken sind höher. Das hier gezeigte Ventil ist in die II. und III. Stufe eingebaut.

Belastung

Es bezeichnen p'_k und p''_{k+1} die Zylinderdrücke beim Ansaugen bzw. Ausschieben, p_k und p_{k+1} die Drücke im Ventilnest der Saug- bzw. Förderseite und p_a den atmosphärischen Druck auf den Ventildeckel (Bild 6.14). Bei der Annahme, daß sich die Dichtungsdrücke bis zur Mitte ausbreiten, ergeben sich mit den mittleren Durchmessern, d_V für den Ventilsitz und d_D für die Deckeldichtung, die wirksamen Flächen $A_{Vm} = 0,25\,\pi d_V^2$ und $A_{Dm} = 0,25\,\pi d_D^2$.

An der Saugseite wirken dann auf das Ventil bzw. die Spannschraube und den Deckel die maximalen Kräfte

$$F_V = A_{Vm}(p''_{k+1}-p_k) \quad \text{und} \quad F_D = A_{Dm}(p''_{k+1}-p_a) \ .$$

Ihre Summe belastet dann die Deckelschrauben. Dabei versucht die Kraft F_D, das Ventil von seinem Sitz zu heben, so daß bei ungenügender Anpressung Leckverluste entstehen. Auf der Druckseite betragen die Kräfte am Ventil bzw. am Deckel

$$F_V = A_{Vm}(p_{k+1}-p'_k) \quad \text{und} \quad F_D = A_{Dm}(p_{k+1}-p_a) \ ,$$

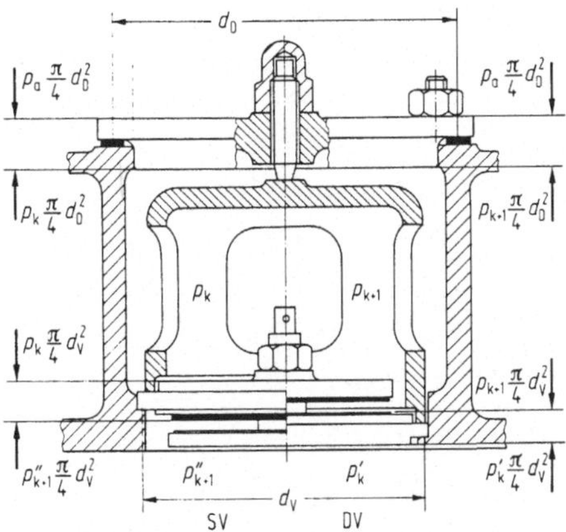

Bild 6.14. Kräfte an den Saug- und Druckventilen SV und DV und an ihren Deckeln

wobei das Medium das Ventil auf seinen Sitz drückt. Die größte Belastung der Deckelschrauben tritt am Saugventil auf, da sie hier zwei Flächen abzudichten haben. Sie beträgt

$$F_{\text{Sch}} = k_1 A_{\text{Vm}}(p''_{k+1} - p_k) + k_2 A_{\text{Dm}}(p_k - p_a) \; .$$

Der Faktor $k = 1{,}5 \ldots 10$ drückt hierbei den Einfluß der Dichtkraft aus, der stark materialabhängig ist. Die kleineren Werte gelten dabei für Weich- und die größeren für Metalldichtungen. Die Platten und Sitze der Druckventile werden beim Stillstand oder beim entlasteten Anfahren der Verdichter gegen ihren vollen Gegendruck am stärksten belastet. Auf ihren Sitz wirkt dann die Kraft

$$F_{\text{Vmax}} = A_{\text{Vm}}(p_{k+1} - p_a) \; .$$

Die Schrauben- und Sitzbelastung der Ventile nimmt bei höheren Stufen große Werte an. Die Druckventile der Endstufen werden durch Rückschlag- oder Absperrventile geschützt.

Ausgeführte Konstruktionen

Beim Einbau in den Zylinderdeckel (Bild 6.15) ermöglichen vier Ventile die beste Ausnutzung der Grundfläche und den kleinsten Schadraum (Tabelle 6.1). Trotzdem werden oft nur zwei Ventile benutzt, da dann die Deckel einfacher sind. Weiterhin zeigt (Bild 6.15) und Tabelle 6.1 einen Vergleich der Platten-, Zungen-, und konzentrischen Ventile. Bei den letzten entfällt der 6 mm starke Steg.

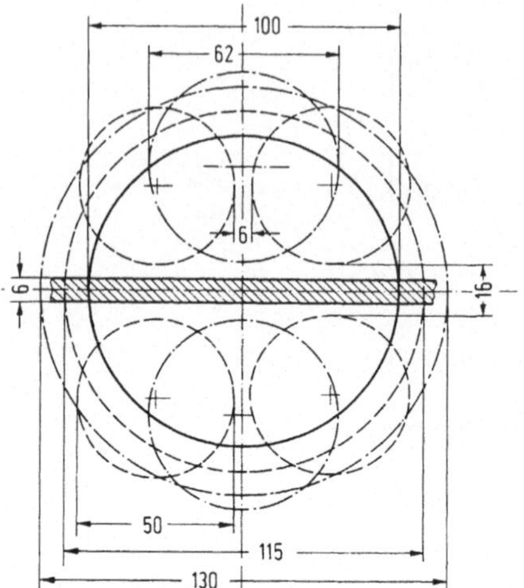

Bild 6.15. Einbau von Ventilen in den Zylinderdeckel nach Tab. 6.1. Luftverdichter 100 mm Zyl.-$\varnothing$
$\dot{V}_{fa} = 65 \text{ m}^3/n$, $n = 1500 \text{ min}^{-1}$, $p_2 = 6$ bar

    Beim Deckel der II. Stufe des luftgekühlten Tauchkolbenverdichters
(Bild 6.16a) besitzen Saug- und Druckraum nur eine Trennwand, also keinen Kühl-
steg, um bei ausreichenden Geschwindigkeiten in den Spalten der Ventile nicht zu
große Schadräume zu bekommen. So erhalten sie auch nur einen gemeinsamen
Deckel, der aber eine Formdichtung benötigt. Durch das Fehlen des Kühlsteges
wird die Wärmeabfuhr schlechter und bei wassergekühlten Verdichtern ist die
Kühlmittelführung schwieriger. Beim luftgekühlten Kleinverdichter (Bild 6.16b)
sind die Ventilnester an den Boden des Zylinders angegossen, dessen Herstellung
dadurch erschwert ist. Ventildeckel und -nester tragen Rippen und sind durch einen
Steg unterbrochen, um die Kühlluftführung zu verbessern. Dadurch schneiden die
nach außen versetzten Ventile die Zylinder stark an und vergrößern die Schadräume fühlbar.

Tabelle 6.1. Einbau verschiedener Ventilarten

Ventilart	Anzahl	D_1 mm	c_s m/s	ε_0 %
Saug- und Druck	je 2	50	47	6,9
Saug- und Druck	je 1	62	45	8,1
Konzentrisch	1	115	41	6,65
Zungen	1	130	60	4,2

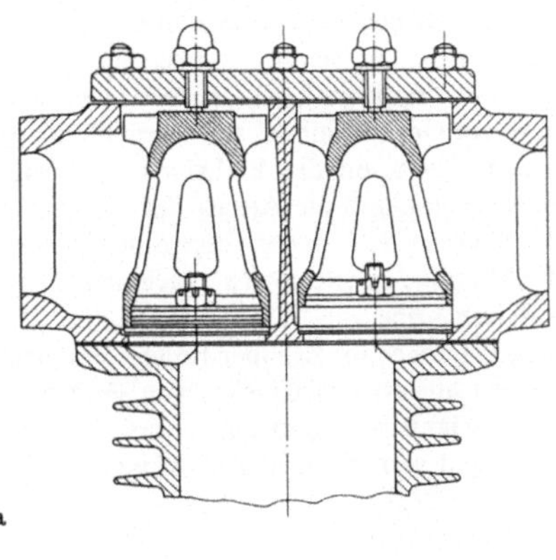

a

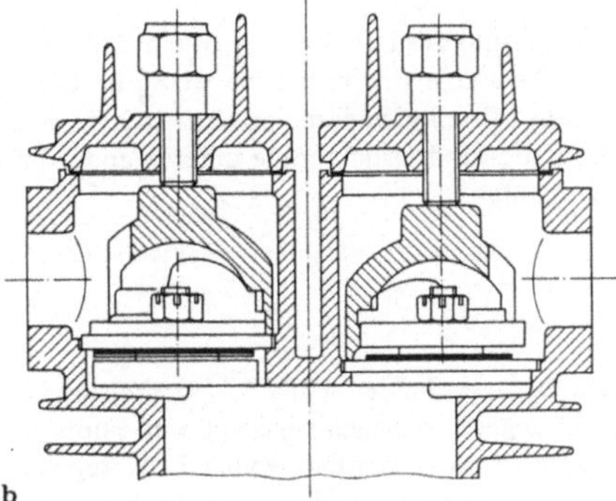

b

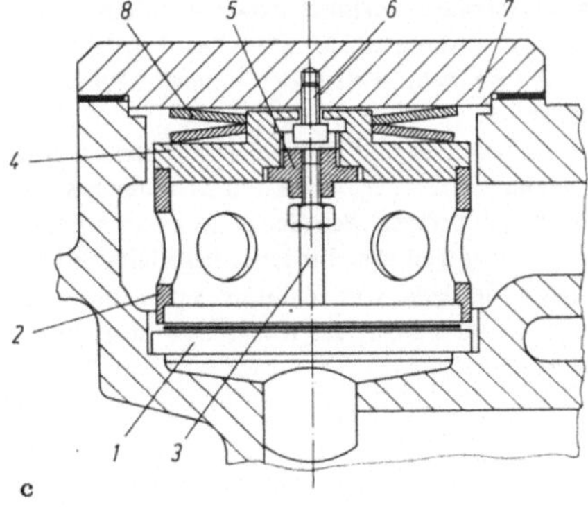

c

Bild 6.16a–c. Einbau von Einzelventilen. **a, b** Luftgekühlter Tauchkolbenverdichter; **a** II. Stufe (FMA-Pokorny); **b** Kleinverdichter (KSB); **c** Einbaueinheit für einen doppeltwirkenden wassergekühlten Verdichter (Neumann & Esser, Übach-Palenberg)

Die vormontierte Einheit (Bild 6.16c) ist für den Zylindermantel eines wassergekühlten Verdichters vorgesehen. Hierbei wird das Ventil *1* mit seiner Glocke *2* durch das Zylinderstück *3* mit Sechskant und doppelseitigem Gewinde verbunden. Dazu sitzt im losen Boden *4* der Glocke ein Gewindenippel *5*. Dieser nimmt das Zylinderstück *3* auf und begrenzt die Schraube *6*, die den Boden *4* freibeweglich mit dem Ventildeckel *7* verbindet. Dazwischen liegen am Ansatz des Glockenbodens *4* geführt, zwei tellerartige Federn *8*. Diese Teile, in der Folge *8* bis *1* zusammengesetzt, bilden eine Einheit, um die Montage zu erleichtern. Nach dem Anziehen der Deckelschrauben drücken die Federn *8* über die Glocke *2* die Ventile *1* fest auf ihren Sitz. Druckventile für Medien, bei denen im Zylinder Kondensationsgefahr besteht, wie bei Kältemitteln, werden anstatt von Glocken von Federn auf ihrem Sitz gedrückt. Diese geben bei Flüssigkeitsschlägen nach, vermehren den hierbei unzureichenden Ventilquerschnitt und vermeiden so Zerstörungen an der Maschine durch die Flüssigkeit.

6.4.2 Konzentrische Ventile

Gemäß der konzentrischen Lage des Saug- und des Druckventils ist ein Kanal mittig, der andere ringförmig ausgeführt. Sie sollen sich möglichst wenig berühren, damit keine Aufheizung stattfindet. Die Mittellinien ihrer Stutzen stehen meist senkrecht aufeinander. Dabei sind die Saug- und Druckräume untereinander und gegen die Atmosphäre sorgfältig abzudichten.

Ausgeführte Konstruktionen

Bei dem Deckel des kleineren luftgekühlten Verdichters (Bild 6.17a) sind die Anschlußflanschen mit ihren Rohren in die gegenüber liegenden Saug- und Förderkanäle *1* und *2* eingeschraubt. Der Saugkanal mit der Ventilabhebung *3* zur Regelung (siehe Abschn. 7) führt im kurzen Bogen zum Saugventil *4*. Der Abfluß erfolgt durch das Druckventil *5* über die Ringnut *6* zum Kanal *2*. Die Dichtungen *7* liegen auf den planbearbeiteten Flächen vom Deckel und Zylinder sowie auf dem Ventil und werden durch die Deckelschrauben *8* zusammengedrückt. Der luftgekühlte Kompressor (Bild 6.17b) hat im Deckel senkrecht zueinander stehende Kanäle *1* und *2* mit angeschraubten Rohrflanschen *3*.

Beim üblichen Verlauf der Kanäle sind Deckel und Ventile grob zentriert. Mit dem Gestell verbundene Dehnschrauben halten Deckel, Ventil und Zylinder zusammen. Beim Deckel (Bild 6.17c) trennt das Kühlwasser den Saug- und Förderkanal *1* und *2* und verhindert Aufheizungen. Dichtungen verschiedener Elastizität *3* und *4* trennen Saug- und Druckraum voneinander bzw. vom Zylinder. Die Runddichtung *5* verhindert Verluste des geförderten Mediums. Das Kühlwasser muß allerdings von oben zu- und abgeführt werden.

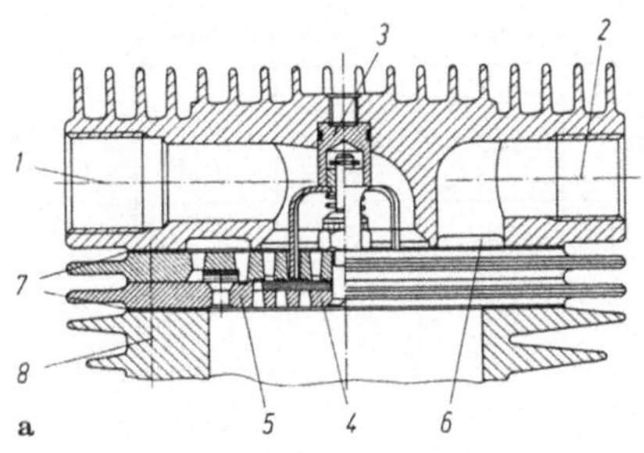

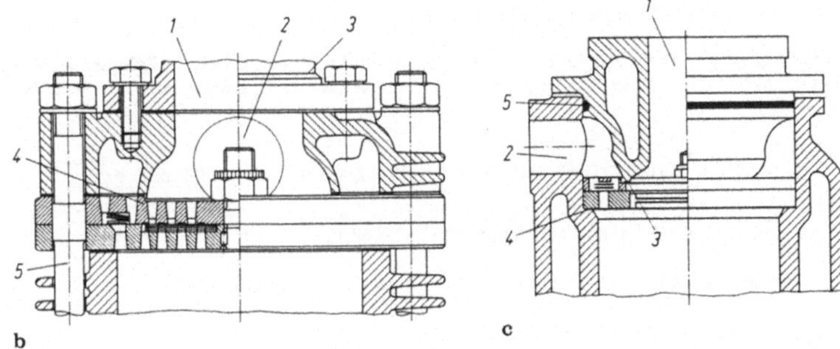

Bild 6.17a–c. Zylinderdeckel mit konzentrischen Ventilen. **a** und **b** für Luftkühlung; **c** für Wasserkühlung

Beispiel 6.1

Die einfachwirkenden II. und III. Stufen eines CO_2-Verdichters haben die Durchmesser $D_{II} = 260$ mm und $D_{III} = 140$ mm sowie die Drücke $p_2 = 8$ bar, $p_3 = 25$ bar und $p_4 = 70$ bar. Die Maschine läuft mit der Drehzahl $n = 300\ \mathrm{min}^{-1}$, beim Hub $s = 200$ mm.

Gesucht sind die Ventile der II. Stufe mit Kontrolle ihres Einsatzes für die III. Stufe.

Zur Vereinfachung der Herstellung und Lagerhaltung werden gleiche Saug- und Druckventile gewählt. Dabei ist von den letzteren auszugehen, da sie die größeren Abmessungen haben.

Auslegung. Für die II. bzw. III. Stufe mit den Drücken $p_3 = 25$ bar und $p_4 = 70$ bar folgen nach Bild 6.12b für $n = 300\ \mathrm{min}^{-1}$ die Hübe $h_3 = 3{,}0$ mm und $h_4 = 2{,}4$ mm und nach Bild 6.12a für CO_2 die Spaltgeschwindigkeiten $c_{s3} = 22$ m/s und $c_{s4} = 18$ m/s. Die erforderlichen Spaltquerschnitte betragen dann mit den Kolbenflächen $A_K = d^2/4$ also $A_{II} = 531\ \mathrm{cm}^2$ und $A_{III} = 154\ \mathrm{cm}^2$ sowie der mittleren Kolbengeschwindigkeit $c_m = 2sn = 2$ m/s

$$A_s = \frac{c_m}{c_s} A_K\ , \quad A_{sII} = 531\ \mathrm{cm}^2\ \frac{2\ \mathrm{m/s}}{22\ \mathrm{m/s}} = 48{,}3\ \mathrm{cm}^2 \quad \text{und} \quad A_{sIII} = 17{,}1\ \mathrm{cm}^2\ .$$

Für die II. Stufe betragen dann die erforderlichen Spaltflächen für je ein, zwei oder drei Saug- und Druckventile 48,3; 24,15 und 16,1 cm^2. Mit dem maximalen Hub $h = 3$ mm finden sich in den Katalogen der Hersteller für Drücke bis zu 100 bar, Ventile nach Tabelle 6.2.

Tabelle 6.2. Ventilabmessungen lt. Katalog D_1 maximaler und D_2 Zentrierdurchmesser

Nr.	h_{max} mm	A_s cm²	D_1 mm	D_2 mm	V_{SS} cm³	V_{SD} cm³	z	
							II St.	III St.
1	2,8	59,3	180	170	220	160	2	–
2	2,0	29,5	135	125	170	117	4	–
3	2,2	26,6	142	132	120	102	4	–
4	1,8	17,5	116	106	72	54	6	2

Die Ventile lassen sich aus Platzgründen nur am Umfang unterbringen. Zur Auswahl der Ventile ist ein Querschnitt (vgl. Bild 6.15) durch den Zylinder und die Nester für die Ventile nach Tabelle 6.2 aufzuzeichnen. Hieraus ergibt sich dann, daß die Ventile Nr. 1, 3 und 4 in der II. und das Ventil Nr. 4 in der III. Stufe unterzubringen sind.

Schadräume. Ihr Anteil V_{SZ} an einem Kanal (siehe Bild 6.18) der aus einem Zylinder V_1 einem Kegelstumpf V_2 und einem Doppelprisma ähnlichen Restkörper V_3 besteht, folgt für Ventil Nr. 4 zu

$$V_1 = \frac{\pi}{4} \, 10{,}6^2 \cdot 0{,}5 \text{ cm}^3 = 44{,}12 \text{ cm}^3 \;, \quad V_3 \approx 2 \cdot 1{,}2 \cdot 9 \cdot 3 \text{ cm}^3 = 64{,}8 \text{ cm}^3 \quad \text{bzw.}$$

$$V_2 = \pi \cdot 1{,}2 \cdot (10{,}6^2 + 3 \cdot 10{,}6 + 3^2)/12 \cdot \text{cm}^3 = 48{,}12 \text{ cm}^3 \;.$$

Der Schadraum, der nach der Ventilkonstruktion gleich ist, beträgt:

$$V_{SZ} = V_1 + V_2 + V_3 = 157{,}04 \text{ cm}^3 \;.$$

Beim Saugventil enthält er noch den Hohlzylinder

$$V_{S1} = \frac{\pi}{4} \, (10{,}6^2 - 9{,}0^2) \cdot 1{,}5 \text{ cm}^3 = 37 \text{ cm}^3 \;.$$

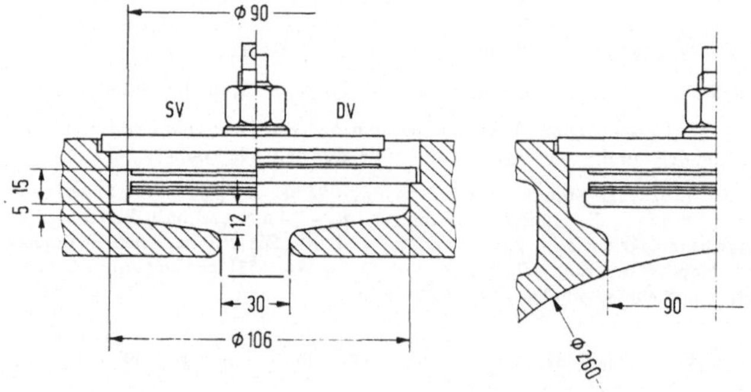

Bild 6.18. Einbau von Ventilen am Umfang des Zylinders (Ventil Nr. 4 des Beispiels), *SV* bzw. *DV* Saug- bzw. Druckventil

Tabelle 6.3. Schadräume der gewählten Ventile
Schadräume V_{SV} für ein Ventilpaar; V_{SZ} für einen Ventilkanal; V_{Sges} für die Stufe

Nr.	D_2 mm	z II St	z III St	V_{SV} cm³	V_{SZ} cm³	V_{Sges} cm³	ε_0 %
1	170	2	–	380	702,2	1784,4	16,80
3	132	4	–	222	280,8	1567,2	14,76
4	106	6	–	126	157,0	1431	13,48
4	–	–	2	126	189,4	504,8	16,4

Für die $z = 6$ also je drei Saug- und Druckventile mit den Schadräumen V_{SV} und V_{SD} nach Tabelle 6.2 und ihren sechs Kanälen gilt dann mit $V_{SV} = V_{SS} + V_{SD} = 126$ cm³ nach Tabelle 6.2

$$V_{Sges} = [0{,}5\,(V_{SS} + V_{SD} + V_{S1}) + V_{SZ}]\,z = [0{,}5\,(72 + 54 + 37) + 157{,}0]\ \mathrm{cm}^3 \cdot 6 = 1431\ \mathrm{cm}^3 \ .$$

Mit dem Hubvolumen $V_h = 0{,}25\,\pi D^2\,s = 10618{,}6\ \mathrm{cm}^3$ folgt dann

$$\varepsilon = \frac{V_{Sges}}{V_h} = 0{,}1348 \ .$$

Für die restlichen Ventile (siehe Tabelle 6.3) gilt das gleiche Berechnungsverfahren.

Folgerungen. Das relativ schwere Medium ($M_{CO_2} = 44$ kg/kmol) erfordert nach Bild 6.12a kleine Spaltgeschwindigkeiten, also große Ventile und Schadräume. Für den Einbau in die II. und III. Stufe sind nur die Ventile Nr. 4 geeignet. Wegen des gestuften Angebots der Hersteller wurden die zulässigen Hübe und Spaltgeschwindigkeiten nicht ausgenutzt. Die Verwendung der Ventile Nr. 4 in der II. Stufe bringt zwar den kleinsten Schadraum, bedingt aber eine höhere Anzahl von Teilen und eine kompliziertere Zylinderherstellung.

7 Regelungen

Ihre Aufgabe ist es, den Verdichter an die Betriebsbedingungen anzupassen. Dies erfolgt heute automatisch und wirkt somit energiesparend und erhöht die Betriebssicherheit. Die früher üblichen Handregelungen werden heute nur noch bei Verdichtern verwendet, deren Entnahme über lange Zeit konstant bleibt. Sie sind aber leicht auf Automatik umzurüsten. Die selbsttätigen Regelungen kompensieren die Anlagekosten schnell durch Einsparen von Energie und Bedienung.

7.1 Grundlagen der Druckregelung

Aufgabe einer Regelung (Bild 7.1) ist es, den Förderstrom $\dot{V}_f$ eines Verdichters dem Entnahmestrom $\dot{V}_e$ des angeschlossenen Verbrauchers anzupassen. Der letzte ist die häufigste Störgröße Z, bei deren Zunahme der Behälterdruck p_2, die Regelgröße X, abfällt. Zum Ausgleich ist dann die Stellgröße Y oder der Saugstrom $\dot{V}_a$ zu vergrößern, also die Ansaugmenge pro Hub oder die Drehzahl zu erhöhen. Die Verdichteranlage stellt dabei den Regelkreis dar, der aus Regler *1* mit dem Stellglied *2* und der Strecke besteht. Diese umfaßt den Verdichter *3* mit Motor *4* und Behälter *5* mit den sie verbindenden Rohrleitungen. Im Signalflußplan (Bild 7.1 b) bedeuten die Vorzeichen die erforderliche Änderung der Eingangsgröße des Kästchens, damit seine Ausgangsgröße ansteigt. Der Regler mißt die Ausgangsgröße X und paßt bei der Störung Z diese an ihren Sollwert X_S an, indem er die Stellgröße Y ändert [7.1]. Die Genauigkeit der Einhaltung des Sollwertes hängt vom Einsatz der Verdichter ab wie etwa in der chemischen Industrie [7.2] oder bei der Druckluftversorgung, wo der Wirkungsgrad vieler Werkzeuge stark mit dem Druck absinkt. Die Regler arbeiten kontinuierlich oder nach dem Zweipunktverfahren (Ein- und Ausschalten). Der Stelleingriff erfolgt aber gemäß der Eigenart der Verdichter im Zylinder, am Antriebsmotor oder in der Saug- oder Förderleitung. Die hierzu erforderliche Hilfsenergie ist pneumatisch oder elektrisch, seltener hydraulisch. Die explosionssichere Druckluft erlaubt eine schnelle Verstellung. Sie verlangt aber eine sorgfältige Reinigung und außerdem eine Dämpfung der Druckschwankungen, wenn sie Luftverdichtern entnommen wird. Sonst ist der Einheitsdruck 0,2 bis 1 bar üblich. Für die elektrische Übertragung sind die Drähte einfach zu verlegen, ein Vorteil beim Ausbau von Schaltwarten. Die Signale werden von einem eingeprägten Gleichstrom von 0 bis 20 mA bzw. 4 bis 20 mA (life zero) erzeugt, den die Meßgeräte der Regler als Ausgang besitzen müssen. Häufig wird die elektrische in pneumatische Hilfsenergie umgewandelt, die für die Stellglieder vorteilhafter ist. Bei mehrstufigen Verdichtern sind, um zu hohe Druckverhältnisse und damit zu hohe Temperaturen in den einzelnen Stufen zu vermeiden, vor diesen weitere Stell-

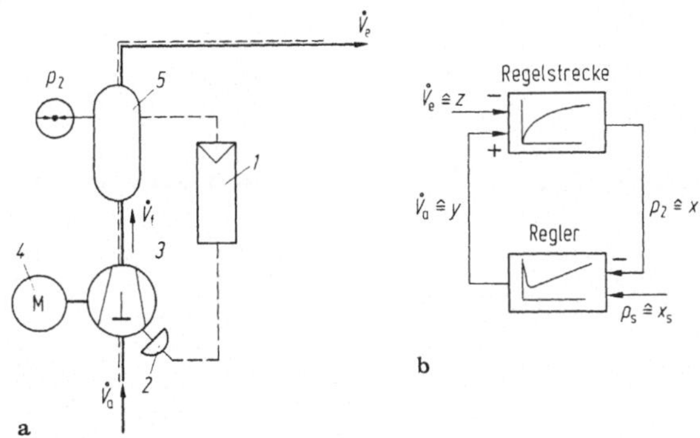

Bild 7.1 a, b. Regelung eines Kolbenverdichters. **a** Geräteplan; **b** Signalflußplan

eingriffe vorzunehmen (Bild 7.7). Mit vielen Stellgliedern ist auch eine Druckentlastung beim Anfahren möglich. Kriterien für die Auswahl einer Regelanlage sind,
vom Preis abgesehen, die Wirtschaftlichkeit, die Betriebssicherheit und die Repa-
raturmöglichkeit.

7.2 Regelvorgänge

Sie laufen in dem von Regler und Strecke gebildeten Regelkreis ab, der die Wirkung
der beteiligten Größen zeigt. Die hierzu erforderlichen Signale, analog oder digital,
werden meist elektrisch oder pneumatisch übertragen. Die Toleranz der Abweichungen der Regelgröße, hier der Druck, von ihrem Sollwert hängt bei stetigen
Reglern von der Genauigkeit der Druckmeßgeräte, bei Zweipunktreglern noch vom
Schaltintervall ab. Maßgebend hierfür sind weiterhin die Spiele (Lose) und die Rei-
bungen bzw. Hysterese in den Regelgeräten.

7.2.1 Regelstrecke

Als Regelstrecke (Bild 7.2) wird hier der Behälter (Index B) mit dem Ventil, das den
Druckverlust in der Entnahmeleitung darstellt, untersucht [7.3]. Im Beharrungszu-
stand sind der Zu- und Abfluß des Behälters also der Förder- und der Entnahme-
strom $\dot{m}_f$ und $\dot{m}_e$ gleich, bei einer Störung verbleibt im Behälter $\dot{m}_B$, so daß bei
Entnahmeüberschuß $\dot{m}_e = \dot{m}_B + \dot{m}_f$ ist. Es bezeichnen nun $p_2^* = p_{20} - p_2$ die Abweichung des Förderdruckes p_2 von seinem Ausgangswert p_{20} und Δp_R den
Druckverlust in der Förderleitung. Damit folgt für ein ideales Gas bei konstanter
Temperatur aus der Zustandsgleichung (2.2) mit dem vom Behälter aufgenomme-
nen Volumenstrom $V_B \, dp_2^*/dt$ und mit $\Delta \dot{V} = (\dot{V}_e - \dot{V}_f)$ also wenn die Entnahme
überwiegt

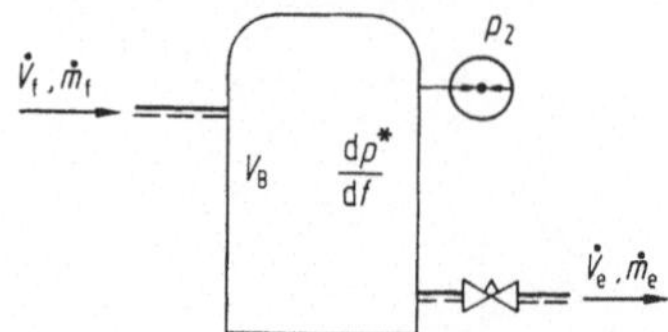

Bild 7.2. Behälter als Regelstrecke eines Kolben-Verdichters

$$\dot V_{\mathrm f} p_2^* = V_{\mathrm B}\,\mathrm dp_2^*/\mathrm dt + \dot V_{\mathrm e}(p_2^* - \varDelta p_{\mathrm R}) \quad \text{oder}$$

$$\frac{V_{\mathrm B}}{\varDelta \dot V}\,\frac{\mathrm dp_2^*}{\mathrm dt} + p_2^* = \frac{\dot V_{\mathrm e}}{\varDelta \dot V}\,\varDelta p_{\mathrm R}\ . \tag{7.1}$$

Dabei sind die Volumenströme $\dot V_{\mathrm e}$ und $\dot V_{\mathrm f}$ konstant. Die Zeitkonstante, die Grenzdruckänderung und der Behälterdruck betragen:

$$T = \frac{V_{\mathrm B}}{\varDelta \dot V}\ , \quad p_{2\infty}^* = \frac{\dot V_{\mathrm e}\varDelta p_{\mathrm R}}{\varDelta \dot V} \quad \text{und}\quad p_2^* = p_{20} - p_2\ . \tag{7.2 bis 7.4}$$

Hierbei wird die Änderung $\varDelta \dot V$ plötzlich, etwa durch Abschalten eines Verbrauchers, aufgebracht. Aus Gln. (7.1) bis (7.3) folgt

$$T\,\frac{\mathrm dp_2^*}{\mathrm dt} + p_2^* = p_{2\infty}\ . \tag{7.5}$$

Mit dem Lösungsansatz $p_{\mathrm h} = Ce^{at}$ für die homogene Differentialgleichung ($p_{2\infty} = 0$) und mit dem partikulären Integral $p_{\mathrm i} = p_{2\infty}$ folgt $p = p_{\mathrm i} + p_{\mathrm h} = C\cdot\exp(-t/T) + p_{2\infty}$. Da zur Zeit $t = 0$ auch $p_2^* = 0$ ist, folgt für die Konstante $C = -p_{2\infty}$, also ist

$$p_2^* = \pm p_{2\infty}\,[1 - \exp(-t/T)]\ . \tag{7.6}$$

Das Minuszeichen gilt dabei nach Gl. (7.1) für den Förderüberschuß.

Die Gl. (7.6) stellt eine PT_1-Regelstrecke dar. Mit den Bezeichnungen nach DIN 19226 gilt dann: Die Regelgröße $x \triangleq p_2^*$, die Stellgröße $y \triangleq \dot V_{\mathrm f}$, die Störgröße $Z = \dot V_{\mathrm e}$, die Zeitkonstante $T = V_{\mathrm B}/\varDelta \dot V$ und der Streckenbeiwert $K_{\mathrm s} = p_{2\infty}^* = \dot V_{\mathrm e}\varDelta p_{\mathrm R}/\varDelta \dot V$.

Damit lautet dann die Streckengleichung bzw. die Übergangsfunktion

$$T\dot x + x = K_{\mathrm s}(y + z) \quad \text{bzw.}\quad x = K_{\mathrm s}(y + z)(1 - e^{-t/T})\ .$$

7.2.2 Regler

Ihre Meßglieder ermitteln den Druck meist über eine Membran oder einen Kolben mit Feder. Die Regelgröße wird dann mechanisch, pneumatisch oder elekrisch übertragen. Die hierbei erzeugten Signale sind stetig bzw. unstetig. Als stetig gelten

P, PI und PID-Regler [7.4]. Letztere werden in komplizierten Fällen als Universalregler eingesetzt. Die P-Regler lassen gegenüber den anderen Ausführungen Abweichungen vom Sollwert zu. Unstetig sind dagegen die Mehrpunktregler [7.5]. Hiervon bestehen bei kleineren Verdichtern bewährte Zweipunktregler (siehe Abschn. 7.5), bei denen sich die Regelgröße in einem bestimmten Intervall ändert. Stetig ähnlich heißen dagegen Zwei- und Dreipunktregler mit Rückführungen [7.6] oder Versionen mit mehreren Schaltpunkten (siehe Bild 7.9).

7.2.3 Regelkreis

Er erfaßt das Zusammenwirken von Regler und Strecke. Sein Zeitverhalten für die Regel- und Stellgröße wird durch Kopplung aus den Differentialgleichungen von Regler und Strecke bei Änderung des Sollwertes oder der Störgröße ermittelt oder mit einem Linienschreiber aufgezeichnet. Das Diagramm zeigt dann die Güte des Regelvorganges am Schwingungsverhalten. Die Stabilität ergibt sich aus den Ortskurven [7.4]. Einstellkriterien ermöglichen bei unbekanntem Streckenverhalten die Anpasung des Reglers.

7.3 Stetige Regelungen

Der Regler verändert hierbei die Stellgröße kontinuierlich in bestimmten Grenzen. Für Kompressoren ergeben sich als Stellgrößen, neben der Drehzahl, die Änderung des Schadraumes, die Öffnungsdauer der Saugventile und der Staudruck ihrer Platten. Weiterhin sind noch besondere Verfahren im Gebrauch, wie das Rückströmen von Gasen von der Druck- zur Saugleitung über Ventile mit einer vom Kegel abhängigen Durchflußkennlinie [7.8]. Derartige Verstellungen kommen bei Verdichtern mit für Greifer unzugänglichen Saugventilen oder mit rotierenden Verdrängern vor. Stetige Regelungen sind meist bei Kompressoren, die über $10\,\mathrm{m}^3/\mathrm{min}$ fördern, zu finden.

7.3.1 Änderung der Drehzahl

Der Stelleingriff erfolgt hier bei der Antriebsdrehzahl, der der Saugstrom nahezu proportional ist. Der Vorteil dabei ist, daß, abgesehen vom Leerlauf, die Drücke und Temperaturen in den Zylindern konstant bleiben, so daß ihre Überwachung entfällt. Außerdem ändert sich bei doppeltwirkenden Maschinen die Verteilung der Kolbenkräfte auf beiden Zylinderseiten nur wenig. Nachteile entstehen, da die herabgesetzten Drehzahlen nach Gl. (5.23) größere Schwungräder erfordern, die noch das Anfahren erschweren. Weiterhin fallen die Teillastwirkungsgrade der Antriebsmaschinen mit der Drehzahl ab [7.7].

Bei Verbrennungsmotoren wird der Sollwert des Drehzahl- vom Druckregler des Verdichters verstellt. Erreichbar sind hierbei 60% der Fördermenge des Verdichters wegen der hohen Leerlaufdrehzahl des Motors. Beim elektrischen Antrieb ermöglichen Gleichstrom-Nebenschlußmotoren Drehzahlherabsetzungen bis $1:10$. Hierzu verwandeln Thyristorgleichrichter [9.7] mit geringem Raumbedarf und gutem Wirkungsgrad den Dreh- in Gleichstrom um. Diese Antriebsart wird wegen ihrer energetischen Vorteile auch für Gasverdichter bis zu 500 kW eingesetzt. Beim Drehstromantrieb erlauben Schleifringläufermotoren Drehzahländerungen bis zu 40% über Widerstände im Läuferkreis [9.6], wobei Drehregler [9.6] zur Feineinstellung dienen. Käfigläufermotoren erfordern zur Drehzahländerung Frequenzwandler. Die Regelstrecke ist im Abschn. 9.2.1 beschrieben.

Verdichter mit drehzahlgeregeltem Gleichstrommotor

Der Verdichter *1* (Bild 7.3), der vom Gleichstrom-Nebenschlußmotor *2* angetrieben wird, fördert Erdgas über den Behälter *3* zum Verbraucher. Der elektrische PID-Regler *4* erhält sein Eingangssignal vom Wandler *5*, der den Behälterdruck p_2 in einen eingeprägten Gleichstrom umformt. Diesen verformt der Signalwandler *6* in Rechteckimpulse, welche die der Drehzahl *n* proportionale Ankerspannung U_A in das Steuergerät des Thyristorgleichrichters *7* eingeben. Der Sollwert wird mit dem Einsteller *8* verändert. Zum entlasteten Anfahren bei vollem Behälterdruck p_2 öffnet das Bypassventil *9* die Umführungsleitung zum Saugstutzen mit dem Kühler *10*. Das Rückschlagventil *11* vermeidet hierbei und im Stillstand das Zurückströmen des Mediums in den Behälter und entlastet die Druckventile des Verdichters.

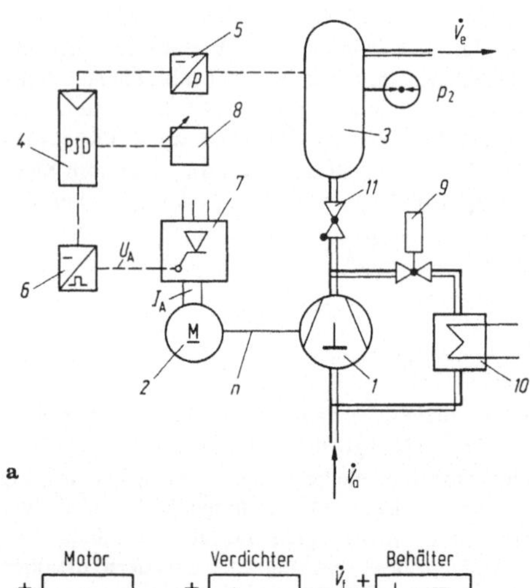

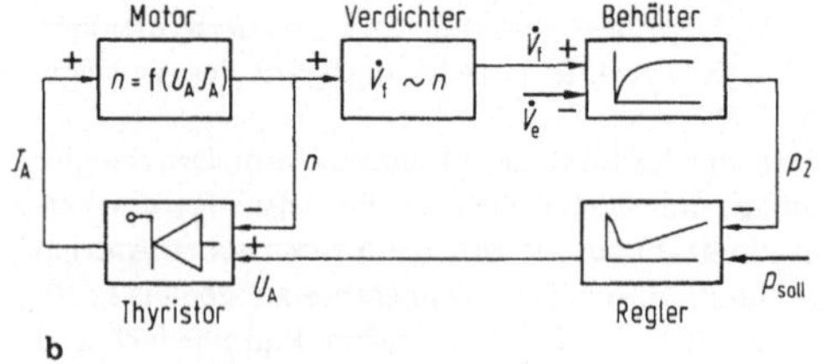

Bild 7.3 a, b. Druckregelung eines Gasverdichters durch Drehzahländerung. **a** Geräteplan; **b** Signalflußplan

7.3.2 Zuschalten eines Schadraumes

Als Stellglieder dienen hier Plattenventile mit Greifern (Bild 7.4) oder Einsitzventile. Ihre Betätigung durch den Stelldruck p_y erfolgt über Kolben, bei größeren Kräften über eine oder zwei hintereinandergeschaltete Membranen gegen eine Feder. Sie bewirken eine Abflachung des Anfangs der Kompressions- bzw. des Endes der Rückexpansionslinie. Dadurch sinkt das angesaugte Volumen, da der Verlust durch die Rückexpansion ansteigt. Der Vorteil dieses Verfahrens ist, daß die Saugventile nicht offengehalten werden, ihre Lebensdauer ist also größer und ihre Auswahl freier. Einen Nachteil bedeutet die relativ schwierige Einstellung der Zuschaltdrücke.

Berechnung

Die größte Fördermenge beträgt nach Gl. (3.37) für z Zylinder, wenn $\lambda_{F\,max}$ der maximale Füllungs- und λ_A der Aufheizungsgrad nach Gln. (3.32) und (3.35) sind:

$$V_{max} = \lambda_A \lambda_{F\,max} z V_h = \lambda_A \left[1 - \varepsilon_{min}\left(\frac{Z_3}{Z_4}\,\psi^{1/n} - 1\right)\right] z V_h \ . \qquad (7.7)$$

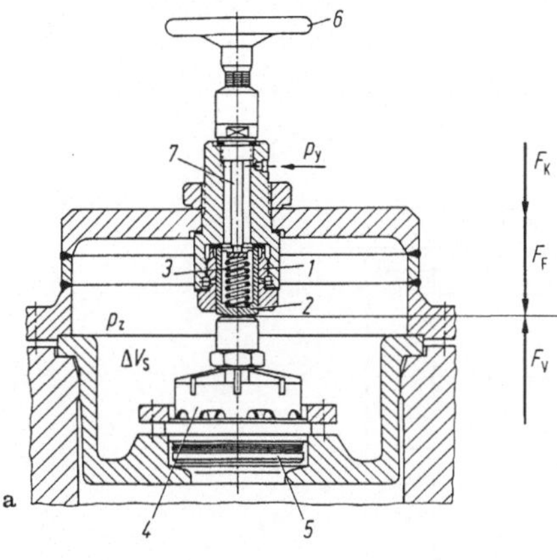

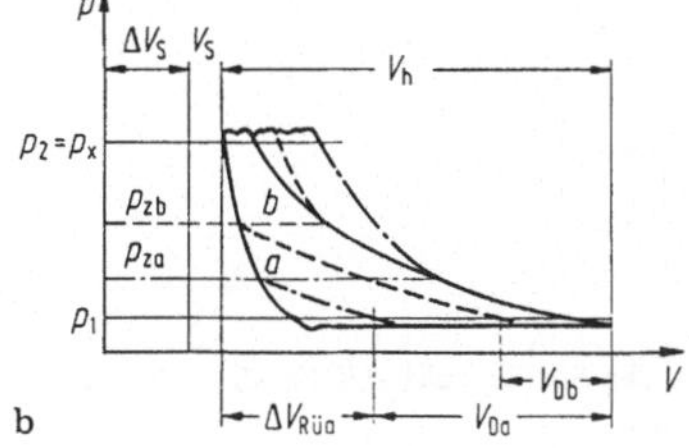

Bild 7.4a, b. Zuschalten eines Schadraumes nach [1]. **a** Stellglied mit Kräften; **b** p, V-Diagramm

Der Stellbereich, die Differenz der größten und kleinsten Fördermenge, ist mit
$\beta = 1 / \left(\dfrac{Z_3}{Z_4} \, \psi^{1/n} - 1 \right)$:

$$V_{St} = V_{max} - V_{min} = \lambda_A \, (\varepsilon_{max} - \varepsilon_{min}) \, z \, V_h / \beta \; ;$$

die Schadraumvergrößerung beträgt dann:

$$\Delta V_s = (\varepsilon_{max} - \varepsilon_{min}) \, z \, V_h = V_{St} \beta / \lambda_A \; . \tag{7.8}$$

Hierbei bedeutet $\Delta V_S / V_{St} = \beta / \lambda_A$ die Schadraumänderung pro Einheit des Stellbereiches (Bild 7.5). Sie steigt mit fallendem Druckverhältnis ψ. Dabei werden die Schadräume für die gleiche Verstellung immer größer, also nimmt der Aufwand für die Regelung zu. Für Nullförderung folgt aus Gl. (7.7) mit $Z_3/Z_4 = 1$; $\varepsilon_0 = 1/(\psi^{1/n} - 1)$. Für $\psi = 1$ gilt dann $\varepsilon_0 \to \infty$ für $\psi = 10$ und $n = 1,35$ wird $\varepsilon_0 = 0,222$. Praktisch erreichbar ist $\dot{V}_f \approx 0,2 \, \dot{V}_{max}$.

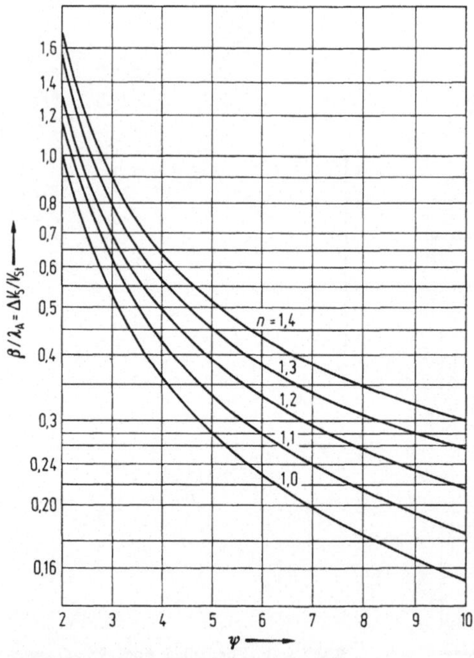

Bild 7.5a–c. Die Schadraumänderung pro Einheit des Stellbereichs $\Delta V/V_{St}$ als Funktion des Druckverhältnisses ψ und des Polytropenexponenten n

Stellglied

Der vom Regler (Bild 7.4) gelieferte Stelldruck p_y beaufschlagt den im Zylinder *1*
laufenden Kolben *2* mit der Feder *3* und wirkt über den Greifer *4* auf die Platten
des Zuschaltventils *5*, das wie ein Saugventil ausgeführt ist. Durch Drehen des
Handrades *6* wird über die Spindel *7*, die Vorspannung der Feder *3* geändert. Zu
Beginn der Verdichtung bzw. gegen Ende der Rückexpansion ist die Summe aus der
Feder- und der Kolbenkraft F_F und F_K größer als die vom Zylinderdruck auf die
Platten des Ventils *5* ausgeübte Kraft F_V. So ist also der Zusatzschadraum ΔV_S
mit dem Zylinder verbunden. Nach Überschreiten des Druckes p_{2a} überwiegt die
Ventilkraft F_V und der Schadraum ΔV_S wird abgeschaltet und zwar während des
Endes der Kompression, dem Ausschieben und dem Beginn der Rückexpansion bis
zum Punkt *a*. Ab hier wird sie also flacher, der Verlust $\Delta V_{rü}$ steigt und das indi-
zierte Ansaugevolumen fällt auf V_{Da} ab. Durch Vergrößern der Kräfte F_F und F_K,
durch Steigern des Druckes p_y oder Herunterdrehen des Handrades *6* wird das
Volumen V_D verringert (Druck p_{2b} und Punkt *b*). Das Handrad dient also als
Sollwerteinsteller oder als Anfahrhilfe.

7.3.3 Verstellung über die Saugventile

Bei diesem Verfahren (Bild 7.6a) hält ein Greifer *3* als Stellglied das Saugventil *4*
offen. Seine Betätigung erfolgt mit einem Kolben *2* oder mit einer Membran durch
den Stelldruck p_y. Oft ist noch ein Handrad mit Spindel vorhanden, das zum entlasteten Anfahren oder zur Handregelung dient. Der Förderstrom wird über den
Stelldruck verringert, bleibt er dabei konstant, liegt eine Staudruckverstellung vor,
ändert er sich während der Kolbenbewegung, liegt eine Hubtaktverstellung vor.
Die Folgen einer Verringerung des Förderstromes (Bild 7.6c) sind hierbei:

- die indizierte Leistung P_i nach Gl. (4.16) fällt linear ab,
- der auf den Förderstrom bezogener Wert $P_i/\dot{V}_{fa}$ nimmt hyperbelförmig zu,
- die mechanischen Verluste verringern sich,
- die elektrischen Verluste steigen an,
- die Temperatur im Saugraum wächst geringfügig.

Die Verstellung durch Greifer ist bis zu Saugdrücken von 80 bar möglich, das bedeutet beim Druckverhältnis $\psi = 4$ einen Verdichtungsenddruck von 320 bar. Vorteile dieser Verfahren sind die Betriebssicherheit und die nachträgliche Einbau-
möglichkeit.

Staudruck- oder Rückstromprinzip

Das Indikatordiagramm (Bild 7.6b) zeigt den Verlauf des Staudruckes p_s, der von
den am offenen Saugventil vom zurückströmenden Medium hervorgerufen wird.
Dieser Druck stellt die Strömungsverluste im Zylinder dar, hängt vom Quadrat der
Kolbengeschwindigkeit ab und erzeugt die Staukraft, die das Ventil schließen soll.
Sie steuert zusammen mit einer vom Stelldruck p_y an einem Kolben oder einer
Membran bzw. von einem Magneten erzeugten Gegenkraft die Öffnungsdauer der
Saugventile. Nachteil dieses Verfahrens ist eine gewisse Störanfälligkeit.

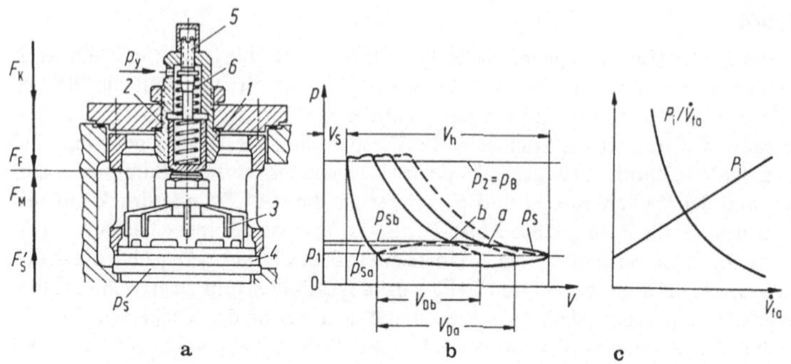

Bild 7.6 a – c. Staudruck oder Rückströmprinzip. **a** Stellglied mit Kräften; **b** p,V-Diagramm; **c** Leistungen

Stellglied

Der vom Regler kommende Stelldruck p_y wirkt über den im Zylinder *1* laufenden Kolben *2* und den Greifer *3* auf die Platten *4* des Saugventils. Mit der Schraube *5* wird die auf den Kolben *2* wirkende Feder gespannt (siehe Bild 7.6a). Folgende Kräfte greifen hier an: die Feder- und die Kolbenkraft F_F und F_K sowie die ihnen entgegenwirkenden Kräfte F_M der bewegten Massen und F_S infolge des Staudruckes p_s auf die Ventilplatten. Überwiegen die Kräfte F_M und F_S (Punkt *a*) schließt das Ventil und die Kompression setzt beim Druck p_{Sa} ein. Dadurch wird das indizierte Ansaugvolumen auf V_{Da} reduziert. Infolge der Massenkräfte sinkt dieses Volumen noch unterhalb des Maximalwertes des Staudruckes p_S ab, und es werden etwa 40% der maximalen Fördermenge erreicht. Der gestrichelte Verlauf des Staudruckes ab Hubmitte ist hierbei bedeutungslos, da das vorher beim gleichen Staudruck geschlossene Ventil durch den angestiegenen Zylinderdruck am Öffnen gehindert wird.

Übersteigen die Kräfte F_F und F_K die Maxima von F_M und F_S, etwa durch Spannen der Feder *6*, so bleibt das Saugventil über den ganzen Hub geöffnet. Der Regler arbeitet dann nach dem Zweipunktverfahren und ermöglicht ein entlastetes Anfahren.

Regelung des Saugdruckes eines zweistufigen Kompressors

Der Strom $\dot{V}_a$ des Mediums (Bild 7.7) gelangt vom Saugbehälter *1* über die I. Stufe *2* in den Zwischenkühler *3* und über die II. Stufe *4* in den Förderbehälter *5*. Der Motor *6* treibt den Verdichter an. Der Regler *7* hält bei schwankender Entnahme $\dot{V}_{ea}$ den Saugdruck p_1 konstant. Ihre Stellglieder *9* und *10* verändern entweder den Staudruck an den Saugventilen (Bild 7.6) oder die Schadräume der Zylinder (Bild 7.4). Bei größerer Entnahme $\dot{V}_{ea}$ verhindert der Regler *8* ein zu starkes Absinken des Druckes p_2 und damit die mechanische und thermische Überlastung der II. Stufe, wenn sich der Druck p_3 nur wenig ändert.

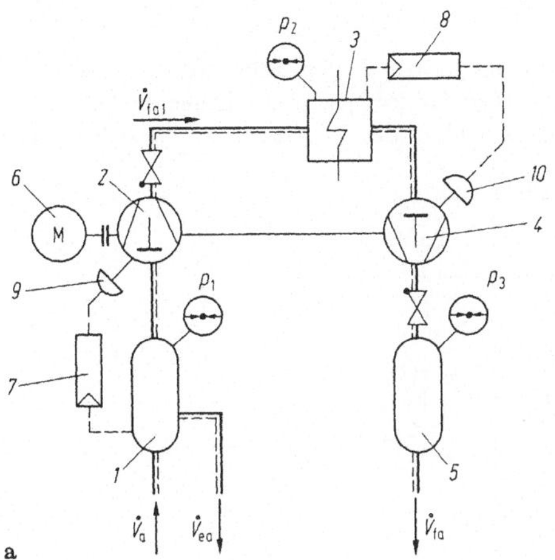

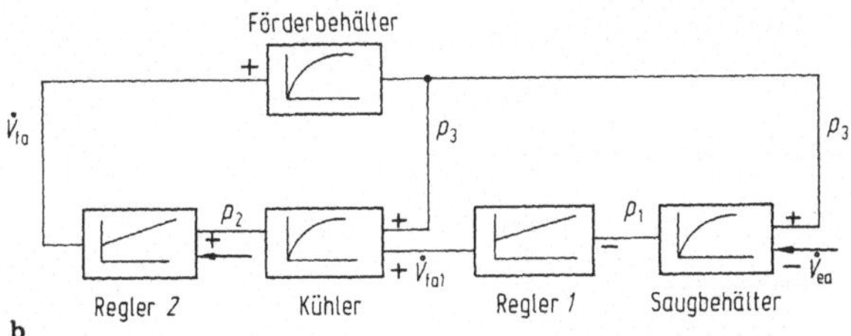

Bild 7.7a, b. Regelung des Saugdruckes eines zweistufigen Verdichters. **a** Geräteplan; **b** Signalfluß-plan

7.4 Stufenweise Regelung

Oft haben Verdichter eine über längere Zeit konstante Entnahme, die nur gelegent-lich wechselt. Hierbei erweisen sich stufenweise veränderliche Förderströme als ausreichend, wenn die Druckschwankungen klein bleiben. Diese Regelungen wer-den meist von Hand nach dem Prinzip der Staudruck-, Schadraum- oder Drehzahl-änderung ausgeführt. Letztere ist durch Änderung der Ankerwiderstände bei Schleifringläufer-Motoren möglich [9.5], bei den anderen Verfahren sind bis zu fünf Eingriffen bei doppeltwirkenden Zylindern üblich. Dies führt bei mehrstufi-gen Verdichtern zu stetig ähnlichen Regelungen [7.9]. Sie lassen sich auch mit Drei-punkt-Reglern mit Rückführung verwirklichen [7.10 bis 7.12]. Hierzu werden die Sollwerte meist von einer Zentrale aus eingestellt.

7.4.1 Regelung in vier Stufen

Bei dem einstufigen doppeltwirkenden Luftverdichter (Bild 7.8 a) hat jede Seite zwei Stellglieder. Hiervon dient das Glied *1* (oder *2*) zum Zuschalten der Schadräume (siehe Bild 7.4), das Glied *3* (oder *4*) hält das Saugventil ständig offen (siehe

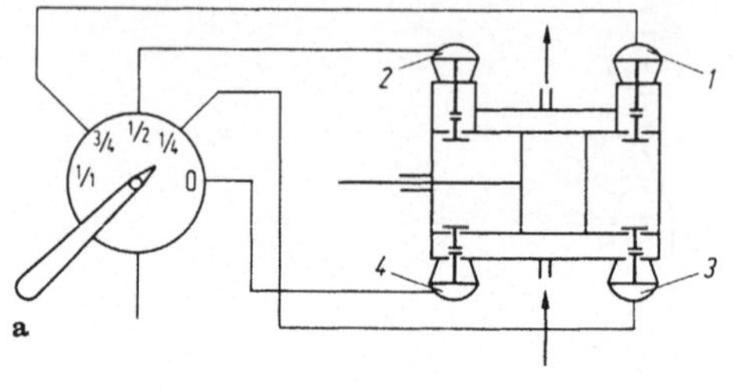

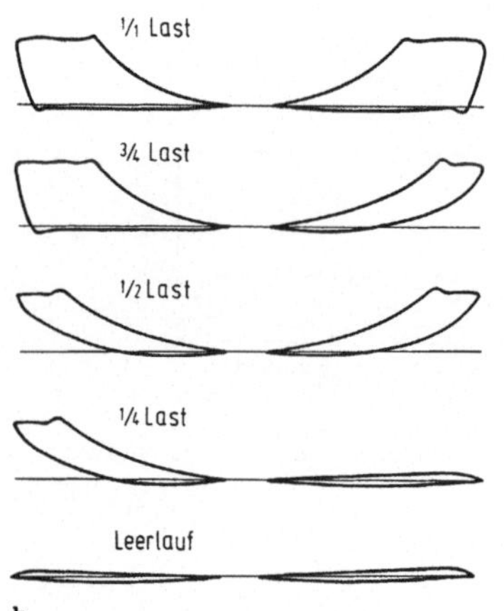

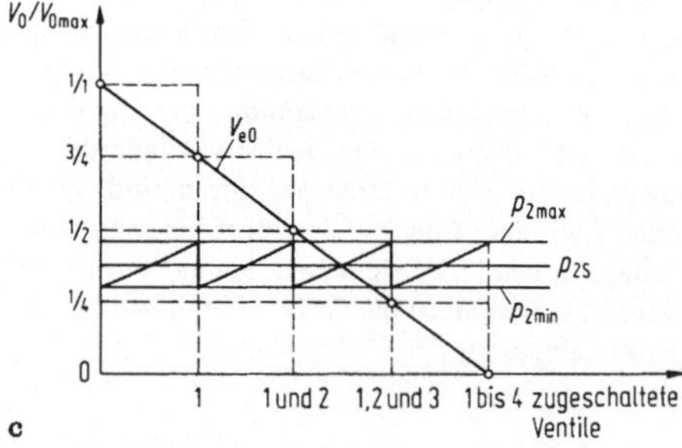

Bild 7.8 a–c. Stufenweises Zuschalten von Schadräumen.
a Aufbau; **b** Indikatordiagramme aus [4]; **c** Zuschaltschema;
° Schaltpunkte

Bild 7.6), um eine Nullforderung zu erreichen. Jedes dieser Glieder verringert den Förderstrom einer Zylinderseite um etwa 50%. Der gesamte Verdichter hat dabei fünf Stufen, nämlich 1/1, 3/4, 1/2, 1/4 und 0 für die Förderung. Die Umschaltung erfolgt in der Reihenfolge der Positionen *1* bis *4*, also abwechselnd auf der Kurbel- und Deckelseite, damit sich die Gestängekräfte nicht zu stark ändern. Sie wird hier von einer Stelle aus mit einem Drehschalter ausgeführt. Den Regelablauf zeigt Bild 7.8 c. Bei abnehmendem Entnahmestrom $\dot{V}_{eo}$ und konstantem Förderstrom $\dot{V}_{fo}$ steigt zunächst der Druck p_2 an und fällt bei der nächsten Zuschaltung wieder ab. Dabei ist als Sollwert der mittlere Druck anzusehen.

7.4.2 Stetig ähnliche Regelung

Der zweistufige Boxerverdichter (Bild 5.7) mit vier doppelt wirkenden Zylindern verdichtet Erdgas von den zwischen 25 bis 55 bar schwankenden Saugdrücken auf den Gegendruck von 241 bar.

Regelgröße ist hier der Gegendruck p_3, Stellgröße die stufenweise Änderung ΔV_S der Schadräume (Bild 7.9). Als wichtigste Störgrößen treten die Entnahme $\dot{V}_{eo}$ und der Saugdruck p_1 auf. Ohne Regelung steigt der Gegendruck an, wenn die Entnahme ab- bzw. der Saugdruck zunimmt. Als Reaktion vergrößert dabei der Druckregler seinen Ausgangsstrom 4 bis 20 mA über einen analog-digitalen Um- setzer, der die Schadräume nacheinander pneumatisch über Magnetventile zu- schaltet. An Schadräumen hat jede Stufe zwei, der gesamte Verdichter also acht. Wird dabei jeder Raum einzeln geschaltet, ergibt sich pro Ventil die Stromände- rung $(20-4)\,\text{mA}/8 = 2\,\text{mA}$. Bei gleichen Räumen pro Stufe ergeben sich durch

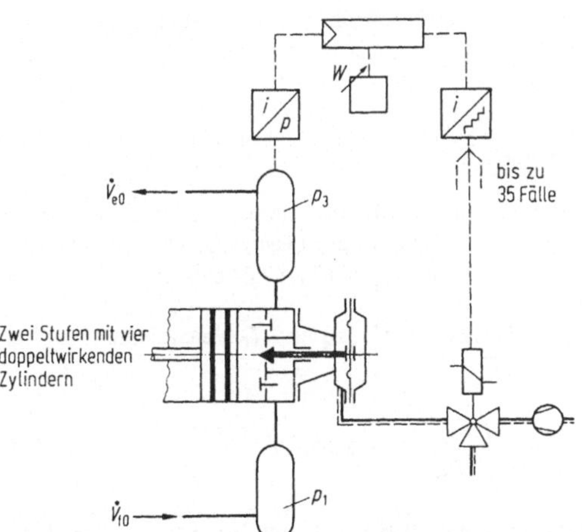

Bild 7.9. Geräteplan zur stetigähnlichen Regelung eines Erdgasverdichters (Zuschaltplan siehe Tab. 7.1)

Tabelle 7.1. Stetig ähnliche Verdichterreglung (Auswahl von 8 der 35 ausgeführten Fälle) Verdichterleistung $P_e = 2000\,\text{kW}$; Gegendruck $p_2 = 241$ bar, $\times$ und $\circ$ Schadraum ab- und zugeschaltet

Fall	p_1 bar	$\dot{V}_0$		Schadräume							
				I Stufe Zylinder				II Stufe Zylinder			
		m^3/h	%	1v	1h	2v	2h	3v	3h	4v	4h
0	31,5	25160	100	$\times$	$\times$	$\times$	$\times$	$\times$	$\times$	$\times$	$\times$
5	36,1	26960	107,2	$\times$	$\circ$	$\times$	$\times$	$\times$	$\times$	$\circ$	$\times$
10	39,2	28186	112,0	$\times$	$\circ$	$\circ$	$\times$	$\times$	$\times$	$\circ$	$\times$
15	42,4	29460	117,1	$\times$	$\circ$	$\circ$	$\times$	$\circ$	$\times$	$\circ$	$\circ$
20	45,0	30500	121,2	$\times$	$\circ$	$\times$	$\circ$	$\circ$	$\circ$	$\circ$	$\times$
25	47,9	31680	125,9	$\circ$	$\times$	$\circ$	$\times$	$\circ$	$\times$	$\circ$	$\times$
30	50,5	32750	130,2	$\circ$	$\circ$	$\circ$	$\times$	$\circ$	$\times$	$\circ$	$\circ$
35	53,5	34000	135,1	$\circ$	$\times$	$\circ$	$\circ$	$\circ$	$\circ$	$\circ$	$\circ$

Kombination 32 Zuschaltungen für die acht ausgewählten Fälle der Tabelle 7.1. Sie lassen sich durch unterschiedliche Größen weiter steigern; hier bestehen 35 Fälle, für die der Ausgangsstrom entsprechend aufzuteilen ist. Die Regelung ist also weitgehend stetig. Fällt die Druckluft aus, bleiben alle zugeschaltet.

Zum Anfahren werden alle acht Saugventile, die auch für die Regelung einsetzbar sind, offen gehalten.

Kennlinien

Zu ihrer Ermittlung (siehe Bild 7.10) sei der Verdichter als Einheit angesehen; es ist also $p_3 = p_2$ und $i = 1$. Nach Gl. (3.2.1) mit $Z = 1$ und Gl. (4.6) und (4.22) gilt dann

$$\dot{V}_0 = \eta_{\text{ise}} \frac{P_e T_0}{p_0 T_{a1} (\ln p_2/p_1)} = \text{f}(P_e, p_1) \ . \tag{7.9}$$

Hieraus ergeben sich dann die Kennlinien für bestimmte Leistungen P_e im $\dot{V}_0$, p_1-System. Weist der zweite Index 1 auf die untere Leistungsgrenze hin, so folgt mit Gl. (3.21) und (3.29) $\lambda_L \dot{V}_H = \dot{V}_a = V_0 (p_0/p_1)(T_{a1}/T_0))$ bzw. $\lambda_{L1} \dot{V}_H = \dot{V}_{a1} = \dot{V}_{01} (p_0/p_{11})(T_{a11}/T_0)$.

Hieraus ergibt sich dann, da die Größen $\dot{V}_H$, p_0 und T_0 gleichbleiben, bei Vernachlässigung des Realgasfaktors Z

$$\dot{V}_0 = \dot{V}_{01} \left(\frac{\lambda_L}{\lambda_{L1}}\right) \left(\frac{p_1}{p_{11}}\right) \left(\frac{T_{a11}}{T_{a1}}\right) = \text{f}(\varepsilon_0, p_1) \ . \tag{7.10}$$

Für einen bestimmten Schadraum ε_0 steigt bei konstanten Werten p_2 mit wachsendem Saugdruck p_1 auch der Füllungsgrad nach der Gl. (3.32) und damit auch der Volumenstrom $\dot{V}_0$.

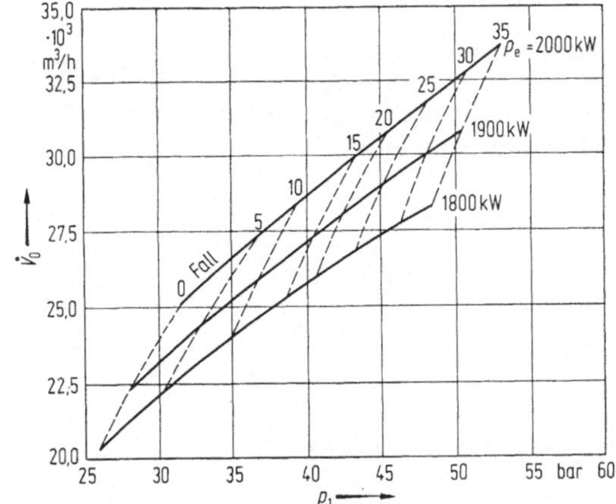

Bild 7.10. Kennlinien zur stetig ähnlichen Regelung eines Erdgasverdichters; gestrichelt: Linien konstanten Schadraumes; ausgezogen: Linien konstanter Leistung

7.5 Zweipunktregelungen

Der Regler verstellt das Stellglied nur in den beiden Stufen „ein" und „aus" [7.6]. Als Stellglieder sind neben Ventilen auch elektrische Schalter üblich. Zuschalträume werden nur selten verwendet.

Die Regelgröße (Bild 7.11), der Behälterdruck p_x, hat beim Ein- bzw. Ausschalten die Werte p_{ein} und p_{aus}. Während der Einschaltzeit T_{ein} steigt der Druck von p_{ein} auf p_{aus}, während der Ausschaltzeit T_{aus} fällt er von p_{aus} auf p_{ein}. Es ist also $p_{aus} \geqq p_x \geqq p_{ein}$ und $\Delta p = p_{ein} - p_{aus}$ heißt Schaltdifferenz. Als Sollwert gilt der mittlere Behälterdruck $p_k = 0,5\ (p_{aus} + p_{ein})$. Die Schaltdauer beträgt mit der Schaltfrequenz v

$$T = T_{ein} + T_{aus} = \frac{1}{v}\ . \tag{7.11}$$

Stellgröße ist der Förder- bzw. der Strom $\dot{V}_{zu} = \dot{V}_{fa}$, welcher dem Behälter zufließt. Bei eingeschaltetem Stellglied nimmt $\dot{V}_{fa}$ ab, da der Druck ansteigt, sonst gilt $\dot{V}_{fa} = 0$. Störgröße ist der Entnahmestrom $\dot{V}_{ea}$. Zweipunktregelungen werden für Verdichter mit Antriebsleistungen bis zu 100 kW bei Schaltfrequenzen von $v = 20$ bis 30 1/h eingesetzt.

7.5.1 Berechnungsgrundlagen

Der Behälter stellt auch hier die Regelstrecke dar. Seinen Inhalt bestimmt die Druckdifferenz $\Delta p = p_{aus} - p_{ein}$, die von der Reglerkonstruktion abhängt, und die Schaltfrequenz, welche durch die Stellschalter gegeben ist.

Schaltzeiten und Frequenzen

Die Massen, welche dem Behälter in den Zeiten T_{ein} und T_{aus} zufließen bzw. ihm entnommen werden, betragen $(\dot{m}_f - \dot{m}_e)\,T_{\text{ein}}$ und $\dot{m}_e\,T_{\text{aus}}$. Sie nehmen den gleichen Wert Δm an, wenn der Druckeinfluß vernachlässigt wird. Mit dem Verhältnis $\alpha = \dot{m}_e/\dot{m}_f$ der Entnahme zur Förderung ergibt sich

$$\Delta m = (1-\alpha)\,\dot{m}_f\,T_{\text{ein}} = \alpha\,\dot{m}_f\,T_{\text{aus}} \ . \tag{7.12}$$

Durch Elimination von $\dot{m}_f$ folgt hieraus mit Gl. (7.11)

$$T_{\text{aus}} = \frac{1-\alpha}{\alpha}\,T_{\text{ein}} \quad \text{und} \quad \nu = \frac{\alpha}{T_{\text{ein}}} \ . \tag{7.13) und (7.14}$$

Für die Frequenz wird dann aus den Gln. (7.12) und (7.14)

$$\nu = (1-\alpha)\,\alpha\,\frac{\dot{m}_f}{\Delta m} \ . \tag{7.15}$$

Ihr Maximum ergibt sich aus $d\nu/d\alpha = 0$ bzw. $\alpha = 0{,}5$ zu $\nu_{\max} = 0{,}25\,\dot{m}_f/\Delta m$ mit Gl. (7.15) ist dann:

$$\nu = 4(1-\alpha)\,\alpha\,\nu_{\max} \ . \tag{7.16}$$

Die Frequenzkurve (Bild 7.11 c) ist nach Gl. (7.16) eine Parabel mit den Nullstellen $\alpha = 0$ und $\alpha = 1$ und dem Maximum bei $\alpha = 0{,}5$.

Mit $T_{\text{aus}} = (1-\alpha)/\nu$ aus Gl. (7.13) und (7.14) ergibt die Gl. (7.16)

$$T_{\text{aus}} = \frac{0{,}25}{\alpha\,\nu_{\max}} \quad \text{und} \quad T_{\text{ein}} = \frac{0{,}25}{(1-\alpha)\,\nu_{\max}} \ . \tag{7.17) und (7.18}$$

Die Zeiten T_{aus} und $T_{\text{ein}} = f(\alpha)$ werden durch Hyperbeln (Bild 7.11 c) dargestellt. Für $\alpha = 0$ wird $T_{\text{aus}} \to \infty$ also $T_{\text{ein}} = 0$, da ja ohne Entnahme die Anlage ständig aus- und nicht eingeschaltet ist. Bei $\alpha = 1$ gilt dann $T_{\text{ein}} \to \infty$ und $T_{\text{aus}} = 0$, bei $\alpha = 0{,}5$ ist $T_{\text{aus}} = T_{\text{ein}} = 0{,}5/\nu_{\max}$. Die endlichen Werte, die sich für T_{ein} bei $\alpha = 0$ aus T_{aus} bei $\alpha = 1$ ergeben, sind eine Folge des vereinfachten Ansatzes in Gl. (7.12). Da sich der Förderstrom nur geringfügig ändert, gilt bei konstanter Dichte $\dot{V}_{ea} = \dot{m}_e/\varrho_a = \alpha\,\dot{m}_f/\varrho_a$. Für die Abszisse der Kurven kann also auch der Entnahmestrom stehen und zwar $\dot{V}_e = \dot{m}_e = 0$ bei $\alpha = 1$ und $\dot{V}_e = \dot{V}_f$ bzw. $\dot{m}_e = \dot{m}_f$ bei $\alpha = 1$. Das Schaltmaximum tritt dann bei $\dot{V}_{ea} = \dot{V}_f/2$ auf.

Entnahmestrom und Antriebsleistung

Unter der Voraussetzung, daß der Verdichter nur während der Einschaltzeit T_{ein} fördert, folgt aus den Gln. (7.1) und (7.14) die Entnahme

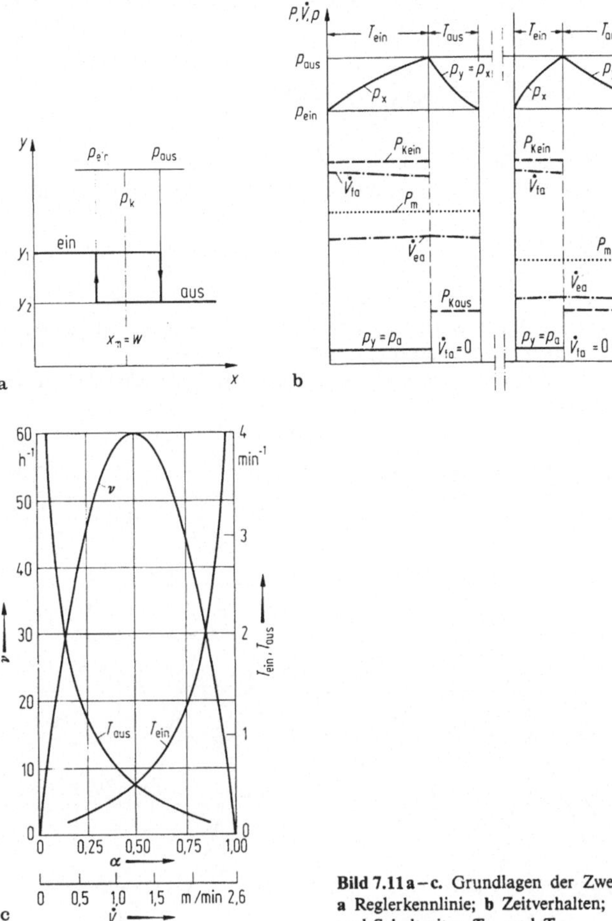

Bild 7.11a–c. Grundlagen der Zweipunktregelung. **a** Reglerkennlinie; **b** Zeitverhalten; **c** Frequenzen ν und Schaltzeiten T_{ein} und T_{aus}

$$\dot{V}_{\text{ea}} = \alpha\,\dot{V}_{\text{fa}} = \dot{V}_{\text{fa}}\frac{T_{\text{ein}}}{T}\ . \tag{7.19}$$

Hierbei sei der Förderstrom konstant, die Abhängigkeit des Liefergrades nach Gl. (3.32) und (3.37) vom Druck ist also vernachlässigt.

Die mittlere Antriebsleistung P_{m} bei der Motorleistung P_{M} bei voller Förderung $\dot{V}_{\text{fa}}$ hängt vom verwendeten Verfahren ab. Bei offengehaltenen Saugventilen bzw. bei Absperrung der Saugleitung nimmt der Verdichter noch die Leerlaufleistung P_0 während der Ausschaltzeit T_aus auf. Die mittlere Leistung beträgt dann mit den Gln. (7.11), (7.13) und (7.14)

$$P_\text{m} = \frac{P_\text{M}\,T_\text{ein} + P_0\,T_\text{aus}}{T} = \alpha\,P_\text{M} + (1-\alpha)\,P_0 \ . \tag{7.20}$$

Sie ist also eine Gerade (Bild 7.12a) mit den Werten $P = P_0$ bei $\alpha = 0$ und $P = P_\text{M}$ bei $\alpha = 1$. Die spezifische Leistung ergibt sich nach Gl. (7.19) und (7.20) zu

$$\frac{P_\text{m}}{\dot{V}_\text{ea}} = \frac{P_\text{M}}{\dot{V}_\text{fa}} + \frac{1-\alpha}{\alpha}\,\frac{P_0}{\dot{V}_\text{fa}} \ .$$

Sie wird durch eine Hyperbel (Bild 7.12b) dargestellt, deren günstigste Werte $P_\text{M}/\dot{V}_\text{fa}$ bei $\alpha = 1$, also für den ungeregelten Verdichter gelten.

Bei einer Motorabschaltung ($P_0 = 0$) während der Zeit T_aus beträgt die mittlere Leistung nach Gl. (7.19) bzw. (7.20)

$$P_\text{m} = P_\text{M}\,\frac{T_\text{ein}}{T} = P_\text{M}\,\frac{\dot{V}_\text{ea}}{\dot{V}_\text{fa}} = \alpha\,P_\text{M} \ . \tag{7.21}$$

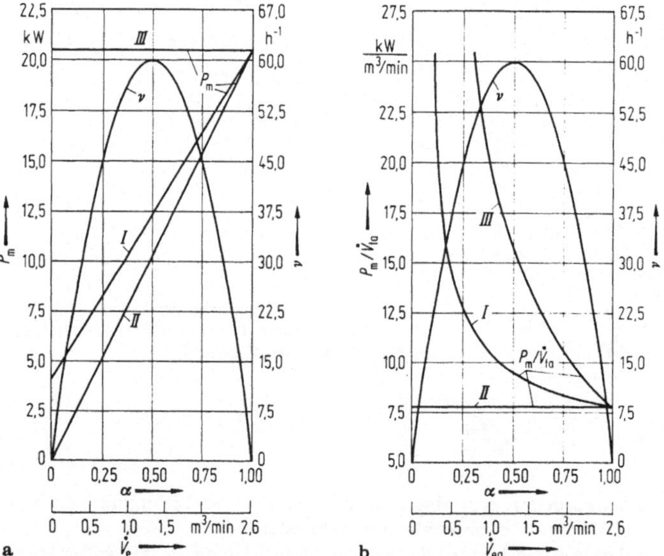

Bild 7.12a, b. Leistungsbedarf bei der Zweipunktregelung. **a** Motor; **b** spezifische Leistung. *I* Offenhalten der Saugventile, *II* Abschalten des Motors, *III* Öffnen eines Bypasses

Sie ist also dem Entnahmestrom proportional (Bild 7.12a), und die spezifische Leistung $P_m/\dot{V}_{ea} = P_M/\dot{V}_{fa}$ ist konstant (Bild 7.12b). Hierbei ist die zum Hochfahren erforderliche Zeit und Energie nicht erfaßt. Wird ein Bypass in der Förderleitung geöffnet, dann ändert sich die Motorleistung P_M nicht, es gilt also $P_m = P_M = P_0$ (Bild 7.12a) und die spezifische Leistung $P_M/\dot{V}_{ea}$ ist dann eine Hyperbel.

Behältergröße

Mit dem Förderstrom $\dot{V}_{fa}$ des Mediums vom Ansaugezustand p_1, T_{a1} und dem Volumen V_B und der Temperatur T_B im Behälter, dessen Druck sich um Δp beim Einschalten erhöht, folgt mit der Gl. (2.2)

$$\dot{m}_f = \frac{\dot{V}_{fa}p_1}{R\,T_{a1}} \quad \text{bzw.} \quad \Delta m = \frac{V_B\,\Delta p_B}{R\,T_B} .$$

Mit $\Delta m/\dot{m}_f = 0{,}25/v_{max}$ aus den Gln. (7.15) und (7.16) folgt

$$V_B = \frac{\dot{V}_{fa}p_1\,T_B}{4\,v_{max}\,\Delta p\,T_{a1}} . \tag{7.22}$$

Der Behälterinhalt nach Gl. (7.22) ist von der Gasart unabhängig, da die Gaskonstante R fehlt. Die Differenzen der Temperaturen T_B und T_{a1} sind oft gering. Wirtschaftliche Größen der Behälter erfordern im Gegensatz zum Betrieb hohe Schaltfrequenzen und Schaltdifferenzen.

Beispiel 7.1

Ein einstufiger Verdichter mit der Drehzahl $n = 1450\ \text{min}^{-1}$ fördert $\dot{V}_{fa} = 2{,}6\ \text{m}^3/\text{min}$ Luft vom Zustand $p_1 = 1$ bar, $t_1 = 20\,°\text{C}$ in einen Behälter mit dem Druck $p_2 = 8$ bar und der mittleren Temperatur $t_B = 50\,°\text{C}$. Die maximale Schaltfrequenz ist $v_{max} = 20\ 1/\text{h}$, der zulässige Differenzdruck $\Delta p = 2{,}5$ bar. Der Antriebsmotor leistet $P_M = 20{,}5$ kW bei Vollast und $P_{MO} = 4{,}2$ kW beim Leerlauf des Verdichters. Als Entnahme sind $\dot{V}_{ea} = 0{,}26;\ 0{,}78;\ 1{,}3;\ 1{,}82$ und $2{,}34\ \text{m}^3/\text{min}$ vorgesehen.

Gesucht sind der Behälterinhalt und der spezifische Förderstrom, wenn zur Regelung die Saugventile offengehalten, der Motor abgeschaltet bzw. in der Druckleitung ein Bypass geöffnet wird.

Behältergröße. Sie beträgt nach Gl. (7.22)

$$V_B = \frac{\dot{V}_{fa}p_1\,T_B}{4\,v_{max}\,\Delta p_B\,T_1} = \frac{2{,}6\ \text{m}^3/\text{min}\cdot 1\ \text{bar}\cdot 323\ \text{K}}{4\cdot 20\ 1/\text{h}\cdot 2{,}5\ \text{bar}\cdot 293\ \text{K}}\,60\,\frac{\text{min}}{\text{h}} = 0{,}860\ \text{m}^3\ ;$$

wird $V_B = 1{,}0\ \text{m}^3$ lt. Angebot gewählt, so ist $v_{max} = 17{,}1\ 1/\text{h}$ oder $p = 2{,}15$ bar vertretbar.

Die folgende Rechnung ist für den Entnahmestrom $\dot{V}_{ea} = 1{,}82\ \text{m}^3/\text{min}$ ausgeführt, die übrigen Ergebnisse siehe Tabelle 7.2.

Frequenz und Zeiten. Mit dem Verhältnis $\alpha = \dot{V}_{ea}/\dot{V}_{fa} = 0{,}7$ beträgt die Frequenz nach Gl. (7.16)

$$v = 4(1-\alpha)\alpha\,v_{max} = 4\cdot 0{,}3\cdot 0{,}7\cdot 20\ 1/\text{h} = 16{,}8\ 1/\text{h} .$$

Tabelle 7.2. Spezifischer Leistungsbedarf bei Zweipunktregelungen
Fall I offengehaltene Saugventile; Fall II Motorabschaltung; Fall III Öffnung von Bypassventilen

Nr.	$\dot{V}_{ea}$ m³/min	α 1	ν 1/h	T_{ein} min	T_{aus} min	Fall I		Fall II		Fall II	
						P_m kW	$P_m/\dot{V}_{ea}$ *)	P_m kW	$P_m/\dot{V}_{ea}$ *)	P_m kW	$P_m/\dot{V}_{ea}$ *)
1	0,26	0,1	7,2	0,833	7,5	5,83	22,42	2,05	7,88	20,50	78,84
2	0,78	0,3	16,8	1,07	2,5	9,08	11,64	6,14	7,88	20,50	26,28
3	1,30	0,5	20,0	1,5	1,5	12,35	9,50	10,25	7,88	20,50	15,77
4	1,82	0,7	16,8	2,50	1,07	15,60	8,57	14,36	7,88	20,50	11,26
5	2,34	0,9	7,2	7,5	0,833	18,90	8,10	18,45	7,88	20,50	8,76

*) Einheit kW/(m³/min)

Die Ein- bzw. Ausschaltzeit folgen damit nach Gl. (7.17) und (7.13)

$$T_{\mathrm{aus}} = \frac{0{,}25}{\alpha\, v_{\mathrm{max}}} = \frac{0{,}25 \cdot 60\ \mathrm{min/h}}{0{,}7 \cdot 20\ 1/\mathrm{h}} = 1{,}07\ \mathrm{min}\ ,$$

$$T_{\mathrm{ein}} = \frac{\alpha\, T_{\mathrm{aus}}}{1-\alpha} = \frac{0{,}7 \cdot 1{,}07\ \mathrm{min}}{0{,}3} = 2{,}5\ \mathrm{min}\quad \mathrm{und}$$

$$T = T_{\mathrm{ein}} + T_{\mathrm{aus}} = 3{,}57\ \mathrm{min}\ .$$

Spezifische Leistungen. Werden die Saugventile offengehalten (Fall I), so gilt nach Gl. (7.20)

$$P_{\mathrm{m}} = \frac{P_{\mathrm{M}} T_{\mathrm{ein}} + P_0 T_{\mathrm{aus}}}{T} = \frac{20{,}5\ \mathrm{kW} \cdot 2{,}5\ \mathrm{min} + 4{,}2\ \mathrm{kW} \cdot 1{,}07\ \mathrm{min}}{3{,}57\ \mathrm{min}} = 15{,}6\ \mathrm{kW}\quad \mathrm{und}$$

$$P_{\mathrm{m}}/\dot{V}_{\mathrm{ea}} = \frac{15{,}6\ \mathrm{kW}}{1{,}82\ \mathrm{m}^3/\mathrm{min}} = 8{,}57\ \frac{\mathrm{kW}}{\mathrm{m}^3/\mathrm{min}}\ .$$

Bei Abschaltung des Motors (Fall II) wird mit Gl. (7.21)

$$P_{\mathrm{m}} = \frac{P_{\mathrm{M}} T_{\mathrm{ein}}}{T} = 20{,}5\ \mathrm{kW}\, \frac{2{,}50\ \mathrm{min}}{3{,}57\ \mathrm{min}} = 14{,}36\ \mathrm{kW}\quad \mathrm{und}$$

$$\frac{P_{\mathrm{m}}}{\dot{V}_{\mathrm{ea}}} = \frac{14{,}36\ \mathrm{kW}}{1{,}82\ \mathrm{m}^3/\mathrm{min}} = 7{,}88\ \frac{\mathrm{kW}}{\mathrm{m}^3/\mathrm{min}}\ .$$

Die spezifische Leistung ist hier praktisch größer, da die Zeit und Energie zum Hochfahren vernachlässigt sind.

Bei der Öffnung eines Bypasses (Fall III) bleibt $P_{\mathrm{M}} = 20{,}5$ kW konstant, also gilt

$$\frac{P_{\mathrm{m}}}{\dot{V}_{\mathrm{ea}}} = \frac{20{,}5\ \mathrm{kW}}{1{,}82\ \mathrm{m}^3/\mathrm{min}} = 11{,}26\ \frac{\mathrm{kW}}{\mathrm{m}^3/\mathrm{min}}\ .$$

Die spezifischen Leistungen in der Tabelle 7.2 und Bild 7.12 b zeigen, daß die Motorabschaltung energetisch am günstigsten ist.

7.5.2 Regler

Diese Regler stellen pneumatisch, elektrisch bzw. elektronisch gesteuerte Schalter mit den Stellungen „ein" und „aus" bei den Drücken p_{ein} und p_{aus} dar. Bei pneumatisch betätigten Stellgliedern haben sie auch deren Entlüftung vorzunehmen. Meist werden sie bei kleineren Verdichtern verwendet und sind preiswert in der Anschaffung, robust infolge ihres einfachen Aufbaus und betriebssicher bei geringer Wartung.

Pneumatische Regler

Es sind mit Federn, früher auch durch Gewichte, belastete Dreiwegeventile (Bild 7.13). Sie verbinden an Luftverdichtern beim Abschalten das Stellglied (SG) mit dem Behälter (FB) und entlüften es bei der Förderung, wobei sie die Steuerluft in die Atmosphäre (At) abblasen. Sie werden für Ausschaltdrücke $p_{aus} = 2$ bis 16 bar bei den Schaltdifferenzen $p = 0,2$ bis 4 bar eingesetzt.

Aufbau und Wirkungsweise

Der Regler (Bild 7.13) besteht aus dem Schieber *1*, der sich vom Sitz *2* unter Einfluß der Feder *3* bis zum Anschlag an der Buchse *4* bewegt. Diese ist am Gehäuse mit einer Überwurfmutter befestigt und nimmt die Gewindebuchse *5* und Beilagen *6* auf. Die Buchse *5* dient als Anlage der Feder *3* und zur Führung der Spindel *7* und trägt die bewegliche Rändelschraube *8*. Das vom Förderbehälter *FB* aus eintretende Medium bewegt den Schieber *1* gegen die Feder *3* an den Anschlag bei *4*, so daß es zu den Saugventilgreifern *SG* abfließt. Diese unterbrechen dann die Förderung des Verdichters. Da sich die Sitzfläche *A* des Schiebers *1* um ΔA vergrößert hat, bewegt ihn die Feder *3* nach Fallen des Druckes, ohne zu flattern, wieder auf seinen Sitz *2*. Dabei werden die Saugventilgreifer über den Regler bei *SG* mit der Atmosphäre *At* verbunden, also entlüftet. Damit sind die Ventilplatten wieder frei beweglich, und die Förderung setzt ein.

Berechnung und Einstellung

Nach Bild 7.13 bezeichnen f_{ein} und f_{aus} die Wege der Feder *3* bei den Drücken p_{ein} und p_{aus}, A und ΔA die Sitzfläche bzw. ihre Zunahme am Schieber *3* mit dem Hub $h = f_{ein} - f_{aus}$ und p_a den atmosphärischen Druck. Damit folgt aus dem Kräftegleichgewicht am Schieber, der gleiche wirksame Flächen an beiden Seiten hat, unter Vernachlässigung der Reibung zu Beginn des Aus- und Einschaltens:

$$p_{ein}(A + \Delta A) = p_a A + c f_{ein} \quad \text{bzw.} \tag{7.23}$$

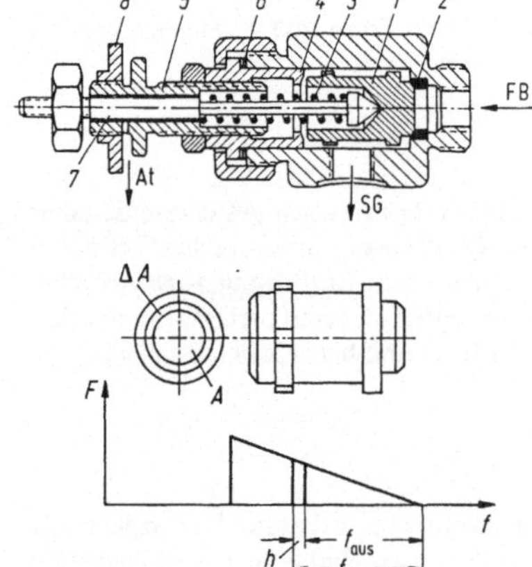

Bild 7.13. Zweipunktregler (Hoerbiger, Wien)

$$p_{aus}A = p_a(A + \Delta A) + cf_{aus} \ .$$

(7.24)

Die Subtraktion dieser Gleichungen ergibt unter Einführung der Schaltdifferenz $\Delta p = p_{aus} - p_{ein}$:

$$\Delta p = \frac{(p_{ein} + p_a)\Delta A - ch}{A} \ .$$

(7.25)

Die Gln. (7.23) bis (7.25) dienen der Berechnung des Reglers. Damit dieser stabil ist, muß er eine Druckfeder erhalten. Dies trifft nur zu, wenn $f_{ein} > f_{aus}$ bzw. $h > 0$ oder $\Delta A/A > (p_{aus} - p_{ein})/(p_{ein} + p_a)$ ist.

Das Spannen der Feder *3* durch Eindrehen der Gewindebuchse *5* erhöht die Kräfte cf_{ein} und cf_{aus} und damit die Drücke p_{ein} und p_{aus} nach den Gln. (7.23) und (7.24). Mit dem Druck p_{ein} steigt auch nach Gl. (7.25) die Differenz Δp an. Die Vergrößerung des Hubes h durch zusätzliche Beilagen *6* verringert die Differenz Δp des Reglers. Zum entlasteten Anfahren bei vollem Druckbehälter wird die Spindel *7* mit der Rändelmutter *8* zur Verbindung der Anschlüsse *FB* und *SG* herausgedreht.

Elektrische Regler

Hierbei betätigt eine Druckmembran ein Relais, das den Antriebsmotor aus- und einschaltet. Zum entlasteten Anfahren wird ein Bypass ins Freie geöffnet, so daß der Verdichter im Leerlauf arbeitet und einen Stern-Dreieckschalter betätigt. Das Entlastungsventil und ein Überstromrelais sind oft in den Regler, der oft auch Druckwächter genannt wird, eingebaut. Die Mindestschaltdifferenz beträgt $\Delta p = 0,15\,p_{aus}$, der Ausschaltdruck p_{aus} ist in den Bereichen 1,5 bis 2,5 bar bzw. 11 bis 45 bar einstellbar, und Frequenzen v bis zu 150 1/h sind bei einer Lebensdauer von 10^6 Schaltspielen möglich.

7.5.3 Stellglieder

Es sind Schalter mit den beiden Stellungen „aus" und „ein", die sie gemäß dem pneumatischen oder elektrischen Impuls des Zweipunktreglers einnehmen. Hierzu werden verwendet:

- Saugventilgreifer,
- Absperr- und Bypassventile in der Saug- bzw. Druckleitung sowie
- elektrische Schalter.

Bei pneumatischer Betätigung sind die Stellglieder vor dem Einsetzen der Förderung zu entlüften.

Saugventilgreifer

Die Luft aus dem Förderbehälter *FB* gelangt bei den Drücken p_{aus} bis p_{ein} über den aufgeschraubten Regler *RG* in den Zylinder *1* des Stellgliedes (siehe Bild 7.14a

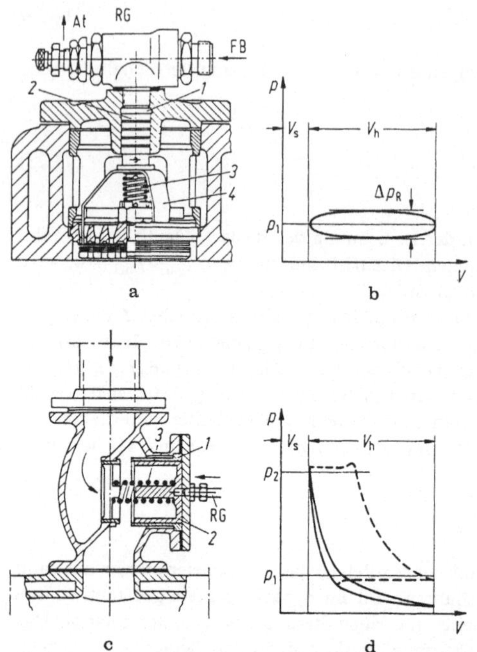

Bild 7.14a—d. Stellglieder von Zweipunktreglern aus [1]. **a** Saugventilgreifer mit Regler (Hoerbiger, Wien); **c** Saugabsperrventil; **b** und **d** Leerlaufdiagramme

und 7.14 b). Dabei hebt sie über den Kolben 2, die Feder 3 und den Greifer 4 die Platten des Saugventils ständig von ihrem Sitz ab. Der Verdichter fördert nicht mehr und im Zylinder entsteht das nur die Reibungsverluste Δp_R umfassende Indikatordiagramm mit einem Mitteldruck $p_i = 0,3$ bis $0,5$ bar. Beim Druck p_{ein} bis p_{ein} entlüftet der Regler den Zylinder 1 über die Bohrung At. Dann drückt die Feder 3 den Greifer 4 und Kolben 2 zum Regler hin. Die Saugventilplatten sind jetzt frei beweglich und die Förderung setzt ein.

Absperrventile in der Saugleitung

Die vom Regler RG kommende Luft drückt den im Zylinder 1 geführten Kolben 2 beim Druck p_{aus} auf seinen Sitz. Die Feder 3 hebt den Kolben wieder ab, wenn der Regler beim Druck p_{ein} entlüftet (siehe Bild 7.14c und 7.14d). Beim Leerlauf, also zwischen den Drücken p_{aus} und p_{ein} entsteht im Raum zwischen Ventil und Kolben ein Unterdruck, der von der Dichtheit des Ventilsitzes abhängt. Im schlanken Leerlaufdiagramm reicht die Rückexpansionslinie infolge des Unterdruckes fast bis zum Hubende, der Füllungsgrad ist also fast Null und der indizierte Druck beträgt etwa $0,4$ bis $0,6$ bar.

7.5.4 Regelverfahren

Ihre Auswahl wird von der Anlage und deren Antrieb bestimmt. Der Verlauf der
Entnahme durch den Verbraucher und die dabei zulässigen Druck- und Schaltdifferenzen bzw. ihre Frequenzen sind für die Anlage maßgebend. Das Aus- und Wie-
dereinsetzen der Förderung des Verdichters belastet den Antriebsmotor. Die Be-
nennung dieser Regelungen erfolgt üblicherweise nach den Stellgliedern, die oft ein
Anfahren bei vollem Behälterdruck ermöglichen. Ist dies nicht der Fall, wie etwa
bei Abschalten des Motors, so sind hierfür Sondereinrichtungen notwendig, z. B.:
ein schaltbares Bypassventil in der Förderleitung (s. Teil *9* in Bild 7.3).

Offenhalten der Saugventile

Bei diesem Durchlaufverfahren halten Greifer die Saugventile offen, wobei der Behälterdruck von p_{aus} auf p_{ein} absinkt. Im Leerlauf (Bild 7.11 b) steigt bei den üblichen Käfigläufermotoren die Drehzahl um 3% und die Leistung beträgt nur 25%
der Vollast. Dabei sinken der Wirkungsgrad und der Leistungsfaktor cos φ stark
ab, so daß die entstehenden Blindströme zu kompensieren sind. Außerdem nimmt
der Verschleiß der Ventilplatten und der nur noch von den Massenkräften belasteten Triebwerke zu. Diese Regelung wird bei Verdichtern mit Antriebsleistungen ab
15 kW und geringen Entnahmeschwankungen bevorzugt.

Absperren der Saugleitung

Dieses Verfahren wird bei Rotationsverdichtern (Bild 1.3 b) und bei Hubkolben-
kompressoren mit für Greifer nicht zugänglichen Saugventilen verwendet. Für den
Leerlauf gilt das im vorigen Absatz gesagte. Wegen des Unterdruckes (Bild 7.14 d)
im Raum zwischen Absperrventil und Verdränger besteht die Gefahr des Absau-
gens von Triebwerksöl aus dem Kurbelraum und damit der Verschmutzung des
Fördermediums. Gegenmaßnahmen sind zusätzliche Ölabstreifringe und ein kleiner Unterdruckraum, also ein nahe am Zylinder liegendes Absperrventil. Weiterhin
steigt der Druckunterschied im Zylinder, die Temperatur des eingeschlossenen Mediums und die Leerlaufleistung an. Abhilfe schafft eine Verbindung des Schadraumes bzw. der Druckleitung mit der Atmosphäre, die bei geschlossenem Saugventil
geöffnet wird (siehe Position *8* in Bild 7.15).

Aussetzverfahren

Bei kleineren Verdichtern mit 8 bis 10 bar Gegendruck wird der Motor abgeschaltet. Durch den Stillstand ist der Energiebedarf geringer und die Zylinder kühlen
ab. Das erneute Anfahren belastet aber die Lager, die ihren Schmierfilm wieder
aufbauen müssen, und der Stern-Dreieck-Hochlauf dauert bei 50 kW Motorleistung etwa 30 s, so daß kleine Schaltfrequenzen notwendig sind. Hierbei sind nur
lange Ausschaltzeiten, die nach Bild 7.11 c bei kleinen Entnahmen entstehen, zu
vertreten. Damit die Behälter wegen der kleinen Schaltfrequenzen nach Gl. (7.22)
nicht zu groß ausfallen, sind nur höhere Schaltdifferenzen Δp zulässig.

7.5.5 Anlagenaufbau

Die Anlage (Bild 7.15a) besteht aus dem Verdichter *1* mit Antriebsmotor *2* und Förderbehälter *3*. Der Zweipunktregler *4* betätigt mit seinem elektrischen bzw. pneumatischen Impuls die Stellglieder und zwar: entweder den Motorschalter *5*, die Saugventilgreifer *6*, das Saugabsperrventil *7* oder das Bypassventil *8*.

Stromlaufplan

Der Stromlaufplan (Bild 7.15b) gilt für das Aussetzverfahren. Der Motor wird dabei durch den Schütz (*5* bzw. *c*) oder mit einem automatischen Stern-Dreieckschalter ein- und ausgeschaltet. Der Wahlschalter *b* hat die Stellungen *A* „aus", *D* „Durchlauf" und *R* „Regeln". Der Zweipunktregler (*4* bzw. e_1) schaltet den Schütz *c* bei den Drücken p_{aus} und p_{ein} aus und ein. Das Überstromrelais e_2 schützt den Motor vor Überlastung. Das Ventil (*8* oder *s*) wird über den Schließer *c* betätigt und ist zum Anfahren beim vollen Behälter stromlos bzw. offen, wobei der Verdichter nicht fördert. Es erhält den Strom um die Anlaufzeit des Motors verzögert oder beim Umschalten des Schützes von Stern auf Dreieck kurz vor der Nenndrehzahl.

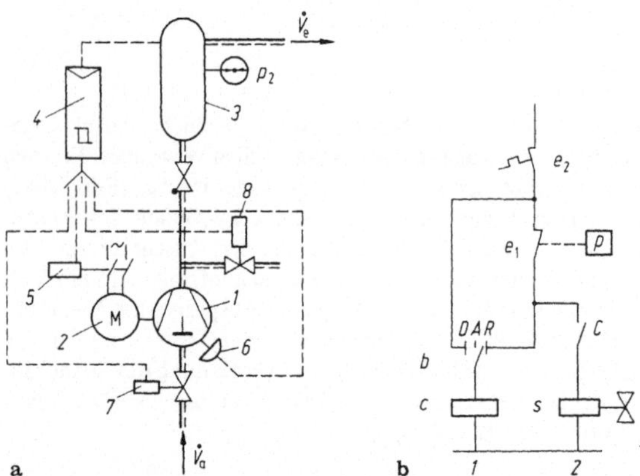

Bild 7.15a, b. Arten der Zweipunktregelungen. **a** Anlage mit verschiedenen Verfahren; **b** Motorabschaltung (Stromlaufplan, Steuerteil)

8 Schmierung und Kühlung

Beide dienen der Wärmeabfuhr, die Schmierung ermöglicht außerdem den Lauf
der bewegten Teile. In einem mehrstufigen Verdichter (Bild 11.3) führt das Triebwerksöl und die Umgebung etwa 10%, das Kühlmittel in Zylindern und Deckeln
etwa 6%, in den Kühlern aber 80% der Wärme ab. Der Rest von etwa 2 bis 4%
verbleibt im Gas. Die sorgfältige Ausbildung und Überwachung von Kühlung und
Schmierung garantiert die Betriebssicherheit und Wirtschaftlichkeit des Verdichters. Die Schmierung gilt heute als Teilgebiet der Tribologie, die noch die Reibung
und den Verschleiß im Lager behandelt [8.1].

8.1 Schmierung

Die Schmierung führt den Gleitlagern das zum Aufbau ihrer Tragfähigkeit notwendige Öl zu. Dieses soll außerdem die Reibung und damit die Abnutzung verringern,
die Reibungswärme abführen, die feinen Spalte an den gleitenden gasberührten
Teilen abdichten und die Maschine vor Rost schützen. Die Triebwerksschmierung
versorgt dabei die im Gestell liegenden Grundlager, die Kreuzkopfführung, die
Schubstangenlager und die Hilfsaggregate. An die Zylinderschmierung hingegen
sind die Stopfbuchsen und die Kolben angeschlossen.

Die Grundelemente der Schmierung sind im Bild 8.1 an der Hälfte einer Zwei-
zylinder-Boxermaschine dargestellt.

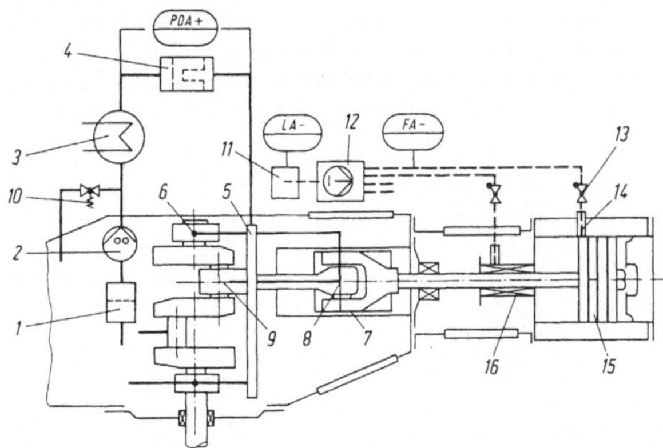

Bild 8.1. Schmierschema eines Boxerverdichters

Triebwerksöl

Es wird über das unten im Gestell liegende Grobfilter *1* von der Zahnradpumpe
2 angesaugt und dann durch den Kühler *3* und das Feinfilter *4* in das Verteilerrohr
5 gedrückt. Von hier aus gelangt es an die Grundlager *6* bzw. über die Kreuzkopfgleitbahn *7* an das Schubstangen- bzw. das Kurbelzapfenlager *8* und *9*. Am Überströmventil *10* ist der Öldruck einstellbar. Alarm wird über einen Differenzdruck-
schalter (*PDA+*) ausgelöst, wenn sich eine Verstopfung des Filters durch steigenden Druck ankündigt (siehe Tabelle 12.3).

Zylinderschmieröl

Aus dem Behälter *11* wird es von der Kolbenpumpe *12* mit einstellbarem Durchsatz
gefördert. Es gelangt dann über die Rückschlagventile *13* und die Stutzen *14* an die
Kolben *15* bzw. die Stopfbüchsen *16*. Alarmvorrichtungen am Behälter für den Ölstand (*LA−*) und für den Durchfluß in den Leitungen (*FA−*) sollen ein Ausfallen
der Schmierung verhindern.

8.1.1 Triebwerksschmierung

Hierfür sind die Maschinengestelle öldicht gekapselt. Bei kleineren Tauchkolben-
maschinen erzeugen Schleuderringe an der Kurbelwelle oder Schöpflöffel an den
Schubstangen (Bild 8.2) Spritzöl, das die bewegten Teile und auch die Kolben im
Zylinder schmiert und dann in das Gestell zurücktropft. Dieses erhält dann oft
Rippen zur Abführung der Reibungswärme. Die hier häufig verwendeten Wälzlager werden oft mit einer Fettfüllung geschmiert. Größere Tauchkolben erhalten ihr
Öl über eine Spritzdüse oder über die Schubstangenbohrung. Bei größeren Verdichtern mit einer Druckumlaufschmierung fördert eine von der Maschine angetriebene Pumpe das Öl über ein Feinfilter durch Bohrungen in der Kurbelwelle und
Schubstange bzw. durch Rohre in die Lager. Das Tropföl wird dann in der Wanne
von der Pumpe erneut angesaugt. Der Öldruck wird durch ein Überströmventil
oder einen Regler gehalten. Große Kreuzkopfmaschinen mit mehreren Stufen erhalten eine zweite elektrisch angetriebene Hilfsölpumpe, um eine Unterbrechung
der Schmierung zu vermeiden. Das Öl fließt in separate Behälter zurück, und spe-

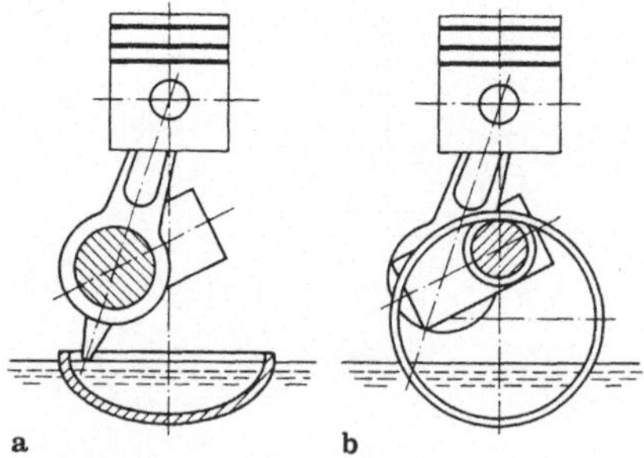

Bild 8.2 a, b. Schmierverfahren für kleine Verdichter. **a** Schöpflöffel; **b** Ring

zielle Kühler führen die Reibungswärme ab [8.2]. Die Betriebsüberwachung erfolgt automatisch (Bild 8.1). Abweichungen werden an die Zentrale gemeldet oder akustisch bzw. optisch angezeigt.

Auslegung

Der Förderstrom der Ölpumpe wird unter der Annahme berechnet, daß das Öl der Dichte $\varrho_{\text{Öl}} = 0,86$ kg/l und der spezifischen Wärmekapazität $c_{\text{Öl}} = 1,9$ kJ/(kgK) bei der Temperaturerhöhung $\Delta t_{\text{Öl}}$ den Anteil α der Reibungsleistung $\alpha P_{\text{RT}} = \alpha(1 - \eta_{\text{m}})P_{\text{e}}$ nach Gl. (4.20) abführt. Damit folgt

$$\dot{Q}_{\text{Öl}} = \alpha(1 - \eta_{\text{m}})P_{\text{e}} = \dot{V}_{\text{fÖl}}\,\varrho_{\text{Öl}}\,c_{\text{Öl}}\,\Delta t_{\text{Öl}} \ . \tag{8.1}$$

Spezifischer Ölbedarf

Hiernach beträgt er

$$q_{\text{Öl}} = \frac{\dot{V}_{\text{fÖl}}}{P_{\text{e}}} = \frac{\alpha(1 - \eta_{\text{m}})}{\varrho_{\text{Öl}}c_{\text{Öl}}\Delta t_{\text{Öl}}} \ . \tag{8.2}$$

Der Ölbedarf wird danach um so geringer, je besser der mechanische Wirkungsgrad, also um so größer die Maschine bzw. die Erhöhung der Öltemperatur ist. Für $\Delta t_{\text{Öl}} = 10$ K ergeben sich Werte $q_{\text{Öl}} = 7,5$ bis 20 l/kWh, wobei die kleineren Werte für größere Verdichter mit getrennter Zylinderschmierung gelten.

Öldurchsatz und Vorrat

Der Förderstrom der Ölpumpe bzw. der Inhalt der Ölwanne betragen dann

$$\dot{V}_{\text{fÖl}} = q_{\text{Öl}}P_{\text{e}} \quad \text{und} \quad V_{\text{W}} = \frac{\dot{V}_{\text{fÖl}}}{z_{\text{Öl}}} = \frac{q_{\text{Öl}}P_{\text{e}}}{z_{\text{Öl}}} \ . \tag{8.3}$$

Hierbei wird die Umwälzzahl $z_{\text{Öl}} = 6$ bis $15\,\text{h}^{-1}$ gewählt, damit das Öl nicht schäumt.

Ölkühler

Sie werden meist in der Rohrbündelbauart hergestellt und führen den Wärmestrom $\dot{Q}_{\text{Öl}}$ nach Gl. (8.1) ab. Für ihre Kühlfläche pro Einheit der effektiven Leistung P_{e} gilt der Erfahrungswert $A_{\text{Kü}}/P_{\text{e}} = 0,004$ bis $0,006\ \text{m}^3/\text{kW}$, der etwa einem Wärmedurchgangskoeffizienten von $k = 300$ bis $600\ \text{W}/(\text{m}^2\text{K})$ bei einer mittleren logarithmischen Temperaturdifferenz $\Delta t_{\text{m}} = 35$ K nach Gl. (8.21) entspricht. So sind Temperaturen von 35 bis 40 °C und 60 bis 70 °C für das Öl nach bzw. vor der Kühlung zulässig. Die Geschwindigkeiten in den Kühlerrohren betragen etwa 0,4 bis 0,8 m/s.

Pumpen

Die Ölförderung erfolgt meist mit Zahnradpumpen, bei kleinen Verdichtern sind auch Kolben-, bei großen auch Kreiselpumpen üblich. Für den Ölstrom einer Zahnradpumpe gilt, wenn b ihre Breite, d der Teilkreisdurchmesser, m der Modul und z_p die Anzahl der Ritzel sowie n_p die Drehzahl ist

$$\dot{V}_\mathrm{p} = \pi z_\mathrm{p} d b m n_\mathrm{p} \lambda_\mathrm{p} \; . \tag{8.4}$$

Hierbei beträgt der Liefergrad $\lambda_\mathrm{p} = 0{,}7$ bis $0{,}8$. Für ihren Leistungsbedarf ergibt sich

$$P_{\ddot{\mathrm{O}}\mathrm{l}} = \frac{\dot{V}_\mathrm{zp} \Delta p_\ddot{\mathrm{o}}}{\eta_\mathrm{p}} \; . \tag{8.5}$$

Die Pumpenwirkungsgrade liegen bei $\eta_\mathrm{p} = 0{,}4$ bis $0{,}6$ und die Druckerhöhung ist wegen der großen Zähigkeit des kalten Öles mit $\Delta p_\ddot{\mathrm{o}} = 6$ bar anzunehmen. Die Ölgeschwindigkeiten betragen in der Saugleitung, die unbedingt dicht sein muß, $0{,}5$ bis 1 m/s und in der Druckleitung 2 bis 3 m/s.

Filter

Auf der Saugseite wird das Öl durch ein Filter in der Ölwanne grob, auf der Druckseite vor den Schmierstellen fein gereinigt (Bild 8.1). Feinfilter mit Papierpatronen halten dabei Teilchen bis etwa $3\,\mu$m zurück. Siebfilter haben Mantel- oder scheibenförmige Einsätze aus Drahtgeflecht mit Maschenweiten von $0{,}01$ bis $0{,}04$ mm aus Edelstahl, Phosphorbronze oder Polyester. Ihr Durchfluß beträgt

$$\dot{V}_\mathrm{F} = q_\mathrm{F} A \; , \tag{8,6}$$

wobei A die Siebfläche und q_F der spezifische Durchfluß ist, etwa 3 bis $6\,\mathrm{l/(cm^2\,h)}$ bei $0{,}003$ mm bzw. 10 bis $15\,\mathrm{l/(cm^2\,h)}$ bei $0{,}1$ mm Maschenweite für ein Öl mit der kinematischen Zähigkeit $\nu = 72\,\mathrm{mm^2/s}$ bei einem Widerstand von etwa $\Delta p = 0{,}1$ bar. Magnetfilter halten auch kleinste Eisenpartikelchen fest. Auch Plattenfilter mit Spaltweiten von $0{,}03$ bis 2 mm, die durch Drehen eines Handgriffes zu reinigen sind, werden benutzt. Bei großem Durchfluß und beim Dauerbetrieb sind umschaltbare Doppel- sonst Einzelfilter üblich. Um Schäden an Pumpen und Gleitflächen zu vermeiden, werden die Filter durch Differenzdruck- oder Durchflußmesser überwacht (Bild 9.7) oder sie erhalten Kurzschlußventile.

Betrieb

Der Öldruck wird mit einem Überströmventil auf einen Überdruck von $1{,}5$ bis 2 bar am Leitungsende eingestellt. Beim Anfahren des Verdichters bei kaltem Wetter treten etwa die dreifachen Werte wegen der höheren Zähigkeit des Öles auf (Bild 8.3). Im Ölkühler, der den Wärmestrom $\dot{Q}$ nach Gl. (8.1) abführt, liegen die

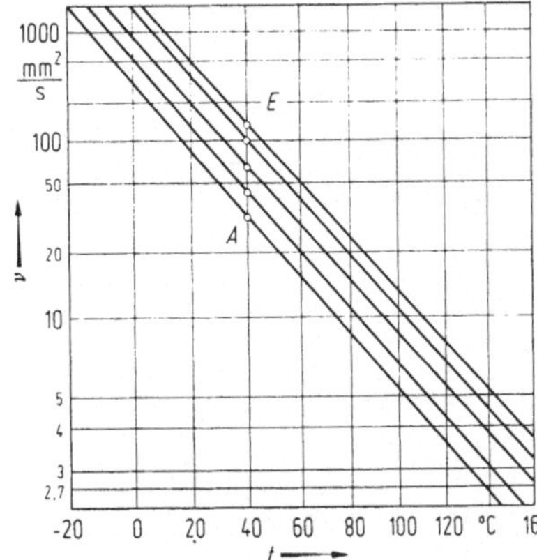

Bild 8.3. Viskositäts-Temperaturkurven legierter Öle für die Triebwerks- und Zylinderschmierung der Klassen VDL 32, 46, 68, 100 und 150, siehe Punkte A bis E (Texaco Compressor Oil EP)

Zu- bzw. Ablauftemperaturen bei 30 bis 40 °C bzw. 60 bis 70 °C. Die letzten werden praktisch durch Ändern des Kühlwasserstromes eingestellt. Der Ölstand in der Wanne oder dem Behälter ist ständig durch Peilstäbe, Ölstandsaugen [8.1] oder Grenzwertmelder zu überwachen. In der Wanne des Verdichters schlagen bei zu hohem Stand die Gegengewichte oder der untere Schubstangenkopf in das Öl, bringen es zum Schäumen und setzen so seine Schmierfähigkeit stark herab. Bei zu tiefem Stand saugt die Pumpe Luft an, fördert kein Öl mehr und die Maschine wird beschädigt. Deswegen ist auch die zulässige Schräglage der Maschine nicht zu überschreiten. Ölverluste entstehen durch Verdunstung und durch Leckagen der Kurbelwellendichtung und der Ölabstreifer der Kolbenstangen sowie am Entlüfter des Gestells. Dadurch ergibt sich ein Schmierölverbrauch von etwa 0,3 bis 0,5 g/(kWh) bei Kreuzkopf- bzw. Tauchkolbenmaschinen. Auch altert das Öl, da es ständig Schwitzwasser und Sinkstoffe aufnimmt. So müssen Ölwechsel nach Angaben des Herstellers erfolgen. Dabei soll das Öl noch warm sein, damit sich die Schmutzteilchen nicht vorher in der Maschine absetzen. Vor längeren Stillständen ist ein Konservierungsöl durch den Saugstutzen in den Verdichter zu leiten.

Beispiel 8.1

Für einen Verdichter mit der Leistung $P_e = 1000$ kW, der Drehzahl $n = 450$ min^{-1} und dem mechanischen Wirkungsgrad $\eta_m = 92,5\%$ ist die Triebwerksschmierung auszulegen.

Das Öl hat die Dichte $\varrho_{\text{Öl}} = 0,87$ kg/l, die Wärmekapazität $c_{\text{Öl}} = 2,02$ kJ/(kgK) und die Umwälzzahl $z_{\text{Öl}} = 8$ h^{-1}. Es soll $\alpha = 60\%$ der Reibungswärme bei der Abkühlung von $t_{\text{Öl1}} = 66$ °C auf $t_{\text{Öl2}} = 54$ °C im Kühler mit dem Kennwert $A_{\text{Kü}}/P_e = 0,004$ m²/kW abführen. Das Wasser mit der Wärmekapazität $c_W = 4,1868$ kJ/kg wird dabei von $t_{k1} = 23$ °C auf $t_{k2} = 29$ °C erwärmt. Die Ölpumpe ist für die Förderreserve 30% und den Liefer- bzw. Wirkungsgrad $\lambda_p = 0,75$ und $\eta_p = 0,5$ sowie für die maximale Druckdifferenz $\Delta p_{\text{Öl}} = 6$ bar auszulegen. Sie erhält $z_R = 6$ Förderritzel mit einem Antriebsrad $z = 36$ Zähnen und dem Modul $m = 4$ mm und die Übersetzung $i = 1,5385$. Das Siebfilter hat dabei die Maschenweite 0,06 mm und den spezifischen Durchfluß $q = 10$ l/(m² h).

Gesucht sind der Öl- und Wasserstrom, der abzuführende Wärmestrom, der Ölwanneninhalt, die Fläche des Ölkühlers und Filters sowie die Abmessungen der Zahnradpumpe und ihre Antriebsleistung.

Mit dem spezifischen Ölbedarf nach Gl. (8.2)

$$q_{\text{Öl}} = \frac{\alpha(1-\eta_{\text{m}})}{\varrho_{\text{Öl}} c_{\text{Öl}}(t_{\text{Öl}1}-t_{\text{Öl}2})} = \frac{0{,}6\,(1-0{,}925)\,3600\,\text{s/h}}{0{,}87\,\text{kg/l}\cdot 2{,}02\,\text{kJ(kg K)}\,(66-54)\,\text{K}} = 7{,}682\,\text{l/(kWh)}$$

folgt der Ölstrom $\dot{V}_{\text{Öl}} = q_{\text{Öl}}P_{\text{e}} = 7{,}682\,\text{l/kWh)}\,1000\,\text{kW} = 7682\,\text{l/h}$.

Dann beträgt der abzuführende Wärmestrom nach Gl. (8.1)

$$\dot{Q} = \alpha(1-\eta_{\text{m}})P_{\text{e}} = 0{,}6(1-0{,}925)\,1000\,\text{kW} = 45\,\text{kW}\ \ .$$

Die erforderliche Oberfläche der Elemente des Kühlers beträgt dann:

$$A_{\text{Kü}} = 0{,}004\,\text{m}^3/\text{kW}\cdot 1000\,\text{kW} = 4\,\text{m}^2\ \ .$$

Der erforderliche Kühlwasserstrom folgt dann aus Gl. (8.10) mit $\dot{m}_{\text{K}} = \varrho_{\text{K}}\dot{V}_{\text{K}}$ zu

$$\dot{V}_{\text{K}} = \frac{\dot{Q}}{\varrho_{\text{K}} c_{\text{W}}(t_{k2}-t_{k1})} = \frac{45\,\text{kW}\cdot 3600\,\text{kJ/(kWh)}}{1\,\text{kg/l}\cdot 4{,}1868\,\text{kJ(kg K)}\cdot(29-23)\,\text{K}} = 6449\,\text{l/h}\ \ .$$

Der Ölwanneninhalt ergibt sich dann nach Gl. (8.3)

$$V_{\text{W}} = \frac{\dot{V}_{\text{Öl}}}{z_{\text{Öl}}} = \frac{7682\,\text{l/h}}{8\,\text{h}} = 960{,}25\,\text{l}\ \ ;$$

ausgeführt mit $V_{\text{W}} = 1000\,\text{l}$.

Für die Zahnradpumpe folgt mit dem Durchmesser des Antriebrades $d = mz = 4\,\text{mm}\cdot 36 = 144\,\text{mm}$ und der Drehzahl $n_{\text{p}} = in = 1{,}5385\cdot 450\,\text{min}^{-1} = 692{,}3\,\text{min}^{-1}$ und dem Förderstrom $\dot{V}_{\text{p}} = 1{,}3\,\dot{V}_{\text{Öl}}$ aus der Gl. (8.4) für die Zahnradbreite:

$$b = \frac{1{,}3\,\dot{V}_{\text{Öl}}}{z_{\text{R}}\pi d m n_{\text{p}}\lambda_{\text{p}}} = \frac{1{,}3\cdot 7{,}682\cdot 10^6\,\text{cm}^3/\text{h}}{6\pi\cdot 14{,}4\,\text{cm}\cdot 0{,}4\,\text{cm}\cdot 692.3\,\text{min}^{-1}\cdot 60\,\text{min/h}\cdot 0{,}75}$$

$$= 2{,}952\,\text{cm, gewählt } b = 30\,\text{mm}.$$

Die Pumpenleistung beträgt dann nach Gl. (8.5)

$$P_{\text{p}} = \frac{1{,}3\,\dot{V}_{\text{Öl}}\Delta p_{\text{Öl}}}{\eta_{\text{p}}} = \frac{1{,}3\cdot 7{,}682\,\text{m}^3/\text{h}\cdot 6\cdot 10^5\,\text{N/m}^2}{0{,}5\cdot 3600\cdot 10^3\,\text{Nm/(skW)}} = 3{,}329\,\text{kW}\ \ .$$

Das sind 0,33% der Antriebsleistung P_{e}. Die Fläche des Siebfilters ist dann nach Gl. (8.6)

$$A = \frac{\dot{V}_{\text{Öl}}}{q} = \frac{7682\,\text{l/h}}{10\,\text{l/(cm}^2\,\text{h)}} = 768{,}2\,\text{cm}^2\ \ .$$

Nach Berechnung dieser Werte werden Pumpen, Kühler und Filter den Katalogen der Hersteller entnommen.

8.1.2 Zylinderschmierung

Die Kolbenringe gleiten in den Zylindern, die Stangen in den Dichtringen der Packungen hin und her. Hierbei sind die Ringe ständig wechselnden Drücken und

Temperaturen ausgesetzt und müssen zur Erhaltung der Gleitfähigkeit geschmiert werden. Die hierzu erforderlichen Mittel hängen von der Gasart, der Gleitgeschwindigkeit, der überstrichenen Fläche sowie den Drücken und Temperaturen ab. So werden Kolbenpumpen häufig mit Taumelscheibenantrieb verwendet. Sie besitzen für jede Schmierstelle ein Element mit veränderlicher Fördermenge, das den dort erforderlichen Druck erzeugt, und Schaugläser zur Kontrolle der Tropfenlänge, um Überschmierungen zu vermeiden. An jeder Schmierstelle befindet sich ein Stutzen mit einem Rückschlagventil, damit das Fördermedium nicht in die Pumpe zurückströmt [8.3].

Auslegung

Der Öldruck wird mit Hilfe empirischer Werte ermittelt. Ist α die Ölmasse, die pro Einheit der von Kolben bzw. seiner Stange überstrichenen Fläche A und pro Einheit der Druckdifferenz Δp bei einer Umdrehung benötigt wird, so gilt mit der Drehzahl n für den Ölstrom

$$\dot{m} = n \sum \alpha_V A \, \Delta p = 2\pi n \sum \alpha_V D(l+s)\Delta p \; . \tag{8.7}$$

Die bei einem Hin- oder Rückgang von einem Element überstrichene Fläche beträgt

$$A = \pi D(l+s) \; . \tag{8.8}$$

Hier ist s der Hub, D der Durchmesser des Kolbens bzw. seiner Stange und l der Abstand der äußeren Dichtungsringe am Kolben oder der Packung. Der Beiwert ist erfahrungsgemäß $\alpha_V = (0{,}85 \ \text{bis} \ 0{,}9) \ 10^{-3} \, \text{g/(m}^2\,\text{bar})$. Der Ölstrom der Schmierstelle mit dem maximalen Verbrauch gilt dann als Bemessungsgrundlage für die Pumpe.

Betrieb

Bei zu starker Schmierung verölen die Ventile und Kolben und es bildet sich Ölkoks. Dadurch setzen sich die Druckventile zu und verschleißen. In den Hochdruckstufen kleben die Saugventile and ihren Sitzen, öffnen zu spät und schlagen so hart auf, daß Platten und Federn brechen. Um das zu verhindern, sind schon bei der Konstruktion Ölnester zu vermeiden oder über Abflußbohrungen (siehe Position 11 in Bild 6.13) zu entleeren. Heißes Schmieröl neigt zur Zersetzung und bildet Explosionsherde für Ölnebel. Außerdem verölen die Rohre der Kühler, verschlechtern damit den Wärmeübergang. Der Ölgehalt des geförderten Mediums steigt stark an, und es muß durch Abscheider gereinigt werden. Zur Abhilfe ist die Schmierung so sparsam wie möglich einzustellen und die Kolben- bzw. Packungen erhalten Ölabstreifringe bzw. -elemente. Explosionen sind bei Luftverdichtern selten, aber sehr heftig. Bei über 220 °C ergeben sich für den Sauerstoff günstige Oxidationsbedingungen an den Ölrückständen der Ventile und Kolben im Zylinder. Undichte Druckventile erhöhen dabei die Temperaturen infolge des zurückströmenden Mediums, das Brände entfachen kann. Zündfähige Gemische ergeben sich aber erst bei starker Überschmierung. Abhilfe schaffen geeignete Schmieröle, minimaler Verbrauch, periodische Kontrollen und Überholung der Maschine, insbesondere der Luftfilterung und des Kondensatablasses. Außerdem sind die Drücke und Temperaturen ständig zu überwachen. Nach VGB 16 dürfen die Rückstände nicht dicker als 2 mm sein, und die Maschine ist nur mit nicht brennbaren Mitteln zu reinigen.

Beispiel 8.2

Ein Kreuzkopfverdichter mit zwei Stufen fördert $\dot{V}_{\mathrm{fo}} = 1100\,\mathrm{m}^3/\mathrm{h}$ Luft vom Normzustand $p_0 = 0{,}981$ bar und $20\,°\mathrm{C}$ bei der Antriebsleistung $P_{\mathrm{e}} = 60\,\mathrm{kW}$. Seine Drehzahl beträgt $n = 410\,\mathrm{min}^{-1}$, der Hub $s = 200\,\mathrm{mm}$, die weiteren erforderlichen Daten stehen in Tabelle 8.1. Das Zylinderöl mit dem Verbrauchsbeiwert $\alpha_{\mathrm{V}} = 0{,}87\ 10^{-3}\ \mathrm{g/m^2\,bar}$ hat die Dichte $\varrho = 0{,}88\,\mathrm{kg/l}$. Sein über Schwinghebel mit der Untersetzung $u = 10{:}1$ angetriebene Pumpe fördert pro Hub $V_{\mathrm{p}} = 0$ bis $0{,}2\,\mathrm{cm}^3$.

Gesucht ist der Verbrauch an Zylinderöl pro Schmierstelle bzw. für die gesamte Maschine und der Förderstrom der Ölpumpe.

Der Ölverbrauch an den einzelnen Schmierstellen beträgt nach Gl. (8.7):

$$\dot{m}_{\mathrm{Öl}} = \alpha_{\mathrm{V}}\,n\,A\,\Delta p = 0{,}87 \cdot 10^{-3}\ \frac{\mathrm{g}}{\mathrm{m}^2\,\mathrm{bar}}\ 410\,\mathrm{min}^{-1}\ 60\ \frac{\mathrm{min}}{\mathrm{h}}\ A\,\Delta p = 21{,}4\ \frac{\mathrm{g}}{\mathrm{m}^2\,\mathrm{bar}\,\mathrm{h}}\ A\,\Delta p \ .$$

Mit der vom Kolben der ersten Stufe überstrichenen Fläche

$$A = 2\pi D_1\,(s+l_1) = 2\pi\ 18{,}5\,\mathrm{cm} \cdot (20+12)\,\mathrm{cm} = 3720\,\mathrm{cm}^2$$

folgt dann für den Ölverbrauch dieser Stufe

$$\dot{m}_{\mathrm{Öl}} = 21{,}4\ \frac{\mathrm{g}}{\mathrm{m}^2\,\mathrm{bar}\,\mathrm{h}}\ 0{,}372\,\mathrm{m}^2 \cdot 9{,}2\,\mathrm{bar} = 73{,}24\,\mathrm{g/h} \ .$$

Der Verbrauch der zweiten Stufe und der Stopfbuchse wird wie oben berechnet. Die Ergebnisse sind in Tabelle 8.2 eingetragen.

Der Förderstrom der Pumpe ist dann

$$\dot{m}_{\mathrm{p}} = V_{\mathrm{p}}\varrho\,n\,ü = 0{,}2\,\mathrm{cm}^3 \cdot 0{,}88\ \frac{\mathrm{g}}{\mathrm{cm}^3} \cdot 410\,\mathrm{min}^{-1} \cdot 60\ \frac{\mathrm{min}}{\mathrm{h}}\left(\frac{1}{10}\right) = 433\ \frac{\mathrm{g}}{\mathrm{h}} \ .$$

Hierbei bleiben noch ca. 50 g/h als Reserve für die zweite Stufe mit dem größten Bedarf.

Tabelle 8.1. Abmessungen zur Berechnung der Zylinderschmierung

Teil	D_{k} mm	l_{k} mm	p_{k}' bar	p_{k}'' bar
I Stufe	185	120	5,8	15,0
II Stufe	150	250	14,5	37,4
Stange	60	150	37,4	

Tabelle 8.2. Berechnung des Ölbedarfs der Zylinderschmierung

Teil	D_k mm	$l+s$ mm	Δp bar	A m^2	$\dot{m}$ g/h
I Stufe	185	320	9,2	0,372	73,0
II Stufe	150	450	22,4	0,424	203,0
Stange	60	350	36,4	0,132	103,0
					379,0

Der auf die Leistungseinheit bezogene Ölverbrauch des Verdichters beträgt:

$$b_{\text{Öl}} = \frac{m_{\text{Ölges}}}{P_e} = \frac{360 \text{ g/h}}{60 \text{ kW}} = 6 \ \frac{\text{g}}{\text{kWh}} \ .$$

8.1.3 Schmieröle

Während zur Schmierung der Triebwerke die üblichen Öle dienen, kommen bei der Zylinderschmierung sehr verschiedenartige Stoffe zur Anwendung. Sie hängen von der Gasart, dessen Fähigkeit, das Mittel zu lösen, den Maximalwerten von Druck und Temperatur sowie von der Bauart des Verdichters ab [8.4].

Allgemeines

Die Anwendungsbereiche der einzelnen Schmierölgruppen und die hierfür gültigen Mindestanforderungen sind genormt (siehe Tabelle 8.3 und 8.4). Die Öle sind mineralischer, neuerdings aber auch synthetischer Herkunft, wie Polyglykole, Silikone, Diacarbonsäure sowie Polyester und weitere Kohlenstoffverbindungen. Ihr Zähigkeitsbereich ist größer und ihre Oxidationsstabilität besser, aber auch ihr Preis liegt wesentlich höher. Die wichtigsten Kennwerte der Öle sind die Dichte ϱ und die kinematische und dynamische Zähigkeit v und η. Hierfür gilt die Zahlenwertgleichung

Tabelle 8.3. Die Gruppen der Zylinderöle nach DIN 51 506

Schmieröl-Gruppe	Für fahrbare Luftverdichter und Verdichter, mit deren Druckluft Brems-, Kipp-, Signal- oder Fördereinrichtungen auf Fahrzeugen betätigt werden. Mit Verdichtungs-Endtemperaturen	Für Luftverdichter mit Behältern zur Speicherung der Druckluft oder mit Rohrleitungsnetzen. Mit Verdichtungs-Endtemperaturen
VDL	bis 220 °C	bis 220 °C
VC/VCL	bis 220 °C	bis 160 °C
VB/VBL	bis 140 °C	bis 140 °C

Tabelle 8.4. Die wichtigsten Kennwerte legierter Mineralöle für die Triebwerks- und Zylinderschmierung der Gruppe VDL (nach Shell...)

			Shell Corena Öl H		
			68 D	100 D	150 D
Schmierölgruppe	nach	DIN 51506	VDL 46	VDL 100	VDL 150
Kinematische Viskosität					
bei 40 °C	mm²/s	DIN 51562	71	100	159
bei 100 °C	mm²/s	DIN 51562	9,0	11,1	15,0
Dichte bei 15 °C	g/ml	DIN 51757	0,878	0,880	0,884
Flammpunkt	°C	DIN ISO 2592	240	250	270
Pourpoint	°C	DIN ISO 3016	− 18	− 15	− 9
Neutralisationszahl (wls)		DIN 51558/1	neutral		
Neutralisationszahl (s)	mg KOH/g	DIN 51558/1	0,2	0,2	0,2
Sulfatasche	%	DIN 51575	0,02	0,02	0,02
Wassergehalt	%	DIN ISO 3733	nicht nachweisbar		
Asphaltene	%	DIN 51595	unter 0,05		
Alterungsverhalten (Δ-CCT)	%	DIN 51352/1	0,3	0,3	0,2
Koksrückstand (CCT) nach Alterung in Gegenwart von Eisenoxid	%	DIN 51352/2	0,8	0,8	0,8
Eigenschaften des 20%igen Destillationsrückstandes					
Koksrückstand (CCT)	%	DIN 51551	0,15	0,2	0,2
Kin. Viskosität bei 40 °C	mm²/s	DIN 51562	150	230	340
Korrosionsschutz-Eigenschaften gegenüber Stahl	Korrosionsgrad	DIN 51585	O-A	O-A	O-A

$$v = 10^3 \frac{\eta}{\varrho} \quad \text{in} \quad \text{mm}^2/\text{s}$$

mit η in Pas oder in kg/(ms) und ϱ in kg/l. Hierzu zählen auch der Flammpunkt und der Pourpoint oder Stockpunkt bzw. die Temperatur, bei der das Öl noch unter dem Einfluß seiner Schwerkraft fließt. Weiterhin sind von Bedeutung: die Neutralisationszahl, der Gehalt an Sulfatasche, Wasser und Asphalten sowie das Alterungsverhalten und die Korrosionsschutzeigenschaften (siehe Tabelle 8.4). Weitere Anforderungen sind: günstiges Temperatur-Viskositätsverhalten (siehe Bild 8.3), hohe Oxidationsstabilität, Bildung geringer Ablagerungen in den Ventilen, gutes Luftabscheidevermögen gegen Schäumen und Schutz vor Verschleiß und Rost. Außerdem soll das Öl keine Emulsionen bilden, die den Kondensatabfluß verhindern und Rückstände erzeugen. Im Freien aufgestellte Verdichter verlangen Öle höherer Zähigkeit. Viele dieser Forderungen werden durch Additive oder Zusätze erfüllt, die bis zu 30% des Öles ausmachen. Erreichbar sind dabei etwa folgende Werte:

− Neutralisationszahl 0,1 bis 0,2 g KOH/kg Öl,
− Asche 0,01% der Ölmasse,
− Luftabscheidevermögen in 5 min bei 50 °C und
− Zunahme der Neutralisationszahl in 1000 h etwa 0,2 g an KOH.

Triebwerksöle

Es werden neben Normalschmierölen nach DIN 51 501 noch die Schmieröle C und C-T bzw. TD und TD-L nach DIN 51 506 bzw. DIN 51 515 mit größerer Altersstabilität bzw. besonders hoher Belastbarkeit verwendet. Bei Tauchschmierung ist die Viskosität etwa um 10% kleiner als beim Umlaufverfahren. Einige Hersteller geben auch die SAE Viskositätsklassen (SAE = Society of Automotive Engineers) für die Öle an. Dabei beziehen sich die Klassen 5 W, 10 W, 15 W und 20 W auf die Temperatur $-18\,°C$, die Klassen 20, 30, 40 und 50 auf $100\,°C$ nach DIN 51 511.

Zylinderschmiermittel

Sie sind besonders sorgfältig auszuwählen. Fehlgriffe verderben hierbei das Fördermedium oder rufen Schäden an den Kolben und deren Stangen oder Ventilen bzw. Zerstörungen an der Maschine hervor. Erstrebenswert sind jedoch Öle, die Zylinder und Triebwerk schmieren, wie etwa bei Tauchkolbenverdichtern.

Luftverdichter

Bei Maschinen mit geschmierten Druckräumen definiert DIN 51 506 für fahrbare bzw. stationäre Ausführungen in Abhängigkeit von den Verdichtungsendtemperaturen die Klassen VB, VC und VD (nach Tabelle 8.3). Der Buchstabe L weist auf die Legierung bzw. Additive hin, die am Ende stehende Zahl bedeutet die minimale Viskosität in mm^2/s bei $40\,°C$ mit 10% Toleranz (siehe Tabelle 8.3). Mit den Verdichtungsendtemperaturen, die in § 9 der UVV (Unfallverhütungsvorschrift Verdichter) bzw. in VGB 16 festgelegt sind, wächst die Explosionsgefahr und das Öl verkokt und altert stärker [8.4]. Die meisten dieser Öle eignen sich auch für Schrauben- und Rotationsverdichter mit Innenkühlung.

Gasverdichter

Sauerstoff entzündet sich in der Luft explosionsartig und bildet Knallgas. Es wird mit destilliertem Wasser, das 2% Glyzerin enthält, geschmiert und erfordert eine Packungsabsaugung. Ethylen C_2H_2, das durch Öl verdorben wird, erhält als Schmiermittel eine Mischung von 80% Glyzerin und 20% destilliertem Wasser. Gase, die öllösliche Stoffe wie Benzin, Benzol C_6H_6, Naphthalin oder Schwefelsäure H_2SO_4 aufnehmen, werden mit einer Ölemulsion, also einem Öl-Wassergemisch geschmiert.

Kälteanlagen

Die hier verwendeten Öle sind in DIN 51 503 genormt. Hinter dem Verdichter gelangt hier, trotz des Abscheiders, Öl in die Wärmetauscher, den Kondensator und Verdampfer. Daher verlangen Kältemittel wie etwa Ammoniak oder die Fluorchlorkohlenwasserstoffe dünnflüssige Öle, die noch bei tiefen Temperaturen von den Verdampfern abtropfen bzw. die Regelorgane schmieren und den Wärmeübergang nicht behindern. Bei Kältemitteln, die das Öl auflösen, soll es sehr zäh sein, damit es bei tiefen Temperaturen noch schmiert.

8.2 Kühlung

Aufgabe der Kühlung ist es, den Saugstrom des Mediums in den einzelnen Stufen zu vergrößern, die Antriebsleistung herabzusetzen und die Schmierung der Kolben zu erleichtern. Bei Außenkühlung nehmen Zylinder- und Deckel während des Arbeitsvorganges nach Bild 4.6 nur etwa 6% der abzuführenden Wärme auf, so sind noch nahezu 80% in den Zwischen- bzw. Nachkühlern zu entziehen. Bei der Innenkühlung der Schrauben- oder Rotationsverdichter, in die beim Ansaugen Öl eingespritzt wird, ist der Anteil der abgeführten Verdichtungswärme wesentlich höher.

8.2.1 Kühlmittel

Als Kühlmittel kommen Wasser, Luft und Öl in Betracht. Sie beeinflussen neben Druck und Art des Mediums die Konstruktion der Kühler und Zylinder.

Wasser

Als Kühlmittel wird es am häufigsten verwendet. Seine Vorteile sind die hohe Wärmekapazität $c = 4{,}1868$ kJ/(kg K), der günstige Wärmeleitkoeffizient $\lambda = 0{,}6$ W/(mK) bei 20 °C und seine Fähigkeit, Geräusche zu dämpfen. Nachteilig sind die Kesselstein- und Rostbildung, die Frostgefahr und sein hoher Preis bei Entnahme aus dem öffentlichen Netz. Abhilfe schaffen Rückkühlanlagen, Fluß- oder Brunnenwasser. Weitere Ersparnis bringt die Weiterleitung des Wassers von den Kühlern in die Zylinder. Zur Vermeidung des Kesselsteins soll das Wasser möglichst weich sein, seine Härte soll nicht über 100 mg CaO/kg bzw. 178,5 mg $CaCO_3$/kg und seine Temperatur in Rohrleitungen nicht über 45 °C liegen. Es soll leicht basisch sein, also eine Wasserstoffkonzentration $p_H \geqq 7$ haben, und die mechanischen Beimengungen dürfen 10 mg/l nicht übersteigen. Zur Vermeidung von Rostansatz ist die Kohlensäure zu entfernen.

Luft

Wegen der geringen Werte der Wärmekapazität und des Wärmeleitkoeffizienten, die nur ein Viertel bzw. 1/20 des Wassers betragen, ist sie auf Hubvolumina von 5 l pro Zylinder begrenzt. Darüber wird das Verhältnis der Mantelfläche zum Hubvolumen $M/V_h \sim 1/D$, wobei D der Zylinderdurchmesser ist, zu ungünstig. Der Mantel kann dann die im Zylinder erzeugte Wärme nicht mehr abführen. Wegen der geringen Wartung, es sind gelegentlich die Kühlflächen und Rippen zu reinigen, erfreut sich die Luftkühlung bei kleineren Verdichtern großer Beliebtheit, obwohl meist Schallschutzmaßnahmen erforderlich sind.

Öl

Seine Wärmekapazität und Leitfähigkeit betragen etwa die Hälfte bzw. ein Viertel des Wassers. Trotzdem führt es bei der Innenkühlung der Schraubenverdichter wegen seiner innigen Vermischung mit dem Medium nahezu die ganze ihm zugeführte Arbeit als Wärme ab. Die fast isotherme Verdichtung bedingt also eine größere Füllung und eine geringere Leistung. Da das eingespritzte Ölvolumen etwa 1/100 des Mediums beträgt, entsteht praktisch keine Volumenvergrößerung. Die verwendeten Öle sollen stabil gegen Oxidation sein und das Wasser leicht abscheiden. Hierfür eignen sich Turbinen- und VD-L Öle für Verdichter. Ihre Ein- und Austrittstemperaturen liegen bei 50 bis 85 °C. Werte über 100 °C sind nach den Sicherheitsvorschriften nicht zulässig.

8.2.2 Zylinder- und Deckelkühlung

Gekühlt werden die Lauf- und Stirnflächen der Zylinder, in den Stufen niederen Druckes auch die Zu- und Abflußkanäle, sowie die Ventilräume. Diese Kühlung führt zwar nur 6% der Wärme ab, verringert aber die höchste Temperatur des Mediums gegenüber der isentropen Verdichtung um etwa 15%. So nehmen, wie auch durch Trennen der heißen Förder- von der kalten Saugseite die Aufheizungsverluste ab. Weiterhin verbessert die Kühlung die Schmierbedingungen, verringert die Wärmedehnung und vermeidet damit ein Verziehen der Bohrung und ein Anlaufen des Kolbens.

Bei der Wasserkühlung sind die Flächen konstruktiv vorgegeben. Wichtig sind hier leicht zugängliche Reinigungsöffnungen, ein Abflußstopfen an der tiefsten Stelle gegen Frostgefahr und Abfluß an der höchsten Stelle, um Luftpolster, welche die Kühlung behindern, zu vermeiden. Bei der Luftkühlung ist die Wärmeabfuhr ungünstig. So werden leicht gießbare Rippen mit etwa 10 bis 15 mm Abstand und 30 mm Höhe auf den Zylinder gesetzt, die seine Oberfläche um das fünf- bis siebenfache vergrößern. Unterbrechungen an den Rippen verringern die Temperaturspannungen und verbessern durch die erhöhte Strömungsgeschwindigkeit den Wärmeübergang.

8.2.3 Zwischenkühlung

Die Zwischenkühler führen im Verdichter den Hauptanteil der Wärme ab. Als Kühlmittel dienen Wasser, bei kleineren Einheiten Luft und gelegentlich Öl. Zu ihrer Berechnung ist zunächst der zwischen Medium und Kühlmittel ausgetauschte Wärmestrom zu bestimmen. Hieraus werden dann mit Hilfe des Wärmedurchgangskoeffizienten die erforderlichen Flächen der Kühlelemente, wie Rohre oder Taschen, ermittelt. Sie hängen noch von der Flußrichtung der Medien im Gleich-, Gegen- oder Kreuzstrom ab. Hier wird nur der für die Kühler am besten geeignete Gegenstrom behandelt. Die Konstruktion wählt dann die Kühlerbauarten aus und bringt die erforderlichen Flächen unter.

Wärmestrom

Der abzuführende Wärmestrom beträgt unter der Annahme, daß der Zwischenkühler die innere Leistung P_i der vorhergehenden Stufe abführt und $\dot{m}_g$ der Saugstrom des Gases und h_a und h_b dessen Enthalpien beim Verdichtungsbeginn bzw. am Kühleraustritt sind

$$\dot{Q} = P_i + \dot{m}_g(h_a - h_b) \ . \tag{8.9}$$

Dabei spielt das letzte Glied nur bei Hochdruckverdichtern eine Rolle, deren Medien weit entfernt vom kritischen Punkt liegen. Die Berechnung erfolgt ohne die abgeschiedene Feuchtigkeit, da diese nur beim ersten Kühler ins Gewicht fällt. Andererseits gilt für den Wärmestrom $\dot{Q}$ mit dem Massendurchsatz $\dot{m}$, den Wärmekapazitäten c_p und den Temperaturen t, wenn die Indizes g das Gas, k das Kühlmittel sowie 1 und 2 deren Ein- bzw. Austritt bezeichnet:

$$\dot{Q} = \dot{m}_g c_{pg}(t_{g1} - t_{g2}) = \dot{m}_k c_{pk}(t_{k2} - t_{k1}) \ . \tag{8.10}$$

Die Kühlmittel Wasser bzw. Luft haben die Wärmekapazitäten $c_{pw} = 4,1868$ kJ/ (kg K) und $c_{pL} = 1,01$ kJ/(kg K). Brunnenwasser hat die niedrigste fast konstante Temperatur 14 °C, bei Fluß- und Leitungswasser liegt sie bei 10 bis 20 °C. Die Wasseraustrittstemperatur beträgt bei Gegenstromkühlung (Bild 8.4) $t_{k2} = t_R + 10$ °C, wobei $t_R \approx t_{g2}$ die Rückkühltemperatur des Gases $t_R = t_{a2} = t_{a1} + (20 + 40)$ °C nach Abschn. 3.2.2 ist.

Bei der Luftkühlung gilt $t_{g2} - t_{k1} = 12$ bis 15 °C mit $t_{k1} = t_a$ als Temperatur der atmosphärischen Luft. Der erforderliche Kühlluftstrom ist dann nach Gl. (8.10) mit $\Delta t_k = t_{k2} - t_{k1}$ und $\Delta t_g = t_{g1} - t_{g2}$

$$\dot{m}_k = \frac{\dot{Q}}{c_{pk}\Delta t_k} = \dot{m}_g \frac{c_{pg}\Delta t_g}{c_{pk}\Delta t_k} \ . \tag{8.11}$$

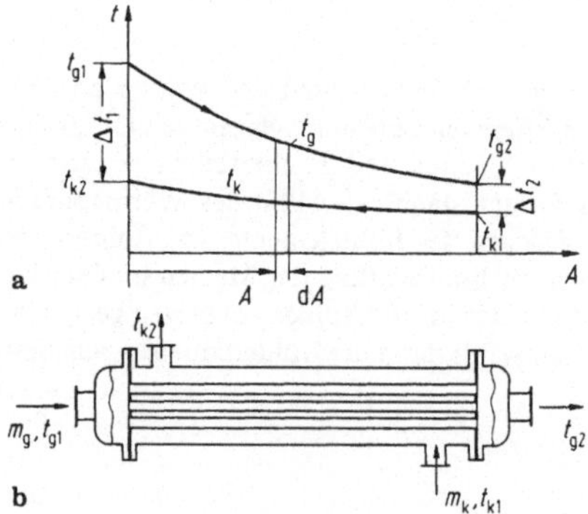

Bild 8.4a, b. Kühlung im Gegenstrom. **a** Temperaturverlauf; **b** Kühleraufbau

Da der vom Gas abzuführende Wärmestrom vorgegeben ist, hängt der Durchsatz des Kühlmittels von seiner Wärmekapazität und Temperaturerhöhung ab. Wird Luft als Fördermittel um 150 °C heruntergekühlt, so ergibt bei Wasserkühlung mit dem Verhältnis der Wärmekapazitäten $c_w/c_{pL} = 4{,}10$, wenn die Temperaturerhöhung $t_k = 12\,°C$ beträgt $\dot{m}_k = 3{,}0\,\dot{m}_g$ bzw. $\dot{V}_k = 0{,}00362\,\dot{V}_g$ für eine Dichte der Luft $\varrho_L = 1{,}2\,kg/m^3$. Bei Luftkühlung mit einer Erwärmung $\Delta t = 15\,°C$ hingegen gilt $\dot{m}_k = 10\,\dot{m}_g$ bzw. $\dot{V}_k = 10\,\dot{V}_g$. Hier ist also der Kühlmittelaufwand wesentlich höher, wozu noch die vergrößerte Kühlfläche kommt. So wird die Luftkühlung nur bei Kleinverdichtern und bei Wassermangel, also bei Erdgasförderung in Trockengebieten angewendet.

8.2.4 Erzeugung von Brauchwasser

So heißt das Wasser von 50 bis 80 °C für die Fabrikation, Heizung und Reinigung, das unter Ausnutzung der Gaswärme des Verdichters entsteht. Bei Wasserkühlung wird der Zwischenkühler in je einen Teil für die Brauchwasser- und für die Verdichterkühlung aufgeteilt. Beim Gegenstrom liegen die Austrittstemperaturen des Wassers etwa 10 °C über denen des Gases. Für Brauchwasser von 80 °C beträgt die Gastemperatur hinter dem Kühler noch 70 °C. Im Teil für den Verdichter wird das Gas auf die Rückkühltemperatur gebracht, um die Verdichterverluste zu verringern. Bei Temperaturen über 45 °C bildet sich leicht Kesselstein, das Wasser muß also die Bedingungen nach Abschn. 8.2.1 erfüllen. Die Brauchwassererzeugung ermöglicht einen preiswerten Energiegewinn. Bei umlaufendem Wasser, wie etwa bei Heizungen, ist auch die Kühlwasserersparnis beträchtlich.

Bei Luftkühlung vermeiden die Schallschutzhauben Verluste der etwa auf 60 °C erwärmten Luft. Wegen der geringen Temperaturen soll der Verdichter nahe am Wärmeverbraucher stehen, um unnötige Abstrahlung zu vermeiden. Zu bedenken ist bei der Anlage eines Brauchwassererzeugers außer der Amortisation des Mehraufwandes noch die Koordinierung von Wärmeverbrauch und Luftbedarf.

Beispiel 8.3

In den Kühlern eines zweistufigen Verdichters (Bild 8.5) ist Brauchwasser von $t_{B1} = 50\,°C$ auf $t_{B2} = 80\,°C$ zu erwärmen. Der Verdichter fördert $\dot{V}_{fa} = 20{,}5\ m^3/min$ von $p_1 = 1{,}0\ bar$ $t_a = 15\,°C$ auf $p_2 = 13\ bar$ bei der Leistung $P_e = 125\ kW$ und dem mechanischen Wirkungsgrad $\eta_m = 0{,}90$. Die Gastemperaturen betragen $t_f = 170\,°C$ vor den Gegenstromkühlern und $t_{a2} = 35\,°C$ vor der II. Stufe. Die Austrittstemperaturen des Gases liegen um $\Delta t = 10\,°C$ unter dem Kühlwasser. Dieses wird ohne Brauchwassererzeugung um $\Delta t_w = 12\,°C$ erwärmt. Der Strompreis sei mit $P_r = 0{,}2\ DM/kW$ angenommen.

Gesucht sind die von den Zwischenkühlern normalerweise abgeführte Wärme, ihr Anteil an der Verdichterleistung und die Ersparnisse infolge der Brauchwassererwärmung.

Ohne Brauchwassererwärmung. Mit der Dichte und dem Massenstrom der Luft

$$\varrho_a = \frac{p_a}{R\,T_a} = \frac{10^5\ N/m^2}{287{,}1\ Nm/(kg\,K)\ 288\,K} = 1{,}209\ \frac{kg}{m^3}\,,$$

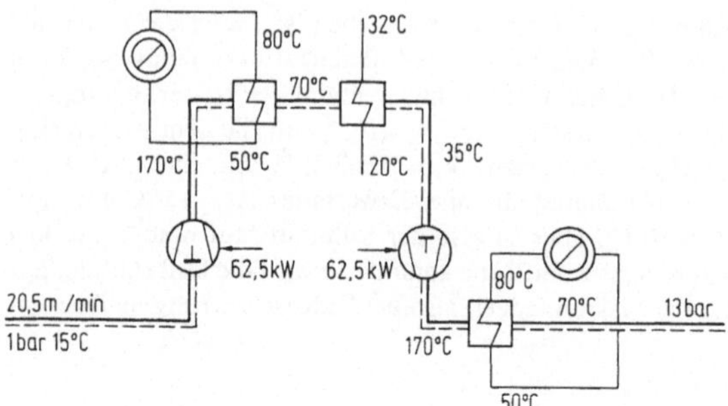

Bild 8.5. Brauchwassererzeugung mit einem zweistufigen Luftverdichter

$$\dot{m}_\mathrm{f} = \dot{V}_\mathrm{f}\varrho_\mathrm{a} = 20{,}5 \; \frac{\mathrm{m}^3}{\mathrm{min}} \; \frac{1{,}209\,\mathrm{kg/m}^3}{60\,\mathrm{s/min}} = 0{,}4132\,\mathrm{kg/s}$$

folgt mit $\dot{W}_\mathrm{g} = \dot{m}_\mathrm{f}c_\mathrm{p} = 0{,}4132\,\mathrm{kg/s}\;1{,}01\,\mathrm{kJ/(kg\,K)} = 0{,}4173\,\mathrm{kW/K}$ für die im Zwischenkühler abgeführte Wärme nach Gl. (8.10)

$$\dot{Q} = \dot{W}(t_\mathrm{f} - t_{\mathrm{a}2}) = 0{,}4173\,\mathrm{kW/K}\;(170 - 35)\,\mathrm{K} = 56{,}34\,\mathrm{kW} \; .$$

Der erforderliche Kühlwasserstrom beträgt mit Gl. (8.10) und $1\,\mathrm{kW} = 1\,\mathrm{kJ/s}$

$$\dot{V}_\mathrm{KW} = \frac{\dot{Q}}{\varrho_\mathrm{w}c_\mathrm{w}\Delta t_\mathrm{w}} = \frac{56{,}34\,\mathrm{kJ/s}}{1\,\mathrm{kg/l}\cdot 4{,}1868\,\mathrm{kJ/(kg\,K)}\;12\,\mathrm{K}} = 1{,}1214\,\mathrm{kg/s} \; .$$

Der Anteil an der indizierten Verdichterleistung einer Stufe $P_\mathrm{i} = 0{,}5\,\eta_\mathrm{m}P_\mathrm{e} = 0{,}5\cdot 0{,}9\cdot 125\,\mathrm{kW} = 56{,}25\,\mathrm{kW}$ is also

$$\frac{\dot{Q}}{P_\mathrm{i}} = \frac{56{,}34\,\mathrm{kW}}{56{,}25\,\mathrm{kW}} \approx 1 \quad \mathrm{bzw.} \quad 100\% \; .$$

Mit Brauchwassererwärmung. Bei einer Abkühlung des Gases um $10\,°\mathrm{C}$ unter der Brauchwassertemperatur $t_{\mathrm{B}2} = 80\,°\mathrm{C}$ folgt für den nutzbaren Wärmestrom

$$\dot{Q}_\mathrm{B} = \dot{W}_\mathrm{g}[t_\mathrm{f} - (t_{\mathrm{B}1} - 10\,°\mathrm{C})] = 0{,}4173\,\frac{\mathrm{kW}}{\mathrm{K}}[170 - (80 - 10)]\,\mathrm{K} = 41{,}73\,\mathrm{kW} \; .$$

Hieraus läßt sich der Brauchwasserstrom gewinnen:

$$\dot{V}_\mathrm{BW} = \frac{\dot{Q}_\mathrm{B}}{\varrho_\mathrm{w}c_\mathrm{w}(t_{\mathrm{B}2} - t_{\mathrm{B}1})} = \frac{41{,}73\,\mathrm{kW}}{1\,\mathrm{kg/l}\cdot 4{,}1868\,\mathrm{kJ/(kg\,K)}\;(80 - 30)\,\mathrm{K}} = 0{,}1993\,\mathrm{l/s} \; .$$

Kosten für eine Volumeneinheit Brauchwasser bei elektrischer Heizung:

$$K = \frac{\dot{Q}_\mathrm{B}}{\dot{V}_\mathrm{BV}}\,P_\mathrm{r} = \varrho_\mathrm{w}c_\mathrm{w}(t_{\mathrm{B}2} - t_{\mathrm{B}1})\,P_\mathrm{r} = \frac{41{,}73\,\mathrm{kJ/s}\;0{,}20\,\mathrm{DM/kWh}}{0{,}1993\,\mathrm{l/s}\;3600\,\mathrm{kJ/kWh}} = 0{,}012\,\mathrm{DM/l} \; .$$

Der Kühlwasserstrom des Restkühlers beträgt dann

$$\dot{V}_{\text{KWR}} = \frac{\dot{Q}-\dot{Q}_{\text{B}}}{\varrho\, c_{\text{W}} \Delta t} = \frac{(56{,}34-41{,}73)\,\text{kW}}{1\,\text{kg/l}\cdot 4{,}1868\,\text{kJ/(kg K)}\ 12\,\text{K}} = 0{,}2908\,\text{l/s} \ .$$

Läuft das Brauchwasser im geschlossenen Kreislauf um, etwa bei einer Heizung, so beträgt die Wasserersparnis

$$\dot{V}_{\text{W}} = \dot{V}_{\text{KW}} - \dot{V}_{\text{KWR}} = (1{,}1214-0{,}2908)\,\text{l/s} = 0{,}8306\,\text{l/s} \ .$$

Bei Ausnutzung des Nachkühlers wird der Wärme- und Wasserstrom des Brauchwassers verdoppelt.

8.3 Wärmedurchgang

Beim Wärmedurchgang im Kühler fließt die Wärme vom Gas zur Wand des Kühlelementes, wo es hindurchtritt, um dann an das Kühlmedium überzugehen. Der erste und der letzte Vorgang heißt Wärmeübergang, der mittlere Wärmeleitung [8.5].

8.3.1 Wand

Durch ihre Oberfläche A tritt bei der Gas- bzw. Kühlmitteltemperatur t_{g} bzw. t_{k} die Wärme:

$$\dot{Q} = kA(t_{\text{g}}-t_{\text{k}}) \ . \tag{8.12}$$

Der Wärmedurchgangskoeffizient k ist vom Medium, seiner Temperatur, Geschwindigkeit und Zähigkeit abhängig. Hierzu kommt der Einfluß des Kühlers, seines Materials und seiner Oberfläche sowie deren Verschmutzung bzw. Kalk- und Ölbeläge. Da viele dieser Größen wie etwa die Verschmutzung nur schwer erfaßbar sind, ist dieser Koeffizient nur mit einer Genauigkeit von etwa 10% berechenbar. Außerdem ist die folgende Aufteilung vorteilhaft.

Wärmeübergangskoeffizient und Wärmeleitfähigkeit

Der Wärmestrom $\dot{Q}$ (Bild 8.6) des Gases g mit der Temperatur t_{g} wird auf eine Wand der Fläche A und der Dicke δ mit den Randtemperaturen $t_{\text{w}1}$ und $t_{\text{w}2}$ übertragen, durch sie hindurchgeleitet und von dort aus an das Kühlmittel k mit der Temperatur t_{k} übertragen. Hierfür gilt dann

$$\dot{Q} = \alpha_{\text{g}}A(t_{\text{g}}-t_{\text{w}1}) = \frac{\lambda}{\delta}\,A(t_{\text{w}1}-t_{\text{w}2}) = \alpha_{\text{k}}A(t_{\text{w}2}-t_{\text{k}}) \ . \tag{8.13}$$

Hierbei heißen α_{g} und α_{k} Wärmeübergangskoeffizienten, die, wie auch der Wert k nach Gl. (8.12) den pro Temperatur- und Flächeneinheit bezogenen Wärmestrom darstellen und in der Einheit $\text{W/(m}^2\,\text{K)}$ seltener in $\text{kJ/(m}^2\,\text{hK)}$ angegeben wird.

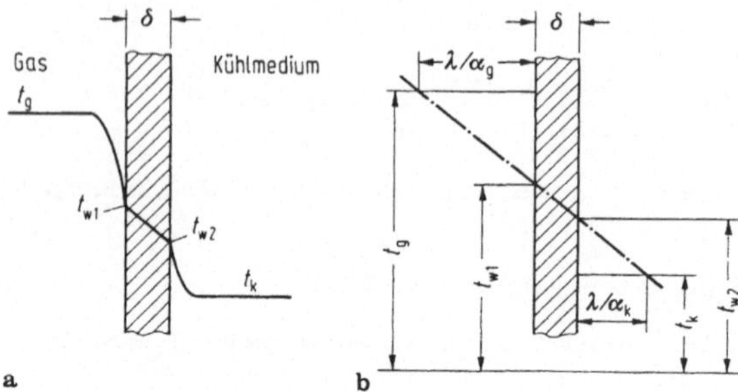

Bild 8.6 a, b. Wärmedurchgang vom Gas zum Kühlmedium. a Temperaturverlauf; b graphische Ermittlung der Temperaturen

Die Wärmeleitfähigkeit λ der Wand ist nach Gl. (8.13) lediglich auf die Länge bezogen, hat also die Einheit W/(mK). Stoffwerte für Medien bzw. Isoliermaterialien der Verdichter enthalten die Tabellen 8.5 und 8.6. Danach hat die Luft mit $\lambda = 0,0257$ W/mK die größte Isolationsfähigkeit.

Werden aus der Gl. (8.13) nacheinander die Temperaturen t_{w2} und t_{w1} eliminiert und zwar

$$t_{w2} = t_k + \frac{\dot{Q}}{\alpha_k A} \quad \text{und} \quad t_{w1} = t_{w2} + \frac{\dot{Q}\delta}{\lambda A} = t_k + \frac{\dot{Q}}{\alpha_k A} + \frac{\dot{Q}\delta}{\lambda A} \; ,$$

so folgt, da $\;t_{w1} = t_g - \dfrac{\dot{Q}}{\alpha_g A}\;$ ist, $\quad t_g - t_k = \dfrac{\dot{Q}}{\alpha_g A} + \dfrac{\dot{Q}\delta}{\lambda A} + \dfrac{\dot{Q}}{\alpha_k A}\; .$

Nach Einsetzen dieses Wertes in Gl. (8.12) wird $\quad \dfrac{1}{k} = \dfrac{1}{\alpha_g} + \dfrac{\delta}{\lambda} + \dfrac{1}{\alpha_k}\; .$

Damit beträgt der Wärmedurchgangskoeffizient

$$k = \frac{1}{1/\alpha_g + \delta/\lambda + 1/\alpha_k} \; . \tag{8.14}$$

Die Größen $1/\alpha_g$, $1/\alpha_k$ und λ/δ heißen auch Wärmedurchgangs- bzw. Leitwiderstände. Besteht die Wand aus n Schichten, so ist δ/λ durch $\sum\limits_{k=1}^{n} \delta_k/\lambda_k$ zu ersetzen. Für Kühler bis zu den mittleren Drücken ist $\delta/\lambda \ll 1/\alpha_g + 1/\alpha_k$ also vernachlässigbar. Dann ergeben die Gl. (8.14)

$$k = \frac{\alpha_g \alpha_k}{\alpha_g + \alpha_k} \; . \tag{8.15}$$

Tabelle 8.5. Dichte ϱ, Wärmekapazität c, Wärme- und Temperaturleitfähigkeit λ und a fester Stoffe bei der Temperatur t

	t °C	ϱ kg/dm³	c kJ/kg K	λ W/mK	$10^6 a$ m²/s
Metalle					
Aluminium	20	2,7	0,896	229	94,6
Gußeisen	20	7,35	0,540	58	14,7
Chromnickelstahl	20	7,9	0,477	14,5	3,9
Kobaltstahl	20	8,0		41	
Manganstahl	20		0,502	41	
Schmiedestahl	0	7,85	0,465	59	16,2
Wolframstahl	20	8,2		39	
Kupfer	20	8,3	0,419	372	107
Messing	20	8,6	0,381	≈ 100	≈ 30
Zink	20	7,13	0,385	113	39
Zinn	20	7,28	0,227	66	40
Sonstige Stoffe					
Asbestplatten	20	2,0	0,79	0,7	0,443
Erdreich	20	2,04	1,84	0,52	0,14
Glaswolle	25	0,12	0,66	0,046	0,58
Hartgummi	20	1,15	1,42	0,16	0,098
Kesselstein	100	0,3...2,7		0,08...2	
Schaumgummi	20	0,5		0,09	
Schlackenwolle	25	0,20		0,05	
Zement	20	0,315	0,75	0,3	0,73
Ziegelmauerwerk	20	1,44		0,76	0,55

Tabelle 8.6. Dichte ϱ, Wärmekapazität c, Wärme- und Temperaturleitfähigkeit λ und a, dynamische Viskosität und Prandtl-Kennziffer Pr von Flüssigkeit und Gasen bei der Temperatur t

		t °C	ϱ kg/m³	c_p kJ/kg K	λ W/mK	$10^6 \eta$ Pa s	$10^6 a$ m²/s	Pr 1
Flüssigkeiten								
Ammoniak	NH_3	20	610,0	4,77	0,494	220	0,17	2,12
Benzol	C_6H_6	20	879,1	1,737	0,153	650	0,10	7,33
Ethylalkohol	C_2H_5OH	20	789,2	2,47	0,180	1190	0,0924	16,32
Wasser	H_2O	20	998,2	4,181	0,598	1002	0,143	7,01
Motorenöl		60	880	2,00	0,141	71420	0,081	1020
Gase								
Luft		20	1,250	1,005	0,0257	18,2	21,4	0,713
Wasserstoff	H_2	50	0,0734	14,40	0,202	9,42	191	0,67
Stickstoff	N_2	0	1,2505	1,042	0,0238	16,6	18,3	0,725
Sauerstoff	O_2	20	1,105	0,915	0,026	20,3	25,7	0,716
Kohlenoxid	CO	0	1,250	1,051	0,022	16,6	16,74	0,794
Kohlendioxid	CO_2	50	1,616	0,875	0,0178	16,2	12,6	0,80
Methan	CH_4	20	0,5545	2,25	0,033	10,8	26,5	0,736
Frigen	$CFCl_3$	0	2,48	0,54	0,0078	10,1	5,8	0,71

Für $\alpha_g = \alpha_k = \alpha$ wird $k = \alpha/2$. Bei sehr unterschiedlichen α-Werten wird k kleiner als der geringste von ihnen.

Eine einfache graphische Methode zur Temperaturermittlung zeigt Bild 8.6 b. Zum Beweis sind hieraus nach dem Strahlensatz die Proportionen

$$(t_g - t_{w1}) : (\lambda/\alpha_g) = (t_{w1} - t_{w2}) : \delta = (t_{w2} - t_k) : (\lambda/\alpha_k)$$

abzulesen und mit λA zu multiplizieren, woraus die Gl. (8.13) folgt.

8.3.2 Rohr

Da sein Wärmeübergangskoeffizient k_r auf die Länge L_r bezogen wird, gilt für den übertragenen Wärmestrom

$$\dot{Q} = k_r \pi L (t_g - t_k) \ . \tag{8.16}$$

Der Wärmeübergang am Rohr beträgt nach Gl. (8.14), wenn sich das Kühlmittel an seiner Außenfläche $\pi D_a L$ und das Gas an seiner Innenfläche $\pi D_i L$ bei den Temperaturen t_a und t_i befindet, für das Gas- bzw. Kühlmittel

$$\dot{Q}_g = \alpha_g \pi D_i L (t_g - t_i) \quad \text{und} \quad \dot{Q}_k = \alpha_k \pi D L (t_a - t_k) \ . \tag{8.17}$$

Bei der Wärmeleitung ist bei dickeren Rohren (Bild 8.7) der höheren Stufen die Krümmung nicht mehr vernachlässigbar. In einem Rohr der Dicke δ gilt dann für den Wärmestrom das Differential

$$\dot{Q} = -\lambda D \pi L \ \frac{dt}{d\delta} \ . \tag{8.18}$$

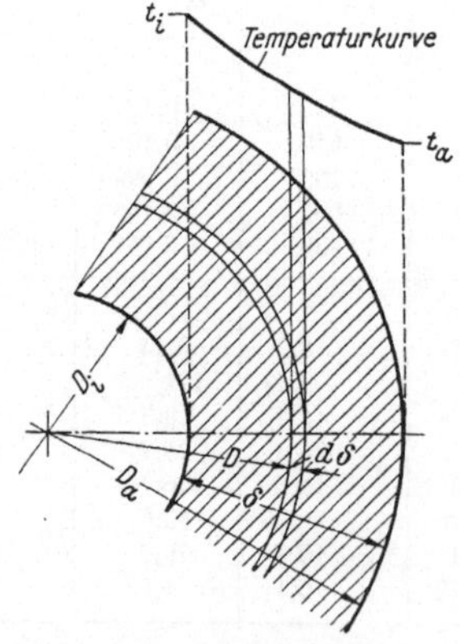

Bild 8.7. Wärmedurchgang im Rohr

Das Minuszeichen bedeutet, daß, beim im Rohrinneren fließenden heißeren Medium, die Temperatur mit zunehmender Dicke abnimmt. Mit $D_a = D_i + 2\delta$ also $d\delta = dD/2$ folgt aus Gl. (8.18)

$$\frac{dD}{D} = -\frac{2\pi\lambda L}{\dot{Q}}\, dt \; .$$

Die Integration zwischen den Grenzen D_a und D_i bzw. t_i und t_a ergibt dann

$$\dot{Q} = 2\pi\lambda L\, \frac{t_i - t_a}{\ln (D_a/D_i)} \; . \tag{8.19}$$

Aus den Gln. (8.17) und (8.19) wird jetzt ähnlich wie bei der Platte die Differenz $t_g - t_k$ ermittelt, wobei hier die Temperaturen t_i und t_a anstatt t_{w1} und t_{w2} zu eliminieren sind. Daraus ergibt sich dann mit der Gl. (8.16)

$$t_g - t_k = \frac{\dot{Q}}{\alpha_g \pi D_i L} + \frac{\dot{Q}\ln (D_a/D_i)}{2\pi\lambda L} + \frac{\dot{Q}}{\alpha_k \pi D_a L} = \frac{\dot{Q}}{k_r \pi L} \; .$$

Nach Division durch $\dot{Q}/(\pi L)$ folgt schließlich

$$k_r = \left(\frac{1}{\alpha_g D_i} + \frac{\ln (D_a/D_i)}{2\lambda} + \frac{1}{\alpha_k D_a} \right)^{-1} \; . \tag{8.20}$$

Bei Rohren mit n-Schichten ist $\ln (D_a/D_i)/(2\lambda)$ durch $\sum\limits_{k=1}^{n} \ln (D_{ak}/D_{ik})/(2\lambda_k)$ zu ersetzen.

8.3.3 Kühler

Hier findet eine laufende Temperaturänderung an den einzelnen Stellen der Kühlelemente statt. Sie ist hauptsächlich von der Strömungsrichtung des Gases gegenüber dem Kühlmedium abhängig. So erfolgt der Wärmedurchgang bei Gleich-, Gegen- bzw. Kreuzstrom.

Gegenstrom

Für diese in der Praxis am meisten verwendete Bauart (Bild 8.4) gilt

$$\dot{Q} = kA\,\Delta t_m \quad \text{und} \quad \Delta t_m = \frac{\Delta t_1 - \Delta t_2}{\ln (\Delta t_1/\Delta t_2)} \; . \tag{8.21}$$

Dabei bedeutet Δt_m die mittlere Temperaturdifferenz für den Gegenstrom mit den Differenzen $\Delta t_1 = t_{g1} - t_{k2}$ und $\Delta t_2 = t_{g2} - t_{k1}$. Beim Gas und Kühlmittel bezeich-

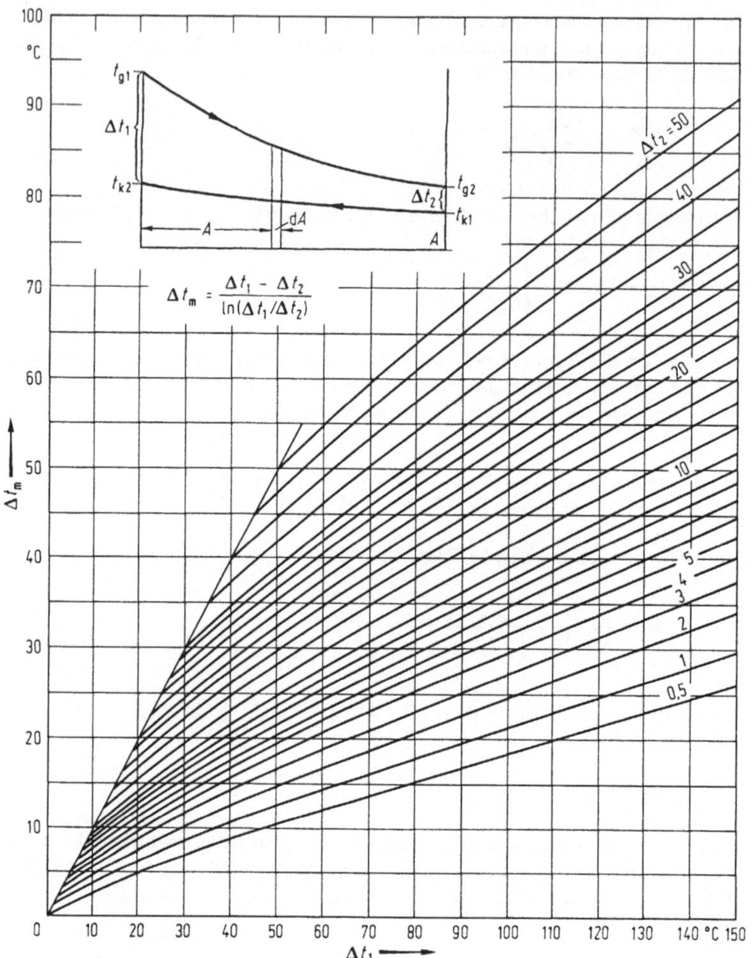

Bild 8.8. Mittlere Temperaturdifferenz beim Gegenstrom

nen die Indizes 1 und 2 den Ein- und Austritt (Bild 8.8). Gleichungen für Δt_m bei Gleich- und Kreuzstrom siehe [8.6].

Schackscher Wirkungsgrad

Tatsächlich wird das Gas um $t_{\mathrm{g}1} - t_{\mathrm{g}2}$, im Idealfall aber um $t_{\mathrm{g}1} - t_{\mathrm{k}2}$ also bis zu $t_{\mathrm{g}2} = t_{\mathrm{k}2}$, d.h. bis zur Kühlwasseraustrittstemperatur $t_{\mathrm{k}2}$ heruntergekühlt. Das Verhältnis

$$\eta_\mathrm{s} = \frac{t_{\mathrm{g}1} - t_{\mathrm{g}2}}{t_{\mathrm{g}1} - t_{\mathrm{k}1}}$$

vergleicht die übertragene Wärme mit ihrem Maximalwert, wie durch Erweitern mit $m_\mathrm{g} c_{\mathrm{pg}}$ folgt.

Mit den Gröberschen Wärmewerten $\dot{W}_\mathrm{g} = c_{\mathrm{pg}} \dot{m}_\mathrm{g}$ und $\dot{W}_\mathrm{k} = c_{\mathrm{pk}} \dot{m}_\mathrm{k}$ (siehe auch Gl. (8.10)) sowie den dimensionslosen Größen $\beta = \dot{W}_\mathrm{g} / \dot{W}_\mathrm{k}$ und $\alpha = (1 - \beta) k A / \dot{W}_\mathrm{g}$ ergibt sich für Gegenstrom nach [4], wenn $e^{-\alpha} = \exp(-\alpha)$ gesetzt wird

$$\eta_\mathrm{s} = \frac{1 - \exp(-\alpha)}{1 - \beta \exp(-\alpha)} \, . \tag{8.22}$$

Diese Gleichung ist für Verdichterkühler in den üblichen Bereichen von $\dot{W}_\mathrm{g} / \dot{W}_\mathrm{k} = 0{,}005$ bis $0{,}5$ und $k A / \dot{W}_\mathrm{g} = 2$ bis 6 in Bild 8.9 dargestellt. Bei konstanten Werten von $\dot{W}_\mathrm{g}$ und $k A / \dot{W}_\mathrm{g}$ steigt der Wirkungsgrad η_s mit fallendem $\dot{W}_\mathrm{g} / \dot{W}_\mathrm{k}$ also mit wachsendem Kühlmittelaufwand $\dot{W}_\mathrm{k}$. Bei konstanten $\dot{W}_\mathrm{g} / \dot{W}_\mathrm{k}$ steigt η_s mit $k A / \dot{W}_\mathrm{g}$ erst stärker, dann schwächer an; der Einfluß der Kühlfläche A wird also immer geringer [8.7].

8.3.4 Koeffizientenberechnung

Sie sind von der Dichte ϱ, der Wärmekapazität und -leitfähigkeit c und λ, der kinematischen Zähigkeit v und der Geschwindigkeit des Gases w der Medien abhängig. Weitere Einflußgrößen sind die Form, die Abmessungen l und d sowie die Anzahl der Kühlelemente. Aus diesen Größen werden die dimensionslosen Kennziffern nach Reynolds, Péclet, Nußelt und Prandtl gebildet, also

$$Re = \frac{wd}{v} \; ; \quad Pe = \frac{wl}{a} \; ; \quad Nu = \frac{\alpha l}{\lambda} \quad \text{und} \quad Pr = \frac{v}{a} \, , \tag{8.23}$$

wobei

$$a = \frac{\lambda}{c\varrho} \tag{8.24}$$

die Temperaturleitfähigkeit ist. Hiermit lassen sich die Wärmeübergangskoeffizienten α ausdrücken durch

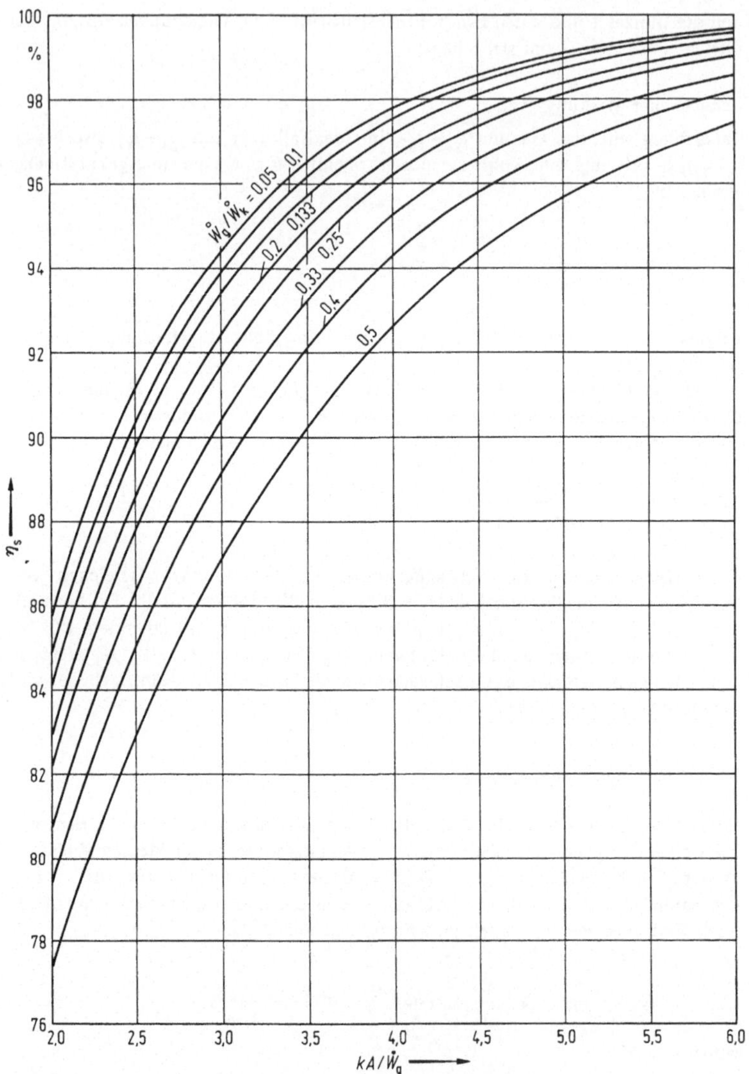

Bild 8.9. Kühlerwirkungsgrad nach Schack [8.6] für Gegenstrom

$$Nu = \frac{\alpha\, l}{\lambda} = f(Re, Pr) \tag{8.25}$$

und nach den Grundlagen der Ähnlichkeitstherorie berechnen [8.5].

Der Wärmeübergang in den Kühlelementen der Verdichter, wie Rohre mit und ohne Rippen, Platten oder Waben erfolgt durch erzwungene Konvektion bei turbulenter Strömung ($Re > 2320$). Konvektion bedeutet Übertragung der Wärme durch Berührung der Teilchen des Mediums mit der Wand, die um so intensiver wird, je schneller ihre Bewegung, je höher ihre Geschwindigkeit und Temperatur, also je größer die Kennwerte nach Gl. (8.23) sind. Erzwungen wird die Strömung durch den Druckabfall in den Rohrleitungen.

Strömung im Rohr

Für *Gase* gilt nach Schack bzw. Krausshold der Ansatz $Nu = 0{,}04\ Re^{0,75}\ Pr^{0,4}$. Mit den Gln. (8.23) und (8.24) folgt hieraus mit $d \triangleq l$

$$\alpha = 0{,}04\,\frac{\lambda}{d}\left(\frac{w\,d}{v}\right)^{0,75}\left(\frac{c\,\varrho\,v}{\lambda}\right)^{0,4}.$$

Werden hierin die von der Temperatur t abhängigen Größen λ, v, c und ϱ durch eine Temperaturfunktion $f(t)$ ersetzt, so gilt die Zahlenwertgleichung

$$\alpha = f(t)\,\frac{c_0^{0,75}}{d^{0,25}} = [a + b(0{,}01\ t) + c(0{,}01\ t)^2]\,\frac{c_0^{0,75}}{d^{0,25}}\ \ \text{in}\ \ \frac{W}{m^2 K} \tag{8.26}$$

mit c_0 in m/s, d in m und t in °C. Die Geschwindigkeit c_0 ist dabei auf den Volumenstrom $\dot{V}_0$ beim Normzustand $p_0 t_0$ zu beziehen. Die Beiwerte a, b und c sind in der Tabelle 8.7a zu finden.

Für *Wasser* folgt dann ähnlich wie für die Gase abgeleitet nach Merkel

$$\alpha = 2065\,(1 + 0{,}015\ t_\mathrm{m})\,\frac{c^{0,87}}{d^{0,31}}\ \ \text{in}\ \ \frac{W}{m^2 K}\,, \tag{8.27}$$

mit c in m/s, d in m und t_m in °C.

Querangeströmte Rohre

Hier gilt für Gase und Grinson $Nu = 0{,}32\,f_\mathrm{a}\ Re^{0,61}\ Pr^{0,3}$. Da der Anordnungsfaktor $f_\mathrm{a} \sim 1$ ist, ergibt sich, wie bei der Gl. (8.26) abgeleitet, die Zahlenwertgleichung

$$\alpha = [a^* + b^*(0{,}01\ t) + c^*(0{,}01\ t)^2]\,\frac{c_0^{0,61}}{d_0}\ \ \text{in}\ \ \frac{W}{m^3 K}\,, \tag{8.28}$$

mit c_0 in m/s, d_0 in m und den Beiwerten nach Tabelle 8.7b.

Tabelle 8.7. Konstanten zur Berechnung der Temperaturfunktion der Wärmeübergangskoeffizienten
(a) für das Rohr nach Gl. (8.26)

Gas	a	b	c	Temperaturbereich °C
Luft	3,840	0,300	$-0,0099$	$0-1000$
Wasserstoff H_2	6,289	0,304	$-0,0054$	$0-1000$
Stickstoff N_2	3,879	0,222	$-0,0050$	$0-1000$
Sauerstoff O_2	3,886	0,335	$-0,0106$	$0-1000$
Kohlenoxid CO	3,768	0,292	$-0,0087$	$0-800$
Kohlendioxid CO_2	4,046	0,757	$-0,0307$	$50-900$
Wasserdampf H_2O	3,618	0,429	$-0,0083$	$100-800$
Methan CH_4	4,483	1,082	$+0,0147$	$0-450$

(b) für Rohrbündel nach Gl. (8.28)

Gas	a^*	b^*	c^*	Temperaturbereich °C
Luft	6,615	0,743	$-0,0248$	$0-1000$
Wasserstoff H_2	14,26	1,086	$-0,0213$	$0-1000$
Stickstoff N_2	6,703	0,579	$-0,0149$	$0-1000$
Sauerstoff O_2	6,708	0,794	$-0,2360$	$0-1000$
Kohlenoxid CO	6,461	0,733	$-0,0231$	$0-800$
Kohlendioxid CO_2	6,286	1,521	$-0,0559$	$50-900$
Wasserdampf H_2O	5,811	1,065	$-0,0203$	$100-800$
Methan CH_4	7,756	2,217	$+0,0371$	$0-450$

Beispiel 8.4

Für einen Kolbenverdichter, der $\dot{V}_0 = 6300 \text{ m}^3/\text{h}$ Kohlendioxid der Dichte $\varrho_0 = 1,965 \text{ kg/m}^3$ vom Normzustand $p_0 = 1,0133$ bar, $t_0 = 0\,°\text{C}$ ansaugt, ist der Rohrbündelkühler hinter der IV. Stufe mit dem Druck $p_5 = 149,5$ bar auszulegen. Das Gas mit der spezifischen Wärmekapazität $0,82 \text{ kJ/(kg K)}$ wird in Rohren mit dem Außen- bzw. Innendurchmesser $d_a = 16,0 \text{ mm}$ und $d_i = 13,0 \text{ mm}$ von $t_{g1} = 140\,°\text{C}$ auf $t_{g2} = 40\,°\text{C}$ abgekühlt. Das Wasser erwärmt sich dabei von $t_{w1} = 20\,°\text{C}$ auf $t_{w2} = 30\,°\text{C}$. Auf den Rohren ist eine Kalkschicht von $\delta_K = 0,1$ mm, darin ein Ölbelag von $\delta_{Öl} = 0,01$ mm anzunehmen. Ihre Wärmeleitkoeffizienten betragen $\lambda_K = 1,90 \text{ W/mK}$ und $\lambda_{Öl} = 0,16 \text{ W/(mk)}$ für die Rohre gilt $\lambda_R = 40 \text{ W/(mK)}$. Die Geschwindigkeit des Wassers sei $c_W = 1,5 \text{ m/s}$.

Gesucht sind die Gas- und Kühlwasserströme, der Wärmedurchgangskoeffizient und die Abmessungen des Kühlers.

Gas- und Kühlwasserstrom. Mit der vom Kühler abzuführenden Wärme

$$\dot{Q} = \dot{V}_0 \varrho_0 c_{pg}(t_{g1} - t_{g2}) = \frac{6300 \text{ m}^3/\text{h}}{3600 \text{ s/h}} \cdot 1,965 \frac{\text{kg}}{\text{m}^3} \cdot 0,82 \frac{\text{kJ}}{\text{kgK}} (140 - 40)\,\text{K} = 281,98 \text{ kW}$$

ergibt sich für den Wasserstrom

$$\dot{V}_w = \frac{\dot{Q}}{\varrho c_w(t_{w2} - t_{w1})} = \frac{281,98 \text{ kW}}{1 \text{ kg/l} \cdot 4,1868 \text{ kJ/(kgK)} \cdot (30 - 20) \cdot \text{K}} = 6,735 \text{ l/s} \ .$$

Der Gasstrom beim Zustand im Kühler folgt dann nach Gl. (4.1) mit $Z_0 = Z_5$ nach Bild 12.4 und $t_5 = t_{g1}$

$$\dot{V}_5 = \dot{V}_0 \frac{p_0 T_5}{p_5 T_0} = 6300 \frac{m^3}{h} \frac{1{,}0133 \text{ bar} \cdot (140+273) \text{ K}}{149{,}5 \text{ bar} \cdot 273 \text{ K}} = 64{,}65 \frac{m^3}{h} \; .$$

Wärmedurchgang. Für den Wärmeübergangskoeffizienten gilt beim Wasser mit der mittleren Temperatur $t_m = (30+20)\,°C/2 = 25\,°C$ nach Gl. (8.27)

$$\alpha_w = 2065 \cdot (1+0{,}015\, t_m) \frac{c_a^{0{,}87}}{d_w^{0{,}31}} = 2065 \cdot (1+0{,}015 \cdot 25) \frac{1{,}5^{0{,}87}}{0{,}016^{0{,}31}} = \frac{2839{,}38 \cdot 1{,}423}{0{,}2775}$$

$$= 14560 \; \text{in} \; \frac{W}{m^2 K} \; .$$

Die Gasgeschwindigkeit im Rohr beträgt, da $A_R = 20\,\pi\,1{,}3^2 \text{ cm}^2/4 = 26{,}55 \text{ cm}^2$ ist, nach der Kontinuitätsgleichung

$$c_5 = \frac{\dot{V}_5}{A_R} = \frac{64{,}65 \text{ m}^3/h \cdot 10^4 \text{ cm}^2/m^2}{3600 \text{ s/h} \cdot 26{,}55 \text{ cm}^2} = 6{,}764 \frac{m}{s} \; .$$

Bezogen auf das Normvolumen wird dann

$$c_0 = c_5 \frac{\dot{V}_0}{\dot{V}_5} = 6{,}764 \frac{m}{s} \frac{6300 \text{ m}^3/h}{64{,}65 \text{ m}^3/h} = 659{,}14 \text{ m/s} \; .$$

Der Wärmeübergangskoeffizient des Gases folgt dann aus der Gl. (8.26) und mit Tabelle 8.7a

$$\alpha_g = [a+b(0{,}01\,t)+c(0{,}01\,t)^2]\,c_0^{0{,}75}/d_i^{0{,}25}$$

$$= [4{,}046+0{,}757 \cdot 0{,}01 \cdot 140 - 0{,}0307(0{,}01 \cdot 140)^2] \frac{659{,}14^{0{,}75}}{0{,}013^{0{,}25}}$$

$$= \frac{5{,}0456 \cdot 130{,}09}{0{,}3377} = 1943{,}7 \; \text{in} \; \frac{W}{m^2 K} \; .$$

Die Wärmeübergangswiderstände für Gas und Wasser sind dann

$$\frac{1}{\alpha_w d_a} = \frac{1}{14560 \cdot 0{,}016} \frac{mK}{W} = 4{,}293 \cdot 10^{-3} \frac{mK}{W} \quad \text{und}$$

$$\frac{1}{\alpha_g d_i} = \frac{1}{1943{,}7 \cdot 0{,}013} \frac{mK}{W} = 39{,}576 \cdot 10^{-3} \frac{mK}{W} \; .$$

Die Durchgangswiderstände für das Rohr, die Kalk- und die Ölschicht betragen dann mit $d_{ak} = d_a + 2\delta_k = 16{,}2$ mm und $d_{Öl} = d_i + 2\delta_Ö = 12{,}98$ mm nach Gl. (8.20):

$$\frac{1}{2\lambda_R} \ln \frac{d_a}{d_i} = \frac{1}{2 \cdot 40 \text{ W/mK}} \ln \frac{16}{13} = 2{,}596 \cdot 10^{-3} \frac{mK}{W} \; ,$$

$$\frac{\ln(16{,}2/16)}{2 \cdot 1{,}9} \frac{mK}{W} = 3{,}269 \cdot 10^{-3} \frac{mK}{W} \quad \text{und} \quad \frac{\ln(13{,}0/12{,}98)}{2 \cdot 0{,}16} \frac{mK}{W} = 4{,}811 \cdot 10^{-3} \frac{mK}{W} \; .$$

Die Widerstände sind beim Gas am größten und beim Stahlrohr am kleinsten. Sie steigen aber infolge der im Betrieb wachsenden Verschmutzung stark an. So ergeben sich für eine Kalk- bzw. Ölschicht von 0,5 bzw. 0,05 mm Werte von 16,0 bzw. $24,1 \cdot 10^{-3}$ mK/W, die eine höhere Rückkühltemperatur bedingen.

Der Wärmedurchgangskoeffizient des Rohres ergibt sich dann, wenn $54,55 \cdot 10^{-3}$ mK/W die Summe der Widerstände sind, nach Gl. (8.20)

$$k_R = \frac{10^3}{54,55} \frac{W}{mK} = 18,33 \frac{W}{mK} \ .$$

Abmessungen. Die mittlere Temperaturdifferenz beim Gegenstrom ist nach Gl. (8.21) mit $\Delta t_1 = (140-30)\,°C = 110\,°C$ und $\Delta t_2 = (40-20)\,°C = 20\,°C$:

$$\Delta t_m = \frac{\Delta t_1 - \Delta t_2}{\ln (\Delta t_1/\Delta t_2)} = \frac{(110-20)\,°C}{\ln 110/20} = 52,8\,°C \ .$$

Die erforderliche Rohrlänge folgt dann aus Gl. (8.20)

$$L = \frac{\dot{Q}}{\pi k_R \Delta t_m} = \frac{281,98 \cdot 10^3 \ W}{\pi \cdot 18,33 \ W/(mK) \ 52,8\,°C} = 92,74 \ m \ .$$

Der Kühler erhält also bei zwanzig Rohren die wirksame Länge von ca. 5 m und bei 40 Rohren von ca. 2,5 m.

Sein Querschnitt umfaßt die Rohre und den Durchfluß für das Wasser und beträgt bei 2,5 m Länge (siehe Bild 8.4)

$$A = 40 \ \frac{\pi}{4} \ 1,6^2 \ cm^2 + \frac{6,735 \cdot 10^3 \ cm^3/s}{150 \ cm/s} = (80,43 + 44,9) \ cm^2 = 125,33 \ cm^2 \ .$$

Sein Innendurchmesser ist dann ≈ 13 cm.

9 Anlage und Betrieb

In diesem Kapitel wird der Anlagenaufbau – abgesehen von den Fundamenten – behandelt. Hierzu zählen:

- Die Auswahl des Antriebes,
- seine dynamischen Eigenschaften,
- das Verhalten im Betrieb ohne die Regelung (siehe Abschn. 7),
- die Überwachung und die Sicherheit sowie
- die Kennlinien und ihre Auswertung.

Diese Fragen sind für die kostengünstige Anschaffung und den wirtschaftlichen Betrieb von besonderer Bedeutung.

9.1 Antrieb

Elektromotoren mit Leistungen von 0,5 bis 7000 kW treiben etwa 80% aller Verdichter an; Otto- und Dieselmaschinen finden bei kleineren Aggregaten bis zu 50 kW und Gasmaschinen bei Ölfeldkompressoren von 400 bis 2500 kW Verwendung. Für große Förderströme bei höheren Drücken werden Dampfturbinen direkt mit einem Kreiselkompressor für den Niederdruck und über ein Getriebe mit einem Kolbenverdichter verbunden. Dadurch entfallen die großen I. und II. Stufen. Die Kupplung von Antrieb und Verdichter erfolgt meist starr, bei kleineren Aggregaten oft elastisch, um Stöße zu mildern und das Ausrichten zu vereinfachen. Riementriebe werden bis zu Leistungen von 500 kW eingesetzt. Sie haben Wirkungsgrade von 92 bis 98% bei Übersetzungen bis 10:1, erlauben also die Wahl eines preiswerten Motors und dämpfen Schwingungen. Sie benötigen aber eine größere Grundfläche. Dies gilt auch für Zahnradgetriebe mit Wirkungsgraden von 92 bis 95%, bei denen der Geräuschpegel zu beachten ist.

9.1.1 Elektromotoren

Zum Einsatz kommen mit Drehstrom gespeiste Synchron- und Asynchronmotoren, neuerdings auch Gleichstrommaschinen. Sie werden je nach Angaben des Betreibers wasser- (DIN 400500) bzw. explosionsgeschützt (VDE 0170/0171) ausgeführt. Ihre Bauformen sind DIN 42950 zu entnehmen [9.1]. Steh- und Schildlager kommen bei allen Antrieben vor. Bei kleineren Aggregaten werden auch Motor- und Verdichtergehäuse starr verbunden. An- und Abtriebsseite haben dann ihr gemeinsames Lager im Verdichter. Die Wärmeabfuhr des Motors erfolgt durch Eigenkühlung mit einem auf seiner Welle sitzenden Lüfterrad oder durch Fremd-

Tabelle 9.1. Die Synchrondrehzahlen bei Frequenzen von 50 und 60 Hz als Funktion der Polpaarzahl

Polpaarzahl		2	3	4	5	6	7	8	9	10	12	14	16
Drehzahl	50 Hz	1500	1000	750	600	500	428	375	333	300	250	214	188
n_s in min^{-1}	60 Hz	1800	1200	900	720	600	514	450	400	360	300	257	225

kühlung mit einem unabhängig von der Motordrehzahl geförderten Strom an Luft, Wasserstoff oder Wasser.

Synchronmotoren

Ist p die Anzahl der Polpaare ihres Rotors und f die Netzfrequenz, so beträgt die Synchrondrehzahl

$$n_s = f/p \ . \tag{9.1}$$

Für einen bestimmten Motor (siehe Tabelle 9.1) ist sie nur von der meist starren Netzfrequenz (50 bis 60 Hz) abhängig. Trotz ihres günstigen Leistungsfaktors sind diese Motoren bei Kolbenverdichtern selten zu finden, denn sie haben folgende Nachteile: Sie benötigen zur Erregung von Gleichstrom und zum Anfahren besondere Wicklungen, bei großen Schwungmassen sogar Anlaufmotoren. Bei pulsierenden Drehmomenten neigen sie zu gefährlichen Resonanzen und fallen bei Laststößen leicht außer Tritt und sind dann erneut anzufahren.

Asynchronmotoren

Sie sind heute die am häufigsten verwendeten Antriebsmotoren. Für die Drehzahl ihres Läufers gilt mit dem Schlupf s und n_s nach Gl. (9.1)

$$n = (1-s)n_s \ . \tag{9.2}$$

Für den Stillstand (Index St), also bei $n_{St} = 0$ ist $s = 1$, für den Leerlauf (Index 0) ist $n_0 = n_s$ und für die Nennlast (Index N) gilt s_N nach Tabelle 10.2. Die Strom- und Momentenkennlinien $I = f(n)$ und $M = f(n)$ (Bild 9.1 c) zeigen große Stillstandswerte I_{St} und M_{St}. Das Moment hat im Kippunkt (Index K) sein Maximum $M_K \geqq 1{,}6 \, M_N$. Im Betriebsbereich zwischen N und 0 ist das Moment dem Schlupf proportional und besitzt ähnlich wie der Strom einen steilen Anstieg bei dem geringen Drehzahlabfall $n_0 - n_v$. Die Kennlinie ist also hart und ihr Verlauf hängt stark von der Läuferwicklung ab [9.2]. Die Betriebsdrehzahl läßt sich nach Gl. (9.1) nur durch Ändern der Polpaarzahl oder der Frequenz beeinflussen. Hierbei verdrängen die elektronischen Frequenzwandler die sonst übliche Polabschaltung.

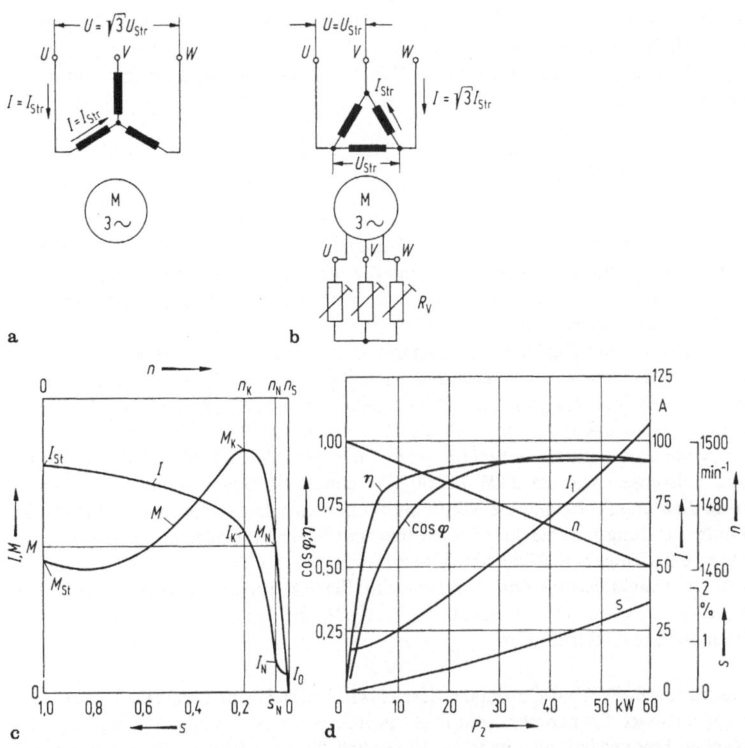

Bild 9.1a–d. Asynchronmotoren. **a, b** Schaltbilder. **a** Kurzschlußläufer in Sternschaltung; **b** Schleifringläufer in Dreieckschaltung; **c** Drehzahlkennlinie; **d** Leistungskennlinie. Angaben eines Leistungsschildes: $n = 1470\,\text{min}^{-1}$; $f = 50\,\text{Hz}$; $\cos\phi = 0{,}93$; $P_2 = 40\,\text{kW}$; $V_1 = 380\,\text{V}$; $I_1 = 73\,\text{A}$; Δ-Schaltung und $\eta = 40\cdot 10^3\,\text{W}/(\sqrt{3}\;380\,\text{V}\;73\,\text{A}\cdot 0{,}93) = 0{,}895$ nach Gl. (9.6)

Sind U_{Str} und I_{Str} Strom bzw. Spannung eines Stranges, so folgt insgesamt für die Scheinleistung $P_S = 3\,U_{\text{str}}I_{\text{Str}}$. Nun gilt für die Schaltung im Stern $U_{\text{Str}} = U/\sqrt{3}$ und $I_{\text{Str}} = I$ und im Dreieck (Bild 9.1a und 9.1b) $U_{\text{Str}} = U$ und $I_{\text{Str}} = I/\sqrt{3}$. Damit folgt die Scheinleistung für die beiden Schaltungen

$$P_S = \sqrt{3}\,UI \; . \tag{9.3}$$

Die Wirk- und die Blindleistung betragen dann

$$P_W = \sqrt{3}\,UI\cos\varphi \quad \text{bzw.} \quad P_B = \sqrt{3}\,UI\sin\varphi \; . \tag{9.4}\,(9.5)$$

Hierbei sind φ der Phasenwinkel und $\cos\varphi$ der Leistungsfaktor. Er soll nahe bei eins liegen, damit die Blindströme $I\sin\varphi$, welche zu ihrer Verringerung Kompensatorbatterien oder Phasenschieber [9.5] verlangen, klein bleiben. Auf den Läufer wird durch den magnetischen Fluß die vom Verdichter aufgenommene Leistung $P_2 = P_e$ nach Gl. (4.22) übertragen. Der Motorwirkungsgrad beträgt dann mit Gl. (9.4) und $P_1 = P_W$

$$\eta_M = \frac{P_2}{P_1} = \frac{P_e}{\sqrt{3}\, UI \cos \varphi}\ . \tag{9.6}$$

Er liegt zwischen 0,85 bis 0,95 bei Leistungen zwischen 5 bis 100 kW, steigt also mit der Motorengröße an. Ursache sind die Stromwärmeverluste in den Wicklungen, die Hysterese- und Wirbelstomverluste im Eisen, sowie die Lager-, Bürsten- und Luftreibungsverluste.

Die mittels des Heyland- bzw. Ossanna-Kreises [9.3] ermittelten Kennlinien, als Funktion der abgegebenen Leistung P_2 (Bild 9.1 d), zeigen einen starken Abfall des $\cos \varphi$ bei $0,4\, P_{2\,max}$ und des Wirkungsgrades η bei $0,2\, P_{2\,max}$. Kupplungsmoment M_d und Ständerstrom I_1 steigen überlinear mit P_2 an.

Asynchronmotoren werden für die Spannungen 220, 380, 500, 3000 und 6000 V und Leistungen von eta 2 kW bis 50 MW eingesetzt. Seine wichtigsten Vertreter (Bild 9.1 a und 9.1 b) sind die Kurzschluß- oder Käfigläufermotoren, bei denen die Läuferwicklung kurzgeschlossen ist, bzw. der Schleifringläufermotor, bei dem sie über Schleifringe mit Widerständen verbunden ist. Sie dienen zum Anfahren und zur Drehzahländerung und können beim Betrieb kurzgeschlossen werden. Der Kurzschlußläufer gilt als der preisgünstigste, betriebssicherste und wartungsfreundlichste Elektromotor.

Frequenzwandler sind Umrichter, deren Zwischenkreis eine konstante Gleichspannung aufweist. Sie nehmen Leistungen zwischen 0,6 kVa bis 25 MWA auf. Ihre geregelten Frequenzen, also nach Gl. (9.1) auch die Drehzahlen, haben den Bereich 1:10 und ihr Wirkungsgrad liegt bei 90 bis 95%. Der Frequenzbereich ist nach oben allerdings nur lastabhängig zu erweitern. Mit dem Sollwerteinsteller für die Drehzahl ist auch der Gegendruck beeinflußbar (siehe Abschn. 7.3.1).

Gleichstrommotoren

Sie treiben neuerdings auch Verdichter mit Leistungen bis zu 5000 kW unter Verwendung von Thyristorgleichrichtern an. Ihre Vorteile liegen im wirtschaftlichen Betrieb, der Drehzahländerung in weiten Grenzen (etwa 1/10) und der weitgehenden Steuerungs- und Regelungsmöglichkeiten. Nachteilig sind die hohen Kosten für die Elektronik, den Motor und die größeren Schwungräder sowie die Empfindlichkeit der Thyristoren. Bei den meist verwendeten Nebenschlußmotoren [9.4] liegen die Erreger- und die Ankerwicklung parallel. Die Ankerspannung bzw. die Drehzahl sinken dabei mit steigendem Strom bzw. Drehmoment etwas ab [9.5].

Gleichrichter arbeiten mit Thyristoren [9.6], das sind steuerbare Ventile, die als Stromrichter dienen. Dazu unterdrücken sie die negative Welle des sinusförmigen

Wechselstroms und schneiden die positive Welle für die Ankerspannung je nach
Belastung an. Mit Hilfe eines Spannungsreglers wird die Drehzahl durch ein Soll-
wertpotentiometer eingestellt. Über einen Adapter ist auch der Druck des Verdichters regelbar. Ihr Leistungsbereich liegt zwischen 0,6 kW und 25 MW bei dem
Drehzahleinstellbereich 1 : 100.

9.1.2 Verbrennungsmotoren

Fahrbare Luftverdichter, heute oft Schrauben- oder Rotationskompressoren, werden mit Diesel-, seltener mit Ottomotoren direkt gekoppelt. Dies gilt auch für die
Maschinen zur Siloentleerung, deren Antrieb durch die Zapfwellen der Transport-
fahrzeuge erfolgt. Hier werden ebenfalls die Synchrondrehzahlen nach Tabelle 9.1
bevorzugt, um den Antrieb durch Asynchronmotoren zu ermöglichen. Bei Ölfeldkompressoren dient das auf den Ölfeldern anfallende Erdgas als preiswerteste
Energiequelle. Sie erhalten, wie früher auch andere Motorkompressoren, eine gemeinsame Kurbelwelle für Motor und Verdichter.

Diesel- und Ottomotoren

Es bezeichnen p_e ihren effektiven Druck und a_T ihre Taktzahl, die $a_T = 1$ für
Zwei- und $a_T = 2$ für Viertaktmotoren beträgt. Weiterhin werden die für beide
Maschinen gleichen Symbole durch den Index (M) für den Motor und (V) für den
Verdichter unterschieden.

Mit dem Übertragungswirkungsgrad $\eta_{ü}$ nach Gl. (4.25) betragen dann die Leistungen eines einstufigen Verdichters nach Gl. (3.29), (4.7) und (4.22):

$$P_{eV} = \frac{\lambda_L p_1 \dot{V}_{HV} \ln (p_2/p_1)}{\eta_{ise}} \quad \text{und} \quad P_{eM} = \frac{P_{eV}}{\eta_{ü}} = \frac{\dot{V}_{HM} p_e}{a_T} . \qquad (9.7) \ (9.8)$$

Auslegung

Zur Vereinfachung seien $\eta_{ü}$ und η_{ise}/λ_L als konstant angenommen. Das Druckverhältnis des Verdichters ergibt sich dann mit $\dot{V}_H = V_H n$ zu

$$\frac{p_2}{p_1} = \exp \frac{\eta_{ise} \eta_{ü} p_e V_{HM} n_M}{\lambda_L p_1 V_{HV} a_T n_V} . \qquad (9.9)$$

Bei direkter Kupplung ist $n_V = n_M$ und $\eta_{ü} = 1$. Nach Gl. (9.9) erhalten selbst Viertaktmotoren wegen ihrer hohen effektiven Drücke kleinere Gesamthubvolumina
als die Verdichter. So ergibt sich für einen Motorkompressor mit $\eta_{ise}/\lambda_L = 0{,}72$
für $V_{HV}/V_{HM} = 1{,}3$ bei $p_e = 7{,}5$ bar und $a_T = 2$ das Druckverhältnis $p_2/p_1 = 8$.

Kraftstoffverbrauch

Er wird aus den Kennfeldern des Verdichters (Bild 9.12) $\dot{V}_{fa}, P_{eV}, \eta_{ise} = f(p_2, n)$ mit
den Linien für konstantes $\dot{V}_{fa}$ und P_{eV} sowie aus dem des Motors (Bild 9.2a)

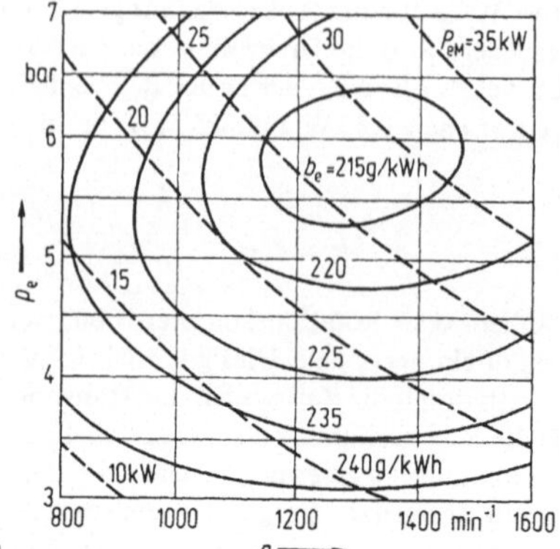

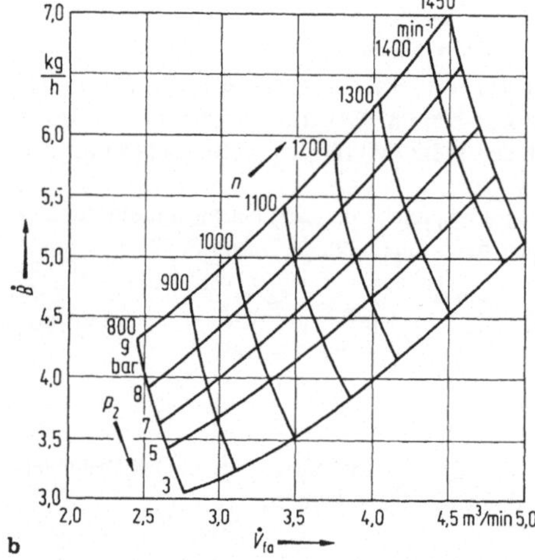

Bild 9.2 a, b. Kennfeld eines Motorkompressors.
4T-Dieselmotor mit $z = 3$, $D = 115$ mm, $s = 140$ mm und $V_H = 4,362$ l. Verdichter mit $z = 3$, $D = 140$ mm, $s = 100$ mm und $V_H = 4,618$ l.
a Dieselmotor;
b Gesamtaggregat

$p_e = f(n)$ mit den b_e- und P_{eM}-Linien ermitteln. Hierbei ist $b_e = \dot{B}/P_{eM}$ der spezifische Kraftstoffverbrauch und $\dot{B}$ der Kraftstoffstrom. Mit n_v und P_{eV} für das geforderte $\dot{V}_{fa}$ und p_2 des Verdichters folgt $\dot{B}$ aus Bild 9.2 b.

Da bei direkter Kupplung $n_M = n_V$ und $P_{eM} = P_{eV}$, ergibt sich dann b_e aus Bild 9.2 a und $\dot{B} = b_e P_e$. Bei veränderlichem n und bei festem p_2/p_1 bleibt λ_L/η_{ise} gleich. Das Drehmoment $M_d = P_e/(2\pi n)$ beträgt dann bei konstantem Saugdruck p_1 mit $n_v = n_M$ und $\dot{V}_H = V_H n$ nach den Gln. (9.7) und (9.8)

$$M_d = \frac{p_e V_{HM}}{2\pi a_T} = \frac{\lambda_L p_1 V_{HV} \ln(p_2/p_1)}{\eta_{ise} 2\pi}.$$

$$\text{(9.10)}$$

Es gilt also $M_d \sim p_e \sim \ln(p_2/p_1)$, solange $\lambda_L/\eta_{ise} = \text{const}$ ist. Der Kraftstoffverbrauch $\dot{B}$ ergibt sich dann aus der Geraden $p_e = \text{const}$ im Motorenkennfeld
(Bild 9.2a) [8].

Erdgaskompressoren

Auf Ölfeldern saugen sie das Gas aus den Bohrungen ab (Gaslift) oder fördern es
in Leitungen oder Speicher. Hierbei schwanken die Saug- und Förderdrücke stark.
Zum Antrieb dienen Elektro- oder Verbrennungsmotoren, die von dem geförderten
Erdgas gespeist werden.

Panhandle-Diagramm

Es (Bild 9.3) zeigt für den Verdichter die Linien konstanter Leistung P_e und konstanten Volumenstromes $\dot{V}_N$ für den Zustand $p_N = 1$ bar und $t_N = 25\,°C$ als Funktion der veränderlichen Drücke p_1 und p_2 bei einstufiger Verdichtung. Für die Volumenströme folgt aus Gl. (3.21) und (3.29) für $Z = 1$

$$\dot{V}_N = \lambda_L \, \dot{V}_H \, \frac{p_1 T_N}{p_N T_{a1}} \,, \quad \text{wobei} \quad \lambda_L = f\left(\frac{p_2}{p_1}\right) . \tag{9.11}$$

Hiermit ist das Gesetz $\dot{V}_N = f(p_2, p_1)$ implizit gegeben. Für die Leistungen gilt
sinngemäß

$$P_e = \frac{p_N \dot{V}_N}{\eta_{ise}} \, \frac{T_{a1}}{T_N} \ln \frac{p_2}{p_1} . \tag{9.12}$$

Da hierbei $\dot{V}_N$ und $\eta_{ise} = f(p_2/p_1)$ sind, ist die komplizierte Funktion
$p_2 = f(\dot{V}_n, p_1)$ nur mit dem Computer zu berechnen. Weichen die Volumina und
Ansaugetemperaturen mit Stern von den im Bild 9.3 ermittelten Werten ab, so gilt

$$P_e^* = P_e \frac{\dot{V}_N^*}{\dot{V}_N} \, \frac{T_N}{T_N^*} .$$

9.2 Betrieb

Hierzu zählen das Anfahren und Abstellen des Aggregats, bestehend aus Motor
und Verdichter und deren Anpassung an die wechselnden Betriebsbedingungen von
Hand oder die automatische Regelung (siehe Abschn. 7). Für den Dauerbetrieb ist
die laufende Überwachung des Förderstromes, der Schmierung, der Kühlung, der
Stopfbuchsen und der Motorwicklungen unerläßlich. Die Betriebssicherheit erfordert regelmäßige Kontrollen von Verschleißteilen wie Kolbenringe und Ventile. Bei
Bedienung von einer Schaltzentrale aus erfolgt die laufende Überwachung der für
die Sicherheit maßgebenden Meßwerte wie auch das Anfahren und Abstellen auto-

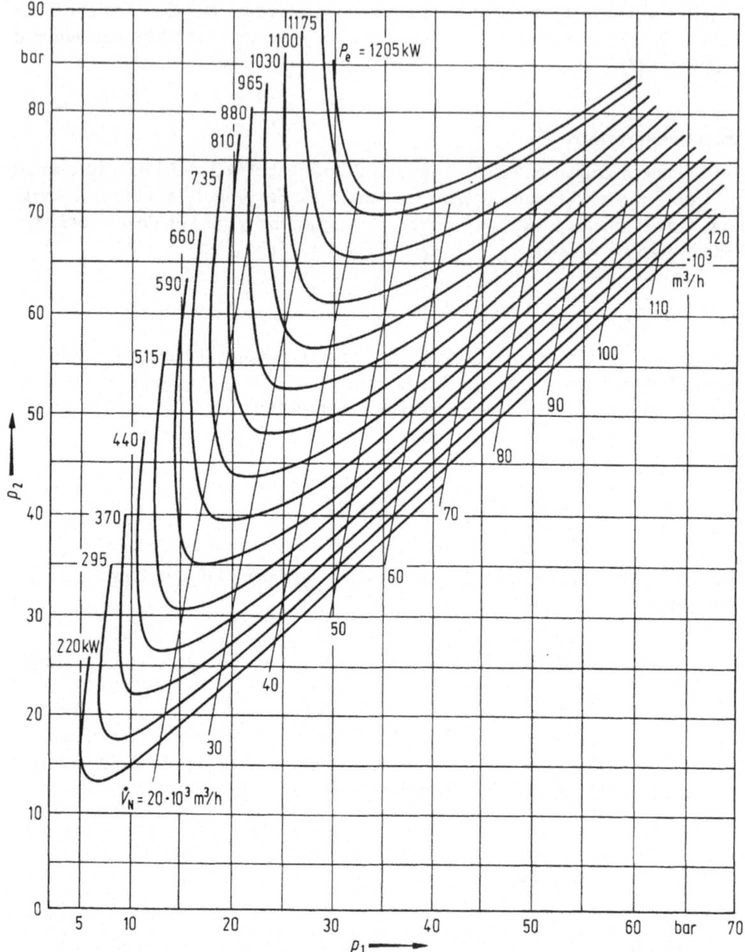

Bild 9.3. Panhandle Diagramm für einstufige Gasverdichter. Bezugszustand: $p_N = 1$ bar, $t_N = 25\,°C$ (Borsig Gruppe Deutsche Babcock, Berlin)

matisch. Für kleinere Anlagen gibt es nur optische bzw. akustische Signale, die bei Überschreitung des Gegendruckes und der Höchsttemperatur des Mediums sowie bei Ausfall der Schmierung ansprechen. Außerdem müssen in jeder Anlage Sicherheitsventile zwischen den einzelnen Stufen und den Absperrorganen vorhanden sein. Die wichtigsten Betriebs- und Sicherheitsvorschriften für Verdichter befinden sich im Anhang.

9.2.1 Dynamisches Verhalten

Beim Anfahren und Abstellen und beim Lastwechsel treten dynamische Vorgänge auf. Bezeichnet M_K das Moment der Kraftmaschine und M_V das des Verdichters, n die Drehzahl und J das Trägheitsmoment der rotierenden Teile des Aggregats (s. Abschn. 5.38), so folgt aus dem Energiesatz

$$2\pi J \frac{dn}{dt} = M_K - M_V \ . \tag{9.13}$$

Ist $M_K > M_V$ wie beim Anfahren oder bei Lastabsenkung, so wird das Aggregat beschleunigt, bei $M_K < M_V$ erfolgt eine Verzögerung beim Abstellen oder bei einer Lasterhöhung. Ist $M_K = M_V$, so besteht Beharrung bei konstanter Drehzahl. Die Zeit zur Laständerung zwischen den Drehzahlen n_1 und n_2 beträgt

$$t = 2\pi J \int_{n_1}^{n_2} \frac{dn}{M_K - M_V} \ . \tag{9.14}$$

Die Integration der meist empirisch in Kurvenform (Bild 9.4) gegebenen Momentendifferenz $M_K - M_V = f(n)$, die senkrecht schraffiert ist, erfolgt mit numerischen Integrationsverfahren wie die Simpsonsche oder die Trapezregel [12]. Zur graphischen Lösung ist nach Gl. (9.14) die Kurve $1/(M_K - M_V) = f(n)$ mit dem Maßstab des Kehrwertes des Moments $\bar{m}_{1/M}$ bzw, der Drehzahl $\bar{m}_n$ (z. B. in $(\mathrm{Nm})^{-1}/\mathrm{mm}$ bzw. in $\min^{-1}/\mathrm{mm}$) aufzuzeichnen und die darunterliegende Fläche A von n_1 bis n_2 durch Planimetrieren zu ermitteln, dann gilt:

$$t = 2\pi J A \, \bar{m}_{1/M} \, \bar{m}_n \ .$$

Drehzahlregelstrecke

Sie tritt bei Antrieben mit veränderlicher Drehzahl, also bei Verbrennungs- bzw. bei Gleichstromnebenschlußmotoren auf. Ihr Eingang ist das Moment als Stell- und ihr Ausgang die Drehzahl als Regelgröße. Sie wird durch die Gl. (9.14) beschrieben. Zur Vereinfachung ihrer Berechnung wird die Momentenänderung $M_K - M_V = M$ als konstant angesehen. Damit folgt aus Gl. (9.13) $n = t M/(2\pi J)$. Die Strecke weist also hiernach keinen Ausgleich auf (I-Verhalten) [7.1] und gilt für kleine Lastenänderungen trotz der vereinfachten Voraussetzungen ausreichend genau. Ihre Kenngröße, die Anlaufzeit T_a ist für das Hochfahren des Aggregates vom Stillstand ($n = 0$) bis zur Nenndrehzahl n_N definiert. Danach beträgt sie mit dem Nennmoment $M_N = P_e/(2\pi n_N)$

$$T_a = \frac{2\pi n_N J}{M_N} = \frac{4\pi^2 n_N^2 J}{P_e} \ . \tag{9.15}$$

Die wirkliche Regelstrecke ist von höherer Ordnung und besitzt einen Ausgleich [7.7].

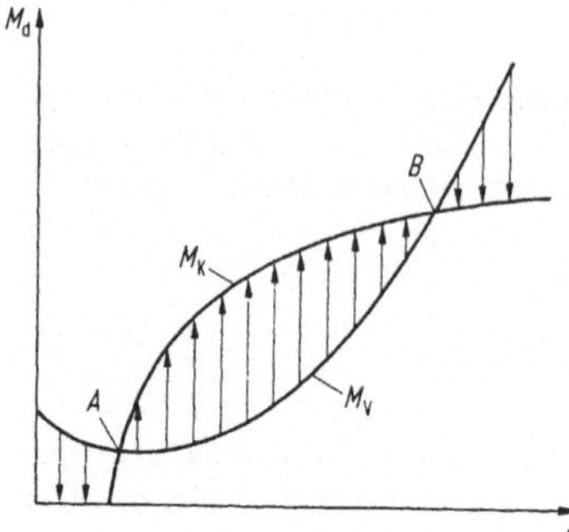

Bild 9.4. Anfahren eines Verdichters V mit einer Kraftmaschine K

9.2.2 Lastwechselkennlinien

Im allgemeinen Fall (Bild 9.4) wie beim Antrieb eines Kreiselverdichters durch einen Verbrennungsmotor ist zunächst $M_\mathrm{K} < M_\mathrm{V}$. Das Aggregat muß also mit einem Motoranlasser oder einer Andrehvorrichtung hochgefahren werden. Der erste Kennlinienschnittpunkt A ist hier instabil, denn ein geringer Leistungsabfall bringt das Aggregat zum Stillstand, während eine kleine Steigerung es zum Punkt B hochlaufen läßt. Dieser ist stabil. Wird $M_\mathrm{K} < M_\mathrm{V}$, so verringert der Motor die Drehzahl und bei $M_\mathrm{K} > M_\mathrm{V}$ erhöht er sie. Der Motor pendelt sich also immer wieder auf den Punkt B ein. Zeigen also die Pfeile für die Differenzen dieser Momente zur Motorkennlinie, so beschleunigt das Aggregat, sonst wird es verzögert. Ein Kolbenverdichter wird zum Hochlaufen durch Offenhalten der Saugventile (siehe Abschn. 7.3.3) oder eines Bypasses entlastet, um die Motorgröße zu verringern und Resonanzdrehzahlen schneller zu durchfahren. Beim Anfahren (Bild 9.6) wird zunächst das durch die Reibung der Ruhe bedingte Losbrechmoment im Punkt _1_ durch die Schmierung bis zum Punkt _2_ abgebaut. Dann steigt das Leerlaufmoment M_VL geringfügig an, da die Ventilreibungsverluste mit der Drehzahl quadratisch anwachsen.

Kurzschlußläufermotor

Hier (siehe Bild 9.5 a) gilt bei Stern- bzw. Dreieckschaltung für Ströme und Momente: $I_\mathrm{Y}/I_\Delta = M_\mathrm{Y}/M_\Delta \approx 1/3$.

So wird, um zu große Motorströme zu vermeiden, im Punkt _1_ mit der Sternschaltung angefahren. Dabei muß der Motor das Losbrechmoment des Verdichters überwinden. Die Umschaltung auf Dreieck erfolgt im Punkt _2_, wo die Differenz $I_\Delta - I_\mathrm{Y}$ etwa so groß wie der Strom I_Y beim Anfahren ist. Dann folgt der Punkt _3_ mit der Drehzahl n, in dem die Momente M_VL und M_M gleich sind. Nach Umschalten auf den Behälterdruck steigt dann das Moment M_V und die Drehzahl fällt ab, bis sich in Punkt _5_ die Kennlinien von Verdichter und Motor schneiden. Der Arbeitsbereich liegt dann zwischen dem Vollast- und Leerlaufpunkt _4_ und _3_ [9.2, 9.5].

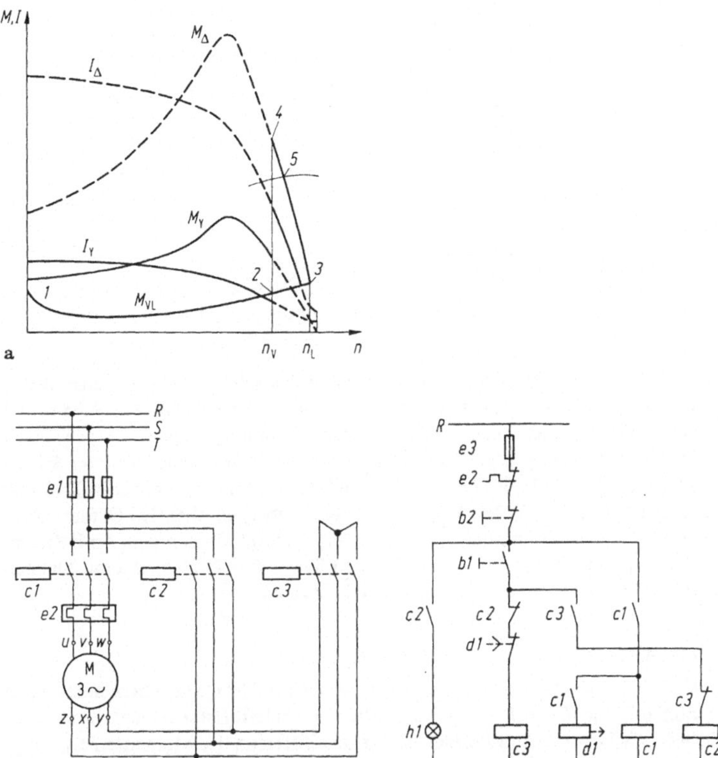

Bild 9.5a–c. Anfahren eines Verdichters mit einem Kurzschlußläufermotor. **a** Momente und Ströme als Funktion der Drehzahl (ausgezogen die jeweils im Betrieb befindliche Schaltung); **b** Stromlaufplan Leistungsteil; **c** Stromlaufplan Steuerteil

Selbstanfahrschaltung

Hier (Bild 9.5b und 9.5c) bedeuten $c1$ das Netz-, $c2$ das Dreieck- und $c3$ das Sternschütz. Hinzu kommt noch ein Entlastungsschütz zum Anfahren des Verdichters (Position 9 in Bild 7.3). Das verzögerte Hilfsschütz $d1$ schaltet den Motor nach dem Hochlaufen von Stern- auf Dreieckschütz um. Die Taster $b1$ und $b2$ dienen zum Ein- und Ausschalten; $h1$ ist die Betriebskontrollampe und $e1$ bis $e3$ stellen Sicherungen dar. Die Teile $b1$, $b2$ und $h1$ liegen bei Fernbedienung in der Schaltwarte. Aus dem Steuerteil des Stromlaufplanes (Bild 9.5c), dessen Pfade hier in Klammern gesetzt sind, folgt:

Nach Drücken des Tasters $b1$ erhält der Schütz $c3$ (Pfad 2) Strom, der den Motor in Stern schaltet, über den Öffner $c3$ (5) wird das Dreieckschütz $c2$ (5) entriegelt

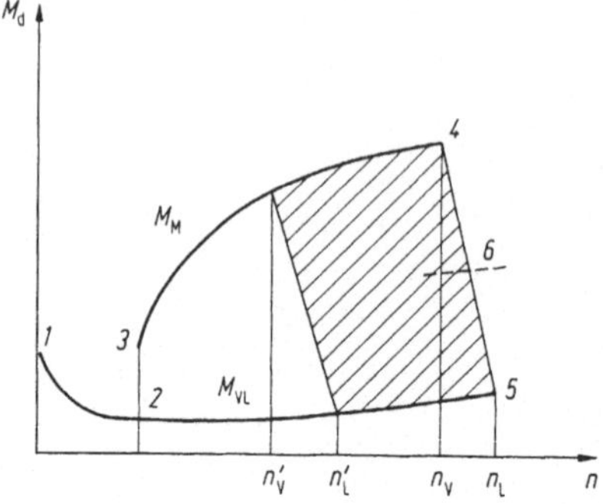

Bild 9.6. Anfahren eines Verdichters im Leerlauf. *VL* mit einem Dieselmotor *M*

und der Schließer *c3* (3) betätigt. Dieser schaltet das Schütz *c1* (4), das den Motor ans Netz legt, und das Hilfsschütz *d1* (3) ein. Der dabei geschlossene Schalter *c1* (4) bewirkt die Selbsthalterung und der Taster *b1* kann losgelassen werden. Nach der eingestellten Zeit betätigt das Schütz *d1* (3) den Öffner *d1* (2) und der Schütz *c3* (3) fällt ab. Der Schließer *c3* (3) öffnet und der Öffner *c3* (5) schließt. Dadurch schaltet der Schütz *c2* (5) den Motor in Dreieck, entriegelt über den Öffner *c2* (2) das Sternschütz *c3* (2) und der Schließer *c2* (1) versorgt die Lampe *h1* mit Strom. Der Motor ist in Betrieb und wird über den Taster *b2* (2) abgeschaltet. Danach nehmen die Schalter wieder die gezeichnete Lage ein.

Motorverdichter

Die Anlaßvorrichtung dreht das Aggregat von *1* und *2* an und überwindet dabei den labilen Punkt (*A* in Bild 9.4) mit Hilfe der Kraftstoffstartmenge im Punkt *3* (Bild 9.6). Zwischen *3* und *4* beschleunigt die Differenz der Momente $M_M - M_{VL}$ des Motors und Verdichters mit der Vollastkraftstoffmenge des Motors beide Maschinen bis zur Drehzahl n_V. Jetzt greift der Drehzahlregler des Motors ein und drosselt den Kraftstoff von *4* nach *5*, dem Leerlaufpunkt mit der Drehzahl n_L. Nach Belasten des Verdichters stellt dann der Regler den Betriebspunkt *6* ein. Dabei erhöht er die Kraftstoffzufuhr und die Momente, da wegen der Druckerhöhung die Drehzahl abfällt. Der vorliegende P-Regler des Motors hat den Proportionalbereich $n_p = n_L - n_V$ bzw. den Ungleichförmigkeitsgrad $\delta = (n_L - n_V)/n_m$, wobei $n_m = (n_L + n_V)/2$ die mittlere Drehzahl ist. Durch eine Sollwerteinstellung sind die Drehzahlen auf n'_V und n'_L sowie der Kraftstoffstrom absenkbar (siehe Bild 9.6). Damit sind also auch das Drehmoment und der Förderstrom im schraffierten Bereich einstellbar.

Beispiel 9.1

Ein luftgekühlter einstufiger Verdichter mit der Drehzahl $n = 1450 \, \text{min}^{-1}$ wird durch verschiedene direkte gekuppelte Kraftmaschinen angetrieben.

Der einstufige Verdichter hat $z = 3$ Zylinder von $D = 140 \, \text{mm}$ Durchmesser und $s = 100 \, \text{mm}$ Hub. Er verdichtet Luft von $p_1 = 1$ bar auf $p_2 = 8$ bar mit dem Liefergrad $\lambda_L = 0,7$ und dem ef-

Tabelle 9.2. Daten von Elektromotoren für eine Leistung von 30 kW an der Kupplung des Läufers bei einer Netzfrequenz von 50 Hz für Drehstrom

	Spannung V	Strom A	Leistungsfaktor 1	Schaltung –
Kurzschlußläufer	380	65	0,88	Stern
Schleifringläufer	380	58	0,90	Dreieck
Gleichstrom	440	80	–	fremderregt

fektiven isothermen Wirkungsgrad $\eta_{ise} = 0{,}55$. Als Antriebsmaschinen dienen die in der Tabelle 9.2 aufgeführten Elektromotoren und die Dieselmaschine nach Bild 9.2a. Sie hat $z = 3$ Zylinder mit dem Durchmesser $D = 115$ mm und den Hub $s = 140$ mm.

Gesucht sind die für die Wirtschaftlichkeit des Betriebes ausschlaggebenden Leistungen, Ströme bzw. Kraftstoffverbräuche.

Verdichter. Mit dem Gesamthubvolumen $V_H = 0{,}25\,z\pi D^2 s$ nach Gl. (3.15) folgt der Förderstrom $\dot{V}_{fa} = \lambda_L V_H n = 4{,}69\ \mathrm{m^3/min}$ nach Gl. (3.29) sowie mit Gl. (4.7) und (4.22) die isotherme und effektive Leistung $P_{is} = p_1 \dot{V}_{fa} \ln(p_2/p_1) = 16{,}24$ kW und $P_e = P_{is}/\eta_{ise} = 30$ kW.

Elektromotoren. Für die Drehstrommaschinen gilt bei $p = 2$ Polpaaren nach Gl. (9.1) und (9.2) $n_s = f/p = (50\ \mathrm{s^{-1}}\ 60\ \mathrm{s/min}):2 = 1500\ \mathrm{min^{-1}}$ und $s = 1 - n/n_s = 0{,}033$. Für den Schleifringläufer beträgt nach den Gln. (9.4) und (9.6) die zugeführte Leistung und der Wirkungsgrad

$$P_W = \sqrt{3}\,UI\cos\varphi = \sqrt{3}\cdot 0{,}38\ \mathrm{kV}\cdot 58\ \mathrm{A}\cdot 0{,}9 = 34{,}4\ \mathrm{kW} \quad \text{und} \quad \eta_M = P_e/P_W = 0{,}873\ .$$

Damit ergibt sich für die Schein- und die Blindleistung mit Gl. (9.3) und (9.5) und arccos $0{,}9 = 25{,}84$ Grad.

$$P_s = \sqrt{3}\,UI = 38{,}17\ \mathrm{kVA} \quad \text{und} \quad P_B = \sqrt{3}\,UI\sin\varphi = 16{,}6\ \mathrm{kvar}.$$

Für die Ströme und Spannungen gilt dann bei Sternschaltung (Bild 9.1a)

$$U_{Str} = U/\sqrt{3} = 220\ \mathrm{V} \quad \text{und} \quad I_{Str} = I = 58\ \mathrm{A} \quad \text{bzw.} \quad I_B = I\sin\varphi = 25{,}3\ \mathrm{A}\ .$$

Der Blindstrom ist zu kompensieren.

Das Drehmoment des Motors beträgt dann nach Gl. (5.21)

$$M_d = \frac{P_e}{2\pi n} = \frac{30\ \mathrm{kW}\cdot 60\ \mathrm{s/min}}{2\pi 1450\ \mathrm{min^{-1}}}\,10^3\,\frac{\mathrm{Nm/s}}{\mathrm{kW}} = 198\ \mathrm{Nm}\ .$$

Sein Maximum, das Kippmoment ist dann $M_K \approx 1{,}6\,M_d = 316\ \mathrm{Nm}$.

Bei dem Kurzschlußläufer ergibt sich dementsprechend nach Tabelle 9.2 für die Leistungen:

$$P_{1S} = 37{,}65\ \mathrm{kW} \quad P_{1W} = 42{,}78\ \mathrm{kVA}\ , \quad P_{1B} = 20{,}32\ \mathrm{kvar} \quad \text{und} \quad \eta_M = 0{,}8$$

und für die Spannungen bzw. Ströme bei Dreieckschaltung (Bild 9.1b)

$$U_{Str} = U = 380\ \mathrm{V}\ , \quad I_{Str} = I/\sqrt{3} = 37{,}52\ \mathrm{A} \quad \text{und} \quad I = 17{,}8\ \mathrm{A}\ .$$

Beim Gleichstrommotor beträgt die zugeführte Leistung und der Wirkungsgrad nach Tabelle 9.2

$$P = UI = 0{,}44\,\text{kV} \cdot 80\,\text{A} = 35{,}2\,\text{kW} \quad \text{und} \quad \eta = \frac{P_e}{P} = \frac{30\,\text{kW}}{35{,}2\,\text{kW}} = 0{,}85 \; .$$

Dieselmotor. Für die Drehzahl $n = 1450\,\text{min}^{-1}$ und die Leistung $P_e = 30\,\text{kW}$ folgt aus Bild 9.2a der spezifische Kraftstoffverbrauch $b_e = 218\,\text{g/kWh}$. Sein Wert pro Zeiteinheit ist dann $\dot{B} = b_e P_e = 6{,}54\,\text{kg/h}$.

Energiekosten. Ist V_{ua} das untersuchte auf den Ansaugezustand bezogene Fördervolumen und bedeuten k_{St} und k_D die Einheitspreise für Strom und Dieselöl (DM/kWh bzw. DM/l), so gilt für den Elektro- bzw. Dieselmotor

$$K_{OE} = \frac{k_{St} P_e V_{UA}}{\eta_{el} \dot{V}_{fa}} \quad \text{bzw.} \quad K_{OD} = \frac{k_D b_e P_e V_{UA}}{\varrho_{Kr} \dot{V}_{fa}} \; .$$

Mit $V_{ua} = 1000\,\text{m}^3$ folgt dann für den Schleifringläufer- bzw. den Dieselmotor mit $\varrho_{Kr} = 0{,}86\,\text{kg/l}$

$$K_{OE} = \frac{k_{St} \; 30\,\text{kW} \; 10^3\,\text{m}^3}{0{,}873 \; 4{,}69\,\text{m}^3/\text{min} \; 60\,\text{min/h}} = 122{,}0\,\text{kWh} \; k_{St} \quad \text{und}$$

$$K_{OD} = \frac{k_D \; 30\,\text{kW} \; 0{,}218\,\text{kg/(kWh)} \; 10^3\,\text{m}^3}{0{,}86\,\text{kg/l} \; 4{,}69\,\text{m}^3/\text{min} \; 60\,\text{min/h}} = 27{,}0\,\text{l}\,k_D \; .$$

Hierbei sind die Preise starken örtlichen und zeitlichen Schwankungen unterworfen. Für den Kostenvergleich ergibt sich dann, wenn z. Zt. $k_{St} = 0{,}20\,\text{DM/kWh}$ und $k_D = 1{,}10\,\text{DM/l}$ betragen $K_{OE} = 24{,}40\,\text{DM}$ und $K_{OD} = 29{,}70\,\text{DM}$. Allgemein gilt für den Vergleich

$$\frac{K_{OE}}{K_{OD}} = \frac{k_{St} \varrho_{Kr}}{k_D \eta_{el} b_e} = \frac{0{,}2\,\text{DM/kWh} \cdot 0{,}86\,\text{kg/l}}{1{,}1\,\text{DM/l} \cdot 0{,}873 \cdot 0{,}218\,\text{kg/kWh}} = 0{,}8216 \; .$$

Hierzu kommen noch die Kosten für die Betriebsmittel, das Bedienungspersonal und die Abschreibung.

9.3 Betriebsüberwachung

Die Überwachung der Anlagen soll das Bedienungspersonal vor Unfällen schützen sowie teuere Reparaturen und kostspielige Produktionsausfälle vermeiden. Hierzu dienen mechanische Einrichtungen wie Sicherheitsventile, Berstscheiben, aber auch Filter, Stopfbuchsen, Entwässerungen und Schmierungen. Sie werden heute durch automatische Einrichtungen ergänzt und überwacht. Diese Maßnahmen sparen Betriebspersonal ein und vermeiden menschliche Unzulänglichkeiten. Auch Regelungen (siehe Abschn. 7) erhöhen die Sicherheit. Oft werden sie aber durch mechanische Wächter abgesichert, die selbst bei Ausfall ihres Betriebsmittels den richtigen Eingriff vornehmen bzw. die Maschine abschalten (fail and safe). Trotzdem sind turnusmäßige Kontrollen der Anlage notwendig, da nicht alle Versagensursachen meßtechnisch erfaßbar sind und die Störanfälligkeit mit wachsender Automatisierung ansteigt. So sind Verschleißteile wie Kolbenringe, selbsttätige Ventile und Packungen etwa alle drei Monate zu kontrollieren und bei Bedarf zu ersetzen, während alle zwei bis drei Jahre die ganze Anlage durchzusehen ist.

Bei kleineren Verdichtern wird der Motor mit einem Überstromrelais, das Kühlwasser mit einem Temperatur- und Durchfluß-, das Schmieröl mit einem Druckwächter (Bild 9.7) überwacht. Sie schalten bei Grenzwertüberschreitungen den Motor ab. Aufwendiger sind die Kontrollen bei Großanlagen. Sie erstrecken sich auf die Drehzahl, die Stromversorgung, die Kühlung und Schmierung des gesamten Aggregates und den Gaskreislauf einschließlich der Stopfbuchsen. Meßfühler erfassen dabei die für den Betrieb relevanten Größen und leiten sie an Schalttafeln bzw. Meßwarten weiter. Hier befinden sich die Meßinstrumente, optische bzw. akustische Warneinrichtungen und Schalter zum Stillsetzen der Anlage oder Teile davon im Gefahrenfall. Bei Meßwarten ist auch eine Anzeige durch Monitore bzw. eine Registrierung durch Drucker üblich, wobei Meßwertgruppen in bestimmten Zeitintervallen erscheinen oder einzeln abzufragen sind. Die Übertragung der Meßwerte erfolgt über Trägerfrequenzen oder bei strengen Sicherheitsforderungen über Meßleitungen mit stabilisierten Strömen bzw. Spannungen von 0 bzw. 4 bis 20 mA bzw. 6 V [9.7]. Die notwendigen Eingriffe werden von mechanischen Relais,

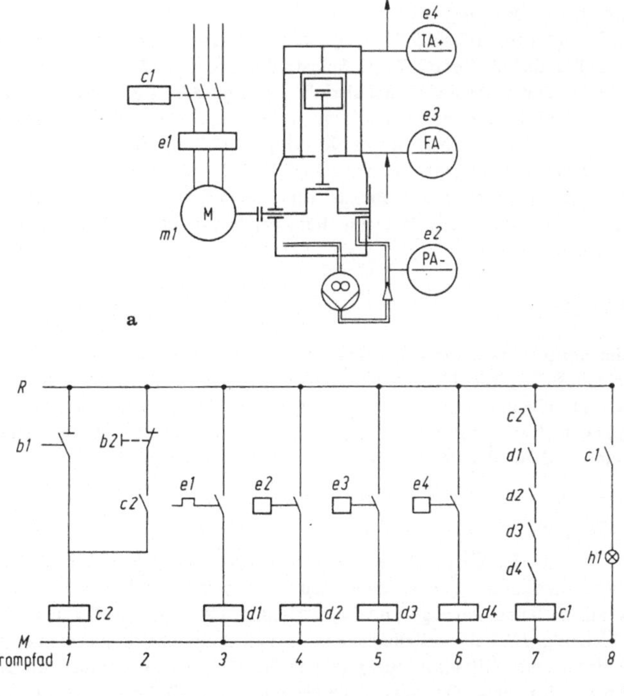

Bild 9.7 a, b. Überwachung eines einstufigen Luftverdichters. **a** Geräteplan; **b** Stromlaufplan, Steuerteil

elektronischen Schaltern auf Steckkarten oder speicherprogrammierbaren Systemen gesteuert. Dabei sind elektronische Bauelemente genügend weit von den Schaltern mit ihren starken Magnetfeldern anzuordnen.

Speicherprogrammierbare Steuerungen (SPS) ermöglichen das Steuern und Regeln sowie das Überwachen von Anlagen durch Anzeige, Alarm und Protokoll. Gegenüber den festverdrahteten Anlagen sind Änderungen mit einem Rechner über ein spezielles Programmiersystem sofort ausführbar.

9.3.1 Einfache Anlagen

Bei kleineren Verdichtern verwendet, erfordern sie gelegentliche Kontrollen. So zeigt das Geräteschaubild 9.7a eine Anlage mit ihren Druck-, Durchfluß- und Temperaturwächtern $e2$, $e3$ und $e4$. Sie schalten den Verdichter ab, wenn der Öldruck unter 2 bar absinkt, das Kühlwasser ausfällt oder seine Temperatur über 90 °C ansteigt. Bei ihren Geräten (s. Tabelle 12.3) bedeuten die ersten Buchstaben F Durchfluß, P Druck und T Temperatur, die Folgenden I Anzeige und A Abschaltung mit + bei steigenden und − bei fallenden Werten. Weiterhin setzt das Überstromrelais $e1$ den Motor bei Überlastung still.

Aus dem Stromlaufplan (Bild 9.7b) folgt, daß nach Drücken des Tasters $b1$ das Schütz $c2$ (Pfad 1) die Schalter $c2$ (2) zur Selbsthalterung und $c2$ (7) schließt. Sind die Betriebsbedingungen erfüllt, haben also die Wächter $e1$ bis $e4$ angesprochen, so betätigen die Hilfsschütze $d1$ bis $d4$ (3 bis 6) ihre Schließer in der Sicherheitskette (7). Das Schütz $c1$ (7) erhält Strom, der Motor $m1$ läuft an, der Schalter $c1$ (8) schließt und die Betriebskontrollampe $h1$ (8) leuchtet auf. Wird der Taster $b2$ (2) gedrückt oder ein Betriebswert überschritten, so öffnet sich der betreffende Schließer, die Sicherheitskette ist unterbrochen, der Motor $m1$ läuft aus und die Lampe $h1$ erlischt.

9.3.2 Großanlagen

Hier sind die Kontrollmaßnahmen insbesondere bei Gasverdichtern so vielseitig, daß es vorteilhaft ist, die Überwachungseinrichtungen für das Medium, die Schmierung und die Kühlung gesondert zu betrachten. Die elektrischen Schaltanlagen sind prinzipiell wie in Bild 9.7b aufgebaut, nur kommen Stränge für weitere Kontrollorgane und für die Betätigung der Hilfsmotoren hinzu.

Schmierölversorgung

Im Behälter 1 wird der Ölstand registriert und angezeigt (LS und LI) (siehe Bild 9.8). Damit die Zähigkeit des Öles nicht zu stark ansteigt, findet eine Temperaturregelung mit örtlicher Anzeige und Registrierung (TC, TS und TI) über eine elektrische Heizung (EL) als Stellglied statt. Die Hauptölpumpe 2 und die bei deren Ausfall einsetzende Hilfsölpumpe 3 saugen das Öl aus dem Behälter an und fördern es in den Kühler 4. Der angezeigte Gegendruck (PI) der Pumpen ist mit den Überströmventilen in der Rücklaufleitung zum Behälter einstellbar. Ein Antrieb der Pumpe 2 ist auch von der Kurbelwelle des Verdichters aus möglich. Er-

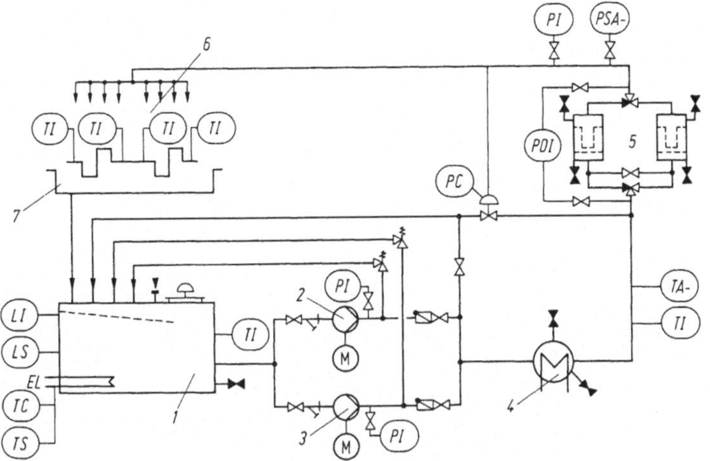

Bild 9.8. Schmierölversorgung (Borsig Gruppe Deutsche Babcock, Berlin)

folgt er aber für beide Pumpen mit Elektromotoren, so sind hierfür getrennte
Stromnetze erforderlich. Hinter dem Ölkühler, der die Reibungswärme abführt,
befindet sich eine Temperaturanzeige (*TI*) und eine Alarmeinrichtung (*TA-*), die
bei Unterschreitung ihres zulässigen Wertes anspricht. Dann durchströmt das Öl
eines der beiden Filter *5*. Ein Manometer zeigt die hier anliegende Druckdifferenz
(*PDI*) an, um bei Verschmutzungen rechtzeitig das zweite Filter einzuschalten und
das andere zur Reinigung auszuwechseln. Hinter den Filtern liegt eine Druckanzei-
ge (*PI*) und eine Alarmvorrichtung für Druckunterschreitung (*PSA−*). Dann folgt
die Impulsleitung für den Öldruckregler (*PC*). Bei einem Druckanstieg vergrößert
er den Abfluß in der Leitung, die vor den Filtern beginnt und in die Behälter führt.
Danach fließt das Öl zu den Kreuzköpfen und zur Kurbelwelle *6* des Verdichters.
Die Temperatur ihrer Grundlager wird mit Anzeigegeräten überwacht (*TI*). Das in
der Ölwanne *7* gesammelte Öl fließt dann in den Behälter *1* zurück.

9.4 Abnahme und Versuche

Ein Kolbenverdichter wird vor seiner Inbetriebnahme den unterschiedlichsten Kontrollen unterworfen. So erfolgt eine Prüfung der Festigkeit der Werkstoffe für die
am stärksten beanspruchten Bauteile, eine Überwachung der Fertigung, Probeläufe zur Kontrolle der Funktion einschließlich Kühlung und Schmierung, Tests der
Sicherheitseinrichtungen und Abnahmeprüfungen für die vereinbarten Garantie-
bedingungen. Auch sind umfangreiche Versuche üblich, mit dem Ziel, die Förderung zu steigern und den Energiebedarf herabzusetzen. Die hierfür und für die Betriebsmittel anfallenden laufenden Kosten übersteigen auf die Dauer die Ausgaben

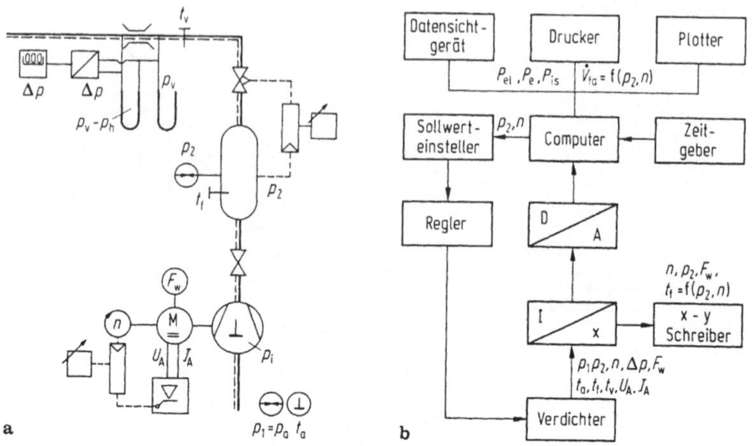

Bild 9.9 a, b. Versuche an einem einstufigen Luftverdichter. **a** Geräteplan; **b** Flußbild für einen Prozeßrechner

für den Aufstellungsort, die Fundamentierung, die Montage und den Verdichter selbst beträchtlich. Bei Großverdichtern erfolgen Tests, Probeläufe und Abnahmeprüfungen meist beim Betreiber. Von den in größeren Stückzahlen gefertigten kleineren Maschinen werden ausgewählte Exemplare auf Prüfständen eingehend untersucht.

9.4.1 Durchführung

An einstufigen Verdichtern (Bild 9.9a) werden gemessen [9.8]: der Zustand p_1, t_a beim Ansaugen, p_2, t_f beim Fördern, die Drücke p_v und p_h vor und hinter der Blende bzw. der Wirkdruck $\Delta p = p_v - p_h$, die Temperatur t_v zur Ermittlung des Durchflusses nach Gl. (6.7), die Drehzahl n und die Bremsbelastung F_W für das Drehmoment $M = F_W l$ nach Gl. (5.21), die Spannung und der Strom U_A und I_A am Motor und der mittlere indizierte Druck p_i (siehe Gl. (2.35)). Damit werden dann die Leistungen P_{el}, P_e, P_i und P_{is} nach Gl. (9.4), (4.19), (4.16) und (4.7) und die Wirkungsgrade η_m, η_{isi} und η_M nach den Gln. (4.20), (4.21) und (4.24) berechnet. Hierzu dienen bei größeren Anlagen Computer oder Prozeßrechner. Bei mehrstufigen Verdichtern werden noch die Zustände vor und hinter den Kühlern ermittelt.

Meßwerterfassung

Sie erfolgt am Meßort mit dem Fühler und dem Anzeige- bzw. Registriergerät. Dazwischen liegt eine zur Umwandlung des Meßimpulses als Anzeige geeignete Größe wie etwa ein Getriebe für die Drehbewegung eines Zeigers oder ein stabilisierter

Strom- und Spannungsausgang von 0 bis 20 mA oder 2 V (vgl. Abschn. 7.1). Diese Geräte arbeiten nach der Ausschlags-, Differenz- oder Kompensationsmethode. Die Anzeigegeräte sind analog bzw. digital, aber auch Bildschirme bzw. Sichtgeräte sind üblich. Registriergeräte wie Schreiber [9.18], Drucker bzw. Plotter sind ebenfalls im Gebrauch. Zu beachten ist die Genauigkeit der Meßgeräte, die sich nach ihrer Klasse richtet und die Meßfehler [9.7].

Meßgeräte

Infolge ihrer Vielfalt seien von den wichtigsten nur die Literatur angegeben. Einen allgemeinen Überblick geben die Werke [9.8 bis 9.15].

Druck: Manometer [9.16]; induktive, kapazitive und Quarzgeber [9.10]; Meßdosen [9.10].

Temperatur: Glas- und Widerstandsthermometer [9.12].

Durchfluß: Drosselmeßgeräte [9.17]; Zähler, Turbinen-Mengengeber [9.13].

Drehmomente: Wagen [9.9]; Torsionsdynamometer mit Dehnmeßstreifen [9.15].

Drehzahl: Tachometer, Tachogeneratoren, Stroboskope [9.9].

Indizierter Druck: Indikatoren [9.18]; Oszillographen [9.9].

Feuchte: Lithiumchloridmesser [9.9 und 9.10].

Elektrische Größen: Ampere, Volt und Wattmeter [9.20 bis 9.22]; Registriergeräte [9.19]; Oszillographen [9.21].

Signalübertragung und Verarbeitung: Analoge und Digitale Verfahren [9.21].

9.4.2 Auswertung

Sie erfolgt heute am schnellsten mit Computern bzw. Prozeßrechnern, die vom Terminal des Versuchsfeldes aus über ein Modem und die Telefonleitung mit dem Hauptrechner verbunden sind. Bei Computern werden die Meßwerte über eine Tastatur eingegeben; Prozeßrechner übernehmen sie direkt von den Geräten; Plotter und Schreiber stellen dann die Ergebnisse in Kurvenform dar.

Computer

Sie berechnen die geforderten Größen punktweise über einen Compiler, der ihre Maschinensprache in ALGOL, BASIC, FORTRAN oder PASCAL, die sich für die Auswertung großer Mengen an Meßwerten eignen, übersetzt [9.24]. Kennfelder und ihre Aufzeichnung durch Plotter erfordern die Berechnung von Zwischen-

punkten. Hierzu dienen meist stückweise Näherungen durch drei bis vier Punkte
mit quadratischen oder kubischen Parabeln nach dem Newtonschen Verfahren
[16]. Neuerdings sind hierfür Tschebyscheffsche Polynome oder Spline-Funktio-
nen üblich.

Prozeßrechner

Bei Verdichterversuchen ermöglichen sie die direkte Erfassung der Meßwerte, ihre
sofortige Registrierung, die selbständige Änderung der Leitmeßgröße nach einem
Programm [9.25] und das Einsparen von Personal. Die schnelle Bereitstellung der
Ergebnisse erlaubt es, Fehler rechtzeitig zu erkennen und in den Versuchsablauf
einzugreifen.

Aufbau

Der Rechner (Bild 9.9 b) umfaßt den Computer mit Datensichtgerät, Drucker und
Plotter sowie den Zeitgeber für die Leitmeßgröße und die Peripherie wie Regler
und Wandler [9.26]. Die Regler halten die an ihrem Sollwerteinsteller vom Zeitgeber übertragenen Werte ein. Die x/I Wandler verwandeln die Eingangssignale x in
stabilisierte Ströme I. Dies erfolgt am einfachsten über einen mit dem Zeiger des
Meßgerätes verbundenen induktiven Drehwinkelgeber. Im A/D-Wandler werden
dann aus den analogen (A) Signalen die für den Computer erforderlichen digitalen
(D) Signale erzeugt. An den Verbindungen sind die jeweils übertragenen Signale
angeschrieben.

9.5 Kennlinien und -felder

Die gemessenen und berechneten Größen werden in Kurvenform aufgetragen, da
Tabellen keine ausreichende Deutung erlauben. Kennlinien zeigen den Verlauf der
Werte als Funktion einer unabhängigen Größe, meist der Drehzahl oder des Ge-
gendruckes. Diese heißen auch Leitmeßgrößen, werden nach einem bestimmten
Gesetz verändert und auf der Abszisse abgetragen. Kennfelder stellen die Versuchs-
ergebnisse als Funktion zweier Veränderlicher in der Abszisse und Ordinate dar.
Die dritte von ihnen abhängige Größe wird dann durch Linien ihrer konstanten
Werte, ähnlich den Höhenlinien, aufgetragen. Üblich sind hierbei die Funktionen

$$P_\mathrm{e}, \eta_\mathrm{ise} = \mathrm{f}(\dot{V}_\mathrm{fa}, p_2) \ ; \quad \dot{V}_\mathrm{fa}, \eta_\mathrm{ise} = \mathrm{f}(P_\mathrm{e}, p_2) \quad \mathrm{und}$$

$$\dot{V}_\mathrm{fa}, P_\mathrm{e}, \eta_\mathrm{ise} = \mathrm{f}(p_2, n) \ .$$

Die letzte ist in Bild 9.12 dargestellt.

   Zur Ermittlung des Kennfeldes $P_\mathrm{e} = \mathrm{f}(p_2, n) = \mathrm{const}$ (siehe Bild 9.10) sind die
Kurven $P_\mathrm{e} = \mathrm{f}(p_2)$ für die konstanten Drehzahlen n_1, n_2, n_3 und $P_\mathrm{e} = \mathrm{f}(n)$ für die
Gegendrücke p_{21}, p_{22} und p_{23} aufzuzeichnen. Dann sind für bestimmte P_e die zu-
geordneten n und p_2 zusammenzustellen. Da hierbei p_2 mit fallendem n ansteigt,

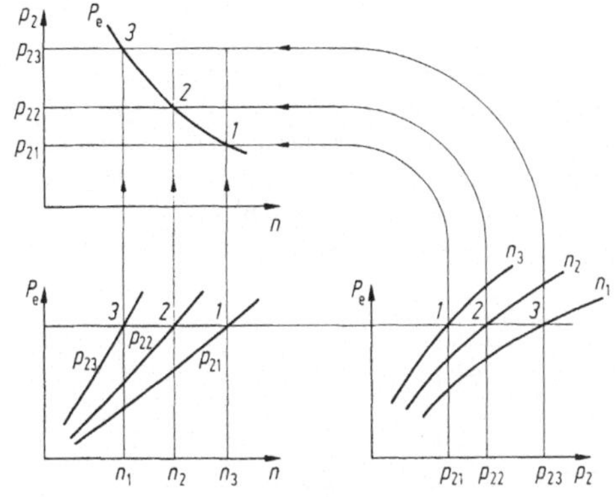

Bild 9.10. Ermittlung von
$P_e = f(n, p_2)$ aus $P_e = f(n)$ und
$P_e = f(p_2)$

so gilt für die Zuordnung der Punkte *1* bis *3* (p_{21}, n_3), (p_{22}, n_2) und (p_{23}, n_1). Die Kennfelder zeigen die Grenzen des wirtschaftlichen Einsatzes und dienen als Unterlage zur Auswahl seines Antriebes und der Regelung.

9.5.1 Einstufiger Verdichter

Die Meßeinrichtungen des luftgekühlten V-Kompressors zeigt Bild 9.9a, sein Kennfeld Bild 9.12. Die Auswertung erfolgt mit einem Computer.

Leitmeßgeräte Gegendruck

Beim Anstieg des Druckes p_2 fällt bei der hohen Drehzahl n der Volumenstrom $\dot{V}_{fa}$ gegenüber seinem konstanten theoretischen Wert $\dot{V}_H$ wegen der Verluste $\Delta \dot{V} = \dot{V}_H(1 - \lambda_L)$ nach Gl. (3.29) ab (Bild 9.11a). Diese nehmen wegen des fallenden Liefer- bzw. Füllungsgrades λ_L und λ_F nach Gl. (3.32) und (3.37) zu. Die Leistung P_{is} steigt nach Gl. (4.6) bei konstantem Förderstrom, z. B. $\dot{V}_{fa\,max}$, nach dem logarithmischen Gesetz an (gestrichelte Linie). Wegen des fallenden Durchsatzes $\dot{V}_{fa}$ nimmt er aber weniger zu. Dies überträgt sich auch auf die Leistungen P_e und P_{el}.Hierbei sind die Verluste im Motor $\Delta P_M = P_{el} - P_e$ wesentlich kleiner als im Verdichter $\Delta P_V = P_e - P_{is}$. So ergibt sich nur ein geringer Wirkungsgrad $\eta_{ise} = P_{is}/P_e$, der wie die Leistung P_{is} für den Druck $p_2 = p_1$ durch den Nullpunkt geht. Die spezifische, also auf den Förderstrom bezogene Leistung $P_e/\dot{V}_{fa} = p_1 \ln(p_2/p_1)/\eta_{ise}$ steigt vom Nullpunkt aus stark an.

Die Verluste der Förderung und Leistung haben ihre Ursache in der Rückexpansion der Aufheizung, der unzureichenden Rückkühlung, den Strömungswiderständen und der Leckverluste. Bei der Leistung kommt noch der Verlust der Triebwerksreibung und der polytropen Verdichtung hinzu.

Leitmeßgröße Drehzahl

Die Volumenströme und die Leistungen (Bild 9.11 b) steigen vom Nullpunkt aus, angenähert linear, mit der Drehzahl an. Die Förderverluste $\Delta \dot{V} = V_H n (1 - \lambda_L)$ nehmen etwas stärker als die sich hieraus ergebende Gerade zu, da der geringe Liefergrad $\lambda_L = \dot{V}_{fa}/\dot{V}_H$ nur wenig wegen des konstanten Füllungsgrades nach Gl. (3.32) absinkt. Die Leistung P_{is} wird, da die Drücke p_1 und p_2 konstant sind, für den theoretischen Förderstrom $\dot{V}_H = V_H n$ durch die gestrichelte Gerade dar-

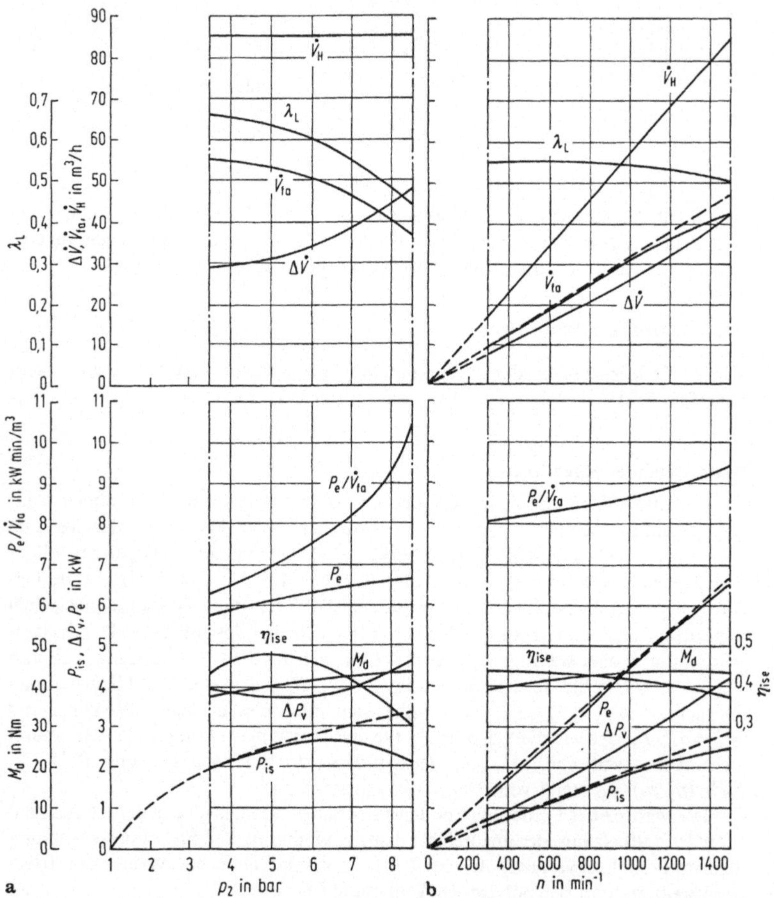

Bild 9.11 a, b. Kennlinien eines einstufigen V-Verdichters nach [1]. $z = 2$, $D = 100$ mm, $s = 60$ mm, $V_H = 0,9425$ l. **a** als Funktion des Gegendruckes bei $n = 1500$ min^{-1}; **b** als Funktion der Drehzahl bei $p_2 = 9$ bar

gestellt. Ihr tatsächlicher Wert bleibt wegen des abfallenden Förderstromes darunter. Die Leistungen P_{el} und P_e steigen wegen der zunehmenden Verluste ΔP_M und ΔP_V überlinear an, wobei der Verdichteranteil wieder am größten ist. Die spezifische Leistung $P_e/\dot{V}_{fa} = P_{is}/(\eta_{ise}\,\dot{V}_{fa})$ nimmt wegen des Abfalls von η_{ise} und $\dot{V}_{fa}$ stärker zu. Ursache für den Abfall von Durchsatz und Leistung sind die Aufheizungs- und Strömungsverluste, die mit der Drehzahl zunehmen. Das Drehmoment, bei linear ansteigender Leistung nach Gl. (5.21) eine waagerechte Gerade, weicht hiervon nur wenig ab.

Kennfelder

Sie zeigen die Grenzen des wirtschaftlichen Einsatzes des Verdichters und dienen als Unterlage zur Auswahl seines Antriebes und der Auslegung der Regelung. Bei der Ausführung (Bild 9.12) des einstufigen Verdichters (Bild 9.9a) sind im n, p_2 Koordinatensystem die Linien für die konstanten Werte des Volumenstromes $\dot{V}_{fa}$ der Kupplungsleistung P_e und des effektiven isothermen Wirkungsgrades η_{ise} aufgetragen. Dabei ergeben sich aus der Waagerechten für $p_2 = 8$ bar und der Senkrechten für $n = 1500 \text{ min}^{-1}$ die Bilder 9.11a und 9.11b. So ist es möglich, im gegebenen Bereich die benötigten Kennlinien als Funktion des Gegendruckes p_2 bzw. der Drehzahl n zu entnehmen.

Auf den Linien konstanten Volumenstromes $\dot{V}_{fa}$ nimmt die Drehzahl n mit dem Druck p_2 zu. So werden die Volumenverluste ausgeglichen, die ja mit dem Druck anwachsen. Da die Drossel- und Aufheizungsverluste mit der Drehzahl ansteigen, werden hiermit die Volumenkurven immer flacher. Bei den Linien konstanter Leistung P_e nimmt die Drehzahl mit steigendem Druck ab. So wird nach Gl. (4.6) bei der isothermen Verdichtung der größere Aufwand zur Druckerhöhung durch Reduzierung des Förderstromes kompensiert, was sich dann weiter auf die effektive Leistung auswirkt. Dies zeigen auch die Linien gleichen Wirkungsgrades

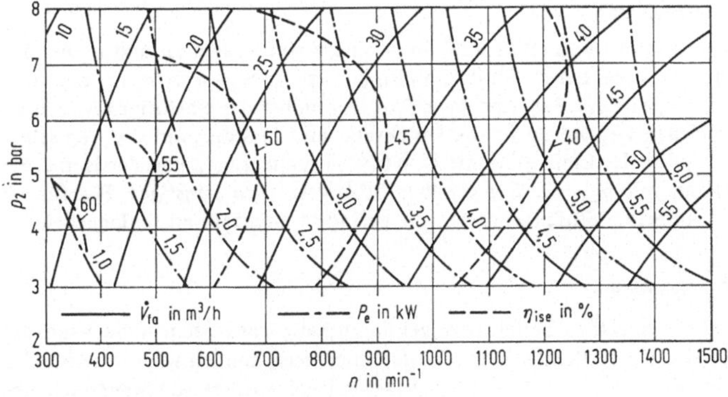

Bild 9.12. Kennfeld des einstufigen Verdichters nach [1]. $\dot{V}_{fa}$, P_e, $\eta_{ise} = f(n, p_2)$; siehe **Bild 9.11**

η_{ise}. Hier steigt mit wachsendem Druck zunächst die Drehzahl an, um dann nach einem Maximum wieder abzufallen. Also nehmen die Verluste $P_{\text{V}} = P_{\text{e}} - P_{\text{is}}$ anfangs ab, steigen dann wieder an und beeinflussen so den Wirkungsgrad $\eta_{\text{ise}} = (1 + P_{\text{V}}/P_{\text{is}})^{-1}$.

9.5.2 Zwei- und mehrstufige Verdichter

Der wassergekühlte Luftverdichter mit Stufenkolben (Bild 3.4 b) fördert Luft von $p_1 = 1$ bar auf $p_2 = 9$ bar. Bis zum Druck $p_2 = p_3 = 3$ bar verdichtet die I. Stufe allein und erst danach setzt die II. Stufe ein.

I. Stufe

Bei ihrer geringen Gegendrucksteigerung von $p_2 = 2,9$ auf $3,5$ bar fällt ihr Saugstrom $\dot{V}_{\text{a}}$ gegenüber dem theoretischen Wert $\dot{V}_{\text{H}}$ nur wenig ab. So ändern sich auch der Liefer-, Aufheizungs- und Füllungsgrad nur geringfügig. Die Leistungen und die Verluste des Verdichters ohne Triebwerk $P_{\text{i}}-P_{\text{is}}$ steigen nur schwach an. Infolge der geringen Gegendruckänderung erscheinen alle Kurven als Geraden (Bild 9.13 a).

II. Stufe

Ihr Gegendruck steigt von $p_3 = 3$ auf 9 bar, also um das 3-fache. Bei $p_3 = p_2 \approx 3$ bar ist das Druckverhältnis $\psi = 1$ und damit nach Gl. (4.2) die Leistung $P_{\text{is}} = 0$. Der Förderstrom $\dot{V}_{\text{fa}}$ entspricht hier fast dem theoretischen Wert $\dot{V}_{\text{H}}$ (Bild 9.13 b) und der Indikator zeichnet ein Leerlaufdiagramm (Bild 7.14 b) auf. Da das Druckverhältnis $\psi_2 = p_3/p_2$ von 1 auf 2,57 ansteigt, fallen die Kenngrößen $\lambda_{\text{L}}, \lambda_{\text{F}}$ und λ_{A} und damit der Förderstrom $\dot{V}_{\text{fa2}}$ mehr ab und die Leistungen P_{i} und P_{is} steigen stärker an. Über die Verluste gilt, abgesehen von der Reibungsleistung P_{RT}, das bei der einstufigen Maschine (Bild 9.11 a) Gesagte.

Gesamter Verdichter

Sein Druckverhältnis ψ_{ges} (Bild 9.13) steigt linear von 3 bis 9 an und ist bei der I. Stufe größer als bei der II. Stufe. Da also $\psi_1 = p_2/p_1 > \psi_2 = p_3/p_2$ ist, gilt auch für die Leistungen $P_{\text{is I}} < P_{\text{is II}}$ und $P_{\text{i I}} < P_{\text{i II}}$. Gegenüber der einstufigen Maschine sind bei gleichen Gegendrücken die Durchsatz- und Leistungsverluste wesentlich geringer. Also ist der Liefergrad mit $\lambda_{\text{L}} = 0,80$ gegenüber 0,42 und der isotherme Wirkungsgrad mit $\eta_{\text{ise}} = 0,52$ gegenüber 0,32 wesentlich günstiger. Hierfür ist neben der doppelten Stufenzahl auch die geringere Drehzahl ausschlaggebend.

Mehrstufige Verdichter

Hier setzen die einzelnen Stufen etwa bei ihrem Saugdruck nacheinander mit der Förderung ein. Die restlichen Stufen laufen dabei leer, ähnlich wie die zweite des zweistufigen Kompressors. Ist der Betriebsgegendruck erreicht, so nimmt auch hier die letzte Stufe den größten Anteil der Laständerung auf.

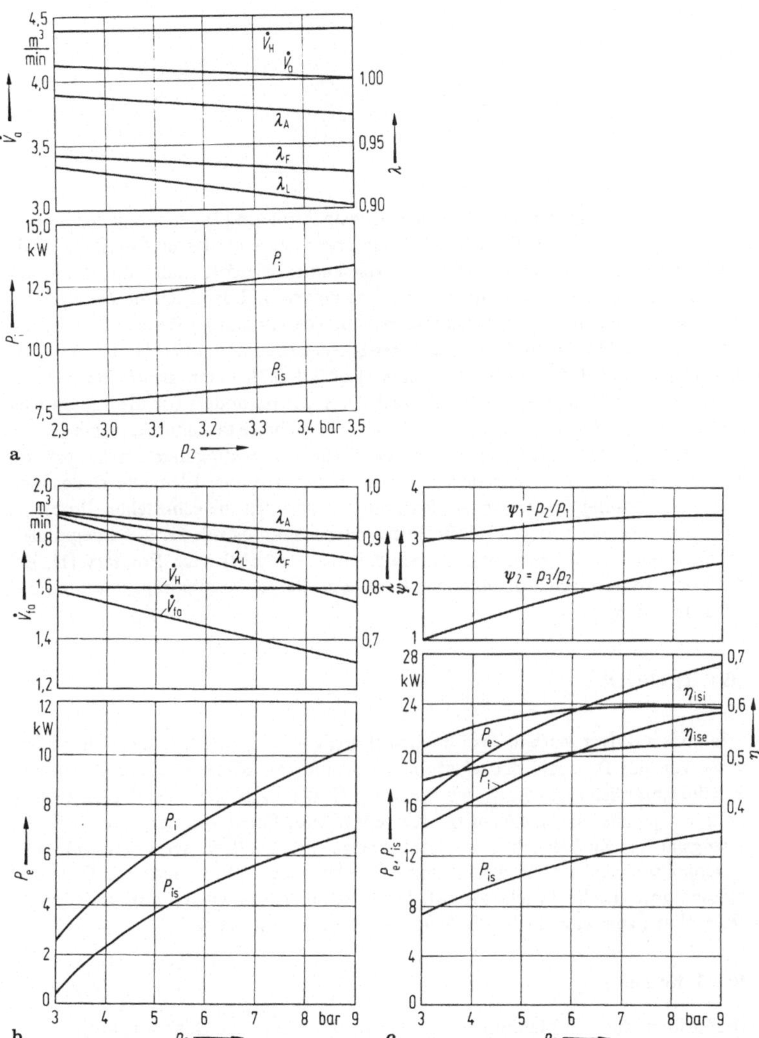

Bild 9.13a–c. Kennlinien eines zweistufigen Verdichters als Funktion des Druckes mit $V_{\mathrm{HI}} = 12{,}7\,\mathrm{l}$, $V_{\mathrm{HII}} = 4{,}58\,\mathrm{l}$ bei $n = 350\,\mathrm{min}^{-1}$. **a** I. Stufe; **b** II. Stufe; **c** gesamte Maschine

10 Bauteile

In diesem Abschnitt wird die Funktion, Konstruktion und Berechnung der Bauteile des Verdichters [3 bis 8] also des Triebwerkes der Zylinder und Gestelle sowie der Rohrleitungen behandelt. Die Festigkeitskontrolle erfolgt dabei nur mit einfachen Verfahren, die der Vordimensionierung dienen und den Zusammenhang zwischen Belastung und Beanspruchung zeigen. Die endgültige Berechnung erfolgt heute mit den Methoden der höheren Festigkeitslehre [5.1 und 10.1], der Schmiertheorie [10.2] und der finiten Elemente (FEM) [10.3], deren großer Rechenaufwand mit dem Computer bewältigt wird. Dies gilt besonders für die finiten Elemente (Bild 10.16), bei denen das Bauteil oft in mehrere tausend Elemente zerlegt wird. Ihre Differentialgleichungen sind durch die Randbedingungen verknüpft und werden z. B. nach der Methode von Galerkin gelöst. Finite Elemente eignen sich auch zur Lösung dynamischer, Strömungs- und wärmetechnischer Probleme [10.4]. Neuerdings erfolgt auch die Festigkeitsberechnung mit der auf Integralgleichungen beruhenden Methode der Randelemente (REM) nach Boudary [1]. Bei der Konstruktion treten oft ähnliche Probleme wie bei Verbrennungsmotoren auf [10.5 und 10.6].

10.1 Triebwerk

Sein konstruktiver Aufbau wird hauptsächlich vom Förderstrom und Gegendruck sowie von der Drehzahl der Maschine bestimmt. Für Kleinstverdichter, wie etwa in Kühlschränken (Bild 5.1 d), bei denen ein Kraftschluß durch den Überdruck im Zylinder gegeben ist, genügen oft Kurvengetriebe. Sonst wird ausschließlich der zwangsläufige Kurbeltrieb, ein Schubkurbelgetriebe [5.7], in der Kreuzkopf- oder Tauchkolbenbauweise (Bild 5.1 a und 5.1 c) verwendet. Er nimmt die Gas- und Massenkräfte (siehe Abschn. 5) auf. Dabei erfordern die letzten möglichst leichte Teile. Ihre Lage wird durch die Maschinenbauart bestimmt.

10.1.1 Kolben

Die Kolben, die vom Medium erwärmt werden, nehmen die Gaskräfte auf und tragen die Dichtelemente für die Zylinder. Ihre Grundformen (Bild 5.5), der Tauch-, Scheiben- oder Stufenkolben (siehe Abschn. 4.1), werden durch Gießen oder Schweißen hergestellt. Bei den Endstufen der Hochdruckkompressoren mit ihren vielen Dichtelementen haben die Kolben aus Stahl meist die Form einer Stange oder eines Plungers. Bei liegenden Maschinen sind Trage- oder Schwebekolben mit bzw. ohne Zylinderberührung zu finden. Sie besitzen oft Gleiteinsätze (Bild 10.3)

an der Kolbenunterseite bzw. eine durch den Deckel hindurch verlängerte Kolbenstange, die durch einen Gleitschuh (Bild 10.9) geführt wird.

Tauchkolben

Ihr Anwendungsgebiet sind kleinere Verdichter mit maximal vier Stufen, Drücken
bis zu 100 bar und Drehzahlen bis zu 2000 min^{-1}. Sie nehmen außer den Kolben-
auch die Normalkräfte nach Gl. (5.11) und (5.18) auf und werden aus Grauguß,
G 25 oder Aluminium G Al Si 10 Mg (Cu) hergestellt oder aus Blechen St 37 geschweißt.

Aufbau

Der Tauchkolben (Bild 10.1) aus Gußeisen besteht aus dem Boden *1* und dem Mantel *2* mit den an den Wärme- und Kraftfluß angepaßten Übergängen. Der Mantel
hat die Verstärkungen für die Nuten der Kolbenringe *3* und für die Abstreifer *4* mit
den Ölabflußbohrungen *5*. Er trägt außerdem die Augen *6* für den Kolbenbolzen
mit den Ausdrehungen *7* für deren Halteringe. Die darunter liegende Verstärkung
mit einer Nut für einen weiteren Ölabstreifer dient als Aufnahme *8* für die Kolben-
bearbeitung.

Bei zweistufigen Maschinen gleichen Kolben aus Aluminium deren unterschiedlichen Gewichte aus. Bei höheren Stufen werden die Kolbenbolzen so dick,
daß der Kolben besondere Gleitschuhe (Bild 4.2. a2) mit wesentlich größerem
Durchmesser erhält.

Berechnung

Der Boden des Kolbens vom Durchmesser D und der Dicke s, auf dem bei der k-ten
Stufe der Druck p''_{k+1} lastet, wird wie eine am Rande eingespannte Kreisplatte belastet. Hierbei tritt die maximale Biegespannung nach [6] am Außenrand auf und
beträgt

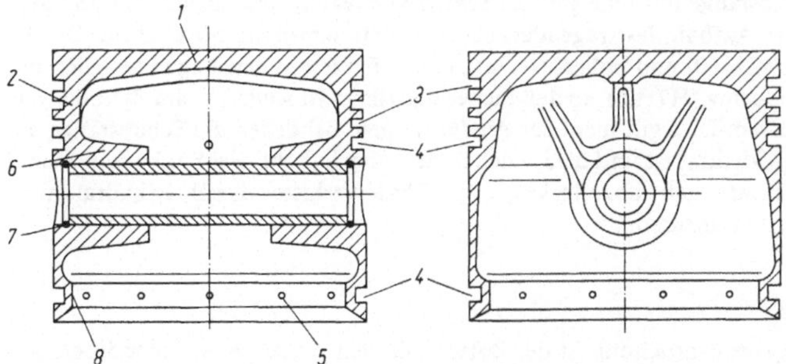

Bild 10.1. Tauchkolben $D = 140$, 115 bzw. 85 mm (Flottmann, Herne)

$$\sigma_b = 0,188 p''_{k+1} \left(\frac{D}{s}\right)^2 . \tag{10.1}$$

Zulässige Spannungen sind bei Grauguß etwa 35, bei Aluminium $15\,\text{N/mm}^2$. Durch Berippung sind etwa die dreifachen Werte möglich.

Beim Mantel gilt als zulässige Flächenpressung bei der maximalen Normalkraft $F_{N\max} \approx \lambda F_K$ nach Gl. (5.18), wenn H die Kolbenhöhe ist, also ohne Kolbenringe

$$p_F \approx \frac{F_{N\max}}{DH} , \tag{10.2}$$

wobei etwa Pressungen von $20\,\text{N/cm}^2$ zulässig sind. Hierbei beträgt das Verhältnis $H/D = 0,8$ bis 2, wobei die größeren Werte für die höheren Stufen gelten.

Die Dehnung des Kolbens bei seiner Erwärmung Δt beträgt:

$$\delta = a \Delta t D + \delta_0 . \tag{10.3}$$

Hier ist der lineare Wärmedehnungskoeffizient $\alpha = 12,3$ bzw. $23,6 \cdot 10^{-6}\ 1/°C$ für Gußeisen bzw. Aluminium und δ_0 das Spiel der Laufsitzpassung etwa H9/e8. Dabei lassen zu große Spiele trotz der Ölabstreifer zu viel Öl durch, was besonders die Ventile zum Kleben bringt (siehe Absch. 6.1).

Kolbenbolzen

Der hohlgebohrte Bolzen (Bild 10.2) liegt in den Augen des Kolbens und nimmt das obere Schubstangenlager und damit die Kraft F_{St} nach Gl. (5.17) auf. Als Werkstoffe [10.8] dienen Einsatz- und Vergütungsstähle wie Ck 35, Ck 60 bzw. 16 MnCr 5. Diese sind in DIN 73 126 genormt.

Arbeitsweise

Da die Schubstange nur eine geringe Schwenkbewegung von etwa 10 bis 15° ausführt, ist der Aufbau des tragenden Schmierfilms schwierig. So wird der Bolzen gehärtet (HRC $\approx$ 60) und poliert ($R_z = 0,4\ \mu\text{m}$). Er sitzt in den Augen lediglich mit einer Spielpassung (H7/h6), so daß Sicherungsringe ein Anlaufen am Zylinder verhindern müssen. Dies gilt nicht für Ausführungen, bei denen die Schubstange am Bolzen festgeklemmt ist und dieser sich in den Augen dreht. Bei Stufenkolben sind die Bolzenbohrungen abzudecken, um Förderverluste durch Schadraumvergrößerung zu vermeiden.

Berechnung

Für die Biegebeanspruchung ist der Bolzen mit dem Außen- bzw. Innendurchmesser D und d als Balken auf zwei Stützen anzusehen (Bild 10.2). Als Länge l gilt der Abstand der Mitten der Auflagen von Bolzen und Auge, als Belastung die auf die

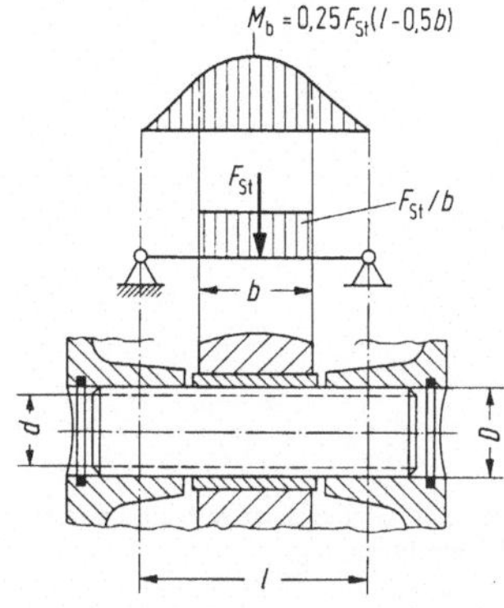

Bild 10.2. Belastung eines Kolbenbolzens

Breite b der Schubstange verteilte Kraft F_{St}, also die Streckenlast $p = F_{St}/b$. Damit folgt dann das Biege- bzw. Widerstandsmoment:

$$M_b = 0{,}25\,F_{St}(l - 0{,}5\,b) \quad \text{bzw.} \quad W_b = \frac{\pi}{32}\,\frac{D^4 - d^4}{D}\,. \tag{10.4}$$

Für die Biegespannung ergibt sich damit

$$\sigma_b = \frac{M_b}{W_b}\,. \tag{10.5}$$

Hierbei sind je nach Material etwa 100 bis 200 N/mm^2 zulässig.

Die Flächenpressung im Lager beträgt

$$p_f = \frac{F_{St}}{Db}\,, \tag{10.6}$$

wobei Pressungen bis zu 40 N/mm^2 möglich sind.

Kolben mehrstufiger Verdichter

Diese Maschinen besitzen überwiegend Kreuzkopftriebwerke mit Scheiben- oder Stufenkolben (siehe Abschn. 4.1.3) bzw. Plunger in einfach oder doppeltwirkender Ausführung. Sonderformen treten besonders bei den Ausgleichstufen auf, bei denen der Schadraum ohne Bedeutung ist. Kolben liegender Maschinen erhalten Gleiteinsätze zwischen den Kolbenringen.

Scheibenkolben

Sie werden in den ersten Stufen doppelt wirkender Verdichter (Bild 10.3) verwendet. Meist werden sie aus Gußeisen GG 25 hergestellt, für besonders leichte Aus-

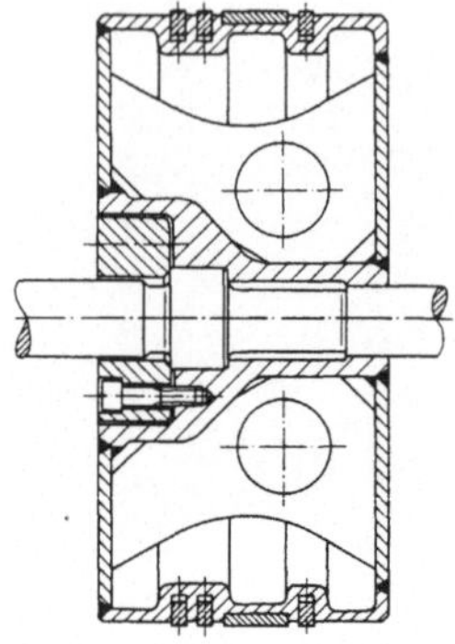

Bild 10.3. Kolben geschweißt. Gleiteinsätze in Umfangsmitte
(Neumann & Esser, Übach-Palenberg)

führungen sind auch Schweißkonstruktionen aus Blechen St 37 oder Leichtmetall-
kolben üblich. Zur Erhöhung der Versteifung und Gewichtsminderung sind im Innern Rippen angebracht.

Hochdruckkolben

Sie werden meist mit der Kolbenstange aus nichtrostendem Stahl wie X20Cr13V
oder X22CrNi17 in einem Stück gefertigt. Bei Drücken über 1000 bar sind auch
glatte Plungerkolben üblich. Ihre Dichtungen, die den Packungen (Bild 10.11) äh-
neln, liegen im Zylinder, um die bei diesen Drücken zu Kerbrissen neigenden Ring-
nuten zu vermeiden. Der Kolben (Bild 10.4) für Drücke bis 800 bar ist aus einem
Stück hergestellt und ist als doppeltwirkender oder als Stufenkolben einsetzbar.
Zwischen den in drei Gruppen angeordneten vierzehn Kolbenringen liegen auf den
Unterseiten zwei Gleitstücke aus Polytetrafluorethylen C_2F_4 (PTFE).

Kolbenringe

Ihre Grundform besteht aus Gußeisen. Die Ringe liegen in den Nuten des Kolbens,
sind zum Überstreifen geschlitzt und gleiten geschmiert an den Zylinderwänden

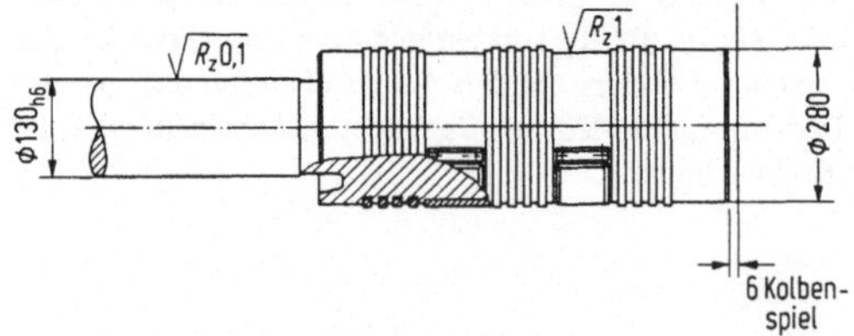

Bild 10.4. Kolben für Drücke bis zu 800 bar (Borsig Gruppe Deutsche Babcock, Berlin)

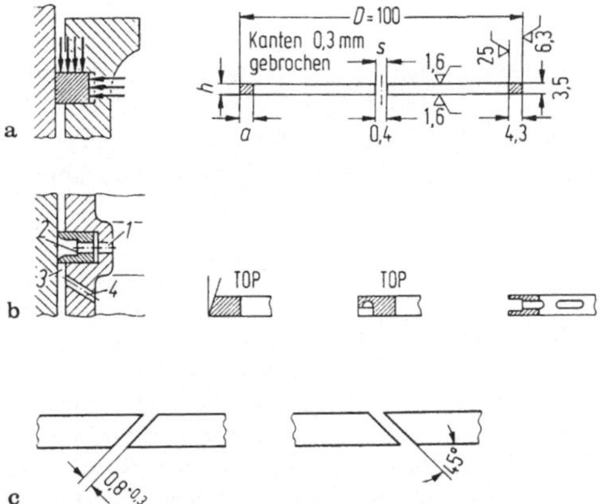

Bild 10.5 a – c. Kolbenringe nach [1]. **a** Dichtringe: Wirkungsweise und Abmessungen; **b** Ölabstreifringe: Wirkungsweise und Formen; **c** schräger Ringstoß

hin und her. Als Dichtringe trennen sie die Räume unterschiedlichen Druckes, als Ölabstreifer entfernen sie das überflüssige Schmiermittel, um die Verschmutzung der Ventile und des Fördermediums zu reduzieren. Sie sind in DIN 34109 bis 34111 als Rechteck- und Minutenringe, in DIN 34130 als Nasenringe und in DIN 34146 bis 34147 als Ölschlitz- bzw. Dachfasenringe genormt.

Arbeitsweise

Der Gasdruck (Bild 10.5 a) preßt die Ringe gegen ihre Lauffläche im Zylinder und ihre Nut im Kolben bewirkt so die Dichtung. Die hierbei auftretende Pressung wächst bei den Dichtringen mit dem Druck von 3 bis 30 N/cm^2 und beträgt bei den Ölabstreifern 3 N/cm^2. Zur Verringerung der mit fallender Drehzahl steigenden Leckverluste werden die Stoßspiele nur so groß ausgeführt, wie es die Wärmedehnung zuläßt, ohne daß sich die Ringe aufbiegen und klemmen. Bei kleinen Drehzahlen sind die Stöße abgeschrägt oder überlappt ausgeführt. Das axiale Ringspiel in den Nuten ist so klein wie möglich zu halten, etwa die enge Laufpassung H7/f7 bei Durchmessern unter 500 mm, darüber H7/f8. Dadurch wird das Ausschlagen der Ringe und das Pumpen des Öles in den Druckraum vermieden.

Berechnung

Für die Zahl der Dichtringe [4] gilt, wenn Δp die höchste abzudichtende Druckdifferenz in bar ist, die Zahlenwertgleichung $i \approx \sqrt{\Delta p}$. Danach erhalten kleine Schnellläufer mit Drücken bis zu 10 bar zwei bis drei Ringe, während große Langsamläufer, mit Gegendrücken von 350 bar, 13 bis 18 Ringe in den letzten Stufen aufweisen.

   Das Wärmespiel im Ringstoß beträgt, wenn D der Kolbendurchmesser und t_w bzw. t_k die Ringtemperaturen bei warmer bzw. kalter Maschine bedeuten,

$$s_{St} = \pi \alpha (t_w - t_k) D \ . \tag{10.7}$$

Hieraus ergibt mit dem linearen Wärmedehnungskoeffizienten $\alpha = 12{,}3 \ 10^{-6}$ $1/°C$ und der Kolbenerwärmung $t_w - t_k = 150\,°C$ das Stoßspiel $s_{st} = 5{,}8 \cdot 10^{-3} D$ bei kalter Maschine, ein oft benutzter Wert. Bei den geringen Stückzahlen der Großverdichter beeinflussen die lieferbaren Ringabmessungen oft den Kolbendurchmesser.

Betrieb

Die Ringe wandern hierbei in den Nuten langsam in Umfangsrichtung und sind bei Unterbrechungen ihrer Lauffläche durch Stifte zu sichern. Damit die leichter zu ersetzenden Ringe sich stärker abnutzen, erhalten sie eine geringere Härte als ihre Laufflächen. Bei hohen Drücken sind aber nur Ringe als perlitisches Gußeisen ohne kristallinen Graphit und Phosphat hierzu geeignet. In den Ringen, bei Durchmessern über 300 mm, treten Spannungen bis zu 160 N/mm². Der Einbau in die Kolben erfolgt mit der Ringzange.

Sonderausführungen

Ölabstreifringe (Bild 10.5b) werden in mit Triebwerksöl geschmierten Tauchkolbenmaschinen eingesetzt. Sie verteilen das Spritzöl vom Kolbeninnern durch die Bohrungen *1* über die Ringschlitze *2* an die Zylinderwand. Die Kante *3* schabt dann das Öl hiervon ab, das dann durch die Bohrungen *4* zurückfließt. Der untere Ring darf mit seiner Oberkante den Zylinderrand nicht überschleifen, damit der Kolben sich nicht festhakt.

Bei höheren Drücken, etwa 200 bis 500 bar, erhalten die Kolbenringe (Bild 10.6a) eine umlaufende Nut, um ihre Belastung und damit die Reibung zu verringern. Diese wird bei einfach wirkenden Kolben zur Entlastung durch mehrere Quernuten mit der Seite des geringeren Druckes verbunden.

Trockenläufer zur Förderung eines ölfreien Mediums erhalten bis zu acht in Kammern liegende Ringe, welche durch die üblichen Dichtelemente ergänzt wer-

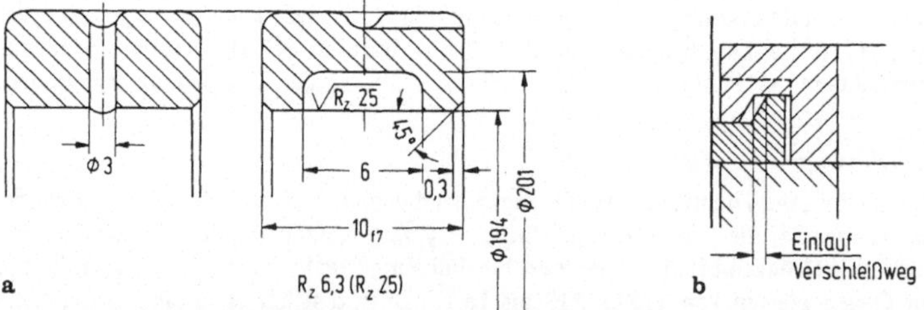

Bild 10.6a, b. Sonderringe. **a** Hochdruckringe (Borsig Gruppe Deutsche Babcock, Berlin); **b** geteilter Ring für Trockenläufer (Neumann & Esser, Übach-Palenberg)

den. Bei den geschlitzten Kammerringen in Winkelform (Bild 10.6 b) übernimmt
der durch Nuten zugeführte Gasdruck Anpressung und Nachdichtung. Die Ringe
bestehen aus PTFE oder Polytetrafluorethylen C_2F_4 bzw. Teflon oder Hostaflon.
Diese Stoffe haben einen kleinen Reibungskoeffizienten und sind bis zu Temperaturen von 200 °C und gegen viele Chemikalien beständig ohne hygroskopisch oder
brennbar zu sein.

10.1.2 Kolbenstangen

Sie verbinden den Kolben mit dem Kreuzkopf und übertragen die Kolbenkraft. Auf
ihren gehärteten und geschliffenen Oberflächen gleiten die Packungen und Ölabstreifer, welche die Zylinder bzw. die Gehäuse abdichten. Als Materialien dienen
Einsatz- und Vergütungsstähle, wie Cr 15, Cr 35 oder 31 Cr Mo 12. Ein Knick in
der Mittellinie, bei liegenden Stangen zum Ausgleich der Durchbiegung, verlangt
eine Lagefixierung beim Einbau. Die Verbindungen zum Kolben und zum Kreuzkopf erfolgen elastisch nach dem Dehnschraubenprinzip, um ihre wechselnde in eine schwellende Beanspruchung umzuwandeln. Die Schwebekolben liegender Verdichter erfordern eine zylindrische Führung (siehe Teil *12* in Bild 10.9) oder eine
verlängerte Kolbenstange mit Packung und Zusatzgleitbahn für den Laufschuh.
Die Länge der Stange wird durch die Ansätze für den Kolben und Kreuzkopf sowie
die Lauffläche bestimmt. Diese besteht aus dem Hub, der Länge der Packungen
mit Gehäuse und Flanschen und ihrem Abstand, der vom Medium und seiner
Schmierung abhängt.

Berechnung

Die Stange wird durch die Kolbenkraft F_K nach Gl. (5.10) wechselnd auf Zug und
Druck und damit auch auf Knickung beansprucht. Weiterhin erfolgt an ihren En-
den noch eine schwellende Beanspruchung durch die Vorspannkraft. Bei liegenden
Maschinen biegt sich die Stange außerdem durch.

Knickung

Für die Stangen wird der Eulerfall 2, die gelenkige Einspannung, angenommen.
Als Knicklänge *l* zählt dabei die Entfernung der Einspannmitten der Stange im
Kolben und Kreuzkopf. Ist E der Elastizitätsmodul und A der Querschnitt der
Stange mit dem Trägheitsmoment J, dann gilt für den Schlankheitsgrad bzw. die
Knickspannung [12]

$$\lambda_s = l\sqrt{\frac{A_s}{J}} \quad \text{und} \quad \sigma_K = E\left(\frac{\pi}{\lambda_s}\right)^2. \tag{10.8}$$

Für den Kreisquerschnitt folgt daraus mit $J/A = d^2/16$

$$\lambda_s = 4\frac{l}{d} \quad \text{und} \quad \sigma_K = \frac{E}{1{,}621}\left(\frac{d}{l}\right)^2. \tag{10.9}$$

Tabelle 10.1. Beiwerte a und b für Knickbe-
rechnung nach Tetmayer

Werkstoff	a N/mm^2	b N/mm^2
St 37	310	1,14
St 50, St 60	335	0,62
Stahl 5% Ni	470	2,30

Die Knickspannung nach Tetmayer gilt mit $\lambda < 90$ für Stahl

$$\sigma_K = a - b\lambda_S \ . \tag{10.10}$$

Hierfür ist $E = 2{,}1 \cdot 10^5$ N/m^2, die Beiwerte a und b folgen aus der Tabelle 10.1.
Die Knicksicherheit beträgt, wenn $\sigma_D = F_K/A$ die Druckspannung ist, $S = \sigma_K/\sigma_D$.
Sie soll etwa das acht- bis zehnfache betragen.

Verbindungen

An ihren Enden wird die Stange mit dem Kolben und dem Kreuzkopf elastisch verbunden [10.7]. Mit der Dehnung Δl eines Körpers der Länge l, des Querschnittes
A und dem Elastizitätsmodul E folgt für die Belastung F nach dem Hookeschen
Gesetz $\Delta l/l = F/(A E)$, für seine Nachgiebigkeit bzw. deren Kehrwert die Federstei-
figkeit

$$\delta = \frac{\Delta l}{F} = \frac{l}{AE} = \frac{1}{c} \ . \tag{10.11}$$

Für einen Dehnkörper bzw. eine Schraube (Index S) mit k Absätzen zur Dehnung
bzw. zur Führung wird hiermit

$$\delta_s = \frac{1}{E} \sum_{k=1}^{i} \frac{l_k}{A_k} \ . \tag{10.12}$$

Beim Gewinde wird die Fläche mit dem Mittelwert des Flanken- und des Kern-
durchmessers d_2 und d_3 ermittelt.

Für den Druckkörper bzw. die Platten (Index P) wird für die Berechnung ein
Kegel mit dem mittleren Querschnitt A zugrunde gelegt. Damit gilt mit seiner Länge L_K nach Gl. (10.11)

$$\delta_P = \frac{L_K}{EA} \ .$$

Im Verspannungsdiagramm (Bild 10.7) sind die Kräfte für die Vorspannung F_V,
den Betrieb F_B, die zusätzliche Belastung bzw. Entlastung der Schraube ΔF_S und

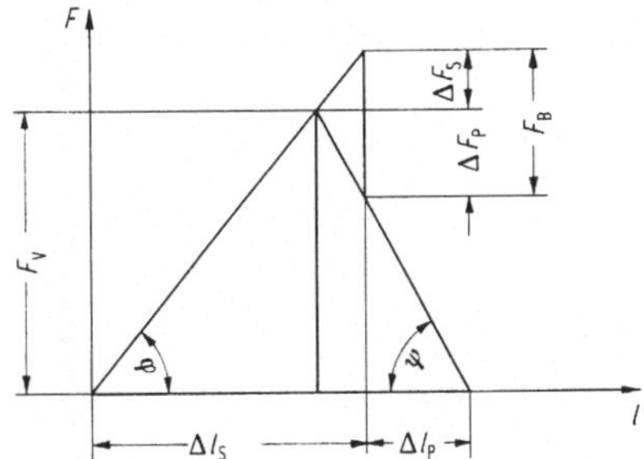

Bild 10.7. Verspannungsdiagramm für äußere Betriebskräfte.

der Platte ΔF_P sowie deren Dehnung Δl_S und Zusammendrückung Δl_P eingezeichnet. Hierbei ist dann $\tan \varphi = c_\mathrm{S} = 1/\delta_\mathrm{S}$ und $\tan \psi = c_\mathrm{P} = 1/\delta_\mathrm{P}$ sowie $F_\mathrm{B} = \Delta F_\mathrm{S} + \Delta F_\mathrm{P}$, wobei $F_\mathrm{V} = (1{,}5$ bis $2{,}0)\, F_\mathrm{B}$ gewählt wird. Ersatzflächen für die Druckkegel der Auflage sind in VDI 2230 zu finden. Die maximale Schraubenkraft $F_\mathrm{V} + \Delta F_\mathrm{S}$ darf an der Auflage von Platte und Schraube Flächenpressungen von 4000 bis 5000 N/cm^2 bei Gußeisen und 8000 bis 10000 N/cm^2 bei Stahl hervorrufen.

Durchbiegung

Die Stange mit der Länge l und dem Durchmesser d hat das Trägheitsmoment $J = \pi d^4/64$ und dem Elastizitätsmodul E. Der Kolben mit dem Gewicht G_K sei als Punktlast, das Stangengewicht G_St mit dem Einflußfaktor α_E als Streckenlast angesehen. Dann beträgt die Durchbiegung f nach dem Superpositionsprinzip [1]

$$f = f_\mathrm{K} + f_\mathrm{St} = k\,\frac{G_\mathrm{K} + \alpha_\mathrm{E}\,G_\mathrm{St}}{EJ}\,l^3 \ . \tag{10.13}$$

Für den gelenkig gelagerten Schwebekolben ist dann $k = 1/48$ und $\alpha_\mathrm{E} = 5/8$, für den fest im Kreuzkopf eingespannten Tragekolben gilt $k = 1/3$ und $\alpha_\mathrm{E} = 3/8$. Hierbei sind Durchbiegungen bis 2 mm möglich. Die Eigenfrequenz der Stange wird dann mit $v = \omega/2\pi$ und $\omega^2 = c/m$, wobei $c = F/f = mg/f$ ist

$$v = \frac{\sqrt{g/f}}{2\pi}\ .$$

Konstruktionsbeispiele

Die Stange (Bild 10.8 a) nimmt an ihrem Bund *1* den Kolben *2* auf, der über den Dehnschaft *3* mit der Mutter *4* befestigt ist. Auf ihr gleiten die Dichtelemente der Stopfbuchsen *5* und der Ölabstreifer *6*, deren Lauffläche feinst bearbeitet wird (Rauhtiefe $R_z = 0{,}1\ \mu$m). Außerdem trägt sie den Ring *7*, der Medium und Öl trennt. An ihrem Ende liegen die Ansätze *8* für den hydraulischen Anzug des Kreuzkopfes (Bild 10.17). Die Kolbenstangenmutter (Bild 10.8 b) ist für den Montage-

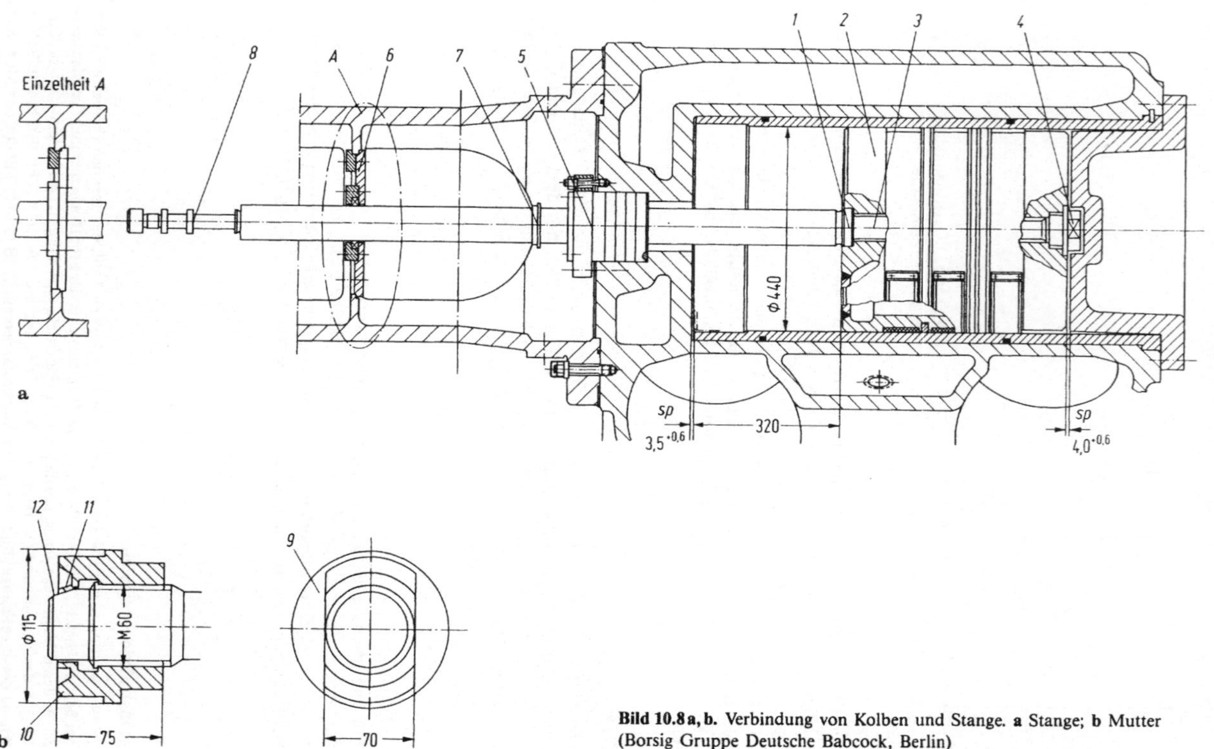

Bild 10.8a, b. Verbindung von Kolben und Stange. a Stange; b Mutter (Borsig Gruppe Deutsche Babcock, Berlin)

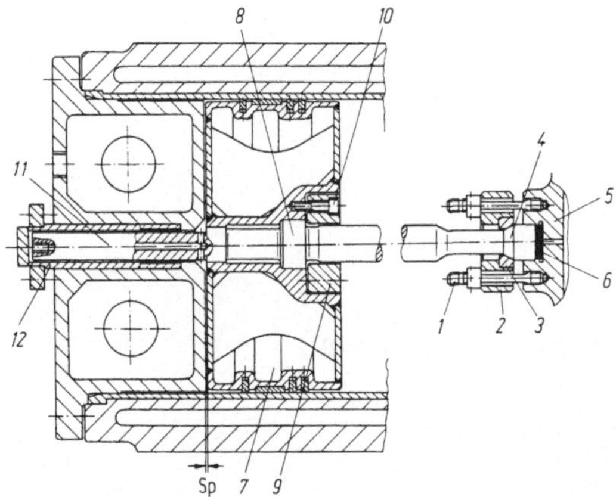

Bild 10.9. Gewindefreie Kolbenstange (Neumann & Esser, Übach-Palenberg)

schlüssel bei *9* abgeflacht und besitzt einen Ansatz *10*, in dem ein Stemmrand *11* eingedreht ist. Er wird zur Sicherung in die Ausfräsung *12* der Kolbenstange eingedrückt.

Die gewindefreie Stange (Bild 10.9) wird durch vier Dehnschrauben *1* mit dem runden Flansch *2* über das Druckstück *3* und ihren konischen Ansatz *4* gegen den Kreuzkopf *5* gedrückt. Die dazwischen liegenden Beilagen *6* dienen zur Einstellung des Kolbenspieles s_p. Am Kolben *7* wird die Stange mit dem Bund *8* über den Flansch *9* mit den Schrauben *10* befestigt. Diese Teile sind versenkt, um den Schadraum klein zu halten. Die hier gezeigte Stange hat außerdem die Verlängerung *11* zur Entlastung des Kolbens mit dem Führungsrohr *12*.

Abdichtung

Die Stange ist am Zylinder und am Gestell gegen Verluste am Fördermedium und an Öl beim Hin- und Rückgang abzudichten. Außerdem sollen sich diese Stoffe nicht vermischen. Hierzu dienen selbsttätig abdichtende Metallpackungen, deren geteilte Abstreifringe gute Gleit- und Notlaufeigenschaften haben müssen.

Packungen

Sie dichten die Zylinder mit metallischen, geschmierten Elementen selbsttätig ab. Ihr Werkstoff, ihre Form und die Schmiermittel für die Gleitflächen hängen vom Druck und der Art des Fördermediums ab. Sind es Schad- bzw. explosible Stoffe, so werden diese am Ende der Packung abgesaugt oder es erfolgen Spülungen mit einem neutralen Gas wie Luft oder Stickstoff. Die ungeschmierten Packungen der Trockenläufer sind zu kühlen, um die Reibungswärme abzuführen. Der Volumenverlust der Packung wird nach dem Gesetz von Hagen-Poiseuille für die laminare Strömung berechnet. Ist l die Dichtungslänge der Packung, δ ihr Spalt und d der Stangendurchmesser, also $A = \pi d\delta$ der Verlustquerschnitt, so folgt mit der Druckdifferenz Δp an der Packung und mit der Zähigkeit η des Mediums

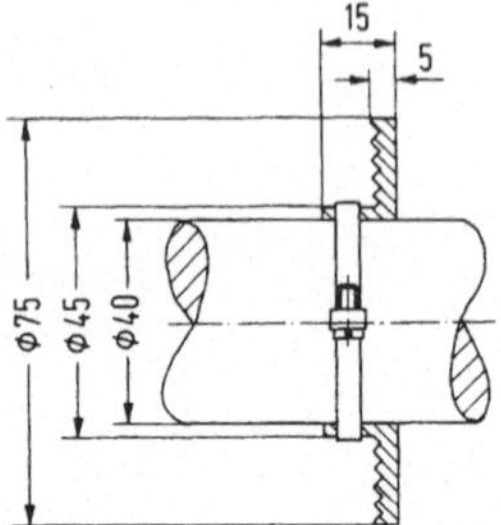

Bild 10.10. Öltrennring (Neumann & Esser, Übach-Palenberg)

$$\dot{V} = \frac{A^2 \Delta p}{8\pi\eta l} = \frac{\pi^2 d^2 \delta^2 \Delta p}{8\eta l} \ . \tag{10.14}$$

Für die Volumenverluste sind also der Spalt und die Zähigkeit maßgebend. Sie beträgt bei 100 °C für Wasserstoff bzw. Luft $0{,}1 \cdot 10^{-4}$ bzw. $0{,}22 \cdot 10^{-4}$ Pas und für Öl im Mittel $175 \cdot 10^{-4}$ Pas. Spalte von 0,1 bis 0,01 mm werden durch Feinstbearbeitung der Stange und durch selbsttätig nachdichtende Ringe erreicht. Das Öl vermindert nicht nur die Reibung und die Abnutzung, sondern setzt auch durch seine große Zähigkeit die Volumenverluste herab.

Ölabstreifer

Sie entfernen das Schmieröl von der Stange, bevor diese aus dem Gehäuse austritt. Dazu dienen geteilte Ringe aus einem Metall, bei dem sich die abstreifenden Kanten möglichst wenig abnutzen und keine Riefen an der Stange bilden. Bei Sauerstoffkompressoren besteht die Gefahr einer Schmierölexplosion. Daher wird hier das Restöl an der höchsten Stelle durch ein leichtes Vakuum abgesaugt. Sonst ist auf dem freien Teil der Stange ein Trennring aus Gummi (Bild 10.10) mit einer Schelle montiert, um ein Kriechen des Öles in die Packung zu verhindern.

Ausführungsbeispiele

Die Packung (Bild 10.11) für Drücke bis zu 420 bar besteht aus vier Kammerringen *1* mit der Bohrung *2* für das Schmiermittel. Sie sind durch die beiden Schrauben *3* mit dem Flansch *4* verbunden und enthalten je einen Radial- und Tangentialring *5* und *6*, die beide das Gas abdichten und die Abnutzung ausgleichen. Den zur Dichtung notwendigen Versatz der Ringe sichern die Stifte *7*, und Spiralfedern *8* sorgen für den notwendigen Anpreßdruck.

Beim Ölabstreifer (Bild 10.12) nehmen die drei Kammerringe *1*, den Vor- und die beiden Hauptabstreifer *2* und *3* auf. Diese Ringe sind dreimal geteilt. Im Teil *3* befinden sich vier Kanten *4* zum Abstreifen des Öles beim Hin- und Rückgang. Die Abführung des Öles erfolgt dann in der Mitte über die Ringnut *5* und die sechs Bohrungen *6*, oben und unten über die Ausdrehungen *7* und die Taschen *8*. Eine Spiralfeder *9* drückt die Ringe an die Kolbenstange. Das abgestreifte Öl fließt durch die Bohrung *10* in das Gestell zurück.

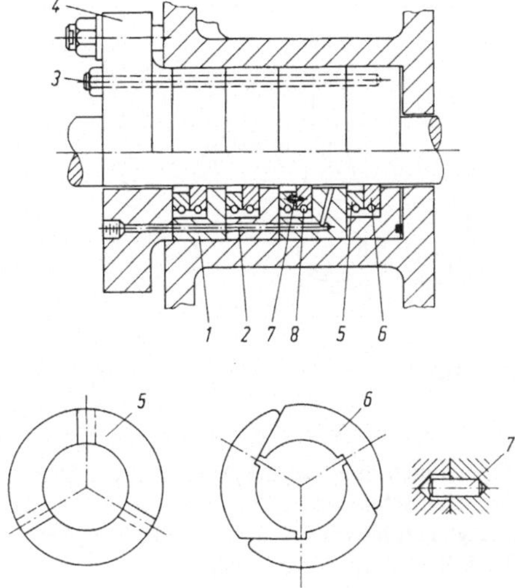

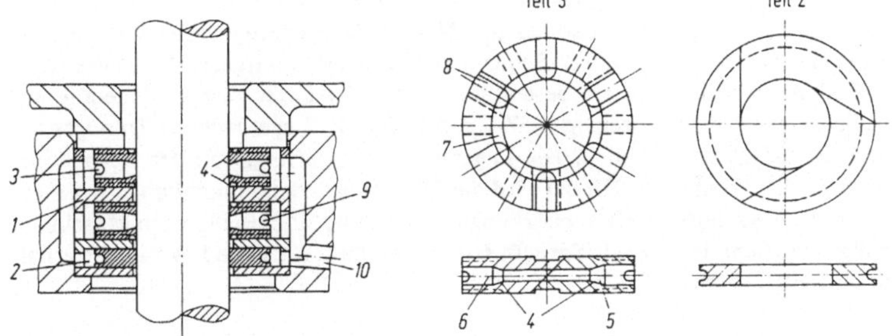

Bild 10.11. Packung (Garlock, Groß-Gerau)

Bild 10.12. Ölabstreifer (Garlock, Groß-Gerau)

10.1.3 Schubstangen

Die Schub- oder Pleuelstange (Bild 10.13 a) besteht aus den Köpfen *1* und *2* mit den Lagern *3* und *4* und dem Schaft *5*. Sie verbindet den Kolben bzw. den Kreuzkopf mit der Kurbelwelle und überträgt die Stangenkraft nach Gl. (5.17). Die zur Kolbenseite hin liegenden oberen Köpfe sind meist geschlossen, bei Großmaschinen aber auch offen, also geteilt. Die unteren Köpfe sind, abgesehen von Stirnkurbel oder gebauten Wellen (Bild 10.18 h und 10.18 d), geteilt, seltener gegabelt (Bild 10.13 c) und werden durch Dehnschrauben zusammengehalten. Der verbindende Schaft besteht aus runden oder rechteckigen, bei kleineren Maschinen auch

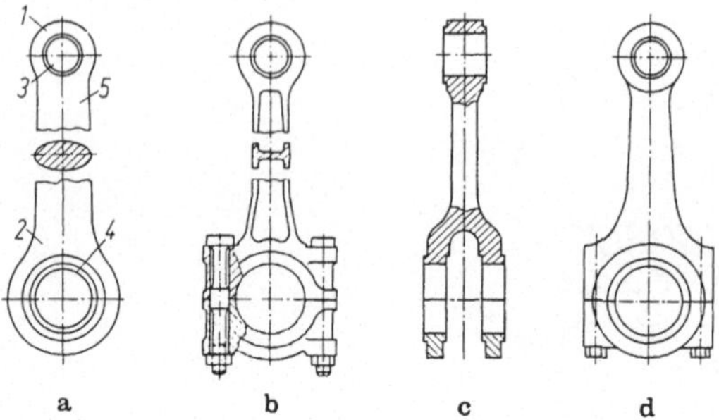

Bild 10.13 a – d. Bauarten von Schubstangen nach [1]

aus H- bzw. I-Querschnitten. Im Gestellquerschnitt ist der Ausschlag der Stange zu berücksichtigen. Als Werkstoffe dienen schmiedbare Stähle wie St 50.2, Ck 30 bzw. C 40, aber auch Gußeisen mit Kugelgraphit wie GGG 50 und GGG 80, Stahlguß GS 52 und weißer Temperguß GTW 40 werden verwendet.

Lagerung

In geschlossenen Köpfen werden Buchsen, bei kleinen Maschinen auch Nadellager eingepreßt. Die Lagermetalle sollen gute Notlaufeigenschaften aufweisen. Sie werden in dünnen Schichten durch Schleuderguß auf Stahl aufgebracht. Diese führt die Reibungswärme dann am besten ab. Für geteilte Lager sind Weißmetalle wie GZ-SN 10 oder Bleibronzen wie GZ-CuSn 12 Pb, bei Lagerbuchsen Zinnbronzen wie etwa GZ-CuSn 12 üblich. Die Lagerschmierung erfolgt von der Kurbelwelle oder vom Kreuzkopf aus. Hierzu wird die Schubstange dann durchbohrt, wozu bei H- und I-Querschnitten oft Verstärkungen notwendig sind. Bei kleinen Maschinen genügt eine Schmierung mit Spritzöl (siehe Abschnitt 8.1.1) und Wälzlager erhalten eine Fettfüllung.

Berechnung

Als Grundlage dient die Stangenkraft F_{St} nach Gl. (5.17), welche die Köpfe, den Schaft und die Dehnschrauben beansprucht. Außerdem treten noch im Schaft Biegespannungen infolge seiner Fliehkraft auf. Um Spannungsspitzen durch Kerbwirkung zu verhindern, sind die Übergänge vom Schaft zu den Köpfen und zu den Schraubenauflagen zu beachten.

Ungeteilte Köpfe

Sie bilden einen geschlossenen Kreisring (Bild 10.14a), in dem das Moment $M_b = F_{St} r_s$ mit r_s als Schwerpunktsradius des gefährdeten Querschnitts A-A das weitaus größte ist. Sonst genügt es, den Kopf als Zugband zu berechnen. Mit der

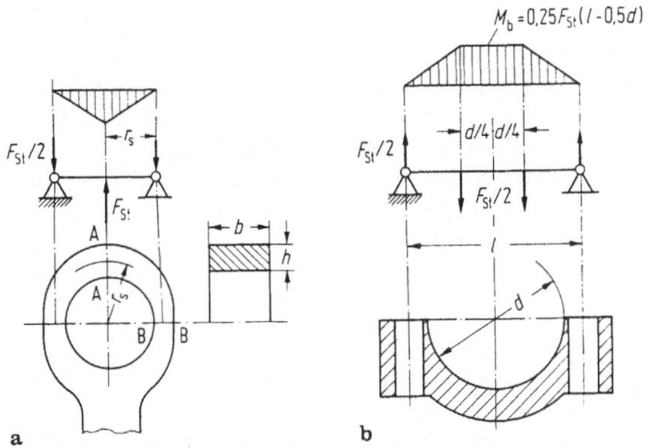

Bild 10.14a, b. Belastung der Schubstangenköpfe. **a** oben; **b** unten

Breite und Stärke des Kopfes b und h beträgt unter Vernachlässigung der Schmiedeschräge für den Querschnitt bzw. das Widerstandsmoment $A_K = 2bh$ und $W_K = bh^2/6$. Hiermit folgt dann für die Biege- und Zugbeanspruchung in den Querschnitten A-A und B-B

$$\sigma_b = \frac{6 F_{St} r_s}{b h^2} \quad \text{und} \quad \sigma_z = \frac{F_{St}}{2 b h} \, . \tag{10.15}$$

Die größte Biegespannung im Querschnitt A-A soll $100 \, \text{N/mm}^2$, die Zugspannung in B-B $30 \, \text{N/mm}^2$ nicht übersteigen. Bei einfachwirkenden Maschinen hat der Kopf meist eine gleichmäßige Stärke, die bei doppelwirkenden in Richtung der Mittellinie wegen der höhere Kräfte (Bild 10.16) wesentlich größer ausfällt.

Geteilte Köpfe

Hier sind die Deckel (Bild 10.14b) am stärksten beansprucht, da ihnen die Versteifung durch die Stange fehlt. Zur Berechnung wird jeweils die Hälfte der Stangenkraft symmetrisch bei einem Viertel des Kopfdurchmessers angesetzt. Dabei wird der Abstand a der Dehnschrauben so gewählt, daß sie die Lagerschalen anschneiden und so gegen Verdrehen sichern. Nach dem Belastungsfall (Bild 10.14b) gilt, wenn W_b das Widerstandsmoment ist, für das größte Biegemoment bzw. für die Spannung

$$M_b = \frac{F_{St}(l - 0{,}5 d)}{4} \quad \text{und} \quad \sigma_b = \frac{M_b}{W_b} \, . \tag{10.16}$$

Zulässig sind etwa 50 bis $60 \, \text{N/mm}^2$, damit sich der Deckel nicht verformt.

Schaft

Infolge seiner Druckbeanspruchung kann er ausknicken und zwar am leichtesten in der Ebene, in der sich die Stange um ihre Zapfen dreht. Dabei liegt also der Eulerfall 2 nach Gl. (10.8) vor, in der jetzt J das Trägheitsmoment in der Knickebene und l die Schubstangenlänge zwischen den Lagermitten darstellen.

Bei größeren Schubstangenverhältnissen ist $\lambda_s < 90$. Dann gilt für St50 die Knickspannung nach Tetmayer aus Gl. (10.10) und Tabelle 10.1

$$\sigma_K = 335 - 0,62\,\lambda_s \text{ in N/mm}^2 . \tag{10.17}$$

Für Gußeisen mit $E = 1,0 \cdot 10^4\,\text{N/mm}^2$ gilt [1]

$$\sigma_K = 776 - 12\,\lambda_s + 0,053 \text{ in N/mm}^2 .$$

Die Knicksicherheit beträgt mit der Druckbeanspruchung $\sigma_d = F_{St}/A_{St}$, wobei F_{St} die Stangenkraft ist, $S = \sigma_K/\sigma_d$ mit $S = 5$ bis 8. Bei Schlankheitsgraden $\lambda_s < 50$ genügt die Kontrolle der Druckspannung.

Der Schaft wird noch durch die Fliehkraft der Stange (Bild 10.15) auf Biegung belastet. Unter der Annahme einer Dreieckslast mit dem Maximalwert $q = F_{rSt}/l$, wobei $F_{rSt} = m_{rSt}\,r\omega^2$ mit m_{rSt} nach Gl. (5.8) ist, folgt für das maximale Moment und die Spannung

$$M_{b\,\text{max}} = \frac{q l^2}{15,6} \quad \text{und} \quad \sigma_b = \frac{M_b}{W_b} . \tag{10.18}$$

Das Moment tritt in der Entfernung $0,577\,l$ vom oberen Pleuelauge gerechnet auf. Das Widerstandsmoment beträgt $W = J/e$, wobei e der Abstand der Randfaser ist.

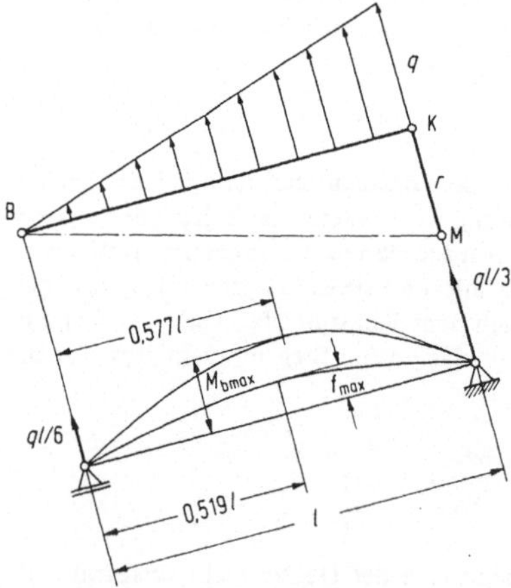

Bild 10.15. Durchbiegung der Schubstange infolge der Fliehkräfte

Diese Beanspruchung ist bei schlanken Stangen und hohen Drehzahlen von Bedeutung. Die größte Durchbiegung der Stange ist dann an der Stelle 0,519 l, wenn E der Elastizitätsmodul ist:

$$f_{\max} = \frac{q\,l^4}{153,3\,EJ}\,.\tag{10.19}$$

Sie begünstigt die Knickung.

Finite Elemente

Die Schubstange (Bild 10.16) zeigt auf der rechten Seite die Einteilung in finite Elemente und auf der linken die Zug- und Druckspannungen. An finiten Elementen sind praktisch mehrere tausend vorhanden, sie sind hier stark vergröbert dargestellt. Die Spitzenwerte der Spannungen (100 N/mm^2) liegen an den äußeren Enden der Deckel und des Stangenkopfes nahe den Auflagen der Dehnschrauben. Beachtlich sind aber auch die Spannungen 60 bis 70 N/mm^2 an den Übergängen des Schaftes zu den Köpfen und am ungeteilten oberen Kopf.

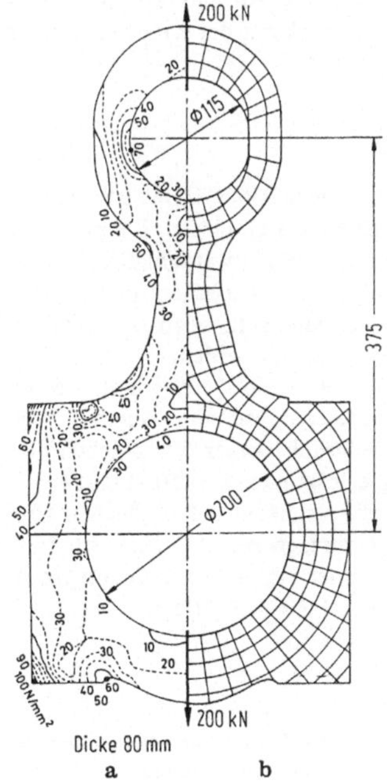

Bild 10.16 a, b. Schubstangenberechnung mit finiten Elementen. **a** Kurven gleicher Spannungen in N/mm^2; **b** Aufteilung der Elemente (Borsig Gruppe Deutsche Babcock, Berlin)

10.1.4 Kreuzköpfe

Sie nehmen die Kolben- und die Schubstange auf und laufen in den Gleitbahnen der Gestelle, auf die sie die Normalkraft nach Gl. (5.18) übertragen. Ihr Körper wird durch die Kolbenkraft, ihr Zapfen durch die Stangenkraft nach Gl. (5.10) und (5.17) belastet.

Aufbau

Es gibt geschlossene und offene Ausführungen [10.5]. Die erste ist meist ein Rundkreuzkopf (Bild 10.17), bei dem sich die Schubstange im Innern um den auswechselbaren Zapfen dreht. Seine zylindrische Führung besitzt zwei gegenüberliegende Laufflächen. Der bei großen stehenden Maschinen benutzte offene Kopf besitzt einen zentralen Körper mit festem Zapfen. Daher sind hier die Schubstangenköpfe geteilt und gegabelt. Seine Gleitfläche ist einseitig und zwei Leisten geben dem Kopf den erforderlichen Halt. Kreuzkopfkörper und Kolbenstangen erhalten eine einstellbare Schraubenverbindung (Bild 10.9) zur Einrichtung des Kolbenspieles in den Totpunkten. Das Öl wird meist über die Gleitbahn zugeführt und über den Zapfen an die beiden Lager der Schubstange weitergeleitet.

Die Normalkraft ist bei doppeltwirkenden Maschinen meist nach einer Seite gerichtet. Daher ist bei liegenden Verdichtern die Drehrichtung so zu wählen, daß der Kreuzkopf nach unten gedrückt wird. So soll auch die Normalkraft im Schwerpunkt angreifen, in den auch der Zapfen zu legen ist, damit der Kreuzkopf nicht kippt bzw. klappert.

Auslegung

Der Kreuzkopfkörper besteht aus Gußwerkstoffen, wie GG30, GGG50 oder GS38. Die Laufflächen bilden meist angeschraubte Schalen aus Gußeisen, die auch mit Weißmetall wie GZ-Sn10 bzw. GZ-Cu Pb 10 Sn ausgegossen werden. Die zulässigen Flächenpressungen betragen 20 bis 30 N/cm^2 für Gußeisen und 40 bis 60 N/cm^2 für Weißmetall. Das Laufspiel in der Gleitbahn soll, wenn D ihr Durchmesser ist, etwa $4 \cdot 10^{-4} D$ betragen, um Geräusche zu vermeiden.

Die Zapfen aus Einsatzstählen wie Cr 45 oder 39 Cr Mo V 139 erhalten einen kegeligen Sitz, der durch eine Platte mit Schraube festgezogen wird. Aber auch zylindrische Sitze sind zu finden, die eine Zapfenschraube gegen Verschieben und Verdrehen sichert. Ihre Berechnung auf Biegung erfolgt nach Gl. (10.4) und (10.5) wie beim Kolbenbolzen. Für ihre gehärteten und geschliffenen Laufflächen vom Durchmesser d und der Länge l sind Flächenpressungen $p_f = F_{St}/(ld)$ von 1300 bis 1500 N/cm^2 zulässig. Ihre Lager bestehen aus einer Stahlstützschale mit einem 0,4 bis 1,0 mm starken Ausguß aus Bleibronze wie GZ-Cu Pb 10 Sn.

Konstruktionsbeispiel

Der Rundkreuzkopf (Bild 10.17) besteht aus dem Körper *1* mit dem Zapfen *2* und den beiden angeschraubten Gleitschalen *3*. Sie nehmen die Längs- und Quernuten *4* zur Versorgung mit Öl auf.

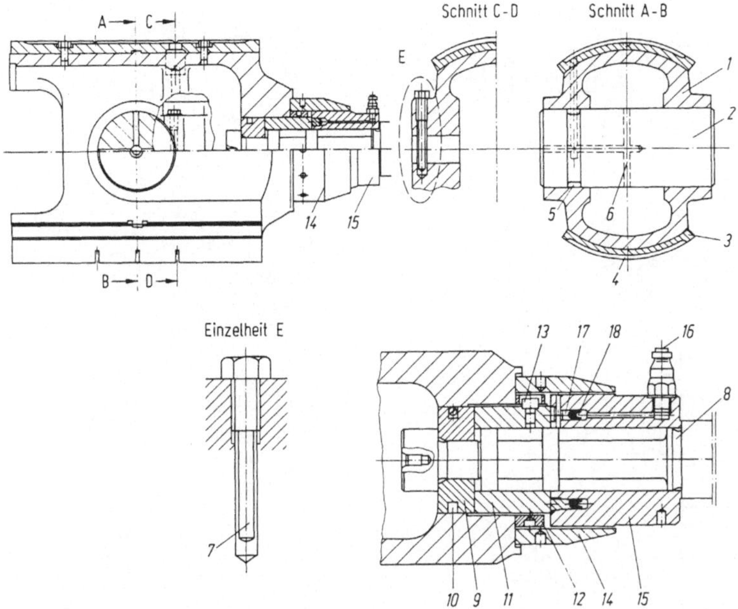

Bild 10.17. Rundkreuzkopf mit hydraulischer Montage der Kolbenstange (Borsig Gruppe Deutsche Babcock, Berlin)

Dieses fließt über die Ringnute 5 und die Bohrungen 6 im Zapfen den Schubstangenlagern zu. Die Schraube 7 sichert den Zapfen gegen Verdrehen und Verschieben.

In seinem zylindrischen Ansatz wird das Ende 8 der Kolbenstange (siehe auch Bild 10.8) mit dem geteilten Druckring 9, den die Schelle 10 zusammenhält, eingesetzt. Das Kolbenspiel (s_p in Bild 10.8) für die beiden Totpunkte OT und UT wird durch Drehen des im Kreuzkopf einge-schraubten Gewinderinges 11 eingestellt und mit dem Ring 12 und der Schraube 13 fixiert.

Nach Drehen der Spannmutter 14 mit dem Druckstück 15 bis zum Anschlag am Kreuzkopf erfolgt der Anzug. Um diesen zu erleichtern, wird über den Anschluß 16 hydraulisch ein Druck von ca. 1000 bar auf den Rohrkolben 17, der durch die Manschette 18 abgedichtet ist, gegeben. Dadurch wird das Gewinde der Teile 14 und 15 so stark entlastet, daß die Spannmutter 14 von Hand mit einem Hakenschlüssel angezogen werden kann. Nach der Druckentlastung ist die Stange betriebsbereit. Jetzt sind die Teile 9, 11, 12, 14 und 15 auf Druck und die Stange 8 ist auf Zug bean-sprucht.

10.1.5 Kurbelwellen

Sie übertragen das Drehmoment von der Kupplung an die Schubstangen, laufen in den Grundlagern und nehmen an ihren Enden das Schwungrad und die Hilfsan-triebe auf. Ihre Teile (Bild 10.18 a) sind: die Wellen und die Kurbelzapfen 1 und 2 für die Grund- und Pleuellager, die Wangen 3 zur Verbindung der Zapfen und für

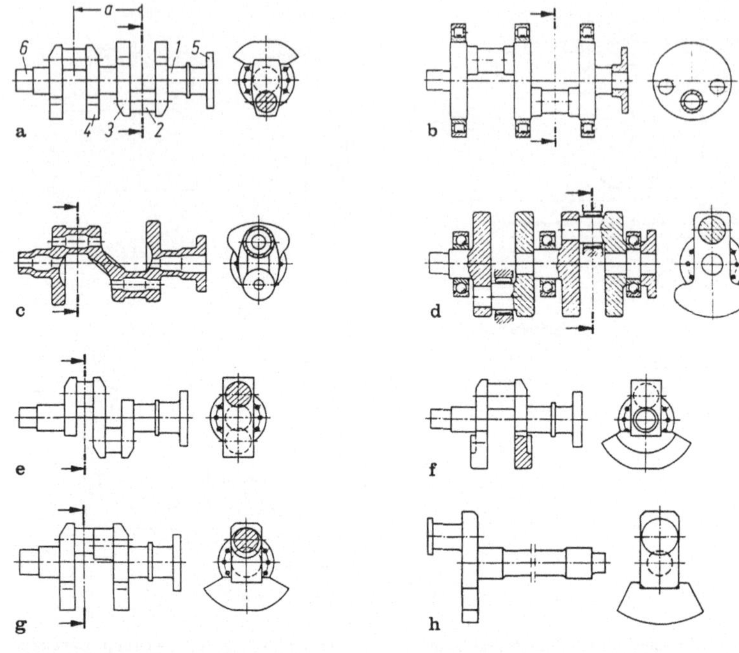

Bild 10.18 a – h. Bauarten von Kurbelwellen

die Gegengewichte *4*, die Kupplung *5* für den Motor sowie die Zapfen *6* für die Hilfsantriebe.

Aufbau

Grundformen sind die gekröpfte Welle und die Stirnkurbeln (Bild 10.18 a und 10.18 h). Die ersten bestehen aus den Kröpfungen mit den Wangen und den Kurbelzapfen, die durch die Wellenzapfen gemäß dem Kurbelversatz verbunden sind [10.8]. Bei kleinen Gestängekräften liegen zwischen je zwei Lagern zwei Kurbelzapfen mit schrägen oder geraden mittleren Wangen (Bild 10.18 c und 10.18 e). Diese Form spart Lager ein und erleichtert das Ausrichten. Stirnkurbeln (Bild 10.18 h) besitzen fliegende Zapfen, auf deren Gegenseite die verlängerte Welle für ihre beiden Lager liegt. An den Wangen sind die Gegengewichte zum Ausgleich der Massenkräfte und -momente (siehe Abschnitt 5.1) angeschraubt. Zur Lagerung dienen meist Gleit- und nur bei kleineren Maschinen Wälzlager [10.9] (Bild 10.18 b und 10.18 d). Das Festlager liegt meist neben dem Schwungrad (siehe Abschnitt 5.2) auf der Antriebsseite.

Fächermaschinen (Bild 5.4 e) mit mehreren nebeneinanderliegenden Schubstangen haben Kurbelwellen (Bild 18.18 f) mit starken Zapfen und großen Gegengewichten zum zusätzlichen Ausgleich der Massenkräfte I. Ordnung (s. Abschn. 5.2). Ölfeldkompressoren (Bild 10.18 g), bei denen der Hub des Motors größer als der des Verdichters ist, haben bei gemeinsamer Kurbelwelle versetzte Zapfen. Für kleine Maschinen sind auch Exzenter (Bild 5.1 e) oder auch Kurvengetriebe (Bild 5.1 d) wie bei Kühlschrankkompressoren üblich.

Herstellung

Als Werkstoff dienen schmiedbare Bau- und Vergütungsstähle wie St 50, C 30, Cr 35 und 34 Cr Mo 4 oder Gußeisen mit Kugelgraphit etwa GGG 60. Kleinere Wellen werden aus einem Stück geschmiedet oder gegossen, bei größeren erfolgt ein Zusammenbau durch Schrumpfen der Kröpfungen und der Wellenzapfen. Bei sehr großen Teilen werden auch die Kröpfungen aus den Wangen und Kurbelzapfen zusammengesetzt. Die Laufflächen der Zapfen sind gehärtet und mit mittleren Rauhtiefen $R_Z = 4$ bis 10 µm fein bearbeitet. Die Wellen werden dynamisch ausgewuchtet, wobei Meistergewichte an den Kurbelzapfen den rotierenden Anteil der Schubstangen ausgleichen. Gußeiserne Kurbelwellen lassen sich leicht gestalten, besitzen günstige Gleiteigenschaften und eine gute dynamische Dämpfung.

Gestaltung

Wellen- und Kurbelzapfen haben, abgesehen von der Fächermaschine (siehe Bild 5.4 e), meist die gleichen Durchmesser d und Lagerlängen l, wobei $l/d = 0,6$ bis 0,9 ist. Dabei wird die Welle um so steifer, je kleiner dieses Verhältnis ist. Die Wangen erhalten meist einen rechteckigen Querschnitt. Nur bei höheren Drehzahlen werden die Wangen abgeschrägt bzw. oval gestaltet und die Kurbelzapfen durchbohrt, um Gewicht zu sparen. Besonders wichtig ist die Beachtung des Kraftflusses, um Kerbwirkungen [10.10] zu vermeiden. Diese treten besonders an den Übergängen zwischen den Zapfen und Wangen und an den Ölbohrungen (Bild 10.19) auf. Am gefährdetsten ist dabei die Ausrundung zwischen Kurbelzapfen und Wange in Richtung des Wellenzapfens, die möglichst groß ausgeführt wird [10.10].

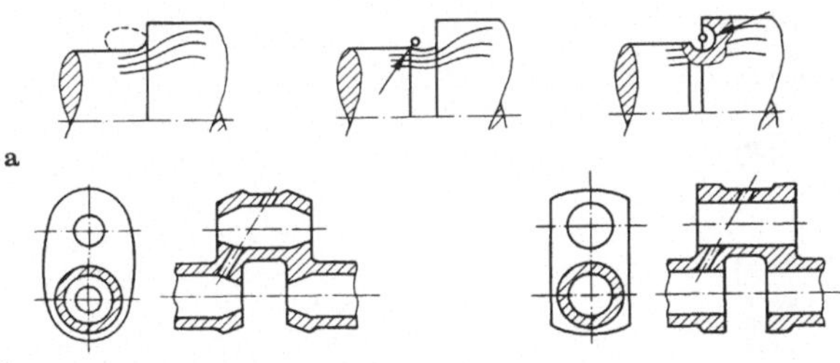

Bild 10.19. a, b. Kraftfluß an Kurbelwellen. **a** Übergänge zwischen Zapfen und Wange; **b** Ölbohrungen

Berechnung

Auf den Kurbelzapfen (Bild 10.20) wirken die Tangential- und Radialkraft F_T und F_R nach Gl. (5.19) und (5.20), deren Maxima bei einfachwirkenden Maschinen etwa 30 bis 40° vor OT auftreten. Ihre Reaktionen, pro Kurbel $F_T/2$ und $F_R/2$, greifen dann jeweils in den Mitten der Wellenzapfen an. Diese Kräfte und deren Momente beanspruchen die Zapfen und Wangen. Infolge ihrer Periodizität ist bei längeren Wellenleitungen insbesondere bei direkt gekuppelten Motoren eine Drehschwingungskontrolle [5.3] notwendig.

Kurbel- und Wellenzapfen

Sie erhalten die Indices K und W. Hierbei ist L ist der Abstand ihrer Grundlager (Bild 10.20), l die Entfernung der Mitten von Wange und Grundlager, r der Kurbelradius und d der Durchmesser der Zapfen. Damit betragen die Biegemomente $M_{dK} = F_R L/4$ bzw. $M_{dW} = F_R l/2$ bzw. das Torsionsmoment $M_{TW} = F_T r$. Mit den Widerstandsmomenten $W_b = \pi d^3/32$ und $W_T = 2 W_b$ folgt dann für die Spannungen

$$\sigma_{bK} = \frac{8 F_R L}{\pi d^3} \; ; \quad \sigma_{bW} = \frac{16 F_R l}{\pi d^3} \quad \text{und} \quad \tau_W = \frac{16 F_T r}{\pi d^3} \; . \tag{10.20}$$

Die mittlere Torsionsspannung beträgt dann im Wellenzapfen vor der Kupplung mit $M_d = P_e/(2\pi n)$ nach Gl. (5.21)

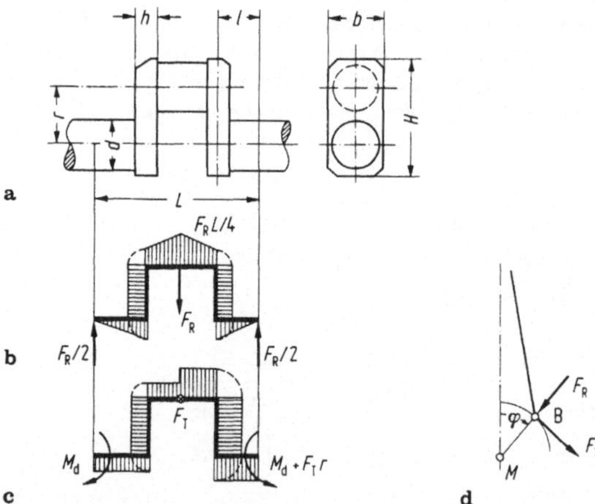

Bild 10.20a–d. Beanspruchung einer Kurbelkröpfung. **a** Kröpfung; **b** Biegemoment; **c** Torsionsmoment; **d** Kraftverlauf

$$\tau = \frac{16M_d}{\pi d^3} = \frac{8P_e}{\pi^2 n d^3} \ . \tag{10.21}$$

Sie dient meist als Berechnungsgrundlage, da bei gleichem Durchmesser dieser Zapfen am stärksten beansprucht ist.

Ihre Gleitlager haben Stahlstützschalen mit einem Bleibronzeausguß etwa CuPb24Sn4. Auch Dreistofflager sind üblich. Hier dient die Bronze nur als Stütze und die Laufschicht besteht aus einer Cadmium-Legierung.

Kurbelwange

Ihr Querschnitt $A = bh$ mit der Breite b und der Dicke h wird durch die Biegemomente $M_{bR} = F_R l/2$ und $M_{bT} = F_T(r-d/2)$ infolge der Radial- und Tangentialkraft F_R und F_T beansprucht (Bild 10.20). Mit den Widerstandsmomenten $W_R = bh^2/6$ folgt dann für die Druck- und Biegespannungen

$$\sigma_{dW} = \frac{F_R}{2bh} \ ; \quad \sigma_{bR} = \frac{3F_R l}{bh^2} \quad \text{und} \quad \sigma_{bT} = \frac{6F_T(r-d/2)}{bh^2} \ . \tag{10.22}$$

Sie addieren sich zu den Druck- bzw. Zugbeanspruchungen in den Randfasern (Index r)

$$\sigma_{dr} = \sigma_d + \sigma_{bT} + \sigma_{bR} \quad \text{bzw.} \quad \sigma_{zr} = -\sigma_d + \sigma_{bT} + \sigma_{bR} \ . \tag{10.23}$$

Hinzu kommt noch die Torsionsspannung. Sie beträgt mit dem Drehmoment $M = F_T l/2$ und dem Widerstandsmoment für den Rechteckquerschnitt $W_t = hb^2/\alpha$

$$\tau = \frac{\alpha F_T l}{bh^2} \ .$$

Der Faktor α ist in Tabelle 10.2 zu finden.

Für die Gesamtspannung gilt dann nach der Schubspannungshypothese

$$\sigma_{res} = \sqrt{\sigma_d^2 + 4\tau^2} \ . \tag{10.24}$$

Die starke Kerbwirkung am Übergang zwischen Wange und Kurbelzapfen wird durch eine große Rundung verringert [10.7].

Lager

Ihre Belastung erfolgt mit der maximalen Stangenkraft F_{St}. Ist d ihr Durchmesser, l ihre Länge und r_s ihr Rundungsdurchmesser, also $A = d(l-2r_s)$ ihr Querschnitt, so beträgt ihre Flächenpressung $p_f = F_{St}/A$. Hierbei sind etwa 900 N/cm^2 für den Kurbel- und 500 N/cm^2 für den Wellenzapfen zulässig. Diese Rechnung dient nur

Tabelle 10.2. Faktor α für das Widerstandsmoment der Torsion des Rechteckquer-
schnittes als Funktion des Seitenverhältnisses
h/b

h/b	1,2	1,4	1,6	1,8	2,0	2,2
α	4,47	4,30	4,17	4,08	3,99	3,91

der Vordimensionierung, die noch mit der hydrodynamischen Schmiertheorie
[10.2] zu überprüfen ist.

10.2 Zylinder und Laufbuchsen

Die von den Deckeln abgeschlossenen Zylinder nehmen die Gleitbahn für den Kolben, die Kühlung (siehe Abschn. 8.2.2) und meist die Kanäle für den Zu- und Abfluß des Mediums mit ihren Flanschen und den Ventilen (siehe Bild 6.13) auf und
werden mit den Gestellen (siehe Abschn. 10.3) verschraubt. Dabei erhalten Hochdruckzylinder aus Stahl bzw. Stahlguß Laufbuchsen aus Gußeisen, die erst ein
Gleiten der Kolbenringe ermöglichen [4].

10.2.1 Zylinder

Ihr Aufbau ist sehr unterschiedlich, da er durch den Gegendruck, die Art und den
Durchsatz des Fördermediums sowie der Kolbenform und der Triebwerkanord-
nung beeinflußt wird.

Gestaltung

Die *Kanäle* für das Medium und die Ventile liegen bei einfachwirkenden Maschinen im Deckel, so daß die Zylinder lediglich die Kühlung aufnehmen müssen. Dies
gilt auch für Tauchkolbenmaschinen und für die Endstufen der Hochdruckverdichter. Bei doppeltwirkenden Maschinen bzw. bei den II. Stufen der Stufenkolben
liegen die hierbei meist verwendeten Einzelventile in den Zylindern. Die hier übliche Wasserkühlung erfordert dabei möglichst symmetrische und große Kühlflächen, damit die Bohrung sich nicht verzieht und das Medium nicht aufgeheizt
wird. Ihre Stutzen werden auf die Rohrleitungsführung abgestimmt. So befinden
sie sich bei liegenden Maschinen meist unten zur Verbindung mit den im Keller stehenden Zwischenkühlern.

Saug- und Förderkanäle auf jeder Kolbenseite ergeben ein symmetrisches Guß-
stück, das sich frei dehnen kann. Sie bedingen aber kleine Aufnehmer und erfordern vier Stutzen. Zylinder mit nur je einem Druck- und Saugstutzen ermöglichen
zwar große Aufnehmer, ihre Teile können sich aber nicht mehr frei dehnen, erzeugen daher Biegespannungen, die nur durch konstruktive Maßnahmen zu verringern sind.

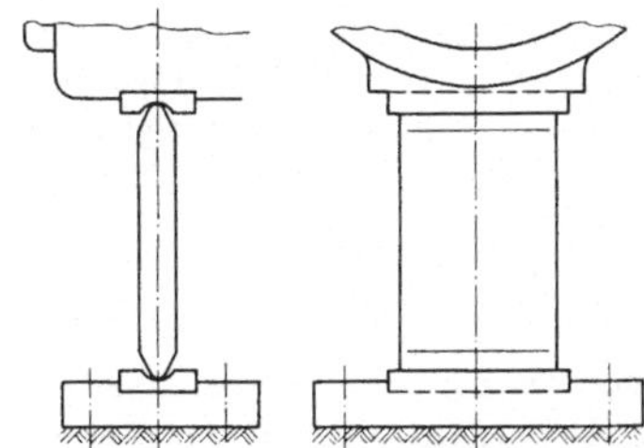

Bild 10.21. Pendelstütze

Die Zylinder sind also komplizierte Gußstücke, da sie die Laufflächen für den Kolben, den Mantel und die Kanäle für das Kühlwasser und das Medium aufnehmen. Gußtechnisch sind mehrere Kerne erforderlich. Zu ihrer Entfernung sind Löcher notwendig, die dann durch Deckel verschlossen werden.

Außerdem sind die Ventilnester und die Flansche für Deckel, Rohre und Befestigung am Gestell vorzusehen. Bei den wesentlich einfacheren Zylindern aus Stahl bzw. Stahlguß werden die Kühlwassermäntel eingeschweißt und die kurzen Kanäle gebohrt. Längere liegende Zylinder erhalten Pendelstützen (Bild 10.21), um ein Durchbiegen und damit ein Anlaufen des Kolbens zu verhüten. Diese Stützen folgen auch bei geringer Reibung den Wärmedehnungen der Maschine.

Bei Tauchkolbenmaschinen, bei denen die Deckel meist die Ventile aufnehmen, ist ihre Konstruktion durch deren Art und Einbau bestimmt. Die leichte Gestaltung des Gußeisens ermöglicht auch eine Kühlung ihres Bodens und ihrer Kanäle, die nur eine geringe Pufferwirkung haben. Bei den Endstufen aus Stahl erlaubt der knappe Raum meist nur einen Ventileinbau senkrecht zur Mittellinie. Bei am Zylinderumfang liegenden Ventilen sind die Deckel tief heruntergezogen (Bild 10.8), um deren Schadraum zu verringern. Sie sind meist verrippt und bei größeren Durchmessern gekühlt. In den unteren Deckeln befinden sich die Aufnahmen für die Stopfbuchsen, die bei kleineren Maschinen am Zylinderboden angegossen ist.

Werkstoffe

Zylinder und Deckel werden bei Drücken bis zu 30 bar aus Gußeisen, ab 50 bar aus Stahlguß und ab 100 bar aus geschmiedetem Stahl hergestellt.

Gußeiserne Zylinder bestehen aus GG25 bis GG35 mit perlitischem Gefüge mit über 4,6 Kohlenstoff-, unter 1,6 Silizium- und unter 0,8% Mangan-Gehalt. Auch GGG80 mit Kugelgraphit ist brauchbar. Bei dem Entwurf sind scharfe Umlenkungen und Ecken sowie Materialanhäufungen zu vermeiden, damit das Gußeisen gut fließen kann und keine Lunker entstehen. Die Kerne sind möglichst in Löchern abzustützen und müssen wegen der Materialschrumpfung nachgiebig sein. So sollen ihre Stützeisen etwa 100 mm von der Wand entfernt liegen. Metallene Kernstützen, die oft nur schwer einschmelzen und dadurch Undichtigkeiten hervorrufen, sind an den Gas- und Wasserräumen zu vermeiden. Die fertigen Gußstücke haben

Eigenspannungen durch die Schrumpfung und die ungleichmäßige Abkühlung. Diese werden durch Glühen in 2 bis 3 h bei 500 bis 600 °C bis zu 90% abgebaut. Bei großen Zylindern reichen meist die Öfen nicht aus. Ihre Lagerung erfolgt dann zum Abbau der Vorspannungen, möglichst vorgeschruppt, im Freien.

Stahlgußzylinder

Hierfür wird der warmfeste GS-C25 verwendet. Da dieser wesentlich zäher als Gußeisen fließt, sind Kerne zu vermeiden. So erreicht er lange nicht dessen Gestaltungsfähigkeit, ergibt aber eine günstigere strömungstechnische Formgebung als Stahl. Schwierigkeiten bereiten hier Gußfehler, die meist erst beim Abdrücken hervortreten. Modernere Spezialverfahren ermöglichen heute Zylinderdrücke weit über 100 bar.

Stahlzylinder

Sie bestehen meist aus Vergütungsstählen wie Ck35, die weniger kerbempfindlich sind als legiertes Material. Die Stahlblöcke sind gut durchzuschmieden, spannungsfrei zu glühen und langsam abzukühlen. Die größten Spannungen treten hier an den Schnittkanten der senkrecht zueinander liegenden Bohrungen des Kolbens und der Ventile auf. Diese Kanten sind daher sorgfältig abzurunden und mit Ultraschall auf Haarrisse zu prüfen, damit keine Dauerbrüche durch die pulsierende Belastung entstehen. Außerdem ist darauf zu achten, daß sie frei von Seigerungen sind, die meist in ihrer Mitte liegen.

Berechnung

Die Zylinder und Deckel sind vielseitigen Beanspruchungen unterworfen. Sie werden vom Druck des Mediums in der Kolbenbohrung, den Kanälen und den Rohrleitungen verursacht. Weiterhin wirkt der Wasserdruck auf die Kühlräume. Hinzu kommen noch die schwer faßbaren Spannungen infolge des Schwindens und der ungleichmäßigen Abkühlung. Da sich diese Beanspruchungen noch überlagern, wird die Festigkeitsrechnung sehr kompliziert und ist nur mit hohen Sicherheitswerten für Ausschnitte möglich.

Die *Wandstärke* beträgt, wenn p der höchste Druck im Zylinder mit dem Durchmesser D ist und σ die zulässige Beanspruchung des Werkstoffes, K einen Sicherheitsfaktor und c einen Wandstärkenzuschlag darstellen

$$s = \frac{Dp}{2{,}0\,\sigma/K} + c \; . \tag{10.25}$$

Die Beanspruchung σ für die meist schwellende Belastung wird dem Smith- oder Haigh-Diagramm für Zug-Druckbeanspruchung [1] entnommen. Der Sicherheitsfaktor ist $K = 4$ für Gußstücke wegen der Restspannungen und $K = 3$ für Stahlzylinder wegen der auftretenden Schwingungen. Der Wandstärkenzuschlag ist $c = 10$

bis 15 mm und steigt mit dem Druck. Die Stärken der übrigen Wände betragen dann etwa $0,8\,s$ und der Flansche $1,4\,s$.

Beanspruchungen

Bei Stahlzylindern mit ihren geringen Restspannungen sind auch die thermischen Beanspruchungen zu erfassen. Sie betragen in Umfangsrichtung, wenn die Indices i und a die Innen- bzw. Außenwand bezeichnen und t die Temperatur, $c = f(D)$ eine Funktion ihres Durchmessers und k eine Konstante darstellen

$$\sigma_i = k(t_i - t_a)c_i \quad \text{und} \quad \sigma_a = k(t_i - t_a)c_a \; . \tag{10.26}$$

Für die Durchmesserfunktionen gilt mit $\beta = D_a/D_i$

$$c_i = \frac{2\beta^2}{\beta^2 - 1} - \frac{1}{\ln \beta} \; ; \quad c_a = c_i - 2 \; . \tag{10.26a}$$

Hierbei ist c_a negativ. Die Konstante k beträgt, wenn E der Elastizitätsmodul, v die Querkontraktionszahl und α die Wärmedehnzahl sind,

$$k = \frac{\alpha E}{2(1 - v)} \; . \tag{10.26b}$$

Der k-Wert beträgt für Stahl, bei dem $E = 2,1 \cdot 10^5\,\text{N/mm}^2$, $\alpha = 1,15 \cdot 10^{-5}\,1/°\text{C}$ und $v = 0,3$ ist $k = 1,725\,\text{N/(mm}^2\,°\text{C})$. Mit der Wandstärke $s = 0,5\,(D_a - D_i) = 0,5\,(\beta - 1)D_i$ steigen nach Gl. (10.26) die Druckspannungen am Innenrand, während die Zugspannungen am Außenrand abfallen.

Deckel

Sie werden durch die Kraft $F = \Delta p\,\pi D^2/4$ belastet. Hierbei ist D der mittlere Durchmesser der Dichtfläche. Für die Zylinderdeckel beträgt die Druckdifferenz $\Delta p = p''_{k+1} - p_a$. Bei den Ventildeckeln ist die Belastung der Spannschrauben (s. Abschn. 6.4.1) maßgebend. Die Deckel werden als am Rande eingespannte Kreisplatte mit gleichmäßiger Flächenlast [5.1] berechnet. Ihre Befestigung erfolgt bei den höheren Stufen durch Stiftschrauben mit Dehnschaft (vgl. Abschn. 10.1.2), deren Vorspannung etwa das dreifache der mittleren Deckelkraft beträgt. Ihr Schaft wird erfahrungsgemäß auf 80% des Gewindeaußendurchmessers abgedreht.

Stutzen

Ihre Querschnitte gleichen dabei den angeschlossenen Rohrleitungen. Sie werden daher nach Gl. (10.28) und Bild 10.27 berechnet. Dabei ist es üblich, die Stutzen eines Zylinders gleich groß zu bemessen, wobei die Saugseite maßgebend ist.

Konstruktionsbeispiele

Beim *Niederdruckzylinder* (Bild 10.22) befinden sich an der Kolbenbohrung *1* die Flansche *2* für
den oberen Deckel und die Aufnahme *3* für den unteren Deckel und das Gestell. Das Medium fließt
vom Rohrflansch *4* über die als Pufferräume wirkenden Kanäle *5* und *6* zu den jeweils vier Saugventilen *7* der Ober- bzw. Unterseite. Die Förderseite mit den Druckventilen *8* liegt symmetrisch
hierzu. Das Kühlwasser umströmt in seinen Kanälen *9* und *10* die Kolbenbohrung und die Ventile.
Seine Zu- bzw. Abfuhr *11* wird durch ein Blech abgedeckt. Die Kanäle enthalten Löcher *12* zur
Entfernung der Kerne.

Der *Hochdruckzylinder* (Bild 10.23) wird für Drücke bis zu 800 bar eingesetzt. Er hat die Form
eines Quaders mit angeschmiedetem Flansch *1* und ist aus Vergütungsstahl geschmiedet. An einem

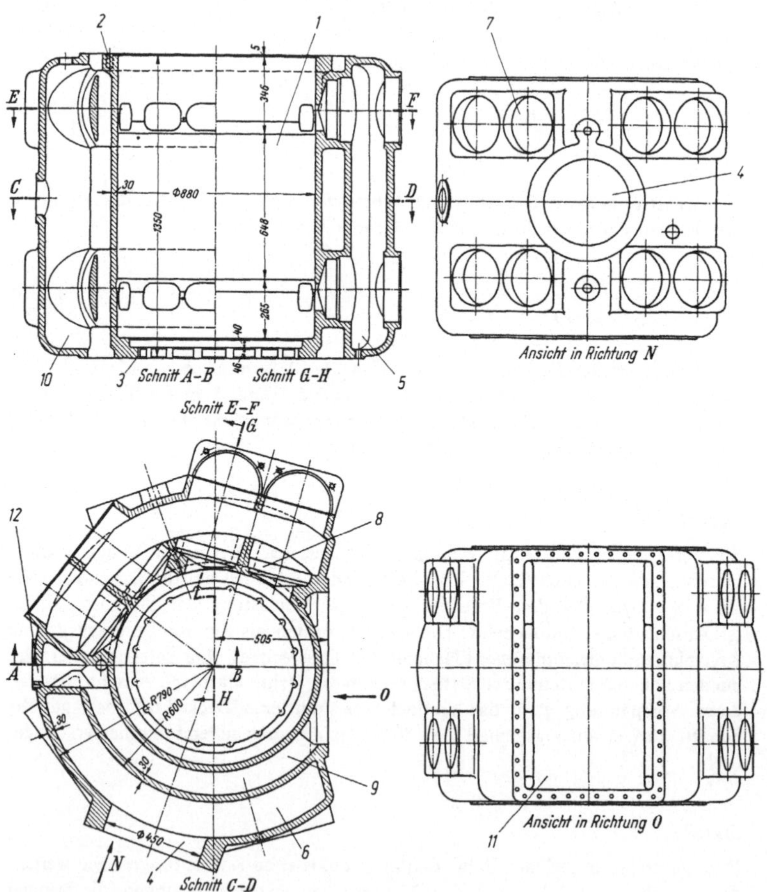

Bild 10.22. Zylinder mit offenem Kühlmantel nach [4]

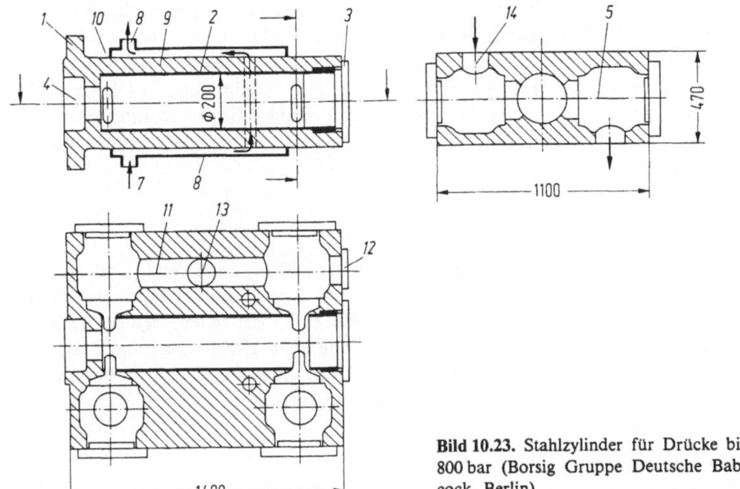

Bild 10.23. Stahlzylinder für Drücke bis 800 bar (Borsig Gruppe Deutsche Babcock, Berlin)

Ende der Zylinderbohrung mit der Buchse 2 liegt der mit Dehnschrauben befestigte Deckel 3, am anderen die Aufnahme 4 für die Packung. Senkrecht zur Zylinderbohrung sind die vier Nester 5 für die Ventile eingedreht. Der Kühlmantel besteht lediglich aus je einem oben bzw. unten befestigten Blech 6 mit den Wasserzu- und -abführungen 7 und 8. Sie sind noch durch die Leitungen für das Medium unterbrochen. Das obere Blech nimmt noch die Bohrungen 9 für die Zylinderschmierstutzen, die neben den Indikatorbohrungen 10 sitzen, auf. Es liegen zwei Varianten für den Kolben (Bild 10.4) vor. Bei der einstufigen bzw. doppeltwirkenden Form sind die Nester der Saug- bzw. der Druckventile durch je eine parallel zur Laufbuchse liegende Bohrung 11 verbunden. Diese wird mit dem Stopfen 12 verschlossen. Das Medium fließt dann durch die senkrecht hierzu liegende Bohrung 13 ab. Bei der Bauart für zwei Stufen befindet sich die höhere an der Packung. Das Gas wird hier durch vier Bohrungen 14 an den Ventilnestern abgeleitet. Dabei liegen jeweils ein Saug- und ein Druckventil gegenüber.

10.2.2 Laufbuchsen

Laufbuchsen verbessern die schlechten Gleiteigenschaften von Stahl- und Stahlgußzylindern. Außerdem werden sie zur Verringerung des Förderstromes und bei Verschleiß durch stark verschmutzte Medien eingesetzt. In diesem Falle ist es aber günstiger, frei schwebende Kolben zu benutzen oder die Stufenteilung zu verfeinern.

Aufbau

Die Buchsen bestehen aus perlitischem Gußeisen wie GGG70. Ihre Herstellung erfolgt auch im Schleuderguß aus GG40. Die Oberfläche soll härter als bei den Ringen sein. Sie werden mit einem Preßsitz durch Unterkühlen in die Zylinder eingeschrumpft und dürfen sich nicht lockern, müssen aber in axialer Richtung frei dehnbar sein. Die Bohrung erhält durch Läppen oder Honen die Rauhtiefe $R_Z = 0{,}25$ bis $0{,}40\ \mu\text{m}$, damit der Kolben gut gleitet. An ihren Enden befindet sich ein leichter Konus, um Eingrabungen der äußeren Kolbenringe zu vermeiden. Die Buchsenaußenfläche wird geschliffen. Mittel zur Verringerung des Verschleißes sind: Filterung des Mediums, genaue Ausrichtung der Mitten von Kolben und Zylindern, geeignete Schmierung, ausreichende Kühlung und Hartverchromung der Laufflächen.

Trockene Buchsen

Direkt die Zylinderbohrung (siehe Teil 2 in Bild 10.23) berührend, sind sie thermisch ungünstig, da sie die Kühlung behindern und so das Medium im Zylinder stärker aufheizen. Um den schwierigen Ausbau zu vereinfachen, werden die Buchsen auch durch Tellerfedern auf ihren Sitz, eine Schleiffläche oder einen Weicheisenring gepreßt, dabei soll der Gasdruck auch auf die Außenfläche der Buchse wirken, um Spannungsspitzen und damit Risse zu verhüten.

Nasse Buchsen

Sie werden direkt vom Kühlmittel umspült und kommen bei kleineren Kolbendurchmessern vor. Durch die intensivere Wärmeabfuhr sind sie thermisch günstig und vereinfachen den Zylinderguß. Wichtig ist hier die Abdichtung gegen die Kühlwasserräume, die meist über Rundschnurringe erfolgt.

Beanspruchungen

Sie erfolgen bei den gußeisernen Buchsen durch ihren Preßsitz und durch die Temperaturunterschiede. Die thermischen Beanspruchungen ergeben sich aus Gl. (10.26) und (10.27) mit $E = 1{,}25 \cdot 10^5\ \text{N/mm}^2$, $v = 0{,}25$ und $\alpha = 10^{-5}\ 1/°\text{C}$ für $k = 0{,}8333\ \text{N/(mm}^2°\text{C)}$. Für $D_a/D_i = 1{,}3$ und $t_i - t_a = 50\,°\text{C}$ folgt dann etwa $\sigma_i = 45\ \text{N/mm}^2$ bzw. $\sigma_a = -38\ \text{N/mm}^2$ für die Druck- bzw. Zugspannungen am Innern- bzw. Außenrand. Preßsitze bedingen eine Torsionsbeanspruchung der Buchse. Sie beträgt mit der Zusammendrückung δ des Außendurchmessers D_a

$$\tau_{max} = \frac{\delta E}{D_a}\ . \tag{10.27}$$

Diese Spannung beträgt $\tau_{max} = 20\ \text{N/mm}^2$ bei dem Übermaß $\delta = 1{,}6 \cdot 10^{-4}\,D_a$. Es wird ungefähr auf einem Viertel der Buchsenlänge ausgeführt. Zu große Werte haben Rundbrüche der Buchse zur Folge.

10.3 Gestelle

Die Gestelle, auch Rahmen genannt, nehmen die Zylinder, Kurbelwelle und die Schmiervorrichtungen auf und sind über die Leisten mit dem Fundament verbunden [10.12]. In ihrem Innern tropft das Triebwerksöl ab und sammelt sich an seiner tiefsten Stelle, dem Sumpf, für den ein Ablaß vorzusehen ist. Kreuzkopfmaschinen benötigen noch die Gleitbahn für Kreuzkopf und eine Laterne für die Kolbenstange. Die Kurbelwelle liegt in Gleit-, bei kleineren Maschinen auch in Wälzlagern. Die Gestelle werden aus GG20 gegossen, bei Einzelanfertigungen auch aus St37 geschweißt.

Wichtig ist, daß alle Teile des Triebwerkes und seiner Schmierung für die Montage und Wartung gut zugänglich sind. Hierzu sind entsprechend große mit Blechen öldicht verschlossene Öffnungen vorzusehen. Sie dienen gleichzeitig zum Entfernen der Kerne. Außerdem ist der von den im Innern bewegten Teilen überstrichene Raum freizuhalten.

10.3.1 Belastungen

Auf das Gestell (Bild 5.6b) wirken die Kolbenkräfte F_K, in den Lagern kommen noch die rotierenden Massenkräfte hinzu. Außerdem nehmen die Gleitbahnen die Normalkräfte F_N und die Fundamentleisten dem Drehmoment $M_d = F_T r$ entgegengerichtete Kräftepaare auf. Diese periodischen Kräfte beanspruchen das Gestell besonders auf Biegung und verformen es, wenn es nicht steif genug ist. Dann laufen die Kolben an, die Zylinderschrauben brechen und die Laternen reißen. Um dies zu vermeiden, ist das Widerstandsmoment des Gestells durch Querrippen, Verstärkungen der Zylinderflansche und der Fundamentleisten bei geringem Gewicht möglichst groß zu machen.

10.3.2 Bauarten

Sie werden durch die Art und den Durchsatz des Förderstromes und durch die Lage der Mittellinien der Triebwerke bestimmt. Es sind besonders stehende und liegende Ausführungen zu unterscheiden. Um die Zahl der sehr aufwendigen Modelle zu beschränken, treffen die Firmen eine Auswahl der Bauarten und legen deren Abmessungen in Werknormen (Tabelle 10.3) fest.

Laternen und Gleitbahnen

Sie sind an das Gestell angegossen und nur bei großen Maschinen mit ihm verschraubt. In den Laternen liegen die Packungen und Ölabstreifer (siehe Bild 10.11 und 10.12) zugänglich für die Wartung. Dabei werden an den Packungen die Fördermedien, abgesehen von der Luft, abgesaugt, entspannt und der Saugleitung zugeführt. Die Abstreifer liegen in besonderen Deckeln, die oft topfartig hochgezogen sind. Das meist mit Wasser versetzte Lecköl wird abgeleitet. Die Gleitbahnen, oft als Rundführung ausgebildet, versorgen den Schuh und das Lager des Kreuzkopfes mit Schmieröl, das die hier entstehende beträchtliche Reibungswärme abführt.

Stehende Gestelle

Bei kleinen Maschinen ist die Tunnelbauart weit verbreitet. Die Kurbelwelle liegt hier in ein bis zwei zentrierten Lagerschilden mit Wälz- oder Gleitlagern. Die Schil-

de müssen so groß sein, daß sich die Kurbelwelle mit den Gegengewichten seitlich
aus dem Tunnel herausziehen läßt. Bei Gleitlagerung liegt die Kurbelwelle schwim-
mend mit dem für die Wärmedehnung notwendigen Spiel zwischen den Lagerbuchsen, d. h. es ist kein Festlager vorhanden. Bei Reihenmaschinen mit vier Zylindern und drei Kurbelwellenlagern wird der mittlere Schild geteilt. Diese in sich sehr
steife Form ist auch bei Fächerverdichtern (Bild 10.25) üblich. Bei Großmaschinen
sind zum Ausbau der schweren Kurbelwellen die Lager (Bild 10.26b) zu teilen. Sie
liegen dann in einer mit dem Gestell verschraubten Grundplatte, welche die Lager-
leisten trägt und das Schmieröl aufnimmt. Wegen der hindurchgeleiteten Gestell-
kräfte ist hierfür ein großes Widerstandsmoment vorzusehen.

Liegende Gestelle

Kleinere Einzylindermaschinen haben Gabelrahmen mit zwei geteilten Lagern.
Eine Haube schützt sie vor Ölverlusten. Bei der heute bevorzugten Boxerbauart erhalten kleinere Verdichter Tunnelgehäuse mit Schildlagern (Bild 10.26). Großmaschinen haben geteilte Lager, der Ausbau der Kurbelwelle erfolgt dann nach oben
über eine große Öffnung.

Konstruktionsbeispiele

Der *Gabelrahmen* (Bild 10.24) nimmt ein Triebwerk auf und besteht aus dem Zylinderflansch *1*,
der Laterne *2*, der Kreuzkopfgleitbahn *3* und den Grundlagern *4*. Der Kurbelraum wird durch die
Blechhaube *5* vor Ölverlusten geschützt. Die Befestigung erfolgt an den Leisten *6* mit im Fundament einbetonierten Schrauben. Die Abmessungen sind in einer Werknorm (Tabelle 10.3) festgelegt. Hierbei ist der Gleitbahndurchmesser nach der Normreihe R 5 gestuft.
   Beim *Gestell eines V-Verdichters* (Bild 10.25) sind am Körper *1* die um eine Schubstangenbreite
seitlich versetzten Zwischenstücke *2*, welche die Zylinder tragen, und das Lagerschild *3* angeschraubt. Dieses nimmt mit der Wulst *4* die Wälzlager der Kurbelwelle (Bild 10.18f) auf und er-

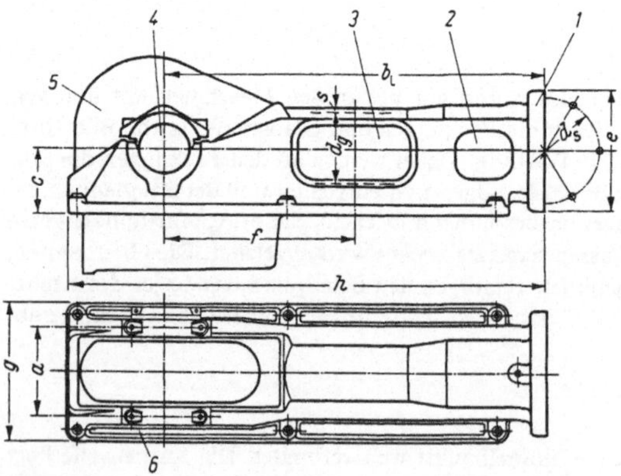

Bild 10.24. Gabelrahmen nach [4]

abelle 10.3. Abmessungen von Gabelrahmen [4]

ahmen			G 20	G 25	G 32	G 40
leitbahndurchmesser	d_g	mm	200	250	315	400
ub		mm	200	250	320	400
estängekraft		kN	40	63	100	160
rehzahl		min^{-1}		480	370	300
ittlere Kolbengeschwindigkeit		m/s		4	4	4
eistung		kW	75	120	250	400
auptlager	$d \times l$	mm	90×75	110×95	140×110	180×130
urbellager	$d \times l$	mm	90×75	110×95	130×110	160×130
reuzkopflager	$d \times l$	mm	56×56	70×70	90×90	110×110
leitschuh	$b \times l$	mm	132×212	170×265	212×335	265×425
olbenstangendurchmesser		mm	45	55	70	85
hubstangenlänge		mm	500	630	800	1000
hubstangenverhältnis	λ		1 : 5	1 : 5,04	1 : 5	1 : 5
igerabstand	a	mm	250	315	375	450
itte Lager bis Flansch	b_L	mm	1000	1250	1600	2000
uhöhe	c	mm	190	220	280	355
hraubenkreisdurchmesser	d_s	mm	300	355	450	560
anschdurchmesser	e	mm	360	415	520	650
itte Gleitbahnbohrung bis Mitte Lager	f	mm	500	630	800	1000
nze Breite	g	mm	400	500	600	710
nze Länge	h	mm	1250	1600	2000	2500
andstärke	s	mm	18	20	22	25

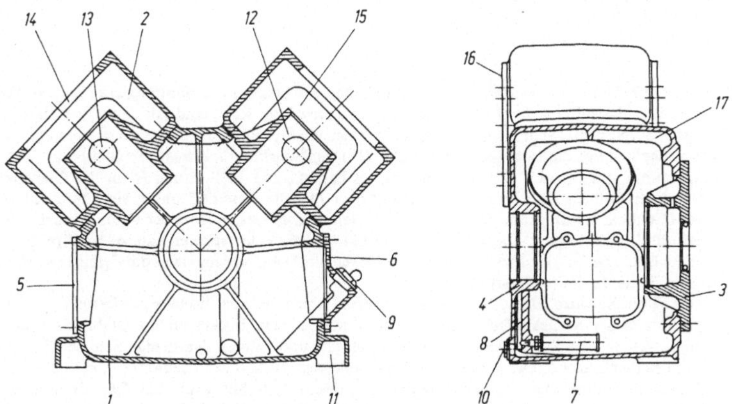

Bild 10.25. Gestell eines V-Verdichters (Mannesmann-Demag, Duisburg)

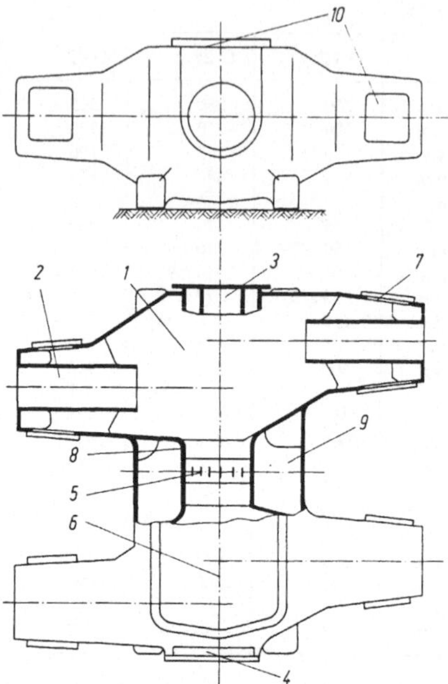

Bild 10.26a, b. Gehäuse von Boxerverdichtern. **a** Vierzylindermaschine (schematisch); **b** Zweizylindermaschine (Schnittbild nach [4])

laubt deren Ausbau. Die Fenster *5* und *6* ermöglichen das Lösen der Schubstangenschrauben. Das Öl wird über das Filter *7* durch die Bohrung *8* angesaugt und sein Stand mit dem Ölpeilstab mit Endlüfter *9* überprüft. Sein Ablaß *10* liegt an der tiefsten Stelle und die deswegen notwendige Abflußschräge bedingt die hochgezogenen Füße *11*. Das Zwischenstück trägt die Gleitbahn *12* des Kreuzkopfes mit dem Loch *13* zum Ausbau seines Zapfens und die Bohrung *14* für den Ölabstreiferdeckel der Kolbenstange und die Montagefenster *15*. Alle diese Öffnungen sind durch Blechdeckel *16* öldicht verschlossen. Die Rippen *17* verleihen dem Gestell trotz der vielen Durchbrüche die erforderliche Festigkeit. Das vorliegende Gestell wird mit einer weiteren Laterne für ölfreie Förderung, aber auch für Tauchkolbenverdichter verwendet. Dabei werden dann die Zylinder am Körper *1* an Stelle der Zwischenstücke befestigt.

Das *Tunnelgehäuse* (Bild 10.26a) einer Boxermaschine mit vier Triebwerken besteht aus dem Körper *1* und der Kreuzkopfführung *2*, an die Laternen und Deckel für die Ölabstreifer angeschraubt werden. Die Kurbelwelle ist dreifach gelagert und zwar in den beiden Schilden *3* und *4* und im geteilten Lager *5*. Das große Fenster *6* erlaubt den Ausbau der Triebwerke. Die Kurbelwelle wird nach dem Abnehmen des Schwungrades mit dem Lagerschild *4* aus dem Gehäuse gezogen. Die Öffnungen *7* dienen zum Ausbau des Kreuzkopfzapfens. Der Körper wird durch die hochgezogene Lagerbrücke *8*, die Rippen *9* und durch die Auflage für die Fenster *6* versteift. Die Deckel *10* dichten das Gestell ab. Derartige Konstruktionen gibt es für maximal sechs Triebwerke mit einer viermal gelagerten Kurbelwelle. Hierbei sind dann die mittleren Lager geteilt. Bei zwei Triebwerken werden oft nur die beiden äußeren Schildlager ausgeführt.

Das *Gestell einer Boxermaschine* für zwei Zylinder ist in Bild 10.26b mit seinen Triebwerken dargestellt. Die Kurbelwelle läuft in vier geteilten Gleitlagern, wobei das äußere für das auf den

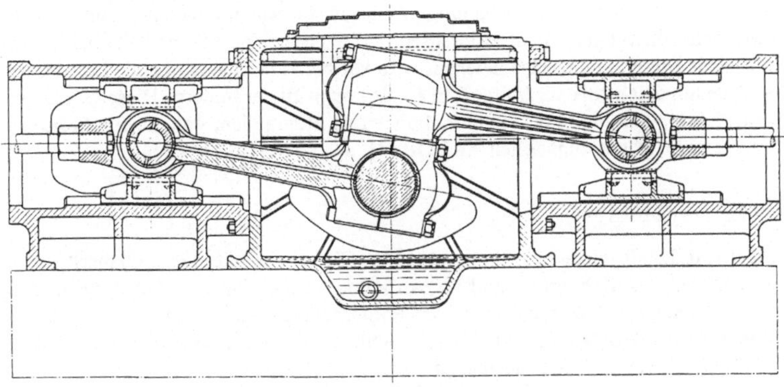

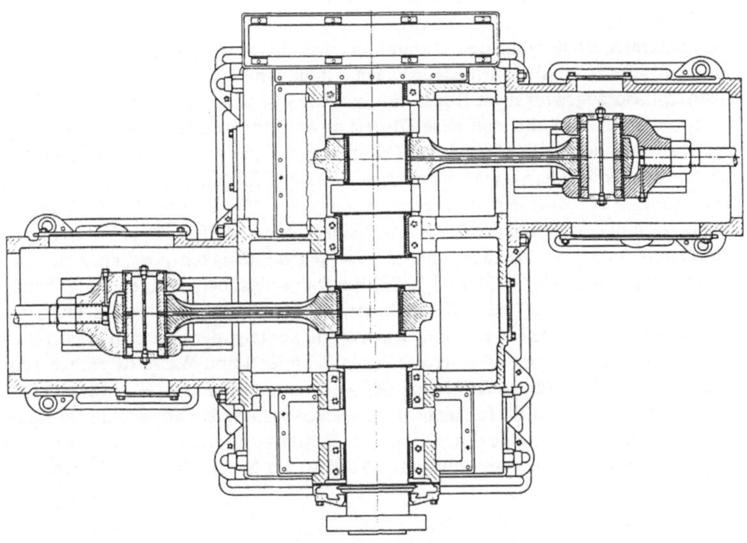

Bild 10.26 b

Kuppelflansch befestigte Schwungrad vorgesehen ist. Die Kreuzkopfführungen sind angeschraubt und durch Füße abgestützt; eine Ausführung, die lediglich bei großen Maschinen vorteilhaft ist.

10.4 Elemente zur Führung des Mediums

Verdichter haben die verschiedensten Leitungen zum Transport des Mediums [10.13 und 10.14] des Kühlwassers, des Triebwerks- und Zylinderöles und für die

Medien zur Steuerung und Regelung. Weiterhin bestehen, abgesehen von Luftfiltern, Abflußleitungen für Stopfbuchsen und Sicherheitsventile und Spülleitungen für leicht entzündliche Gase. Hiermit wird vor der Inbetriebnahme die Luft in der Anlage mit Stickstoff verdrängt, um Explosionen zu verhindern. Diese Leitungen sind durch Flansche bzw. Verschraubungen so aufzuteilen, daß sie für Montage und Reparatur gut zugänglich sind [10.15].

10.4.1 Gasleitungen

Sie verbinden die einzelnen Stufen mit ihren Zwischenkühlern und Ölabscheidern und führen das Medium zu und ab. An ihrem Anfang liegt ein Filter, bei Gasen noch ein Schieber an ihrem Ende der Förderbehälter und ein Absperrventil. Sie sind aus St37,4; St44,4 und St52,4 geschweißt, und die Lieferbedingungen sind in DIN 1626, 1628 und 1629 festgelegt.

Aufbau

Die Leitungen erhalten an den Fixpunkten, wie die Maschine und die Gebäude, Kompensatoren, um die Wärmedehnungen aufzunehmen. Sonst sind sie möglichst elastisch, also abgewinkelt in Bögen mit langen Schenkeln, auf beweglichen Stützen zu lagern. Durch die stoßweise Förderung entstehen Druckschwingungen mit mehreren Resonanzstellen, zu deren Dämpfung oft die Aufnehmerräume in den Zylindern oder Kühlern nicht ausreichen. Puffer (Bild 10.31) an den Saug- und Druckstutzen der Zylinder verringern sie bis auf 1,5%, verschieben ihren Resonanzbereich und dämpfen die Geräusche beim Saugen und Fördern. Zwischen den Stufen und hinter dem Verdichter liegen meist je ein Flüssigkeitsabscheider und ein Sicherheitsventil (Bilder 10.32 und 10.33). Letzteres bläst bei Versagen der selbsttätigen Ventile ab, um ein übermäßiges Ansteigen der Gestängekräfte und Temperaturen zu verhindern. Bricht z. B. ein Druckventil, so steigt der Druck in dessen Stufe stark an. Flüssigkeitsabscheider entfernen Schmieröl und Wassertröpfchen zum Schutz der Ventile und zur Reinigung des geförderten Mediums. Ein Rückschlagventil hinter der letzten Stufe dient ihrer Druckentlastung bei abgestellter Maschine. Es ist meist ein oder eine Gruppe von Verdichter-Druckventilen. Vor jedem Absperrventil in der Gasleitung muß nach VGB 16 ein Sicherheitsventil liegen.

Auslegung

Der Querschnitt eines Rohres zur k-ten Stufe mit der Kolbenfläche A_k, dem Druck p_k und der mittleren Kolbengeschwindigkeit c_m nach Gl. (3.18) folgt aus der Kontinuitätsgleichung zu

$$A_{Rk} = \frac{c_m}{c_k} A_k \ . \tag{10.28}$$

Das Bild 10.27a zeigt für die Geschwindigkeit c_k den Wert $c_{R\,200} = (p_k)$ bei der Drehzahl $n = 200\ \mathrm{min}^{-1}$, für andere gilt dann $c_R = \alpha_n c_{R\,200}$ mit $\alpha_n = \mathrm{f}(n)$ nach

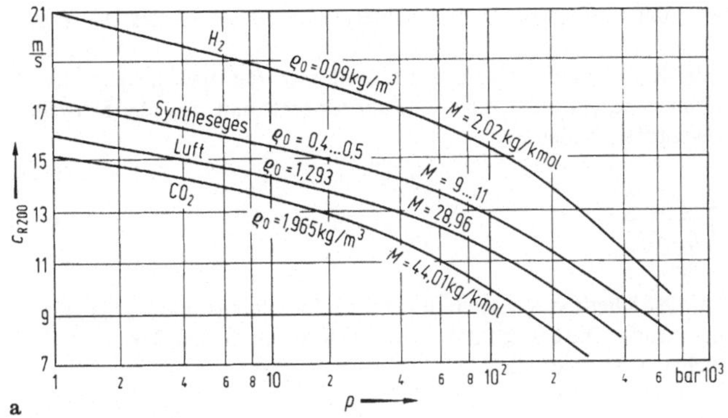

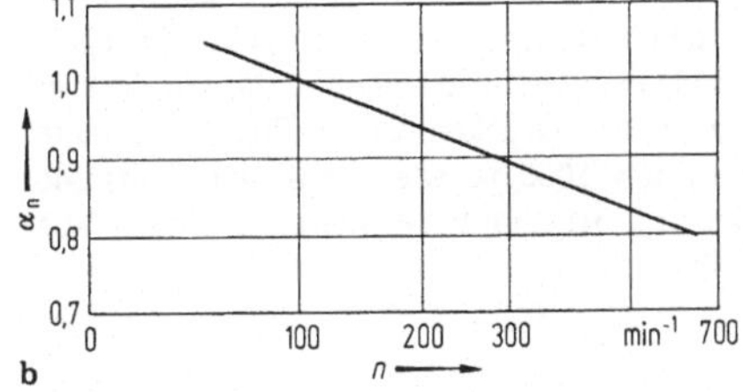

Bild 10.27a,b. Zulässige Gasgeschwindigkeiten für Rohre innerhalb eines Verdichters. **a** c_{R200} für $n = 200 \min^{-1}$; **b** $\alpha_n = f(n)$ Drehzahlberichtigungsfaktor (Borsig Gruppe Deutsche Babcock, Berlin)

Bild 10.27b. Bei Umwälzpumpen mit dem Druckverhältnis $\psi < 1{,}2$ gelten nur 2/3 dieser Werte, um den hier relativ großen Leistungsbedarf für die Druckverluste auszugleichen. Die zulässige Geschwindigkeit c_R nimmt mit steigender Dichte beim Normzustand $p_0 = 1{,}0133$ bar 0 °C bzw. mit der Molmasse, dem Druck und der Drehzahl ab. Der Rohrinnendurchmesser $d_k = \sqrt{4A_k/\pi}$ der DIN 2402 zu entnehmen ist, gilt dann auch für die Anschlußflansche von Zylindern und Kühlern.

Der *Reibungsverlust* des Mediums mit der Geschwindigkeit $c_k = \dot{V}_k/A_k$ im Rohr der Länge l und dem Widerstandsbeiwert $\zeta = \lambda L/d$ ergibt sich dann für die k-te Stufe nach Gl. (6.8)

$$\Delta p_k = \frac{1}{2}\,\varrho_k \zeta_k c_k^2 = \frac{1}{2}\,\varrho_k\,\frac{\lambda_k l_k}{d_k}\left(\frac{\dot{V}_k}{A_k}\right)^2 . \tag{10.29}$$

Der Beiwert $\lambda = f(R_e, k_R)$, hierbei sind k_R die Rohrrauhigkeit und $Re = cd/v$ die Reynoldsche Zahl mit v als kinematischer Zähigkeit. Diese Größen und die ζ-Werte des Leitungszubehörs sind in Taschenbüchern [1] zu finden. Übliche Geschwindigkeiten für die ersten Stufen von Luftverdichtern sind 10 bis 15 m/s [10.16 und 10.17].

Die *Dicke* der Rohre ergibt sich aus der Kesselformel (Gl. 10.25), wenn hier D_a der Außendurchmesser, p_{max} der maximale Innendruck und σ_{Sch} die Schwellfestigkeit des Werkstoffes bedeuten:

$$s = \frac{D_a p_{max} S}{2{,}0\, v\, \sigma_{Sch}} \ .$$

(10.30)

Hierbei beträgt die Sicherheit $S = 1{,}7$ und der Verschwächungsfaktor $v = 0{,}3$ bis 1 gemäß der Ausführung. Die Festigkeitskontrolle erfolgt durch Abdrücken mit Wasser beim 1,3fachen Betriebsdruck.

Beanspruchungen

Auf die Rohrleitung wirken – vom Innendruck abgesehen – noch Kräfte infolge der behinderten Wärmedehnung, der pulsierenden Strömung und das Gewicht von Leitung und Füllung. Auch dieses ist bei hohen Drücken von Einfluß. So verhalten sich die Dichten für Luft von 50 °C bei 1 bzw. 1000 bar wie 1 : 530. Dabei entstehen Spannungen auf Zug, Druck und Biegung; bei räumlicher Leitungsführung auch auf Torsion [10.14].

Dehnungsausgleich

Seine Aufgabe ist es, die Beanspruchungen der Leitungen und festen Stützen herabzusetzen. Das Rohr habe die Länge l, den Innen- bzw. Außendurchmesser D_a und D_i, also den Material- bzw. Strömungsquerschnitt $A_M = 0{,}25\,\pi\,(D_a^2 - D_i^2)$ und $A_S = 0{,}25\,\pi\,D_i^2$. Sein Elastizitätsmodul sei E, der Ausdehnungskoeffizient α und die Dehnung $\varepsilon = \alpha\,\Delta t$, wenn Δt seine Temperaturerhöhung ist. Damit wird die Beanspruchung bzw. die Kraftwirkung des dehnungsbehinderten geraden Rohres nach dem Hookeschen Gesetz:

$$\sigma = E\varepsilon = E\alpha\,\Delta t \quad \text{und} \quad F = \sigma A_M = A_M E \alpha\,\Delta t \ .$$

(10.31)

Das gerade Rohr wird durch den Innendruck p_{max} mit der Kraft $F = p_{max} A_S$ auf Zug beansprucht und nimmt die Reibungskraft $F_R = \mu q l$, wobei q sein Gewicht pro Einheit der Länge l und μ sein Reibungskoeffizient an den beweglichen Auflagern ist.

Der Dehnungsausgleicher mit der Federsteife c wird zur Entlastung um die halbe Rohrdehnung $\Delta l/2$ auf Zug, also mit der Kraft $F = c\Delta l/2$ vorgespannt. Damit hat er insgesamt die Kraft

$$F_{ges} = p_{max} A_S + c\,\frac{\Delta l}{2} + \mu q l$$

(10.32)

aufzunehmen. Zu diesen Kräften, die wesentlich geringer als bei der behinderten Dehnung nach Gl. (10.31) sind, kommen noch Schwingungsbelastungen hinzu. Gekrümmte Leitungen werden noch auf Biegung und durch die Umlenkung der Strömung belastet. Ihr Ausgleicher muß dann auch Winkelabweichungen aufnehmen.

10.4.2 Wasserleitungen

Sie versorgen die Zylinder, Zwischen- und Ölkühler. Der Wasserbedarf der Kühler folgt aus der Gl. (8.10). Für die Zylinder beträgt er beim Nieder-, Mittel- bzw. Hochdruck 25, 15 bzw. 10% des Bedarfs ihrer Zwischenkühler. Zulässige Wassergeschwindigkeiten sind 1,5 bis 3 m/s für den Zu- und 0,5 bis 1 m/s für den Abfluß. Die Rohre werden parallel für die Kühler und Zylinder der einzelnen Stufen geschaltet. Bei Wassermangel liegen sie auch hintereinander. Als Material dient Stahl, aber auch der Kunststoff Polyethylen. Der Leitungsdruck beträgt 2 bis 3 bar, der Durchfluß wird oft durch ein Regelventil eingestellt. Zur Funktionskontrolle dienen Durchflußwächter (siehe Abschnitt 9.3.1), Sichtkontrollgeräte oder bei kleineren Anlagen ein offener, sichtbarer Ablauf mit Trichter. Bei Mangel an Flußwasser und hohen Wasserpreisen sind Rückkühlanlagen mit Axiallüfter wie bei Motoren oder Kühltürmen anzuwenden.

10.4.3 Zubehörteile

Hierunter werden die für die Funktion der Anlage unerläßlichen Teile der Rohrleitung zusammengefaßt, wie Schalter, also Ventile, Schieber, Klappen und Hähne [10.13], sowie Filter und Ölabscheider (Bild 10.32) zur Reinigung des Mediums. Dazu zählen auch die mechanischen und elektrischen Überwachungseinrichtungen wie Wächter (Bild 9.7) und Sicherheitsventile (Bild 10.33) und die Meßgeräte zur Betriebskontrolle (siehe Abschnitt 9). Ihre Montage erfordert Verbindungselemente wie Flansche, Muffen und Rohrverschraubungen sowie ihre Verlegung in festen und beweglichen Punkten unter Verwendung von Dehnungsausgleichern mit Pufferbehältern (Bild 10.28 bis 10.31).

Filter

Sie reinigen Luft und Gase von den hierin dispers verteilten Stäuben. Hiervon verschleißen insbesonders die Quarzanteile, die Laufflächen am Zylinder mit den Kolbenringen, die Ventile und ihre Platten, die Stopfbuchsenringe und die Kolbenstange sowie die Regelorgane. Ihre Einsätze bestehen aus Labyrinthen, Tuchbahnen, Papierpatronen, Stahlgestrick oder Kunststoffen und dämpfen die Ansaugegeräusche.

Berechnung

Die Stäube sind durch ihre Konzentration bis zu 100 mg/m^3 und ihre Größe von 2 bis 100 μm charakterisiert. Letztere entspricht dem Durchmesser der Kugel mit der Dichte 1 g/cm^3, die in der Luft ebenso schnell absinkt wie das betrachtete Teilchen. Als Filterkenngröße dient der Gesamtabscheidungsgrad, das Verhältnis der abgeschiedenen zu den herangeführten Teilchen, welches wesentlich von der Teilchengröße abhängig ist. Der Druckabfall, bis zu 50 mbar im Filter, entsteht durch die Staubkonzentration und den Durchfluß $\dot{V}_F = \varphi V_H n$ nach Gl. (3.15). Hierbei ist φ ein Pulsationsfaktor, der für 1, 2, 3 und 4 Zylinder und darüber 1,5; 1,2; 1,1 und 1,0 beträgt. Für Ventile und Greifer ist $\varphi = 2$. Für die Lebensdauer der Filter gilt, wenn G_s die Staubkapazität, also das aufnehmbare Staubgewicht, und $K_S = G_S/V_F$ die Staubkonzentration sind

$$ t = \frac{G_S}{K_S \dot{V}_F} \; . $$

Die einschlägigen Firmen liefern die notwendigen Werte von G_S und K_S für die Auslegung. Der Durchflußwiderstand Δp steigt etwa quadratisch mit der Staubkapazität.

Trockenfilter

Sie haben Patronen aus gefaltetem Papier mit einem Porenvolumen bis zu 90% und werden für Durchsätze von 50 m^3/min für Druckverluste bis zu 50 mbar und Staubkapazitäten von maximal 25 kg serienmäßig hergestellt. Bei großem Staubanfall erhalten sie Vorfilter, die bis zu 90% abscheiden und ein Staubablaßventil. So sind bei Stäuben unter 3 µm Partikelgröße Abscheidungsgrade bis zu 99,9%, bei 1 µm noch von 99,5% bei Druckverlusten von 40 mbar erreichbar.

Ölbad- und Naßluftfilter

Beim Ölbadfilter wird das Medium zur Vorentstaubung zunächst über ein Ölbad geführt, umgelenkt und mit einer Schicht aus Stahlgestrick oder Naturfasern weiter gereinigt. Mit dem abfließenden Öl gelangt der Schmutz in den zur Reinigung abnehmbaren Behälter. Der Ölinhalt beträgt 50 bis 200 g pro m^3/min Nenndurchfluß, der bis zu 80 m^3/min möglich ist. Naßluftfilter besitzen eine Füllung aus mit Öl benetztem Stahlgestrick. Sie werden bei gering verunreinigter Luft in geschlossenen Räumen mit Durchflüssen bis zu 90 m^3/min eingesetzt. Auch Ausführungen mit Dämpferrohren zur Verringerung des Ansauggeräusches sind üblich.

Be- und Entlüftungsfilter

Sie gleichen den Druck im Kurbelgehäuse aus und verhindern dabei den Eintritt von Staub und den Austritt von Öldunst und Spritzern. Sie werden für Durchsätze bis zu 30 m^3/min hergestellt, entsprechen im Aufbau den Naßluftfiltern und erhalten oft einen Öleinfüllstutzen.

Kompensatoren

Als Dehnungsausgleicher nehmen sie axiale, laterale oder seitliche bzw. angulare oder winkelförmige Dehnungen auf [10.13]. Kardananordnungen lassen auch Be-

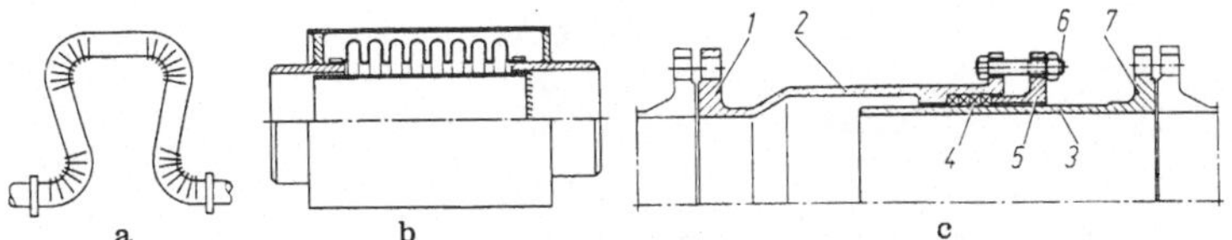

Bild 10.28 a – c. Dehnungsausgleicher nach [1]. **a** Lyrabogen; **b** Axialkompensator; **c** Dehnungsstopfbuchse

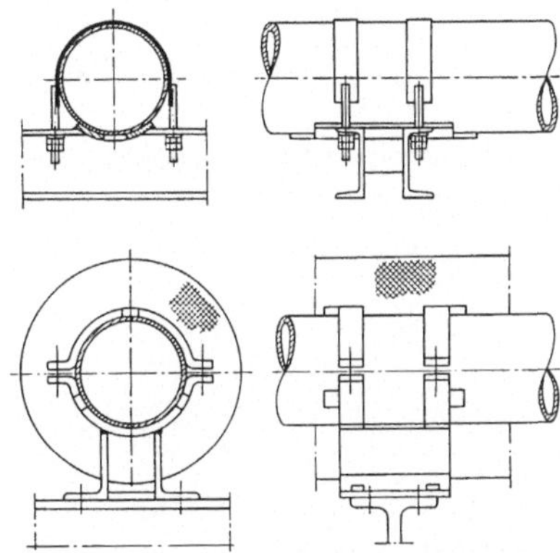

Bild 10.29. Festpunkte nach [1]

wegungen nach allen Seiten zu. Die betriebssicheren und wartungsfreien Lyrabogen (Bild 10.28 a) sind wegen ihres großen Platzbedarfes hauptsächlich für die Aufstellung im Freien geeignet. Balgkompensatoren (Bild 10.28 b) bestehen aus metallischen Elementen, die bei großen Rohrdurchmessern zusammengeschweißt sind und dann seltener Schutzrohre haben. Sie lassen bei Sonderausführungen auch laterale und angulare Verschiebungen zu. Die axial beweglichen Dehnungsstopfbuchsen (Bild 10.28 c) bestehen aus den Flanschen *1* und *7*, der Hülse *2*, dem Rohrstück *3* mit der Packung *4*, der Brille *5* mit den beiden Klemmschrauben *6*.

Rohrhalterungen

Sie wirken als Los- bzw. Festlager. Die starren Festpunkte (Bild 10.29) nehmen die Kräfte (Gl. (10.31)) und die Momente der Leitung auf. Die beweglichen Lospunkte, Aufhängungen oder Stützen lassen die freie Dehnung der Rohre zu. Sie werden hauptsächlich vom Gewicht und der Reibung der Leitung belastet. Die wichtigsten Formen sind nach Bild 10.30: *a* der Rohrwagen, *b* das Rollenlager, *c* die Gleitschelle, *d* das Walzenlager und *e* der Pilzkopf.

Puffer oder Pulsationsdämpfer

Sie haben die Form von Kugeln mit einem Raum oder von Zylindern ohne oder mit ein bis zwei Unterteilungen. Der Puffer (Bild 10.31) für einen doppeltwirken-

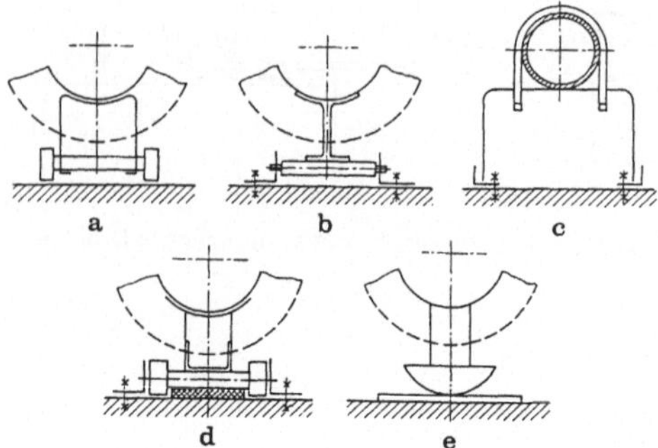

Bild 10.30 a – e. Bewegliche Rohrhalterungen nach [1]. **a** Rohrwagen; **b** Rollenlager; **c** Gleitschelle; **d** Walzenlager; **e** Pilzkopf

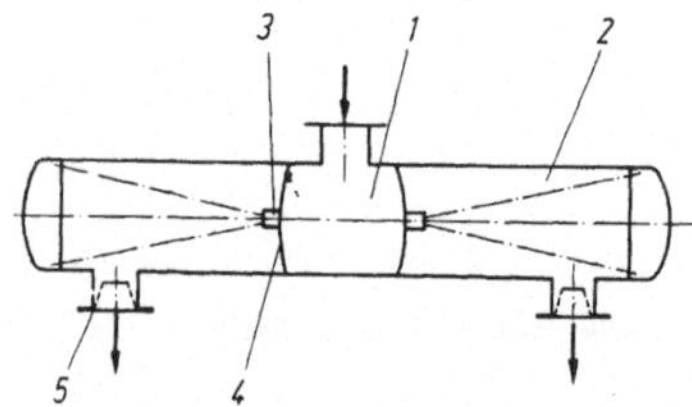

Bild 10.31. Puffer- oder Pulsationsdämpfer für die Saugseite (schematisch)

den Zylinder besteht aus einem Beruhigungs- und zwei Dämpfungsräumen *1* und *2*, wobei die letzten mit dem Zylinder verbunden sind. So durchströmt das Medium den Puffer auf der Saugseite in der gezeigten Richtung, auf der Förderseite aber entgegengesetzt. Die Düsen *3* und die Gummimembranen *4* erhöhen die Pufferwirkung beträchtlich. Der Drosselkegel *5* soll die in Strömungsrichtung liegenden Ventile schützen. Bei einer Druckschwankung von 15% im Zylinder, die mit den dort vorhandenen Pufferräumen erreichbar sind, werden im Raum *1* die Druckschwankungen bis auf 1,5 bis 3% reduziert, wenn die Volumenregelung 12% nicht übersteigt.

Flüssigkeitsabscheider

Durch Filterung oder Ausnutzung der Fliehkraft entfernen sie aus dem Medium Wasser und Zylinderöl. Beim Tangentialabscheider (Bild 10.32a) strömt das Medium durch den exzentrischen Einlaßstutzen tangential in den Behälter, wobei es seine Strömungsgeschwindigkeit stark reduziert. Durch die Fliehkraft infolge der Rotation setzen sich die schweren Flüssigkeitsteilchen an den Wänden ab und tropfen dann nach unten zum Abfluß. Das gereinigte Medium strömt dann durch das senkrechte Rohr ab. Beim Filterabscheider (Bild 10.32b) fließt das Medium über den

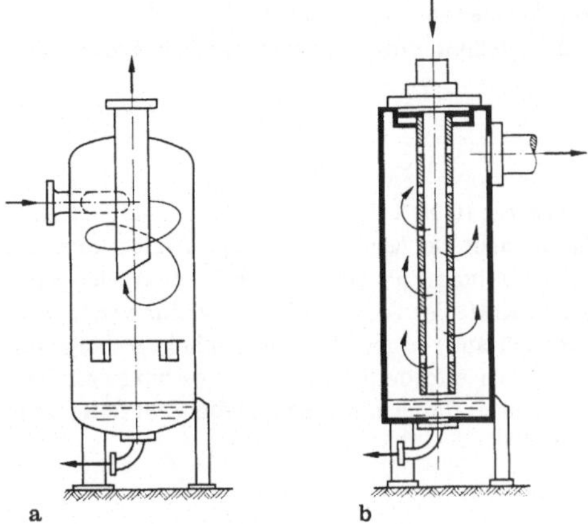

Bild 10.32 a, b. Flüssigkeitsabscheider. **a** Tangential- und **b** Filterabscheider

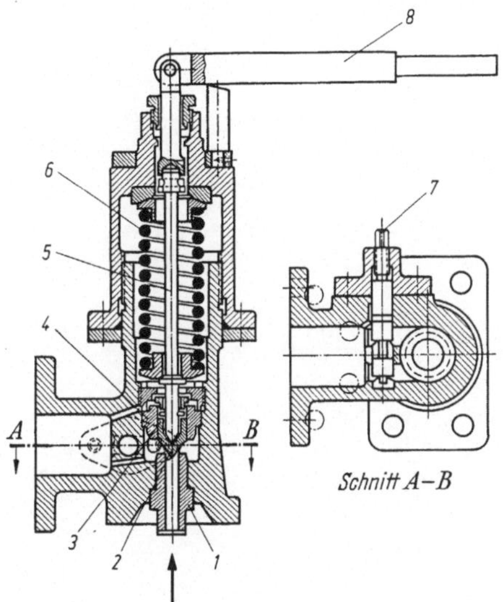

Bild 10.33. Hochdrucksicherheitsventil nach [4]

zentrischen Filterstab und dessen Mantel aus gelochtem Blech. Dort tropft dann
das Öl in den Abfluß, während das Medium durch den waagerechten Stutzen ent-
weicht.

Sicherheitsventil

Das Sicherheitsventil (Bild 10.33) öffnet 10 bis 15% über dem betreffenden Stufen-
druck, hier maximal 900 bar. Dabei hebt das Medium am Rohr *1* mit dem Sitz *2*
den Kegel *3* an, der in der eingeschraubten Führung *4* gleitet. Dies erfolgt gegen
die von der Spindel *5* übertragenen Kraft der Feder *6*. Zur Einstellung wird beim
Abblasen durch Herausdrehen der Schraube *7*, der Abflußquerschnitt so lange vergrößert, bis der Abblasedruck auf den erforderlichen Wert abgesunken ist. Das
Ventil schließt dann schlagartig, ohne zu flattern. Mit dem Hebel *8* wird die Spindel *5* zur Betriebskontrolle angehoben.

11 Anwendung und Ausführung

11.1 Einsatzgebiete

Kolbenkompressoren werden für die Verdichtung der verschiedensten Medien in vielen Industrie- und Handwerksbetrieben verwendet. Ihre Größe schwankt zwischen den kleinen Kühlschrankaggregaten mit Förderströmen von $40{,}0\,m^3/h$, Gegendrücken von 5 bis 12 bar und Leistungen von 0,15 kW bis zu den größten Einheiten mit Gegendrücken bis zu 4000 bar und Leistungen von mehr als 10000 kW.

Wegen ihrer Lärmentwicklung werden viele Aggregate schalldicht gekapselt [11.1]. Aber auch stellbare Lärmschutzwände sind möglich oder das Maschinenhaus wird mit schallschluckenden Wänden versehen. Dabei ist der Schallpegel unter 70 dBA abzusenken [11.2].

Neben Luft werden noch folgende Gase verdichtet: Wasserstoff H_2, Stickstoff N_2 und Sauerstoff O_2, Methan CH_4, Ethan C_2H_6, Propan C_3H_8, Kohlenmon- und -dioxid CO und CO_2 sowie Ethylen C_2H_4, Acetylen C_2H_2, Methylalkohol CH_3OH und Schwefeldioxid SO_2 [11.3]. An Gemischen sind üblich: Erd-, Kokerei- und Gichtgas, Prozeßgase der chemischen Industrie, Pyrolyse- und Faulgase sowie Fackelgase der Erdölindustrie. Die wichtigsten Kältemedien sind Dichlordifluormethan (R12 bzw. CF_2Cl_2), Trichlorfluormethan (R11 bzw. CCl_3F) und Ammoniak (R17 bzw. NH_3). Hierbei stellt die erste Angabe die Kältemittelnummer (*Refrigerant*) dar [11.4].

Viele dieser Gase schädigen die Gesundheit. Bei diesen sind die Kompressoren sorgfältig abzudichten und die Packungen abzusaugen. Anhalte dazu gibt der MAK-Wert, die *Maximale Arbeitsplatz-Konzentration* [11.5].

Im folgenden werden die wichtigsten Einsatzgebiete der Kompressoren behandelt.

11.1.1 Luft-, Gas- und Kälteverdichter

Diese Gruppe umfaßt die am häufigsten ausgeführten, aber auch konstruktiv interessantesten Kompressoren.

Luftverdichter

Mit geschmierten Zylindern und Stopfbuchsen fördern Luftverdichter (Bild 11.1 und 11.2) bis auf 250 bar Gegendruck. Dabei wird bis zu 7 bar meist ein-, bis zu 35 bar zweistufig verdichtet. In diesem Bereich herrscht die Serienfertigung vor und zwar von Hubkolbenmaschinen bei kleinem und von Rotations- bzw. Schraubenverdichtern bei größerem Durchsatz. Für Drücke bis 70 bar sind Maschinen mit drei, aber auch mit vier Stufen üblich. Der Ölgehalt der Luft läßt sich durch intensive Filterung bis zu 10 ppm verringern. Dies genügt aber für medizinische Anwendungen und für die Nahrungsmittelindustrie nicht. Drücke bis zu 7 bar sind üblich bei pneumatischen Werkzeugen aller Art, wie Hämmer, Bohrer, Schleifer und zum Antrieb von Druckluftmotoren [11.6]. Weitere Anwendungen sind: Ausblasen, Lackieren und Sandstrahlen sowie Aufpumpen von Reifen, Entleerung von Silos, Betätigung von Druckluftschaltern und Bremsen von Nutzfahrzeugen. Höhere Drücke erfordert das Anlassen von Dieselmaschinen und das Auffüllen von Flaschen.

Gaskompressoren

In der chemischen Verfahrenstechnik [11.7] haben Gaskompressoren die folgenden Anwendungsgebiete: Herstellung von Farben-, Kunst- und Kraftstoffen sowie Düngemittel und zur Verarbeitung energiereicher Gase. Da hierbei Durchsatz, Drücke und Medien sehr verschieden sind, ergeben sich oft Sonderkonstruktionen mit kleinen Stückzahlen, die eine Einzelfertigung erfordern. Dem hierbei entstehenden Aufwand begegnen die Firmen durch Normung der Gestelle und Triebwerke sowie durch weitgehende Verwendung von Gußmodellen.

Beispiele, geordnet nach Druckbereichen, sind: Verdichter für das mit der Luft stark explosiv reagierende Acetylen C_2H_2 für Drücke von 2,1 bis 25 bar. Hochdruckverdichter eignen sich für: Abfüllung von technischen Gasen auf Flaschen bei 100 bis 250 bar. Bei Hydrierverfahren (Anlagerung von Wasserstoff mit Katalysatoren), wie z. B. die Synthese von Methanol CH_3OH aus CO_2 und H_2 bzw. von Ammoniak NH_3 aus N_2 und H_2, sind Drücke von 250 bis 300 bar erforderlich. Zur Synthese von Harnstoff $CO(NH_2)_2$ wird Kohlendioxid CO_2 von 130 bis 250 bar verdichtet. Höchstdruckverdichter bis zu 1100 bar Gegendruck sind für bestimmte Prozeßgase erforderlich. Bei der Herstellung von Polyethylen für Kunststoffe waren früher Drücke bis zu 4000 bar notwendig. Wegen der hierfür sehr aufwendigen und empfindlichen Verdichter werden heute Niederdruckverfahren bevorzugt.

Bei der Förderung von Erdgas aus Ölbohrungen sinkt der Saugdruck mit steigender Ausbeute stark ab (z. B. von 16 auf 4 bar). Um den geforderten Gegendruck, etwa 20 bar, aufrechtzuerhalten, ist eine Kombination verschiedener Regelverfahren (Bild 7.9) erforderlich. Bei der Speicherung von Erdgas in Kavernen treten Drücke von 100 bis 160 bar auf. Da diese beim Auffüllen um 50 bis 100 bar ansteigen, sind auch hier kombinierte Regelverfahren notwendig.

Fackelgase werden oft abgefackelt, d. h. verbrannt. Haben sie höhere Heizwerte, erfolgt ihre Verdichtung auf 5 bis 10 bar. Die Kompressoren erhalten dabei geschmierte Kolbenringe aus Teflon. Hierbei werden die höhersiedenden Wasserstoffe kondensiert und die Schwefelanteile entfernt. Gasumwälzpumpen dienen zur Überwindung von Prozeßwiderständen und Druckverlusten langer Rohrleitungen von etwa 10 bis 40 bar bei Drücken zwischen 200 und 500 bar (Bild 11.5).

Kälteverdichter

Sie arbeiten in Anlagen zur Abkühlung von Lebensmitteln, zur Klimatisierung von Räumen, zur Kaltwassererzeugung, zur Gasverflüssigung, zur Luftentfeuchtung und zur Kunsteiserzeugung, besonders in Sportstätten. Eine Kälteanlage (Bild 2.2) besteht aus dem Verdichter *1-2*, dem Kondensator *2-3*, dem Drosselventil *3-4* und dem Verdampfer *4—1*. Ähnlich sind auch die bei höherem Temperaturniveau arbeitenden Wärmepumpen aufgebaut. Diese Maschinen verdichten von etwa 2 bar ab einstufig auf 12 bar und zweistufig auf 20 bar. Dabei werden anstatt des Saug- und Gegendruckes die Sättigungstemperaturen des Mediums im Verdampfer bzw. im Kondensator und die Kälteleistung, also der dem Kühlgut entzogene Wärmestrom, angegeben [11.8].

Bei Kälteverdichtern ist zwischen der offenen und hermetischen Bauart zu unterscheiden. Die letztere herrscht bei geruchlosen Medien vor, bei denen die Kurbelwellendichtung schwer zu kontrollieren ist. Bei der (voll)hermetischen Form sind Motor und Verdichter in einem Gehäuse verschweißt wie bei Kühlschrankaggregaten. Bei der halbhermetischen Bauart werden die Gehäuse vom Motor verschraubt. In beiden Arten umströmt das Kältemedium den Motor [11.9].

11.1.2 Sonderausführungen

Hierunter seien die Trockenläufer, die Dampfverdichter und Vakuumpumpen sowie einige aktuelle Anwendungen zusammengefaßt.

Trockenläufer

Sie fördern das Medium ölfrei (Bild 11.6). Dazu sind neben reibungsfrei geführten Ventilen (Bild 6.4) ungeschmierte Kolbenringe (Bild 10.6) und Packungen erforderlich. Dies bedingt wesentlich längere Kolben, Packungen und Laternen und damit auch Maschinen.

Bei Gegendrücken von 5 bis 10 bar liefern sie Luft für pneumatische Regelungen, Steuerungen und Stellventile, um folgenschwere Störungen durch Verharzen des Öles zu vermeiden. Weiterhin werden sie in Brauereien, für die Getränke- und Lebensmittelindustrie, für Beatmungsgeräte und bei Absaugungen in der Medizin eingesetzt. Auf Drücke von 100 bis 200 bar verdichten Wasserstoffkompressoren zur Härtung von Ölen und Hydrierung von Pflanzenölen und Tranen.

Dampfverdichter

Für Wärmerückgewinnungsanlagen haben sie beheizte und isolierte Zylinder, um Zerstörungen bei Wasserschlägen infolge von Kondensation zu vermeiden. Daher sind sie auch, ähnlich wie die Dampfmaschinen, langsam anzufahren und dabei sorgfältig zu entwässern. Ihre Druckverhältnisse sind klein und die Temperatur auf 280 °C begrenzt, um den Energiebedarf zu reduzieren.

Vakuumpumpen

Vakuumpumpen, die als Kolbenmaschinen kleinste Drücke von 1 mbar erreichen, haben folgende Einsatzgebiete: Destillation, Verdampfung, Extraktion aus Gemischen und Filterung. Außerdem sind sie in der Nahrungsmittelindustrie, etwa bei der Vakuumverpackung, zu finden. Als Kolbenpumpen werden sie durch zwangsläufig angetriebene Flachschieber gesteuert, die die Außenluft auf die Lauffläche drückt.

Verdichter für Bohrinseln (off shore-Einsatz)

Sie werden betriebsfertig auf einer Platte montiert als *„package unit"*, z. B. als Trockenläufer für die Steuerluft, geliefert. Bei Einsatz auf Ölfeldern in den Tropen und in Wüsten ist die Luftkühlung auch bei großen Maschinen unerläßlich. Nachschaltkompressoren saugen das Medium mit einem gewissen Vordruck an. Dieser ist entweder durch den Prozeß vorgegeben oder geologisch bedingt wie bei der Erdgasförderung bzw. durch Leitungsverluste wie für Nachschaltverdichter verursacht. Aber auch Kreiselkompressoren mit Turbinenantrieb erzeugen einen günstigen Vordruck. Dadurch fallen die großen Zylinder der ersten Stufen weg. Die Maschinen werden kleiner, die Massenkräfte geringer, so daß höhere Drehzahlen möglich sind. *Peakshaving-Kompressoren* dienen der Spitzendeckung. Auch ist es möglich, zwei Medien getrennt in einer Maschine (Bild 11.4) zu verdichten.

11.2 Ausgeführte Konstruktionen

Die folgenden Beispiele zeigen das Zusammenwirken der Maschinenelemente [17] mit den im Abschnitt 10 behandelten Verdichterbauteilen. Die Konstruktion erfordert dabei die Erfüllung des Auftrages und seiner Randbedingungen. Für die hierbei auftretenden interessanten Probleme ergeben sich oft mehrere brauchbare Lösungen. Für ihre Auswahl sind meist die bei dem Hersteller vorhandenen Fertigungsmöglichkeiten und Gußmodelle maßgebend. So sind häufig die verschiedensten Verdichterformen für die gleiche Aufgabe zu finden. Ihr gemeinsames Merkmal ist aber mit einfachsten Mitteln die größte Wirtschaftlichkeit und Sicherheit bei der Herstellung und im Betrieb zu erreichen.

Hier erfolgt eine große Aufteilung in Kleinverdichter mit Luft- und Großmaschinen mit Wasserkühlung, wobei die ersten meist in Serien-, die zweiten in Einzelfertigung hergestellt werden. Hierbei treten natürlich Überschneidungen auf.

11.2.1 Luftgekühlte Maschinen

Zweistufiger Vierzylinder-Verdichter in Fächeranordnung (Bild 11.1)

Er verdichtet 50 bis 80 m³/h Luft auf 15 bar bei Drehzahlen von 700 bis 1200 min^{-1} und 6,5 bis 12 kW Antriebsleistung. Dabei bilden drei Zylinder die I. Stufe. Es sind aber auch einstufige Fächermaschinen mit zwei bis fünf Zylindern für Gegendrücke bis zu 10 bar im Gebrauch.

Die angesaugte Luft strömt über die Luftfilter und die konzentrischen Ventile in die drei Zylinder der I. Sufe und von dort aus in den gemeinsamen Kühler, eine mit Rippen versehene Rohrschlange, die mittig zur Kurbelwelle auf der Antriebs-

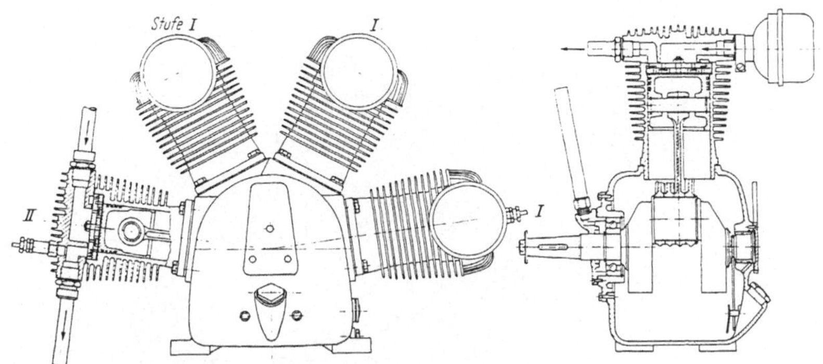

Bild 11.1. Einstufiger Luftverdichter mit Tauchkolben in Fächerform (Alup, Köntgen/Neckar)

seite liegt. Von dort aus gelangt sie über die II. Stufe und über einen Entöler in den Förderbehälter. Die Kühlluft erzeugen die Ventilatorschaufeln des Riemenscheibenschwungrades, welche die Zylinder und den Kühler anblasen. Auf der Kurbelwelle liegen die vier Schubstangen nebeneinander. Die Zylinder sind also um deren Kopfbreite seitlich versetzt. Der Winkel zwischen zwei Zylindern beträgt 55°. Liegt er bei 45° und sind die Kolbengewichte gleich, dann kompensieren die beiden großen Gegengewichte nicht nur die rotierenden sondern auch die Massenkräfte I. Ordnung. Der Keilriemenantrieb erlaubt die Wahl eines preisgünstigen Motors, erfordert aber mehr Raum. Die Regelung erfolgt durch Motorabschaltung mit einem Druckschalter. Oft werden zwei gleiche Aggregate auf einen Behälter montiert. Dadurch lassen sich bei stark intermittierendem Betrieb günstige Schaltfrequenzen erreichen.

Luftgekühlter zweistufiger Verdichter in V-Anordnung (Bild 11.2)

Er hat zwei gleiche Stufenkolben und fördert 3 bis 6 m^3/h auf 7 bis 12 bar bei Drehzahlen von 750 bis 1500 min^{-1} und Antriebsleistungen zwischen 20 und 42 kW. Die angesaugte Luft gelangt über das gemeinsame Filter, die obere I. Stufe und den Zwischenkühler in die untere II. Stufe zum Verbraucher. Die I. Stufe hat vier, die II. zwei Ventile pro Zylinder. Hiervon betätigt der Regler alle Saugventile. Das Tunnelgehäuse nimmt die beiden Zylinder und die nach links auszubauende Kurbelwelle mit ihren Wälzlagern auf. An ihren Enden trägt sie das Lüfterrad für die Kühlung bzw. das Schwungrad mit der Kupplung für den Motor. Sein Gehäuse ist am Lagerschild angeflanscht und das dortige Lager trägt einen Teil des Rotorgewichtes. Durch die Gegengewichte sind die Massenkräfte, von der II. Ordnung abgesehen, beim Gabelwinkel 90°, ausgeglichen. Zur Zylinderschmierung wird in den Saugstutzen Öl eingespritzt. Die Versorgung der Triebwerke erfolgt mit dem von den Schöpflöffeln der Schubstange erzeugten Ölnebel. Ein Peilstab dient zur Kontrolle des Ölstandes und ein Entlüfter verhindert den Überdruck im Gehäuse. Über einen Hahn an der tiefsten Stelle des Kühlers wird Öl und Wasser entfernt.

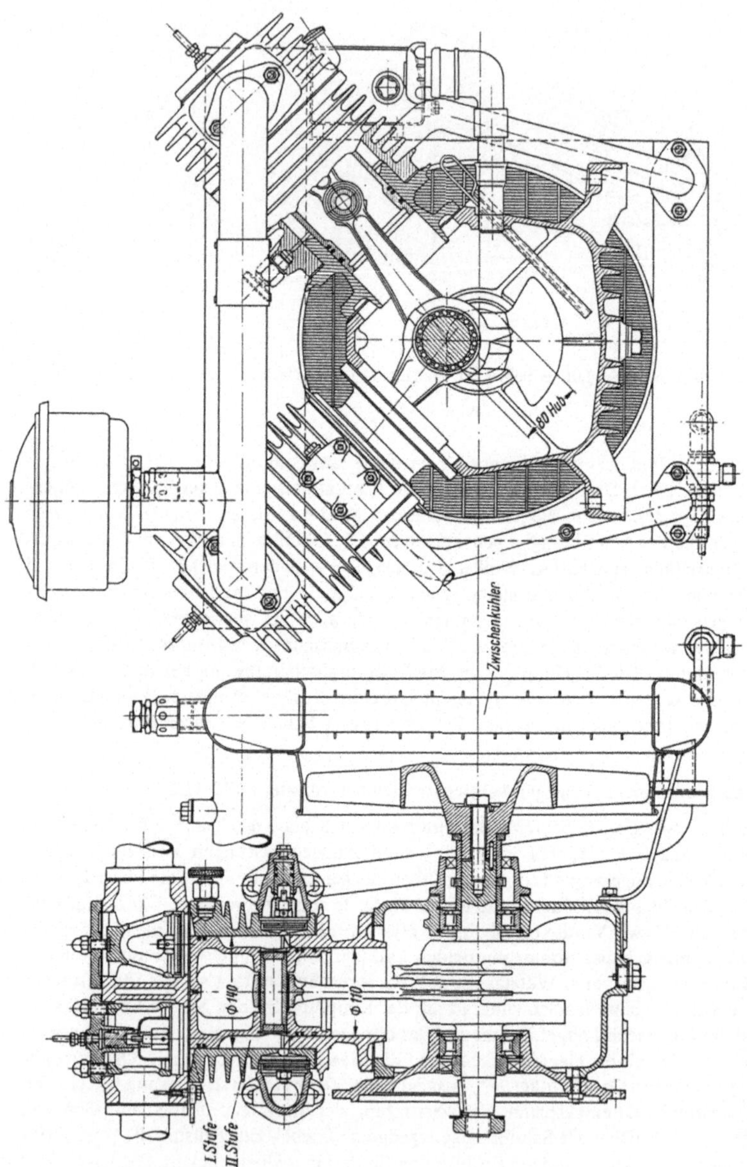

Bild 11.2. Zweistufiger Luftverdichter mit Stufenkolben (Mannesmann-Demag, Duisburg, Pokorny, Frankfurt)

11.2.2 Wassergekühlte Verdichter

Stehende Reihenmaschine mit jeweils vier Stufen und Kurbeln (Bild 11.3)

Sie verdichtet 5000 m^3/h Methan des Normzustandes 1,0 bar 20°C von 1,2 bar 20°C auf 60 bar. Bei der Drehzahl 320 min^{-1} und dem Hub 320 mm ist die Antriebsleistung 850 kW erforderlich.

Die IV. Stufe hat einen Stahlgußzylinder mit einem angeschweißten Kühlmantel aus Blech, die restlichen Zylinder bestehen aus Grauguß. Der Kolben der I. Stufe ist wegen der Gewichtsersparnis geschweißt, die übrigen Kolben sind gegossen und laufen bei der III. und IV. Stufe in Buchsen. Da diese Maschine auch für den Trockenlauf vorgesehen ist, sind die Kolben hoch genug, um die größeren Dichtelemente aufzunehmen. Außerdem sind Abstreifer und Packungen so weit entfernt, daß in jene kein Öl eindringt. Die 5-fach gelagerte Welle mit der Kurbelfolge 1, 3, 2, 4, wobei die Kurbel 1 zur I. Stufe gehört, hat keine rotierenden Massenkräfte und nur geringe Schwankungen des Drehmoments, so daß das Schwungrad klein ist. Die rotierenden Momente sind durch Gegengewichte ausgeglichen. Die Restmomente I. und II. Ordnung sind relativ groß. Der Motor ist elastisch angekuppelt, um sein Ausrichten mit dem Verdichter zu erleichtern.

Sechskurbelige Boxermaschine (Bild 11.4)

Sie verdichtet auf der linken Seite 10000 m^3/h Wasserstoff in drei Stufen von 13 auf 325 bar, auf der rechten 2900 m^3/h Stickstoff in fünf Stufen von 1 auf 225 bar. Der Durchsatz bezieht sich auf den Normzustand 1 bar 20°C, die benötigte Leistung beträgt 1800 kW bei der Drehzahl 250 min^{-1} und 350 mm Hub. Die ersten Stufen sind doppelt-, die übrigen einfachwirkend.

Beim Stickstoffverdichter ist der Kolben der I. Stufe mit 630 mm aus Leichtmetall, um die Massenkräfte zu verringern. Zwischen der II. und IV. mit 480 bzw. 145 mm sowie der III. und V. Stufe mit 280 bzw. 85 mm Durchmesser liegen jeweils Ausgleichsstufen.

Der Wasserstoffverdichter hat die geteilten II. und III. Stufen mit abgesetzten Kolben von 155 bzw. 115 mm Durchmesser, d. h. sie sind auf zwei Triebwerke verteilt. Dabei liegt die auf 325 bar verdichtende III. Stufe an der Packung. Die Zylinder sind mit Laternen und Zwischenstücken an die Gestelle geschraubt. Pendelstützen nehmen das Gewicht und die Wärmedehnung auf. Die rotierenden Kräfte und Momente sind bei der Kurbelfolge 1, 6, 3, 2, 5, 4, wobei die Kurbel 1 auf der Antriebsseite liegt, ausgeglichen. Der Förderstrom wird über eine Lochregelung der I. Stufen bis zu 75% herabgesetzt. Hierzu sind in der Hubmitte Ventile angeordnet, die den Zylinder mit dem Saugraum am Stutzen verbinden.

Stehende Umwälzpumpe mit einem Zylinder (Bild 11.5)

Mit 20 mm Hub erhöht sie den Druck von 80 m^3/h Synthesegas vom Normzustand 1,0 bar 20°C von 431 auf 451 bar. Bei einer Drehzahl von 176 min^{-1} benötigt sie hierzu die Leistung 66 kW. Eine Kühlung ist hierbei nicht notwendig, da bei dem kleinen Druckverhältnis der Temperaturanstieg gering ist. Infolge der durch-

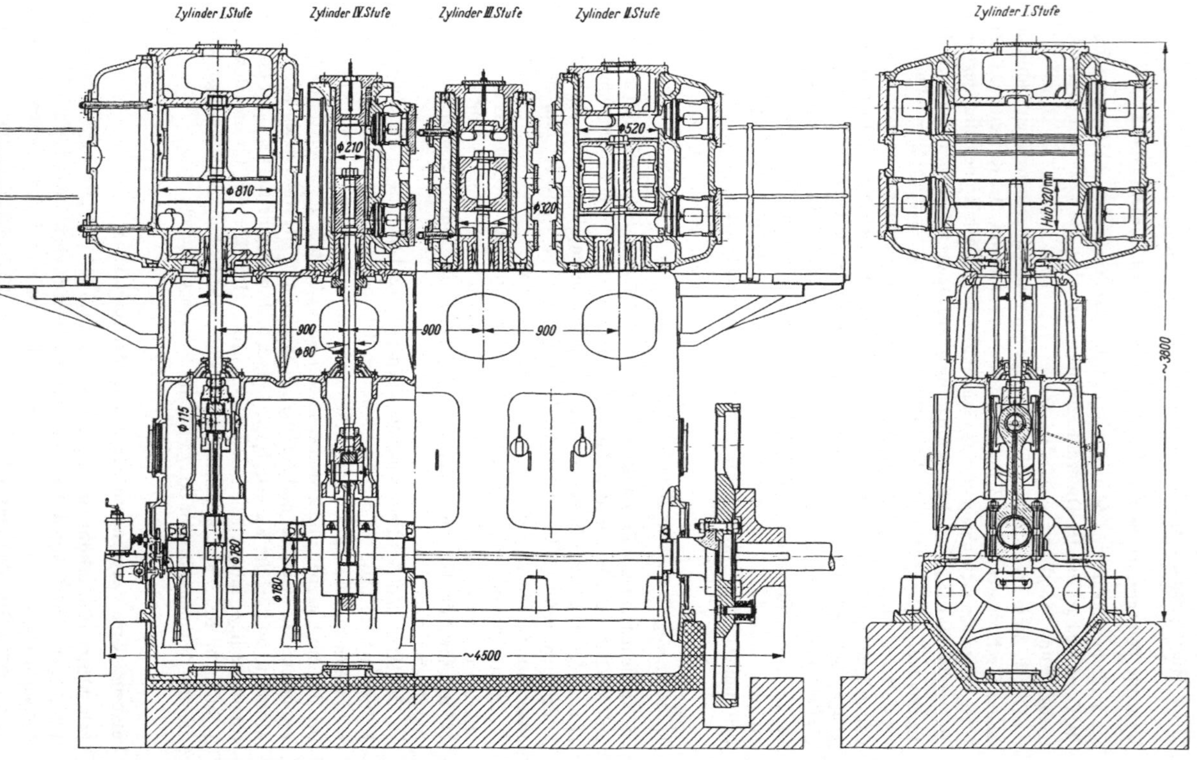

Bild 11.3. Stehender vierstufiger Reihenverdichter für Methangas (Borsig Gruppe Deutsche Babcock, Berlin)

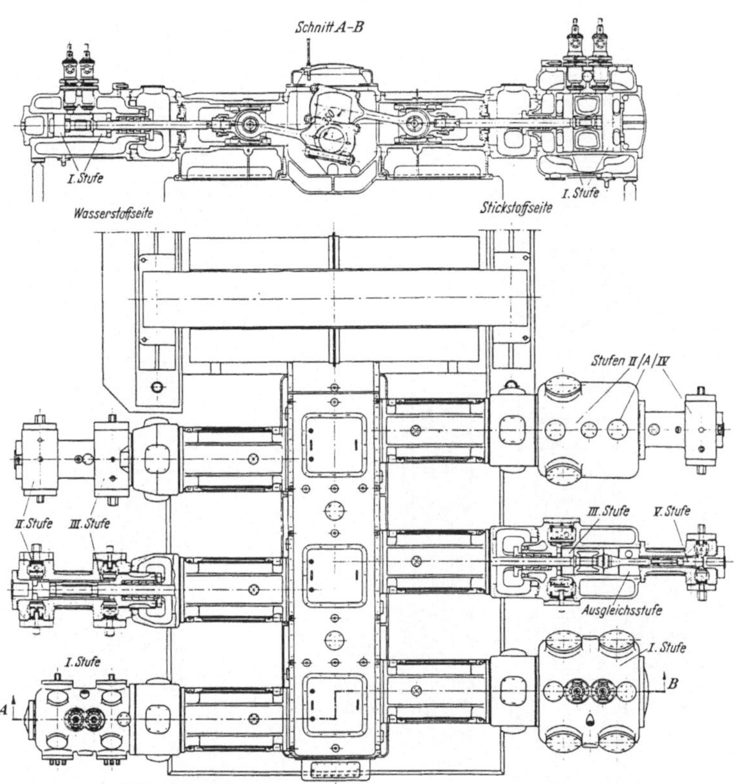

Bild 11.4. Kombinierter Stickstoff- und Wasserstoffverdichter als Boxermaschine (Mannesmann-Demag, Duisburg)

gehenden Kolbenstange sind die Gestängekräfte in den Totpunkten gleich. Die Zylinder aus Stahlguß haben rechts und links Bohrungen für den Saug- bzw. Druckkanal. Senkrecht hierzu liegen die Ventilnester. Die Bohrungen sind von oben mit Deckeln verschlossen und mit dem Ein- und Austrittsstutzen verbunden. Die unteren Packungen liegen im Zylinder, die oberen drückt eine Traverse mit vier Dehnschrauben auf den Deckel und diesen auf seinen Sitz. Das untere Ende der Kolbenstange ist mit einer Platte verschraubt, die durch Dehnschrauben mit dem Kreuzkopf verbunden wird. Der Antrieb der Triebwerksöl- und der Zylinderschmierölpumpe erfolgt vom rechten Kurbelwellenende aus. Der Keilriemenantrieb erfordert zusätzlich ein Außenlager und eine Fundamentgrube, ermöglicht aber einen kleineren und preiswerteren Elektromotor.

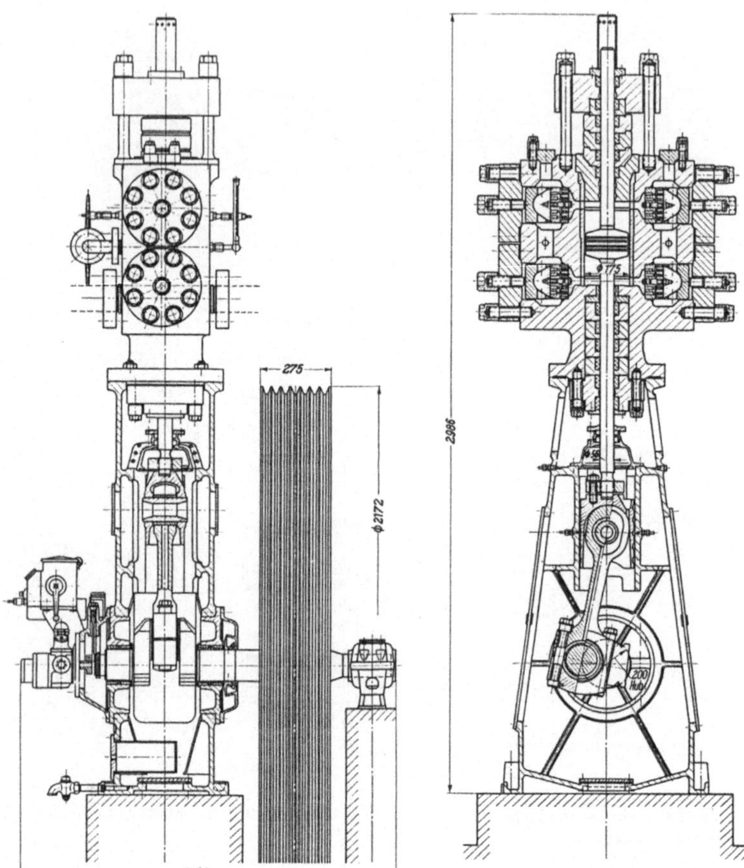

Bild 11.5. Gasumwälzpumpe (Halberg, Ludwigshafen)

Stehender Trockenlaufkompressor mit drei Zylindern (Bild 11.6)

Er verdichtet 92000 m^3/h vom Normzustand 1,0 bar 20 °C eines Recyclegases von 30 auf 50 bar beim Hub 380 mm, bei der Drehzahl 250 min^{-1} und mit der Antriebsleistung 2000 kW.

Solche Gase werden bei einem Reformingverfahren zur Verbesserung der Oktanzahl des fraktionierten Benzins benötigt. Bei einer ölfreien Verdichtung dürfen die vom Medium umströmten Teile nicht mit dem Schmiermittel in Berührung kommen. Hierzu liegt unterhalb der Zylinderpackung, die wegen des giftigen Gases mit einem Sperrgas beaufschlagt ist, noch eine zweite Packung. Zwischen

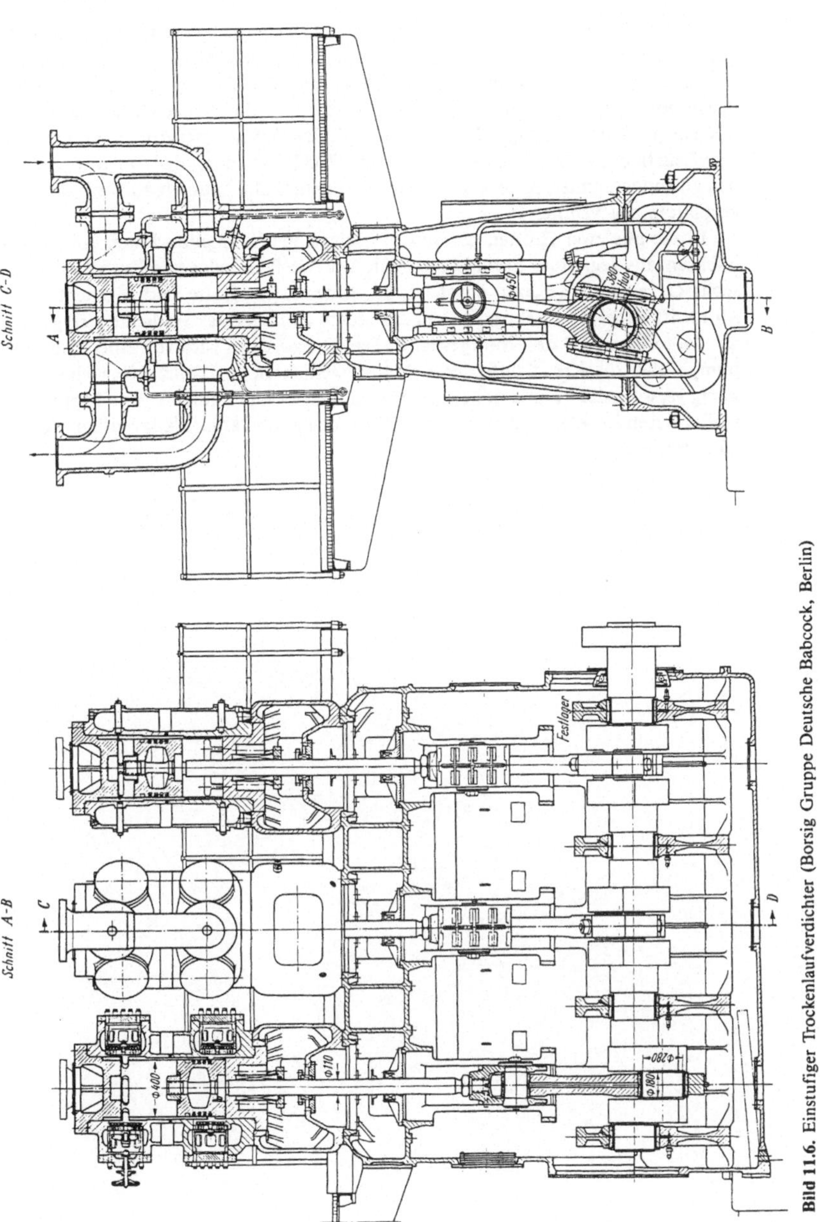

Bild 11.6. Einstufiger Trockenlaufverdichter (Borsig Gruppe Deutsche Babcock, Berlin)

dieser und dem Ölabstreifer trägt die Kolbenstange noch einen Ölfänger. Kolben und Packung haben geteilte Ringe aus einer Kunstkohle oder Teflon. Sie werden vom Druck des Mediums und von Federn an ihre Dichtflächen gepreßt. Um möglichst hohe Laufzeiten der Ringe zu erhalten, ist ihr Anpreßdruck auf 1 bis 2 N/cm^2 und die Kolbengeschwindigkeit auf 3,2 m/s begrenzt. Außerdem erhalten ihre Laufflächen die Rauhtiefe von 0,5 µm. Zur Vermeidung der Korrosion bestehen alle ungeschmierten Teile aus nicht rostendem Stahl. Dies gilt auch für die Lenkerplatten der Ventile.

In die aus zwei Hälften zusammengeschweißten Stahlgußzylinder sind Laufbuchsen aus legiertem Stahl eingepreßt. Die vierfach gelagerte Kurbelwelle hat sechs Gegengewichte zum Ausgleich der rotierenden Kräfte und Momente. Der Motor ist dabei starr gekuppelt und das rechte Festlager des Verdichters trägt 1/3, das Motorlager 2/3 des Rotorgewichts. Das Triebwerksöl wird von einer Zahnradpumpe über die Kreuzköpfe den Schubstangenlagern zugeführt. Über einen Abzweig versorgt die Pumpe weiterhin die Grundlager von Verdichter und Motor. Zur stufenweisen Regelung bis zum Leerlauf öffnen handbetätigte Saugventilgreifer die Saugventile.

12 Anhang

Er enthält für die Berechnung der Verdichter wichtige Angaben:
Realgasfaktoren und Beiwerte der isothermen Leistung für die wichtigsten Medien
Sinnbilder, die hier benutzt werden, DIN-Normen, Verordnungen und Gesetze.

12.1 Diagramme

12.1.1 Realgasfaktoren

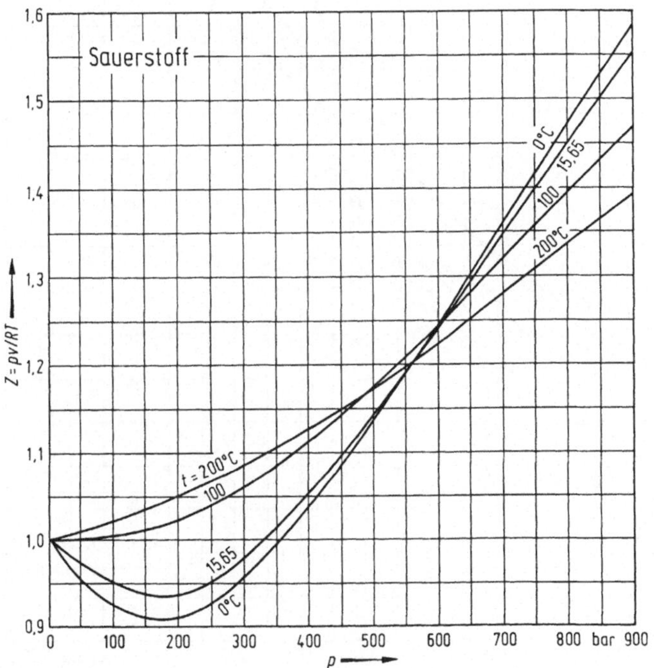

Bild 12.1. Realgasfaktoren $Z = pv/(RT)$ für Sauerstoff O_2 nach [4]
$R_{O_2} = 259,82\,\text{Nm/kgK}$

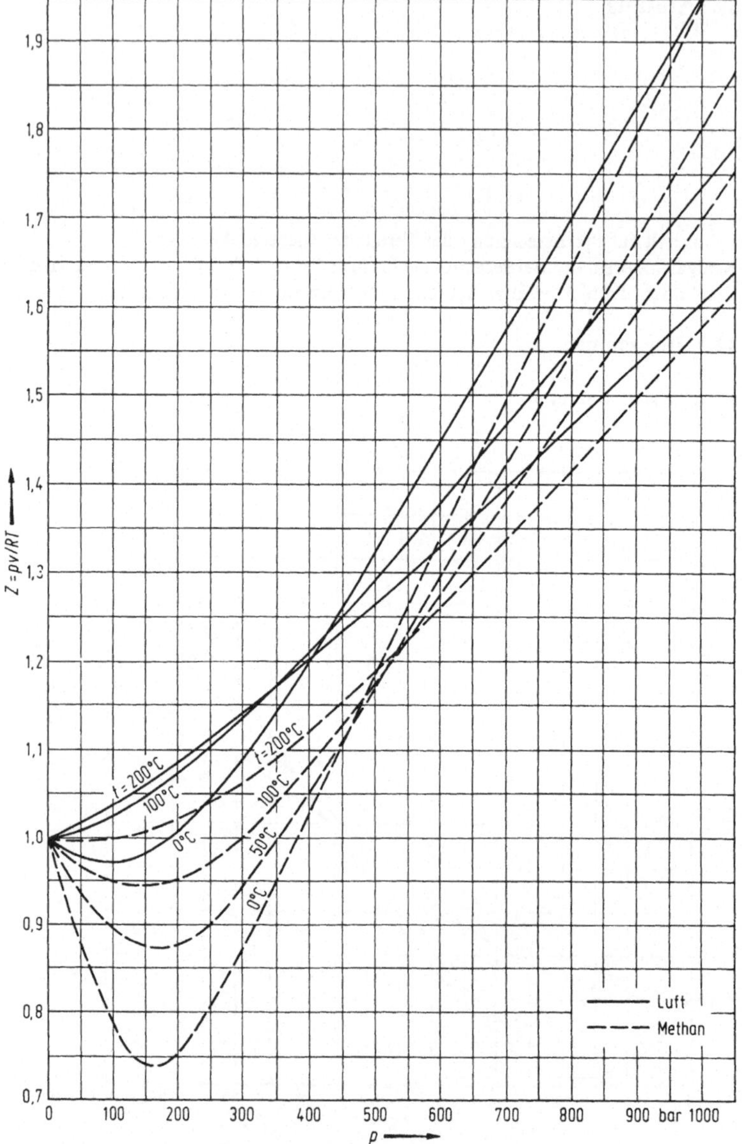

Bild 12.2. Realgasfaktoren $Z = pv/(RT)$ für Luft und Methan CH_4 nach [4]
$R_L = 287{,}1\ \mathrm{Nm/kgK}$ $R_{CH_4} = 518{,}28\ \mathrm{Nm/kgK}$

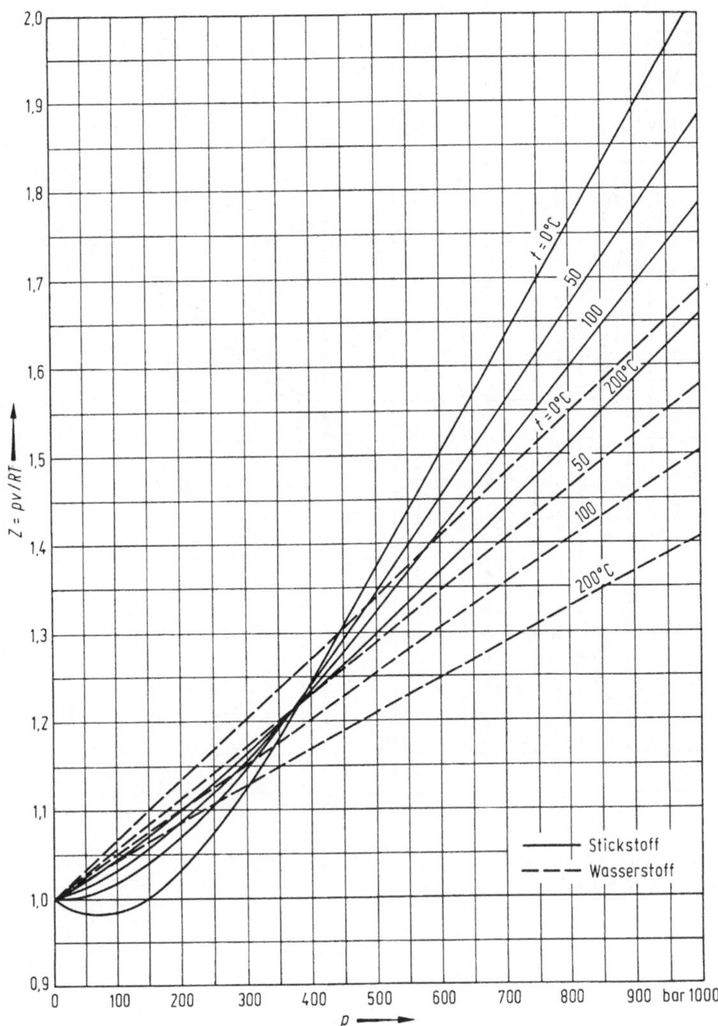

Bild 12.3. Realgasfaktoren $Z = pv/(RT)$ für Stickstoff N_2 und Wasserstoff H_2 nach [4]
$R_{N_2} = 296{,}72 \, \text{Nm/kgK}$ $R_{H_2} = 4124{,}16 \, \text{Nm/kgK}$

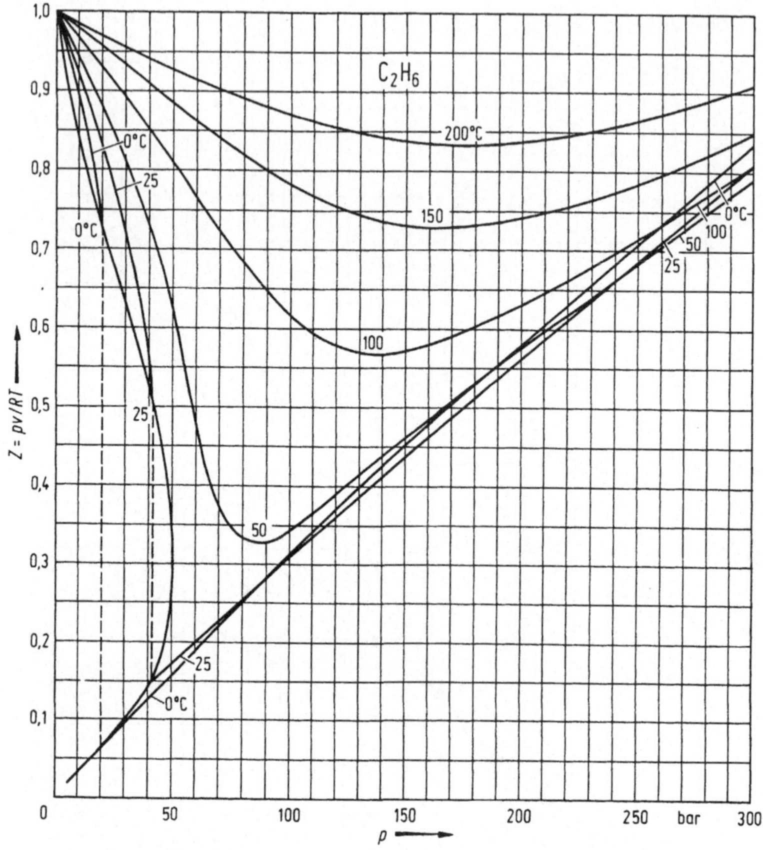

Bild 12.4. Realgasfaktoren $Z = pv/(RT)$ für Ethan C_2H_6 nach [4]
$R_{C_2H_6} = 276{,}52\ \text{Nm/kgK}$

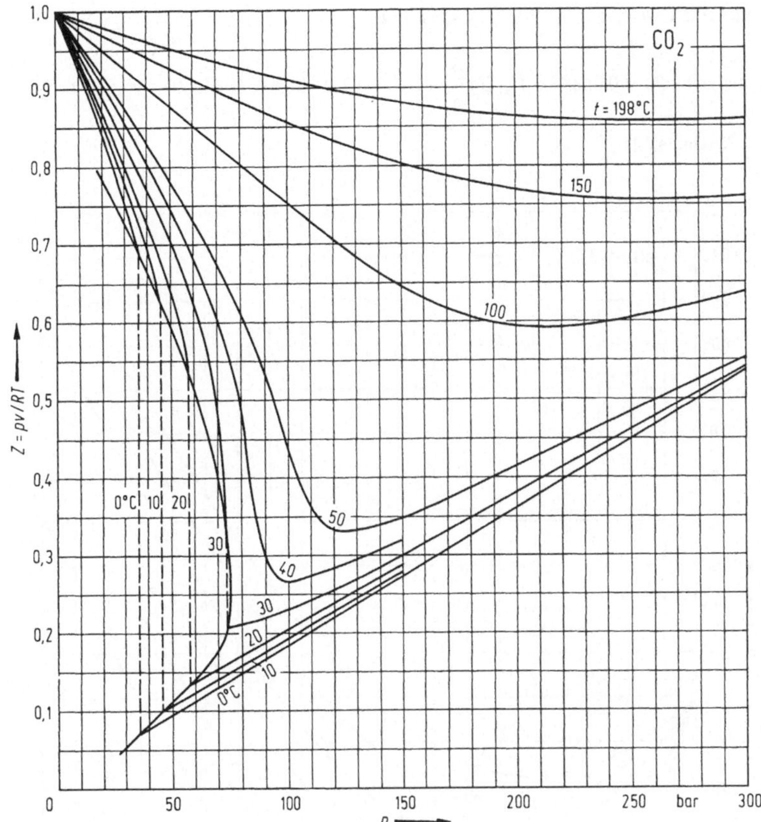

Bild 12.5. Realgasfaktoren $z = pv/(RT)$ für Kohlendioxid CO_2 nach [4]
$R_{CO_2} = 296{,}83\ \mathrm{Nm/kgK}$

12.1.2 Beiwerte zur isothermen Leistung

$$P_{\mathrm{is}} = 0{,}06397\, p_1\, \dot{V}_{\mathrm{a1}} \left[\lg \frac{p_2}{p_1} + C(2) - C(1) \right] \text{ in kW} \quad p_1 \text{ in bar} \quad \dot{V}_{\mathrm{a1}} \text{ in m}^3/\text{h} \ ,$$

s. Abschn. 4.3.1.

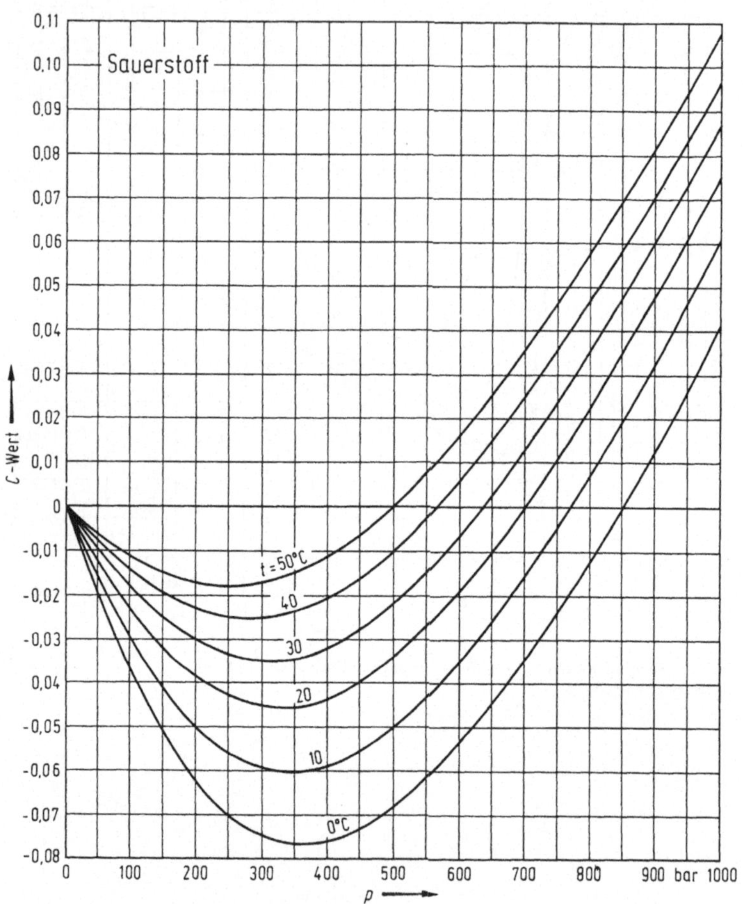

Bild 12.6. Beiwert $C = B/2{,}303$ für die isotherme Leistung von Sauerstoff O_2 nach [4]
(s. Unterschrift **Bild 12.7**)

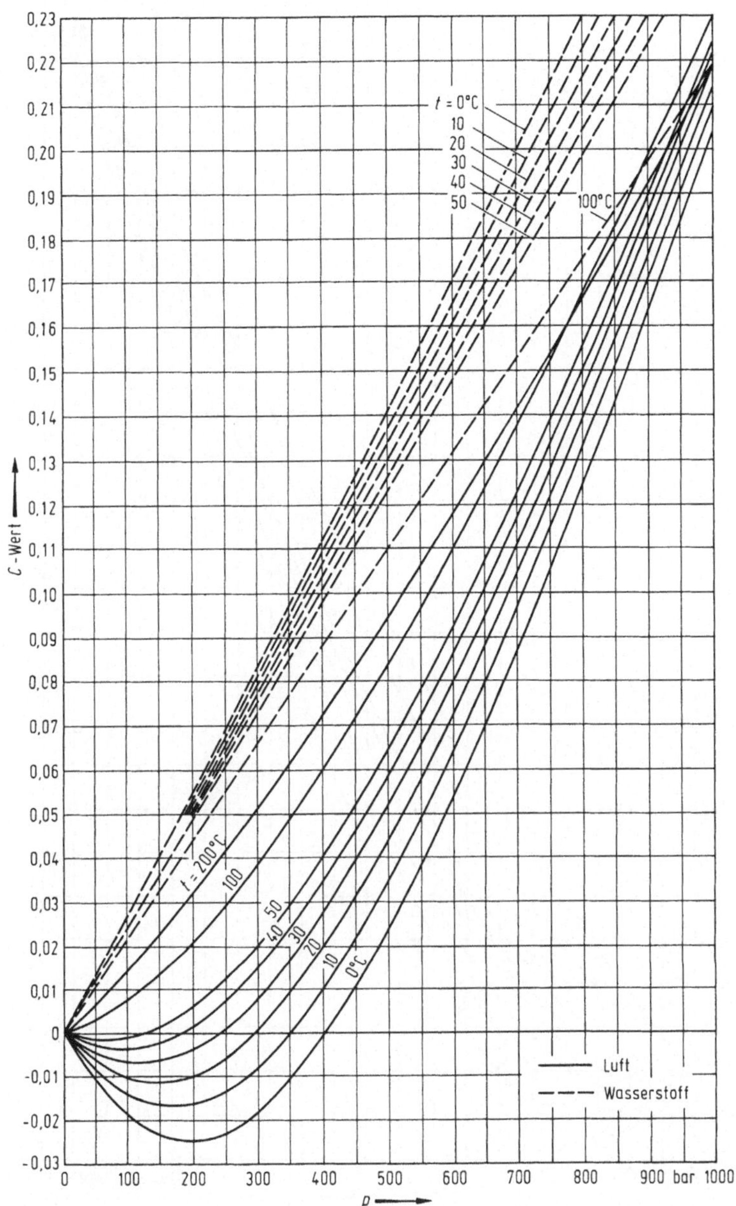

Bild 12.7. Beiwerte $C = B/2{,}303$ zur Berechnung der isothermen Leistung P_{is} von Wasserstoff H_2 und Luft mit $P_{is} = 0{,}06397\, p_1 \dot{V}_{a_1}\, [\lg\,(p_2/p_1) + C(2) - C(1)]$ in kW, p_1 in bar, $\dot{V}_{a_1}$ in m³/h nach [4]

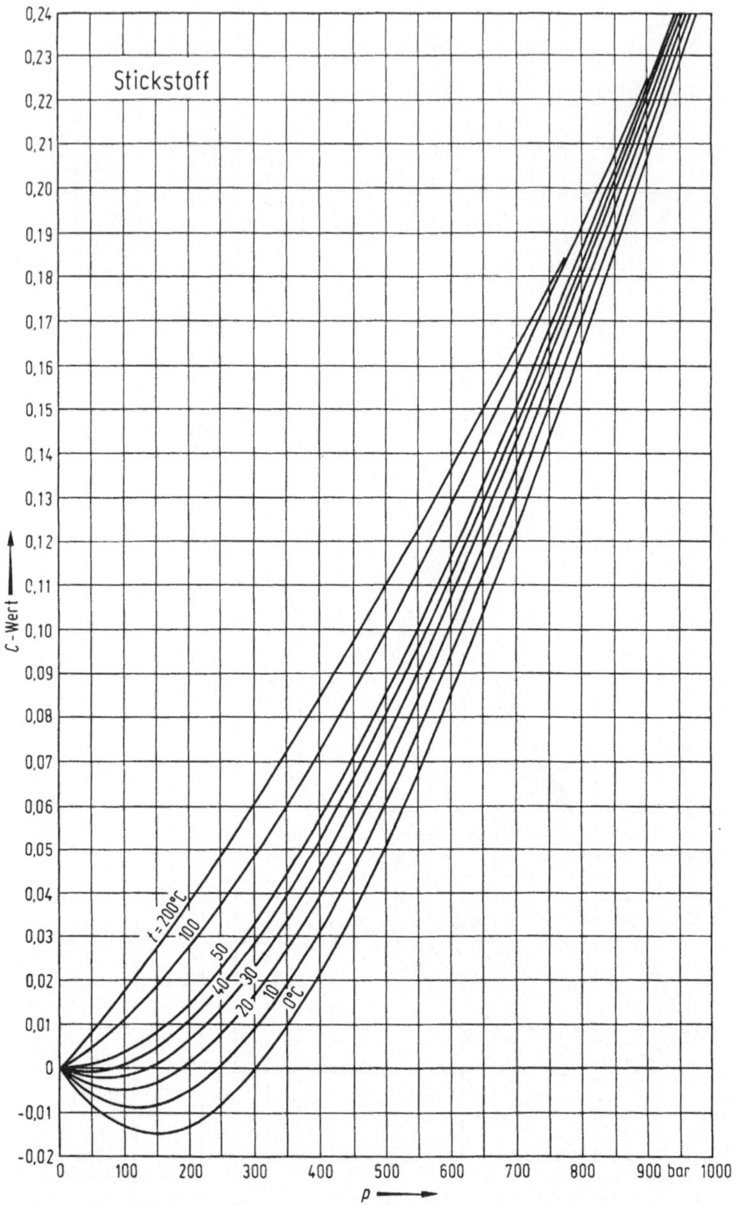

Bild 12.8. Beiwert $C = B/2{,}303$ für die isotherme Leistung von Stickstoff N_2 nach [4] (s. Unterschrift **Bild 12.7**)

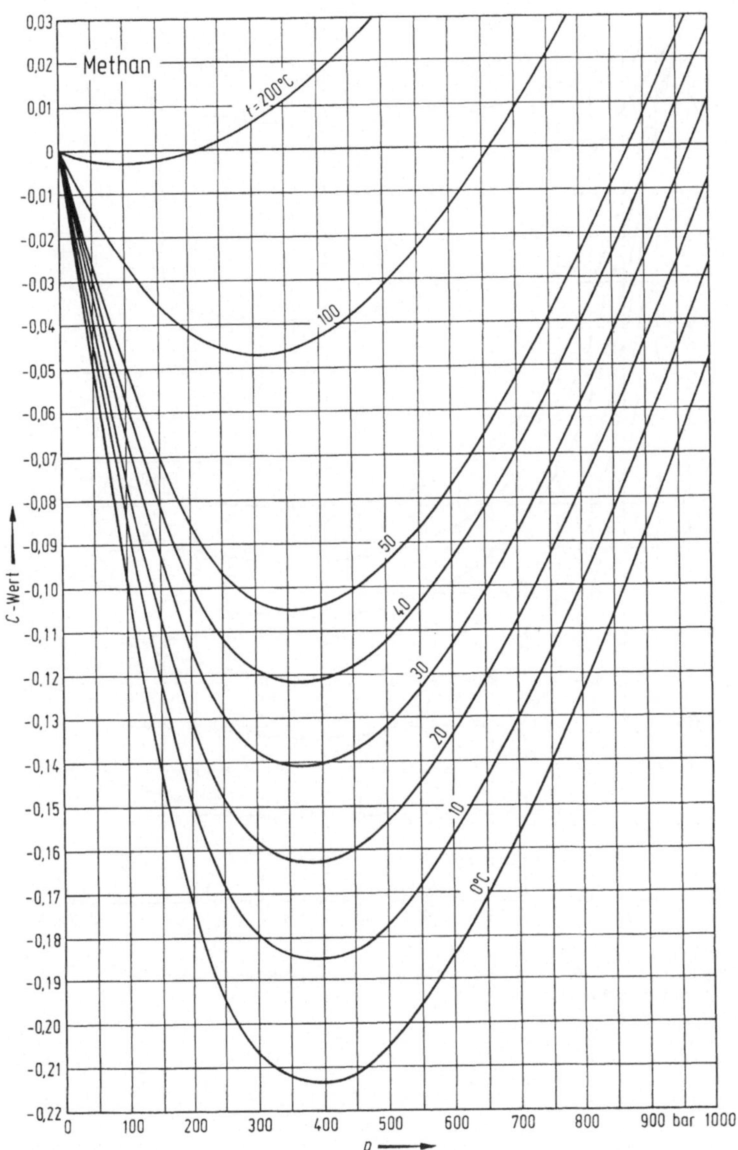

Bild 12.9. Beiwert $C = B/2{,}303$ für die isotherme Leistung von Methan CH_4 nach [4] (s. Unterschrift **Bild 12.7.**)

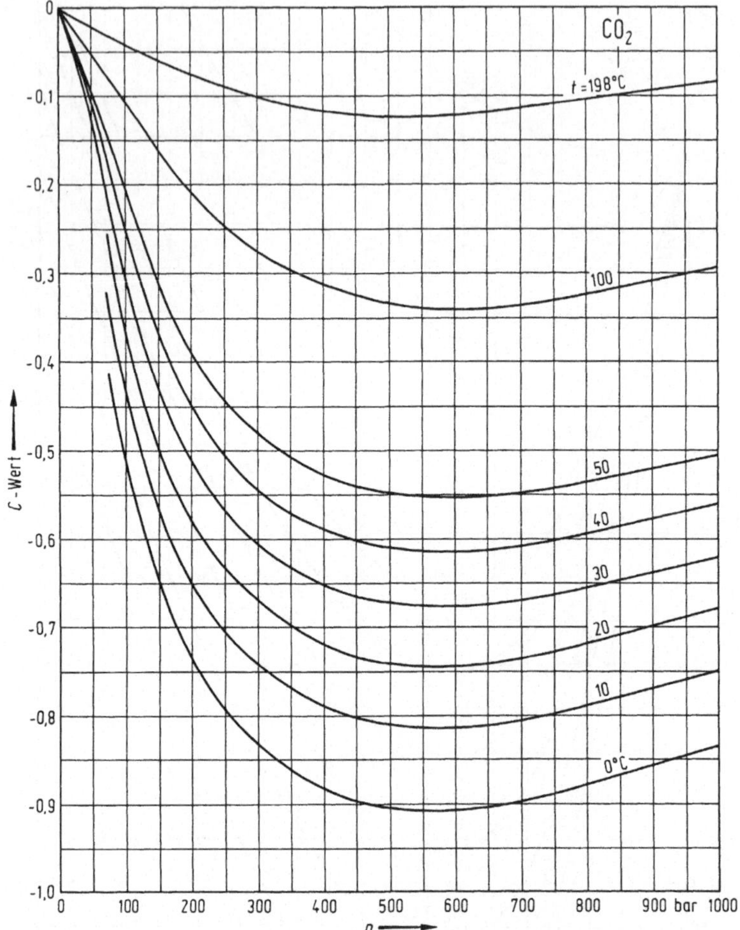

Bild 12.10. Beiwert für die isotherme Leistung von Kohlendioxid CO$_2$ nach [4] (s. Unterschrift **Bild 12.7**)

12.2 Schaltzeichen und Sinnbilder

Tabelle 12.1-1. Graphische Symbole für Wärmekraftanlagen nach DIN 2481

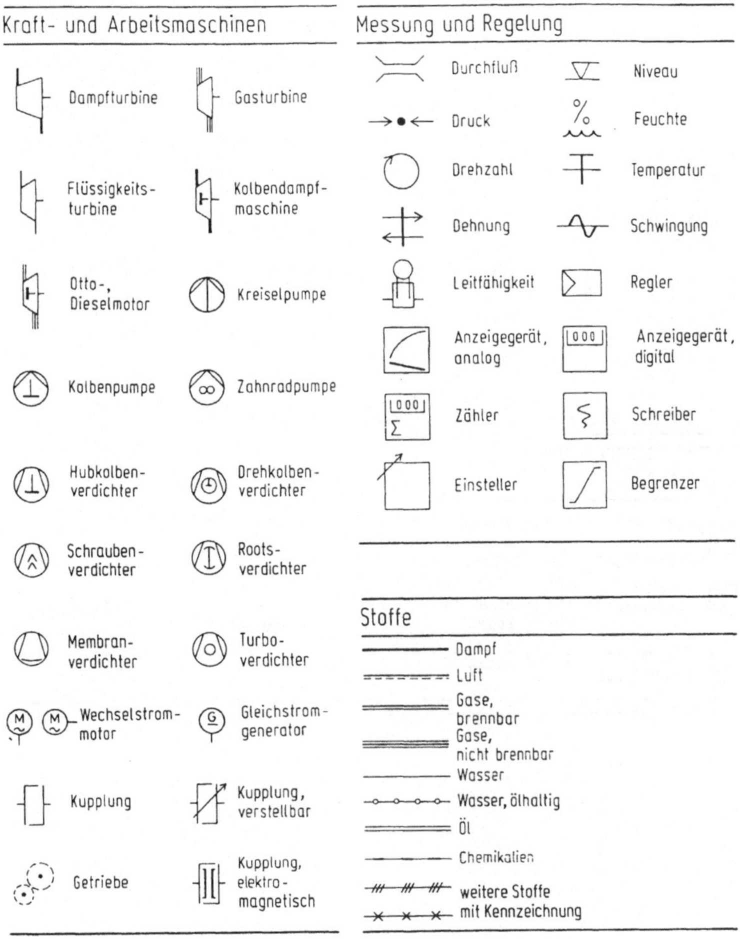

Kraft- und Arbeitsmaschinen	Messung und Regelung

Kraft- und Arbeitsmaschinen

- Dampfturbine
- Gasturbine
- Flüssigkeitsturbine
- Kolbendampfmaschine
- Otto-, Dieselmotor
- Kreiselpumpe
- Kolbenpumpe
- Zahnradpumpe
- Hubkolbenverdichter
- Drehkolbenverdichter
- Schraubenverdichter
- Rootsverdichter
- Membranverdichter
- Turboverdichter
- Wechselstrommotor
- Gleichstromgenerator
- Kupplung
- Kupplung, verstellbar
- Getriebe
- Kupplung, elektromagnetisch

Messung und Regelung

- Durchfluß
- Niveau
- Druck
- Feuchte
- Drehzahl
- Temperatur
- Dehnung
- Schwingung
- Leitfähigkeit
- Regler
- Anzeigegerät, analog
- Anzeigegerät, digital
- Zähler
- Schreiber
- Einsteller
- Begrenzer

Stoffe

- Dampf
- Luft
- Gase, brennbar
- Gase, nicht brennbar
- Wasser
- Wasser, ölhaltig
- Öl
- Chemikalien
- weitere Stoffe
- mit Kennzeichnung

Tabelle 12.1-2. Graphische Symbole für Wärmekraftanlagen nach DIN 2481

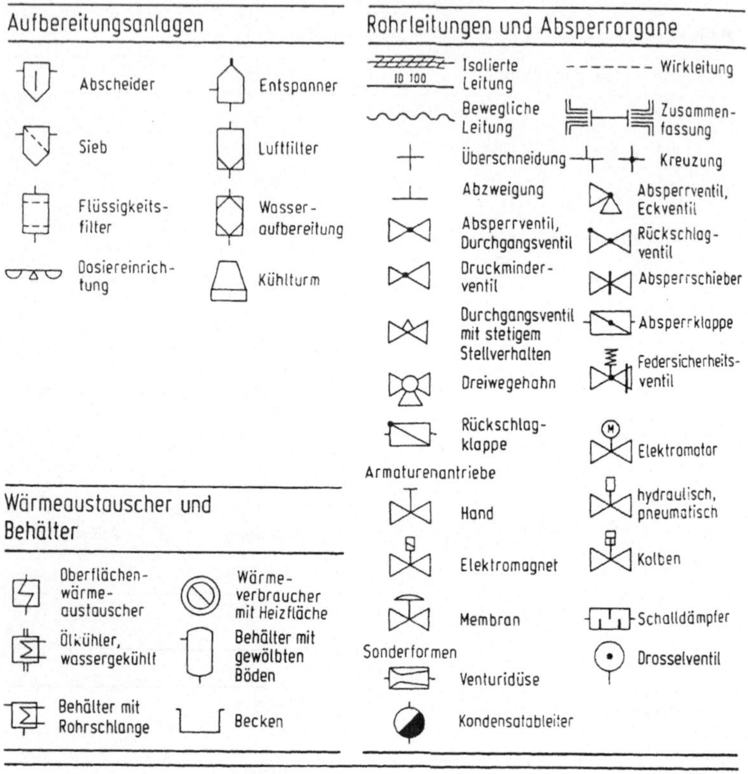

Aufbereitungsanlagen

Abscheider

Entspanner

Sieb

Luftfilter

Flüssigkeitsfilter

Wasseraufbereitung

Dosiereinrichtung

Kühlturm

Wärmeaustauscher und Behälter

Oberflächenwärmeaustauscher

Wärmeverbraucher mit Heizfläche

Ölkühler, wassergekühlt

Behälter mit gewölbten Böden

Behälter mit Rohrschlange

Becken

Rohrleitungen und Absperrorgane

Isolierte Leitung

Wirkleitung

Bewegliche Leitung

Zusammenfassung

Überschneidung

Kreuzung

Abzweigung

Absperrventil, Eckventil

Absperrventil, Durchgangsventil

Rückschlagventil

Druckminderventil

Absperrschieber

Durchgangsventil mit stetigem Stellverhalten

Absperrklappe

Dreiwegehahn

Federsicherheitsventil

Rückschlagklappe

Elektromotor

Armaturenantriebe

Hand

hydraulisch, pneumatisch

Elektromagnet

Kolben

Membran

Schalldämpfer

Sonderformen

Venturidüse

Drosselventil

Kondensatableiter

Tabelle 12.2. Schaltzeichen nach DIN 40703, 40713 und 40719

Leitungen

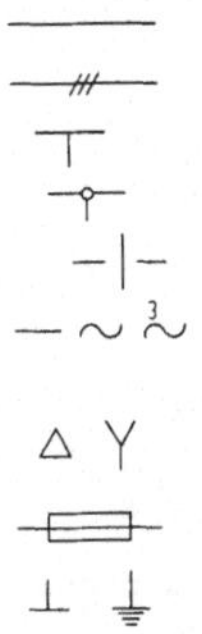

	einfach
	dreifach
	fester Abzweig
	Klemme
	Kreuzung
	Gleich- Wechsel-Drehstrom
	Dreieck-Sternschaltung
	Sicherung
	Masse Erde

Schalter, Betätigungen

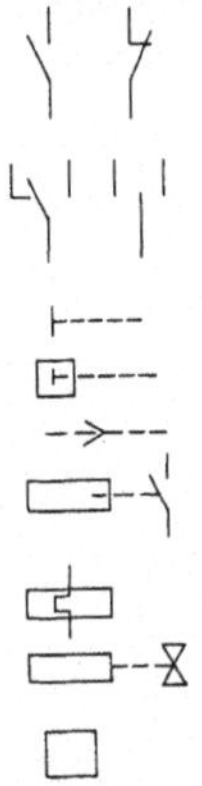

	Schließer
	Öffner
	Wechsler
	Zweiwegschalter (3 Stellungen)
	Handbetätigung
	Druckluft
	Verzögerung
	Schaltschütz
	Überstromauslöser
	Triebsystem mit Ventil
	Kraftantrieb allgemein

Bauelemente, Maschinen

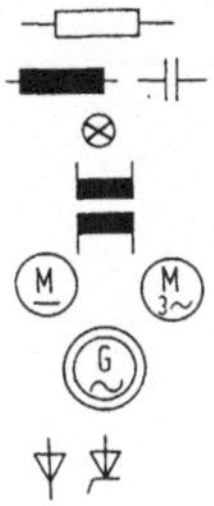

	Ohmscher Widerstand
	Drossel, Kapazität
	Meldelampe
	Transformator
	Motor Gleich-Drehstrom
	Wechselstromgenerator
	Diode, Thyristor

Bezeichnungen

a	Last-Motorschalter
b	Hilfsschalter
c	Leistungsschütz
d	Hilfsschütz
e	Sicherungen
h	Sicht- und Hörmelder
m	Maschinen und Trafos
s	mechanische Geräte mit elektrischem Antrieb

Tabelle 12.3. Bildzeichen und Kennbuchstaben für Messen, Steuern, Regeln (MSR) in der Verfahrenstechnik DIN 19227

MSR Meßstellenkreis

  oben: Funktion, unten: Stellen Nr.

Bezeichnungen.

| Eingangsgröße | Verarbeitung |
| Erstbuchstabe | Ergänzungsbuchstaben |

D	Dichte (Density)		A	Alarm
F	Durchfluß (Flow)		C	Regelung (Control)
K	Zeit (Time)		D	Differenz (Difference)
L	Stand (Level)		I	Anzeige (Indicate)
P	Druck (Pressure)		R	Registrierung (Recording)
S	Geschwindigkeit, Drehzahl (Speed)		S	Abschaltung (Switch)
T	Temperatur (Temperature)		T	Meßumformung (Transmitting)
V	Viskosität (Viscosity)		S	Abschaltung (Switch)
W	Gewichtskraft (Weight)		$\pm$	Über- Unterschreitung

Beispiele

$F/A+$ Durchflußanzeige mit Alarm bei Überschreitung
$LS-$ Abschaltung bei Standunterschreitung
PC Druckregelung
PDI Differenzdruckanzeige
$PSA-$ Abschaltung und Alarm bei Druckunterschreitung

12.3 Normen und Vorschriften

DIN-Normen

Grundbegriffe

DIN	1 301	Einheiten; Kurzzeichen
DIN	1 302	Mathematische Zeichen
DIN	1 304	Allgemeine Formelzeichen
DIN	1 305	Masse, Gewicht; Begriffe
DIN	1 306	Dichte; Begriffe
DIN	1 311	Schwingungslehre
DIN	1 313	Schreibweise physikalischer Gleichungen in Naturwissenschaft und Technik
DIN	1 314	Druck; Begriffe, Einheiten
DIN	1 320	Akustuk; Grundbegriffe
DIN	1 341	Wärmeübertragung; Grundbegriffe, Einheiten, Kenngrößen
DIN	1 342	Viskosität bei Newtonschen Flüssigkeiten
DIN	1 343	Normzustand, Normvolumen
DIN	1 345	Technische Thermodynamik; Größen, Formelzeichen, Einheiten

Unterlagen für die Konstruktion

DIN	1	Kegelstife
DIN	7	Zylinderstifte
DIN	250	Rundungshalbmesser
DIN ISO	286	Toleranzen; Abmaße, Passungen
DIN	323	Normzahlen, Hauptwerte, Genauwerte, Rundwerte
DIN	471	Sicherungsringe, Halteringe für Wellen
DIN	472	Sicherungsringe, Halteringe für Bohrungen
DIN	623	Bezeichnung für Wälzlager
DIN	636	Wälzlager, Linearkugellager; dynamische und statische Tragzahlen
DIN	780	Modulreihe für Zahnräder; Stirnbänder
DIN	868	Zahnräder; Begriffe, Bezeichnungen und Kurzzeichen
DIN	962	Schrauben und Muttern; Bezeichnungsangaben, Formen und Ausführungen
DIN ISO	1101	Form -und Lagetolerierung
DIN	1912	Zeichnerische Darstellung; Schweißen, Löten
DIN	2089	Berechnung und Konstruktion von Schraubenzug- und Druckfedern
DIN	2098	Zylindrische Schraubenfedern aus runden Drähten; Baugrößen
DIN	3990	Tragfähigkeitsberechnung von Strinrädern
DIN	4760	Gestaltabweichungen; Begriffe, Ordnungssystem
DIN	4761	Oberflächencharakter; Begriffe Kurzeichen
DIN	4768	Ermittlung der Rauhigkeitsmeßgrößen
DIN	7150	ISO-Toleranzen und Passungen; für Längenmaße von 1 bis 500 mm
DIN	7168	Allgemeintoleranzen; Längen- und Winkelmaße
DIN	7182	Toleranzen und Passungen; Grundbegriffe
DIN	7190	Preßverbände; Berechnungs- und Gestaltungsregeln
DIN	31652	Hydrodynamische Radialgleitlager im stationären Betrieb
DIN	31656	Gleitlager; Radialgleitlager im stationären Betreib

Verdichter, Aufbau und Antrieb

DIN	109	Antriebselemente, Umfangsgeschwindigkeiten und Achsabstände für Keilriementriebe
DIN	116	Scheibenkupplungen, Maße Drehmomente und Drehzahlen
DIN VDE	0170/0171	Elektrische Betriebsmittel für explosionsgefährdete Bereiche
DIN	323	Normzahlen, Hauptwerte, Genauwerte, Rundwerte
DIN	529	Steinschrauben
DIN	623	Bezeichnung für Wälzlager
DIN	747	Achshöhen für Maschinen
DIN	748	Zylindrische Wellenenden; Abmessungen, Nenndrehmomente
DIN	1448	Kegelige Wellenenden mit Außengewinde; Abmessungen
DIN	1591	Schmierlöcher, Schmiernuten und Schmiertaschen für allgemeine Anwendung
DIN	1850	Buchsen für Gleitlager
DIN	2211	Antriebselemente; Schmalkeilriemenscheiben; Maße Werkstoff
DIN	2215	Endlose Keilriemenscheiben; Maße
DIN	2401	Innen- und außdruck beanspruchte Bauteile: Druck, Temperaturangaben, Begriffe, Nenndruckstufen
DIN	2410	Rohre; Übersicht über Normen für Rohre aus Stahl und duktilem Gußeisen
DIN	2500	Flansche; Allgemeine Angaben, Übersicht
DIN	2690	Flachdichtungen
DIN	2696	Linsen- und Kammprofildichtungen
DIN	3760	Radialwellendichtringe

DIN   34109   Kolbenringe für den Maschinenbau; allgemeine Angaben
DIN   34110   Kolbenringe für den Maschinenbau; Rechteckringe
DIN   34111   dgl. Minutenringe
DIN   34310   dgl. Nasenringe
DIN   34146   dgl. Ölschlitzringe
DIN   34147   dgl. Dachfasenringe
DIN   70907   Kolbenringe; Prüfung, Begriffe, Meßverfahren
DIN   73124   Kolbenbolzen für Dieselmotoren

Werk- und Betriebsstoffe

DIN   1681   Stahlguß für allgemeine Verwendungszwecke; Lieferbedingungen
DIN   1691   Gußeisen mit Lamellengraphit (Grauguß); Eigenschaften
DIN   1692   Temperguß; Begriffe, Eigenschaften
DIN   1693   Gußeisen mit Kugelgraphit
DIN   17100   Allgemeine Baustähle; Gütenorm
DIN   17200   Vergütungsstähle; Technische Lieferbedingungen
DIN   17210   Einsatzstähle; technische Lieferbedingungen
DIN   50323   Tribologie; Begriffe
DIN   51500   Schmierstoffe; Ermittlung des Bedarfs und Verbrauchs, Begriffe
DIN   51501   Schmierstoffe; Schmieröle LN; Mindestanforderungen
DIN   51502   Schmierstoffe; Verbrauchsermittlung; Begriffe
DIN   51504   Schmierstoffe; Schmieröle D; Mindestanforderungen
DIN   51506   Schmieröle VB, VC und VDL; Einteilung Mindestanforderungen
DIN   51511   Schmierstoffe; SAE Viskositätsklassen für Motorenöle
DIN   51515   Schmier- und Regleröle, Mindestanforderungen
DIN   51551   Bestimmung des Koksrückstandes nach Conradson (Verkokungsneigung)

Meß-, Steuer- und Regelungstechnik mit Schaltzeichen

DIN   1219   Grafische Symbole für fluidtechnische Geräte
DIN   1945   Verdichter, Regeln für Abnahme und Leistungsversuche
DIN   1952   Durchflußmessung mit Düsen, Blenden und Venturirohren
DIN   2429   Graphische Symbole für Rohrleitungsanlagen
DIN   2481   Grafische Symbole für Wärmekraftanlagen
DIN   8977   Leistungsprüfung von Kältemittelverdichtern
DIN   19221   Formelzeichen der Regelungs- und Steuerungstechnik
DIN   19226   Regelungs- und Steuerungstechnik; Benennungen, Begriffe
DIN   19227   Bildzeichen und Kennbuchstaben für Messen, Steuern und Regeln in der Ver-
                fahrenstechnik
DIN   40700   Bildzeichen der Elektrotechnik

VDI-Richtlinien und VDE-Bestimmungen

VDE   0410   Sinnbilder für Meßgeräte und ihre Verwendung
VDI   2031   Feinheitsbestimmung an technischen Stäuben
VDI   2045   Abnahme- und Leistungsversuche an Verdichtern (VDI-Verdichterregeln)
VDI   2057   Beurteilung der Einwirkung mechanischer Schwingungen auf den Menschen
VDI   2062   Schwingungsisolierung
VDI/VDE 2179   Beschreibung und Untersuchung pneumatischer Einheitsregelgeräte
VDI   2212   Datenverarbeitung in der Konstruktion; Systematisches Suchen und Optimie-
                ren konstruktiver Lösungen

VDI	2225	Konstruktionsmethodik; Technisch wirtschaftliches Konstruieren
VDI	2230	Systematische Berechnung hochbeanspruchter Schraubenverbindungen
VDI	3731	Emissionsrichtwerte technischer Schallquellen

Gesetze, Vorschriften und Regeln

Verordnung über Druckbehälter Druckbeh. V. vom Mai 1989

Technische Regeln Druckgase der Vereinigung der Technischen Überwachungsvereine Vd TÜV

Arbeitsblätter für den Rohrleitungsbau des Deutschen Vereins der Gas- und Wasserfachleute DVGW

Merkblätter über verschiedene Prüfverfahren an Rohrleitungsanlagen der Vereinigung der Technischen Überwachungsvereine Vd TÜV

Technische Anleitung zum Schutz gegen Lärm TA-Lärm (1968) (s. VDI 2058 Bl. 1)
Unfallverhütungsvorschrift Lärm UVV Lärm (s. VDI 2058 Bl. 2)
Bundes-Immissionsschutzgesetz BImSchG vom 15. 3. 1974
Verordnung über gefährliche Arbeitsstoffe ArbStoffV vom 11. 2. 1982
Technische Regeln für DruckbehälterTRB
Technische Regelen für Druckgase TRG
Technische Regeln für Gashochdruckleitungen TRGL
Technische Regeln für gefährliche Arbeitsstoffe TRgA
Unfallverhütungsvorschriften des Hauptverbandes der gewerblichen Berufsgenossenschaften (VGB)

VGB 4	Elektrische Anlagen
VGB 5	Kraftmaschinen
VGB 7a	Arbeitsmaschinen
VGB 16	Verdichter
VGB 17 bis 19	Druckbehälter
VGB 20	Kälteanlagen
VGB 61	Verdichtung und Verflüssigung von Gasen

Hierzu Merkblätter der Arbeitsgemeinschaft Druckbehälter AD mit Richtlinien zur Ausrüstung (A), Berechnung (B), Herstellung (H) und für die Werkstoffe (W) von Druckbehältern

AD A1	Sicherheitsventile – Bauart und Größenbemessung
AD B0	Berechnung von Druckbehältern
AD B1	Zylinder und Kugelschalen unter innerem Überdruck
AD B3	Gewölbte Böden unter innerem und äußerem Überdruck
AD B7	Schrauben
AD B8	Flansche
AD B9	Ausschnitte in Zylindern, Kegeln und Kugeln unter innerem Überdruck
AD B10	Dickwandige zylindrische Mäntel unter innerem Überdruck
AD B11	Rohre unter innerem und äußerem Überdruck
AD H1	Schweißen von Druckbehältern aus Stahl
AD W1	Unlegierte und legierte Stähle für Bleche

Einheitsblätter des Verbandes Deutscher Maschinen- und Anlagenbau VDMA

| VDMA 4362 | Kleinkolbenkompressoren; Bestimmung der Liefermenge |
| VDMA 4368 | Flüssigkeitsringkompressoren; thermodynamische Leistungs- und Abnahmeversuche |

Literaturverzeichnis

Allgemeine Grundlagen

[1] Beitz, W.; Küttner, K.-H. (Hrsg.): Dubbel. Taschenbuch für den Maschinenbau. 17. Aufl., Berlin Heidelberg New York: Springer 1990

[2] Czichos, H. (Hrsg.): Hütte. Die Grundlagen der Ingenieurwissenschaften. 29 Aufl., Berlin Heidelberg New York: Springer 1989

[3] Häußler, W. (Hrsg.): Taschenbuch Maschinenbau. 8 Bände, München Wien: Hanser 1986

[4] Fröhlich, F.: Kolbenverdichter. Berlin Heidelberg New York: Springer 1968

[5] Bouché, Ch.; Wintterlin, K.: Kolbenverdichter. 4. Aufl., Berlin Heidelberg New York: Springer 1968

[6] Frenkel, M. I.: Kolbenverdichter. Berlin: VEB Verlag Technik 1969

[7] N. N.: Technisches Handbuch: Verdichter des VEB Kombinats Pumpen und Verdichter. 4. Aufl., Berlin: VEB Verlag Technik 1986

[8] Pohlenz, W.: Pumpen für Gase. 2. Aufl., Berlin: VEB Verlag Technik 1987

[9] Küttner, K.-H.: Kolbenmaschinen. 5. Aufl., Stuttgart: Teubner 1984

[10] Eck, B.: Technische Strömungslehre. Bd. 1: Grundlagen, 8. Aufl. 1978; Bd. 2: Anwendungen, 8. Aufl. 1981. Berlin Heidelberg New York: Springer

[11] Bargel, H. J.; Schulze, G.: Werkstoffkunde. 3. Aufl., Hannover Dortmund: Schrödel 1983

[12] Blumenauer, H.; Pusch G.: Technische Bruchmechanik. Leipzig: VEB Verlag für Grundstoffindustrie 1982

[13] Szabo, J.: Einführung in die technische Mechanik. 8. Aufl., Berlin Heidelberg New York: Springer 1984

[14] Szabo, J.: Höhere Technische Mechanik. 5. Aufl., Berlin Heidelberg New York: Springer 1985

[15] Holzweißig, F.: Dresig, H.: Lehrbuch der Maschinendynamik. Leipzig: VEB Fachbuchverlag 1979

[16] Zurmühl, R.: Praktische Mathematik für Ingenieure und Physiker. 5. Aufl., Berlin Heidelberg New York: 1985

[17] Tochtermann; Bodenstein: Konstruktionselemente des Maschinenbaus, 9. Aufl., Tl. 1: Grundlagen, Verbindungselemente, Gehäuse..., Tl. 2: Elemente der drehenden und der geradlinigen Bewegung. Berlin Heidelberg New York: Springer 1979

[18] Pahl, G.; Beitz, W.: Konstruktionslehre. 2. Aufl., Berlin Heidelberg New York: Springer 1986

[19] Koller, R.: CAD Automatisches Zeichnen, Darstellen und Konstruieren. Berlin Heidelberg New York: Springer 1989

[20] Klein, M.: Einführung in die DIN-Normen. 9. Aufl., Stuttgart: Teubner 1985

[21] DIN Taschenbücher Auswahl von Original-Normblättern:
Bd. 22: Normen für Größen und Einheiten in Naturwissenschaft und Technik, 4. Aufl. 1974
Bd. 10: Mechanische Verbindungselemente: Schrauben, Muttern und Zubehör, 13. Aufl. 1973
Bd. 43: Mechanische Verbindungselemente: Bolzen, Stifte, Niete und Keile, 1972
Bd. 45: Gewindenormen, 1973
Bd. 4: Gütenormen: Stahl und Eisen, 23. Aufl. 1973
Bd. 19: Materialprüfung für metallische Werkstoffe, 6. Aufl. 1973

Spezielle Literatur

Die erste Ziffer in den eckigen Klammern bezeichnet hier das bezogene Kapitel, die zweite die laufende Nummer der Schriften.

[1.1]   Drees, H.; Zwicker, A.: Kühlanlagen. 14. Aufl., Berlin: Verlag VEB Verlag Technik 1986

[1.2]   Eder, W.; Moser, F.: Die Wärmepumpe in der Verfahrenstechnik. Wien New York: Springer 1979

[1.3]   Lohse, P.: Getriebesynthese. 4. Aufl., Berlin Heidelberg New York: Springer 1986

[1.4]   Böhme, J.: Druck- und Vakuumerzeugung mit Kunststoffmembranen. Maschinenmarkt 80 (1974) H.29, 509–511

[1.5]   Baum, H.: Theorie umlaufender Kompressoren und Vakuumpumpen der Vielzellenbauart. VDI-Z. 70 (1926) H.19, 623–628; H.22, 742–746

[1.6]   Plank, R.; Kuprianoff, J.: Die Kleinkältemaschine. 2. Aufl., Berlin Göttingen Berlin: Springer 1960

[1.7]   Rinder, L.: Schraubenverdichter. Wien New York: Springer 1979

[2.1]   Baehr, H. D.: Thermodynamik. 5. Aufl., Berlin Heidelberg New York: Springer 1984

[2.2]   Stephan, K.; Mayinger, F.: Technische Thermodynamik, Bd. 1: Einstoffsysteme (1986); Bd. 2: Mehrstoffsysteme und chemische Reaktionen (1987), Berlin Heidelberg New York: Springer

[2.3]   Doering, E.; Schedwill, H.: Grundlagen der technischen Thermodynamik. 2. Aufl., Stuttgart: Teubner 1982

[2.4]   Grigull, U. (Hrsg.): Properties of water and steam in SI-units. Zustandsgrößen von Wasser und Wasserdampf. Berlin Heidelberg New York: Springer 1982

Für die Kapitel 3 und 4 gilt die allgemeine Literatur [4 bis 9].

[5.1]   Biezeno, C. B.; Grammel, R.: Technische Dynamik, Bd. 1: Grundlagen und einzelne Maschinenteile, Bd. 2: Dampfturbinen und Brennkraftmaschinen. 2. Aufl. 1953, Berlin Heidelberg New York: Springer 1982 (Reprint)

[5.2]   Smolczyk, U. (Hrsg.): Grundbau Taschenbuch (2 Bände). 3. Aufl., Berlin München Düsseldorf: W. Ernst und Sohn 1981

[5.3]   List, H.; Pischinger, A. (Hrsg.): Die Verbrennungskraftmaschine. Neue Folge, Bd. 4: Hafner, K. E.; Maass, H.: Torsionsschwingungen in der Verbrennungskraftmaschine. Wien New York: Springer 1985

[5.4]   Pahl, G. (Hrsg.): Konstruktionsbücher, Bd. 22: Lang, O.: Triebwerke schnellaufender Verbrennungsmotoren. Grundlagen zur Berechnung und Konstruktion. Berlin Heidelberg New York: Springer 1966

[5.5]   Krämer, E.: Maschinendynamik. Berlin Heidelberg New York: Springer 1984

[5.6]   Mayer, E.: Abwehr technischer Schwingungen durch elastische Aufstellung der Maschinen. Aus Werkstatt und Betrieb (1961) 202–213

[5.7]   Köhler, G.; Rögnitz, H.: Maschinenteile, Bd. 2. 7. Aufl., Stuttgart: Teubner 1986

[5.8]   List, H.; Pischinger, A. (Hrsg.): Die Verbrennungskraftmaschine. Neue Folge, Bd. 2: Maass, H.; Klier, H.: Kräfte, Momente und deren Ausgleich in der Brennkraftmaschine. Wien New York: Springer 1981

[6.1]   Christian, W.: Erkenntnisse und Probleme an Plattenventilen für Hubkolbenverdichter. Berlin: Akademie-Verlag 1962

[6.2]   Müller, H.: Untersuchung von Kompressorenventilen, Dissertation, TH Braunschweig 1958

[6.3]   Müller, H.: Ermittlung des Ventilwiderstandes und Aufnahme von Huboszillogrammen von Kolbenverdichtern. Konstruktion 11 (1959) 10

[6.4]   Meier, H.: Arbeitsweise und Berechnung selbsttätiger Ventile mit nichtlinearer Federcharakteristik an Kolbenverdichtern für Luft und technische Gase. Dissertation, Freiburg 1970

[6.5]   Böswirth, L.: Instationäre Strömungen und Flattererscheinungen an federbelasteten Rückschlagventilen, insbesondere an Kolbenverdichterventilen. Wien: Eigenverlag 1990

[6.6] Maßblätter und Druckvorschriften der Ventilhersteller wie Hoerbiger Wien, Dienes Köln, Ibach Remscheid

[6.7] Groth, K.: Schwingungen in der Druckleitung von Kolbenverdichtern. VDI-Forschungsheft 440 (1953)

[7.1] Ebel, T.: Regelungstechnik. 4. Aufl., Stuttgart: Teubner 1984

[7.2] Siemens Fachbuch: Automatisieren in der Prozeßtechnik. Berlin München: Siemens AG 1973

[7.3] Oppelt, W.: Kleines Handbuch technischer Regelvorgänge. 5. Aufl., Weinheim: Verlag Chemie 1972

[7.4] Schmidt, G.: Grundlagen der Regelungstechnik. 2. Aufl., Berlin Heidelberg New York: Springer 1987

[7.5] Böcker, J., Hartmann, I.; Zwanzig, Ch.: Nichtlineare und adaptive Regelungssysteme. Berlin Heidelberg New York: Springer 1986

[7.6] Pressler, G.: Regelungstechnik, Bd. 1: Grundelemente. Mannheim: Bibliographisches Institut 1964

[7.7] Leonard, W.: Regelung in der elektrischen Antriebstechnik. Stuttgart: Teubner 1984

[7.8] Habert, E.: Ein Beitrag zur k_v-Wert-Bestimmung. Regelungstechnik 9 (1961) 425–426

[7.9] Fleger, K.: Regelungstechnik, Grundlagen und Geräte. Druckschriften der Hartmann und Braun AG, Frankfurt

[7.10] Böttcher, W.: Vergleich von Dreipunktreglern mit linearer und nichtlinearer Rückführung. Regelungstechnik 12 (1964) 297–305

[7.11] Böttcher, W.: Vergleich von Dreipunktreglern mit einem linearen kontinuierlichen PI-Regler. Regelungstechnik 10 (1962) 114–119 und 210–213

[7.12] Ott, J.: Pneumatische Regelung von Kolbenverdichtern. Konstruktion, Elemente, Methoden (KEM) 12 (1977) 22–31

[8.1] Brendel, H.; Winkler, H. (Hrsg.): Wissensspeicher Tribotechnik. Schmierstoffe – Gleitpaarungen – Schmiereinrichtungen. Berlin Heidelberg New York: Springer 1979

[8.2] Bunk, W.; Hansen, J.; Geyer, M. (Red.): Tribologie, Reibung, Verschleiß, Schmierung. Forschungsprogramm des BMFT, Bd. 3: Gleitlager, Wellendichtungen, Bd. 4: Abrasivverschleiß, Schwingungsverschleiß, Oberflächenbehandlung, Bearbeitungsverfahren. Berlin Heidelberg New York: Springer 1982

[8.3] Eckhart, F.: Luftverdichter Schmierung und Wartung. 2. Aufl., Mobilöl AG Deutschland 1980

[8.4] Heine, W.: Schmierstoffe für Luftverdichter. Pneumatik Digest 4 (1982) 8

[8.5] Gröber, H.; Eck, S.; Grigull, U.: Die Grundgesetze der Wärmeübertragung. 3. Aufl., Berlin Heidelberg New York: Springer 1981 (Reprint)

[8.6] Schack, A.: Der industrielle Wärmeübergang. 8. Aufl., Düsseldorf: Stahleisen 1983

[8.7] Hausen, H.: Wärmeübertragung im Gegenstrom, Gleichstrom und Kreuzstrom. 2. Aufl., Berlin Heidelberg New York: Springer 1976

[9.1] Wissenschaftl. Ausschuß des Akademischen Vereins Hütte e. V. (Hrsg.): Hütte. Taschenbücher der Technik. Elektrische Energietechnik. 29. Aufl., Bd. 1: Böning, W. (Hrsg.): Maschinen, Bd. 2: Böning, W. (Hrsg.): Geräte. Berlin Heidelberg New York: Springer 1978

[9.2] Nürnberg, W.: Die Asynchronmaschine. 2. Aufl., Berlin Göttingen Heidelberg: Springer 1979

[9.3] Nürnberg, W.; Hanitsch, R.: Die Prüfung elektrischer Maschinen. 6. Aufl., Berlin Heidelberg New York: Springer 1987 (Reprint)

[9.4] Möller, H.; Vaske, P.: Elektrische Maschinen und Umformer. Teil 1: Wirkungsweise und Betriebsverhalten, 12. Aufl., Stuttgart: Teubner 1976

[9.5] Linse, H.: Elektrotechnik für Maschinenbauer. 7. Aufl., Stuttgart: Teubner 1983

[9.6] Heumann, K.; Stumpe, A. C.: Thyristoren. Eigenschaften und Anwendungen. Stuttgart: Teubner 1981

[9.7] Profos, P.: Meßfehler. Eine Einführung in die Meßtheorie. Stuttgart: Teubner 1984

[9.8] Böswirth, L.: Messungen an einem schnellaufenden Kolbenverdichter. Konstruktion 26 (1974) 143–151

[9.9]   Taschenbuch der Betriebsmeßtechnik. 2. Aufl., Berlin: VEB Verlag Technik 1983

[9.10] Hart, H.: Einführung in die Meßtechnik. 2. Aufl., Berlin: VEB Verlag Technik 1980

[9.11] Schink, H.: Fibel der Verfahrensmeßtechnik. München Wien: R. Oldenbourg 1968

[9.12] Roling, E.: Meßtechnik. Einführung...Anwendung. Druckschriften der Hartmann und Braun AG, Frankfurt

[9.13] Siemens Fachbuch: Messen in der Prozeßtechnik. Berlin München: Siemens AG 1972

[9.14] Hengstenberg, J.; Sturm, B.; Winkler, O.: Messen, Steuern und Regeln in der Chemischen Technik. 5 Bände, 3. Aufl., Berlin Heidelberg New York: Springer 1981

[9.15] Thiel, R.: Elektrisches Messen nicht elektrischer Größen. 2. Aufl., Stuttgart: Teubner 1983

[9.16] Julien, H.: Handbuch der Druckmeßtechnik mit federelastischen Meßgliedern. Druckschrift der Fa. Alexander Wiegand und Co., Klingenberg

[9.17] Kochen, G.: Praxis der Durchflußmessung von Gasen, Dampf und Flüssigkeiten. Druckschrift der Fa. Hartmann und Braun AG, Frankfurt 1972

[9.18] Oehmchen, M.: Der mechanische Indikator. Berlin: VEB Verlag Technik 1953

[9.19] Siemens Fachbuch: Schnellschreibende Meßgeräte. Berlin München: Siemens AG 1972

[9.20] Stöckl, M.; Winterling, K. H.: Elektrische Meßtechnik. 4. Aufl., Stuttgart: Teubner 1982

[9.21] Pflier, M.; Jahn, H.; Jentsch, G.: Elektrische Meßgeräte und Meßverfahren. 4. Aufl., Berlin Heidelberg New York: Springer 1978

[9.22] Siemens Fachbuch: Elektromeßtechnik. 5. Aufl., Berlin München: Siemens AG 1968

[9.23] Borucki, L.; Dittman, J.: Digitale Meßtechnik. Eine Einführung. 2. Aufl., Berlin Heidelberg New York: Springer 1971

[9.24] Nicolet, F. L., et al. (Hrsg.): Informatik für Ingenieure. Berlin Heidelberg New York: Springer 1980

[9.25] Hultsch, H.: Prozeßdatenverarbeitung. Stuttgart: Teubner 1981

[9.26] Duus, W.; Gulbins, J.: CAD-Systeme (Informationssysteme und Datenverarbeitung). Berlin Heidelberg New York: Springer 1983

[10.1] Göldner, H.; Holzweißig, F.: Leitfaden der technischen Mechanik. 8. Aufl. Darmstadt: Steinkopff 1984

[10.2] Lang, O. R.; Steinhilper, W.: Gleitlager. Konstruktionsbücher 31, Berlin Heidelberg New York: Springer 1978

[10.3] Link, M.: Finite Elemente in Statik und Dynamik. Stuttgart: Teubner 1984

[10.4] Bathe, K. J.: Finite-Elemente-Methoden. Berlin Heidelberg New York: Springer 1986

[10.5] List, H.; Pischinger, A. (Hrsg.): Die Verbrennungskraftmaschine. Neue Folge: Maass, H.: Gestaltung und Hauptabmessungen der Verbrennungskraftmaschine, Bd. 1. Wien New York: Springer 1979

[10.6] Scheiterlein, A.: Der Aufbau der raschlaufenden Verbrennungskraftmaschine. Berlin Heidelberg New York: Springer 1964

[10.7] Köhler, G.; Rögnitz, H.: Maschinenteile, Tl. 1 und 2. 7. Aufl., Stuttgart: Teubner 1986

[10.8] Fröhlich, F.: Die Lagerung von Kurbelwellen in Großkolbenmaschinen. Rheinmetall-Borsig Mitteilungen 18 (1943)

[10.9] Eschmann, P., et al.: Die Wältlagerpraxis. 2. Aufl., München Oldenbourg: 1978

[10.10] Neuber, H.: Kerbspannungslehre. Theorie der Spannungskonzentration. 3. Aufl., Berlin Heidelberg New York: Springer 1985

[10.11] Stahl, G.: Über Spannungen in einteiligen und gebauten Kurbelwellen. Dissertation. TH Braunschweig 1957

[10.12] List, H.; Pischinger, A. (Hrsg.): Die Verbrennungskraftmaschine, Bd. 12: Mayr, F.: Ortsfeste Dieselmotoren und Schiffsdieselmotoren. 3. Aufl., Wien New York: Springer 1960

[10.13] Wossog, G.; Manns, W.; Nötzold, G. (Hrsg.): Handbuch für Rohrleitungsbau. 8. Aufl., Berlin: VEB Verlag Technik 1983

[10.14] Schwaigerer, S.: Rohrleitungen. Theorie und Praxis. 1967 Berlin Heidelberg New York: Springer 1986 (Reprint)

[10.15] TenBosch, M.: Berechnung der Maschinenelemente. 3. Aufl. 1953, Berlin Heidelberg New York: Springer 1983 (Reprint)

[10.16] Richter, H.: Rohrhydraulik. Ein Handbuch zur praktischen Strömungsberechnung. 5. Aufl., Berlin Heidelberg New York: Springer 1971

[10.17] Zoebl, H.; Kruschik, J.: Strömung durch Rohre und Ventile. Tabellen und Berechnungsverfahren zur Dimensionierung von Rohrleitungssystemen. 2. Aufl., Berlin Heidelberg New York: Springer 1982

[11.1] Heckl, M.; Müller, H. A. (Hrsg.): Taschenbuch der technischen Akustik. Berlin Heidelberg New York: Springer 1975

[11.2] N. N.: Technische Anleitung zum Schutz gegen Lärm 1968

[11.3] Hommel, G.: Handbuch der gefährlichen Güter. 3. Lieferung 1978, 4. Lieferung 1980, Berlin Heidelberg New York: Springer

[11.4] Kältemaschinenregeln: Tl. 1: Grundlagen und Regeln, Tl. 2: Tabellen und Diagramme. 7. Aufl., Karlsruhe: CF Müller 1981

[11.5] Deutsche Forschungsgemeinschaft (Hrsg.): Maximale Arbeitsplatzkonzentration und Biologische Arbeitsstofftoleranzwerte. Weinheim: VCH Verlagsgesellschaft 1989

[11.6] Haug, R.: Pneumatik. Stuttgart: Teubner 1980

[11.7] Mersmann, A.: Thermische Verfahrenstechnik. Grundlagen und Methoden. Berlin Heidelberg New York: Springer 1980

[11.8] Plank, R. (Hrsg): Handbuch der Kältetechnik, Bd. 5: Kältemaschinen. Berlin Heidelberg New York: Springer 1966

[11.9] Plank, R.; Kuprianoff, I.: Die Kleinkältemaschine. 2. Aufl., Berlin Göttingen Heidelberg: Springer 1960

[11.10] Wutz, M.; Adam, H.; Walcher, W.: Theorie und Praxis der Vakuumtechnik. 3. Aufl., Wiesbaden: Vieweg 1986

Sachverzeichnis